涂布复合质量控制

李路海　主编

方　一　顾卫星　谢名优　副主编
谭绍劢　高宝雷　彭　明　王　硕　孙中才　等编著

文化发展出版社
Cultural Development Press

图书在版编目（CIP）数据

涂布复合质量控制 / 李路海主编.—北京:文化发展出版社，2021.6

ISBN 978-7-5142-3435-0

Ⅰ．①涂… Ⅱ．①李… Ⅲ．①表面涂覆－质量控制 Ⅳ．①TB43

中国版本图书馆CIP数据核字(2021)第078867号

涂布复合质量控制

主　　编：李路海

副主编：方　一　顾卫星　谢名优

编　　著：谭绍劢　高宝雷　彭　明　王　硕　孙中才　等

责任编辑：李　毅　杨　琪　　　　责任校对：岳智勇

责任印制：邓辉明　　　　　　　　责任设计：郭　阳

出版发行：文化发展出版社（北京市翠微路 2 号 邮编：100036）

发行电话：010-88275993　010-88275711

网　　址：www.wenhuafazhan.com

经　　销：全国新华书店

印　　刷：北京印匠彩色印刷有限公司

开　　本：787mm×1092mm　　1/16

字　　数：350 千字

印　　张：23.25

版　　次：2022 年 7 月第 1 版

印　　次：2022 年 7 月第 1 次印刷

定　　价：128.00 元

ISBN：978-7-5142-3435-0

◆ 如有印装质量问题，请与我社印制部联系　电话：010-88275720

编　委　会

（排名不分先后，按姓氏笔划排列）

前言
PREFACE

为了全面介绍涂布复合，在涂布复合技术一书受到广泛欢迎的基础上，编写此书。涂布复合质量影响因素范围广泛，涂布液构成及其润湿铺展性能，涂布模具、涂布机构与其安装运行、加工制造精度，基材运行张力、运行速度与基材振动，干燥方式及干燥分区，涂布操作区域的洁净度，基材收放卷及接续方式乃至储存、分切和包装等，都会从不同角度影响涂布产品质量。

涂布复合产品质量控制，首先要收集质量问题信息，通过技术手段予以分类，查找弊病成因，确认源头影响因素，才能制订控制方案，落实控制手段，并为涂布复合装备设计制造提供合理工艺参数，做到预防为主，防患于未然。

日本和美国有些出版物对涂布弊病及其控制分析手段作了比较详尽的描述，国内也有工程技术研究方面的成果发表。结合各种文献及参编人员的工作经验，书中着重从涂布液与涂布基材、涂布方式、干燥工艺、涂布辅助装置、涂布液输送、涂布模头设计及洁净环境建设等方面，描述了涂布复合质量问题及其控制手段，介绍了部分弊病分析方法及在线监控措施。

考虑到技能型人才与研究型人才培养所需，既适度介绍基础理论，又注重实用性知识占比，凸显了涂布复合多学科基础理论与生产实践相结合的特点。参编人员全部来自行业生产、科研和教学一线，专业背景涉及材料、机械、电器、控制及质量检测。各位行业专家为成书付出了大量劳动，编写过程中参考了大量文献，标注不全不当之处敬请指正。

全书共 10 章，各章编著人员分别是：第 1 章李路海、莫黎昕、辛智青、桂佳成；第 2 章李路海、李晓明、谭绍勋、李亚玲、孙志成、苏璠；第 3 章李路海、彭明、高峰、王树恒；第 4 章顾卫星、曹丽红；第 5 章李路海、孙中才、李玉彪；第 6 章李路海、王硕、高宝雷、蓝俞静、童思超、张涛；第 7 章顾卫星、李路海、方一、孙丽娜；第 8 章谢名优、李路海、刘杰、高波、陈诗剑、王海波；第 9 章李路海、方一、韩璐、陈寅杰、刘儒平、林健飞、贾伟艺、孟祥有；第 10 章李路海、陆利坤、蒋卫、张殿斌、方一、胡堃、王慰、孟祥有。

丛书筹划与编写得到了文化发展出版社的大力支持，受到了编委会专家的支持与帮助，受到了北京市科委、自然科学基金委（KZ202110015019）、教委 2011 协同创新、平台建设项目（Ef202002）经费及广东风华高科新型电子元器件关键材料与工艺国家重点实验室（筹）开放课题经费支持，在此一并致谢。

限于作者水平，书中翻译或专业词汇表达不当之处，欢迎读者提出宝贵意见，以便后续加以丰富和修正。

李路海

2021 年 3 月

目录

CONTENTS

第1章 概述

第一节 涂布技术及应用

一、涂布技术种类

涂布技术分为两大类：干法涂布有真空蒸镀法和化学蒸镀法等；湿法涂布是将液态物质经加工附着到基材上，再经干燥固化成膜的过程。

湿法涂布的基本方式有很多，如凹版涂布（正转、逆转）、微凹版、柔性版、辊涂、迈耶棒、挤出嘴、刮刀辊、逗号刮刀、气刀、落帘、喷涂等。

根据涂布量及涂布液流体力学差异，涂布方式又可分为自计量涂布、计量修饰涂布、预计量涂布和混合涂布。

（1）自计量涂布方式，如浸渍涂布、正向或反向辊涂等。在这些方式中，涂布量取决于涂布液与涂布设备共同作用所形成的条件，如黏度、车速、间隙、涂布弯月面在不同辊轴的速度比等。

（2）计量修饰涂布，如刮棒涂布、刮板涂布、刮刀涂布、气刀涂布等。这些涂布技术是先涂布上液膜后再控制其涂布量。

（3）预计量涂布，如条缝涂布、坡流涂布、落帘涂布、挤出薄膜涂布（MSP）等。在这些方法中，涂布液是经过精确供料计量后再被涂布到支持体上的。

（4）混合涂布，如凹版转移涂布和微凹版涂布等，即将上述方法混合使用。

不同涂布方式，在涂布液黏度、可实现的涂布速度及涂布厚度、涂布均一性和一次涂层数量及涂布基材的影响方面，各不相同（表1-1）。

表 1-1　涂布方式与涂布范围

涂布方式	黏度（cP）	线速度（英尺 / 分钟）	湿厚度（mm）	均一性（%）	成本	涂层	基材影响
预计量涂布							
精密落帘	5~5 000	200~1 000	5~500	2	H	1~18	N
Curtain, standard	150~2 000	300~1 300	25~250	5	I	1	N
Extrusion	50 000~300 000	125~1 825	13~525	5	H	1~5	N
Slide	1~500	20~1 000	25~250	2	H	1~18	N
挤出嘴	15~20 000	20~1 700	10~250	2	H	1~3	N
喷涂	10~300	50~400	50~340	10	L	1	S
自计量涂布							
逗号刮刀（直接 / 间接）	1 000~300 000	30~1 000	20 以下	10	L	1	N
直辊热熔胶	2 000~250 000	20~1 220	1 100	5	I	1	N
正向辊	20~2 000	100~1 500	10~200	10	L	1	N
逆向辊	200~5 000	20~1 700	14~450	10	I	1	N
逆向辊热熔胶	200~250 000	20~1 220	1 100	5	H	1	N
逆向辊精密涂布	200~5 000	20~1 700	14~450	2	H	1	N
浸涂	40~1 500	45~600	10~150	10	L	1	N
夹棍	100~500	100~2 000	70~170	5	I	1	N
刮刀涂布							
气刀计量模式	1~500	40~400	0.1~200	5	L	1	L
气刀刮刀模式	5~500	125~2 000	10~50	5	L	1	S
刀片 / 刀	500~40 000	350~5 000	10~750	10	L	1	L
浸与刮	25~500	50~600	45~250	10	L	1	S
浸与挤压	10~3 000	50~1 000	45~450	10	L	1	S
浮刀	500~1 500	10~2 000	50~250	10	L		
吻涂	50~1 000	100~1 100	5~75	10	L		
刮毯	500~10 000	10~200	50~250	10	L		
翻刀	100~50 000	8~400	26~750	10	L		
迈耶棒	50~1 000	10~10 000	4~80	10	L		
混合涂布							
直接凹版 + 腔室刮刀	10~200	25~2 300	1~75	2	I	1	N
凹版 + 直接	1~500	25~2 300	3~65	2	I	1	N
凹版 + 胶版	50~13 000	10~1 000	3~206	2	I	1	N
半月板	1~50	3~170	6~25	10	L	1	N
微凹版	1~4 000	1~330	0.8~80	2	H	1	N

二、涂布技术应用

1. 涂布技术应用领域

涂布技术是综合性、多学科综合交叉性的应用技术。随着功能材料的快速发展以及高效能轻量化卷对卷（R2R）生产技术的应用，适用于制备大面积功能材料的廉价和快速处理的精密涂布技术，丛书之《涂布复合技术》第一章介绍了涂布技术在一系列战略性新兴产业的广泛应用。

（1）功能性光学膜

功能性光学膜是平面显示器的重要构件。功能性光学膜有扩散膜、增亮膜、偏光膜、配向膜、抗静电保护膜、防眩膜、抗反射膜等。光学膜要求厚薄均匀，光学、机械、性质均一，表面无尘、少晶点，透光率适应多种功能性要求。主要采用微凹版涂布和狭缝涂布方式制造。微凹版涂布表面平滑有光泽。狭缝涂布涂层均匀，可实现大尺寸及超薄层涂布。

（2）大面积有机太阳能电池

有机太阳能电池是由电极、空穴传输层、光吸收层、电极传输层和透明电极等多层结构组成的。理想工艺是在柔性基板上，用尽可能少的涂布和印刷步骤制造所有涂层。丝网印刷用于处理背电极。空穴/电子有源层和阻挡层，则广泛使用狭缝涂布。

（3）有机薄膜晶体管（OTFTs）

机薄膜晶体管（OTFTs），在制造工艺、成本、节能环保、柔性挠曲及原料来源方面均有显著优势。有人用 R2R 凹版方式制备有机薄膜晶体管，采用底电极/顶栅极结构，样品开关比 10^4 以上、迁移率 $0.04cm^2V^{-1}s^{-1}$。

（4）高分子发光二极管（PLED）

高分子发光二极管的层型结构与有机太阳能电池相似，只是将吸光层替换为发光层。高分子聚合物分散液，有可能用多种涂布印刷工艺进行大面积制造。目前已有 R2R 方式的生产制造技术研究，包括狭缝涂布、刮刀涂布、凹版印刷，有可能制作大面积光源。

（5）燃料电池

聚合物质子交换膜（PEM）是聚合物电解质燃料电池的核心部分之一，是一种选择性透过的功能高分子膜。有人用刮刀涂布和狭缝涂布方式制备 $40\mu m$ 厚聚苯并咪唑薄膜。将 9%（w/w）PBI 的二甲基乙酰胺溶液，涂布到纸张或塑料基板，140℃烘干，在第一层预备膜表面再次涂布，复合膜产品与传统方式性能一致，生产效率大幅提高。

2. 涂布方式选择

为了获得理想的涂布质量，在涂布基材和涂层构成确定的前提下，涂布方式的选择就显得十分重要。成熟产品的生产线建设，是放大产能的过程。通常，新产线没有产品性能、工艺过程及后期加工的详尽工艺参数，即设备设计制造方无法得到完整的技术要求。因此，新产品必然出现涂布质量不符、缺陷问题频发现象。以上过程，如图 1-1 所示。

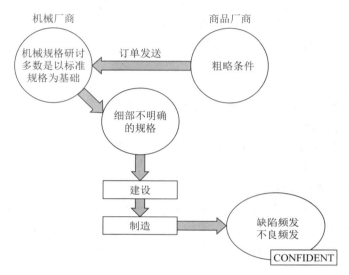

图 1-1　新产品生产线设计制作与涂布缺陷

理想状态下，需方和供方对生产线的机械部分及工艺技术要求，具有明确共识，此时，安装调试后的设备，才能保证尽可能少地出现涂布质量缺陷（图 1-2）。

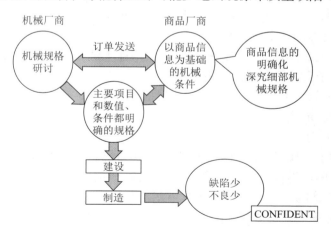

图 1-2　新产品生产线设计制作与涂布缺陷规避

为此，需要双方对建生产线以及涂布技术要有很好的把握，才能结合实际评估交流，选定涂布方式。表 1-2 是最优化涂布方式选择的参考途径。

表 1-2　涂布方式选择依据

建立基本参数要求	确定涂布方式能力	比较需求与能力	选择 2~3 种测试评估	应用最佳方式
独立参数	文献参数	数种方式	最佳经验值	工艺特点，涂布能力，涂布窗
覆盖率	供应商数据	车速表	实验设计	按需转换
涂层数	公司资料	Wagon wheel 车轮图表	重现结果涂布窗	
质量	文献	随机试验模糊值		
体积	经验			
基材				
干燥烧结				
经济学				
上市时间表				
依赖				
湿层厚度				
线速度				
溶剂				
流变学				
硬件				
环保与安全				

由表 1-2 可见，涂布方式的选取，要从产品涂层要求出发，综合考虑设备硬件构成、软件应用、制造周期及制造成本，结合生产能力及安全环保要求等条件，才能形成最优化方案。

涂布生产线软件技术和硬件技术构成，大致如表 1-3 所示。

表 1-3　涂布生产线构成之软硬件技术

技术类型	具体技术	技术类型	具体技术
软件技术	涂布液流动模拟	硬件技术	涂布机设计 / 制作 / 安装技术
	界面物理与化学		模具设计制造技术
	流体流变学		分析检测测试技术
	涂布液配制技术		涂布设备技术
	智能涂布数字化控制		

并非高精度涂布机就能制造出高品质产品，必须同时了解各种涂布方式的缺点，所选涂布方式要符合商品特性、生产量等的涂布设备设计。

3. 振动影响

机械振动对不同方式涂布不匀的影响不同（图1-3）。允许的振动强度，可以涂珠（根据频率、涂布液而变化）范围表征。模头挤压涂布对各种振动都非常敏感，易发生缺陷。

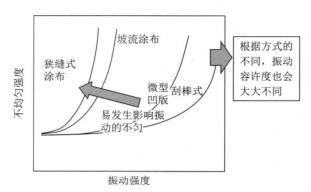

图1-3 振动对涂布不匀强度的影响

4. 振动值和不匀强度的关系

振动率 $\Delta B/B$ 和不匀强度 $\Delta D/D$ 的关系如下公式所示，$C2$ 涂布方式因涂布机不同而不同，所以振动容许度也在不断变化。

$$\Delta D/D = \frac{\Delta D/D}{\Delta E/E} \frac{\Delta B}{B} = C1C2 \frac{\Delta B}{B}$$

计算结果为：

狭缝式：$0.2 \sim 1\mu m$

坡流式：$0.5 \sim 2\mu m$

落帘：$1 \sim 5\mu m$

刮棒式：$10 \sim 100\mu m$

微凹版涂布 $0 \sim 10\mu m$，由刮刀振动引发的不匀，幅度强于微振动导致的棒式不匀。

涂布过程中，容许振动具备频率特性，在 $10 \sim 70Hz$ 时，涂珠振动易发生。振动有变位、速度、加速度三种形式，对应的宽容度也不同，低频率时通过变位、高频率时通过加速度决定宽容度。

搬运过程不规范，机械基础、压缩机、冷冻机、风扇等的振动，以及配管振动引起的机械振动，都会导致狭缝式挤压涂布涂珠振动。刮棒涂布也有诸多因素影响涂珠振动，导致涂布不匀（图1-4）。

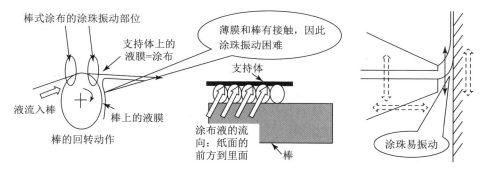

图 1-4　棒式涂布（左）及狭缝涂布（右）涂珠振动

不同涂布方式，有不同程度的振动宽容度。在设备安装过程中，需要注意：

（1）正确进行基础施工。

（2）机械、干燥等单元框架和涂布基础明确分离。

（3）较大的振动源，如燃气燃烧设备、冷冻机、各种空调机，应尽可能远离涂布站。

第二节　涂布过程构成及其质量影响因素

一、涂布工艺过程基本构成

通常，一个涂布的工艺过程包括如图 1-5 所示的步骤。

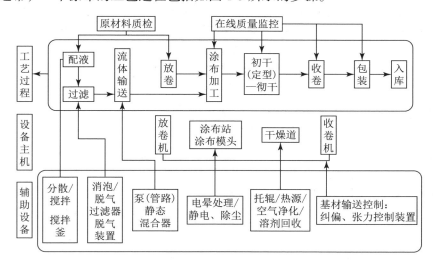

图 1-5　涂布过程

二、涂布质量影响因素

每一个单元操作或工艺步骤,都会影响涂布质量,导致最终产品出现质量缺陷。因此,无论运行过程是否发生缺陷,每个步骤都需要采集过程信息。大多数情况下,涂布液黏度、表面张力等物化性能参数的变化,都会导致涂布缺陷。因此,在涂布产品制造过程中,必须把控工艺过程以及原料性能。

定量测量结果来自过程仪器、便携式诊断仪器对每个步骤的质量控制和分析测量。通常,大多数测量值是自动获取,并存储在磁带或磁盘上,或手动记录录入数据分析程序,供后期调用和分析之用。将测试结果制成图表,能更直观地反映其变化趋势,易于识别。

下面是一些在涂布过程中可以定量测试的典型因素,这些测量数据对分析何时发生缺陷具有较强的参考价值。

（1）原材料参数。

（2）涂布液配制参数。

混料机配置条件:时间、温度曲线、搅拌速率、搅拌器电机电流、过滤器类型、压力累积、研磨条件等。

涂布液:黏度、表面张力、温度、密度、固含量、活性%、成分、黏弹性。

（3）涂层参数。

预计量涂布机:泵的转速、尺寸,加压进料时的压力、流速、涂布机温度、涂布辊与涂布机之间的间隙、涂珠真空度。

辊涂机:辊速度、间隙、辊速比、辊直径、辊表面干燥涂布量、有效成分的干覆盖率。

各干燥区:总风量流速、典型喷嘴槽中的速度或增压压力、空气温度、输送至喷嘴的溶剂水平、过滤器两端压降、溶剂去除装置状况、回风温度和溶剂水平、补充空气条件、空气平衡、下降速率周期结束位置,以及整个片路的均匀性。

（4）烘干机参数。

（5）收放卷与复卷。

涂布机线速度、各区域片路张力、驱动辊状况。

（6）其他。

空气条件:温度、相对湿度、涂布间以及收卷和收卷区域的平衡。

涂布过程中,需要检查涂布基材,确保使用材料正确,并不时检测,确保涂布面正确。如果使用预涂层基材,则应在卷筒安装在放卷架上时确认预涂层质量。基材输送过程十分重要,传送辊的不平衡,会在整个片幅中传播振动,可能导致涂层颤动。

涂布复合物的整体状况、环境也很重要。涂布机/干燥室脏,会导致干燥机中的污染，污垢可能会缠绕在涂布辊上导致压痕缺陷。

三、影响涂布质量的装备因素

涂布机通常由放卷机、涂布机头、加热系统、收卷机构组成。涂布过程将料槽内的浆料通过涂辊均匀涂覆于基材表面，然后经过烘箱干燥后到达收卷端。涂布时，通过放卷、驱动、收卷张力感应系统，闭环控制基材的速度及与涂布辊和背辊的速度比。

涂布生产线包括两类设备。一类是主要的涂布加工设备，包括涂布机、干燥器、放卷机、收卷机和卷筒纸传输系统。另一类是支持主要加工过程正常运行的设备，包括过滤器、输送泵、表面处理器、混合器、过程控制仪表等。该类设备同时涵盖质量控制程序和质量缺陷测量系统，统称为过程辅助设备。

尽管讨论缺陷排除措施时，通常把精力放在主要设备上，过程辅助设备常被忽略或放在次要地位，但它可能对涂布机性能产生重大影响，还可能是缺陷形成的因素之一。因此，辅助设备安装机使用时所作工作，也是消除和减少缺陷，生产高质量、低成本产品的要素之一。

部分可能影响涂布质量的因素如图 1-6 所示。

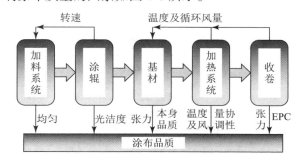

图 1-6 部分影响涂布质量的因素

从全面质量管理角度来看，影响排布涂布质量的人、机、料、法、环因素如图 1-7 所示。

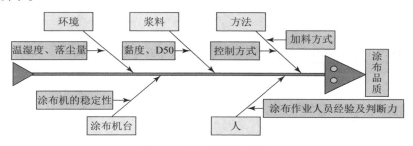

图 1-7 涂布质量影响要素

基于上述内容，总结出涂布质量控制点如表1-4所示。

表1-4　涂布质量控制点

项次	涂布主要控制点	控制点	影响
1	尺寸	参数设置	容量、包覆性
		感应器	
		基材张力	
		辊轮速比	
2	涂物面密度	刀口缝隙	容量、压实密度、安全性
		涂膜速比	
		浆料黏度	
		活物密度	
3	干燥效果	温度设置	内阻、容量发挥、循环寿命
		循环风量	
		烧烤时间	
		涂布速度	

与上表类似，精密涂布质量控制重要事项如图1-8所示。

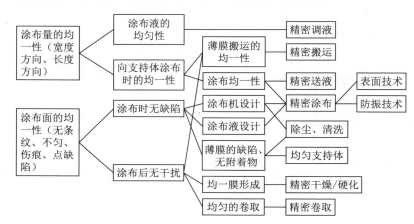

图1-8　精密涂布质量控制重要事项

第三节　涂布质量缺陷概念的界定

一、涂布质量缺陷

缺陷本义指欠缺或不够完备的地方。在《中华人民共和国产品质量法》中，缺陷是指产品存在危及人身、他人财产安全的不合理的危险；产品有保障人体健康和人身、财产安全的国家标准、行业标准的，是指不符合该标准。

对于产品而言，缺陷是指未能满足与期望或规定用途有关要求，是一种特定范围内的不合格，涉及产品的责任，预期的用途可能会受供方提供信息的影响。

涂布复合质量控制，即涂布质量缺陷的控制，涉及涂布液制备、基材表面处理、涂布干燥、存储老化，直至最终的分切操作，属于全面质量管理的范畴。

尽管不同涂布产品的涂布配方不同，制造过程涉及不同的装备和工艺，但基本原理相似。各种产品的质量缺陷，具有相似的成因和类似的控制手段。例如，所有低黏度涂布液，为了保证涂层质量，都存在气泡消除与抑制问题。

各种涂布方式，都是经历涂布、干燥，形成黏附牢度适宜、厚度合规的涂层。成功的涂布工艺，在保证涂布质量的前提下，需要有一定的涂布操作窗口，窗口宽容度越大越好。为了保证涂布过程无缺陷生成，不仅要求各环节专业技术团队具有基础科学知识和专业技能，还要具备故障排除或解决缺陷问题的技术背景。所以，不断完善的综合性基础参数和全面的技术技能，是保证涂布复合质量的基本前提。

涂布质量缺陷属于动态参数，一方面，会伴随产品质量标准的不断提高而增加；另一方面，有些质量问题会随着应用要求的提高，越来越不被接受。同时，新的涂布复合产品，如印刷电路板（PCB）、显示器件、电磁屏蔽膜、燃料电池膜、薄膜电池、太阳能电池和 RFID（射频识别）天线以及可穿戴电子产品，具有很高的质量和应用要求规范，甚至要求零缺陷。许多高级别复杂微结构产品，需要在更薄基材表面涂布复合更薄的功能性涂层，制造过程需要更高的涂布速度和多种纳米材料涂布液，对涂布工艺各个环节，提出了前所未有的挑战。只有改进涂布线性能和过程控制技术，才能获得满足需求的无缺陷产品。

二、涂布缺陷的复杂性

涂布质量缺陷从成因到消除手段乃至控制方式，都具有相当的复杂性。

卷对卷涂布生产线主要设备及原材料选择、涂布液制备、涂布、干燥、放卷和收卷各环节，都可能导致最终产品缺陷。辅助设备既可能消除缺陷，也可能导致缺陷。除了导致缺陷的因素直接作用外，不同因素间的相互作用，也可能导致缺陷。

缺陷来源的定位具有复杂性。缺陷可能在同一工艺步骤出现，也可能在若干操作后才出现。有时在涂布站发现涂层条纹，但干燥结束，才能看到混合或污染缺陷，甚至在最终产品被收卷或裁切整理完成前，都无法检测到基材缺陷。

缺陷的发生具有随机性。缺陷可能在产品开发周期的任何阶段发生，从实验室涂布液制备开始，到涂布中试，再到规模化生产。每个阶段都可能存在不同的缺陷，初始阶段消除它们，并不能保证下一阶段无缺陷。各种不同的缺陷都可能产生，有些缺陷具有偶然性。更复杂的是，类似的外观缺陷可能有很多成因，且每次原因不同。气泡就是一个很好的例子，气泡可能有多种成因，包括涂布线中的空气、干燥通道中的溶剂沸腾等。缺陷原因可以很简单，如来自辊上的污点重复出现；也可以很复杂，包括辊涂中出现罗纹，或者预定量涂布液中夹带空气等。

涂布设备与涂布产品对应关系。缺陷也可能来自涂布机的初始设计及涂布线上各个硬件性能。对于最初定制面向的产品，涂布机可能是合理的，但产品变化或成本变化，会使涂布机无法满足需求。此外，初始设计通常是一个折中方案，局限于一定的车速等因素，这些都会伴随新产品产率提升等要求出现不适。

以点缺陷为例，其成因多样，处理方式也要多方考虑。薄膜涂布几乎无法做到完全无点缺陷。变化的原料、基材及杂质是点缺陷的来源，涂布机设备内部也存在产生气泡的风险。图 1-9 是气泡造成涂布点状缺陷的分类及成因分析。

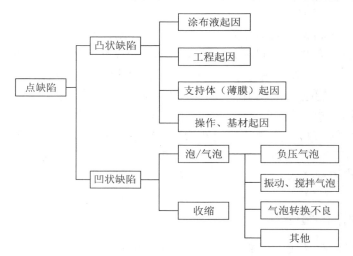

图 1-9　点缺陷分类

负压气泡是指液体内发生空洞（穴）的现象。

当液体流动时，液体内部因压力差，短时间内会有气泡发生和消失的现象，这些会发生在泵、配送管、涂布头等处。即接触物在流体高速移动时生成气泡，也可认为是形成负压的现象。在设备内部、压力降低时，无法溶解的空气会变成气泡释放，如图 1-10 所示。

可能发生负压气泡或低压的涂布部位、设备如图 1-11 所示。

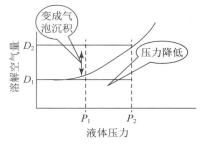

压力从 P_2 降低至 P_1，
饱和溶解空气量会从 D_2 降低至 D_1，
相当于 D_2-D_1 的空气量会变成气泡沉积

图 1-10　泵（有脉动的泵）、配送管、阀、涂布机

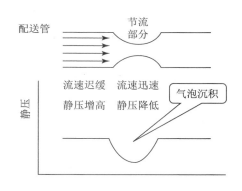

图 1-11　负压气泡或低压发生的涂布部位、设备模压涂布前端部

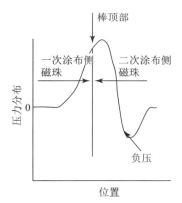

图 1-12　棒式涂布中的液压分布

　　随着减少涂布质量缺陷的需求不断提升，通过涂布生产线不断升级改造，生产人员技术水平不断完善，质量缺陷诊断与监控手段逐步更新，才能实现闭环的质量管理效益。

第四节　涂布质量缺陷分类及表征

一、涂布质量缺陷分析工具及方法

　　有效表征缺陷产品和涂布变量，是排除涂布缺陷的前提。有效表征涂布质量缺陷并予以分析所需的工具，通常包括四类：

（1）表征涂层缺陷区域和非缺陷区域的分析方法。

（2）获得有关涂布机整体性能更多信息的仪器。

（3）在线仪器。

（4）分析数据并提取有用信息的统计技术。

首先，要收集保存具有所需缺陷的样品。尽可能保留每个涂布辊和未涂布基材的样品，保证在换辊后发现缺陷，可以对比原样，确认问题来源。

涂布质量缺陷的分析，建议分两个阶段进行：

（1）初步分析：获取一些快速表征数据（表征缺陷分析）；（2）详细分析：表征缺陷分析在生产设备的质量控制实验室或 R & D 实验室进行，所得数据可为操作人员提供足够的分析依据，无须额外测试。

在此基础上，综合各方信息，进行更加详细的分析。分析缺陷并确定其原因和来源。

有四类基本的分析仪器，可以快速提供基本表征数据：具有数字图像分析功能的光学视频显微镜（视频增强显微镜）、红外显微镜、扫描电子显微镜（SEM）和能量色散 X 射线（EDX），以及电子光谱化学分析（ESCA）。

更多信息可能来自下列测试结果：傅立叶变换红外光谱（FTIR），可识别有机和一些无机化合物；原子吸收光谱（AA），测量样品中的元素；气相色谱和质谱（GC-MS），用于元素分析；原子力显微镜（AFM），测量样品表面形貌；测角法，测量接触角。

1. 视频增强显微镜

光学显微镜是第一阶段分析的基本工具。在显微镜下，辅助肉眼观察分析是确定缺陷特征的最佳方式。表 1-5 是部分显微镜功能对比。在视频显微镜中，显微镜的目镜可以被电视摄像机和监视器取代，在高分辨率的监视器上观看图像，可以缓解视觉疲劳。

显微镜可以集成到数字图像分析系统中，摄像机的图像被数字化并存储到计算机中，然后使用专用软件程序计算缺陷的定量特征。根据实际需要，可组装各种系统，包括手持式显微镜，安装在笔记本电脑上的显微镜具有 $1\times$、$50\times$ 或 $200\times$ 的放大倍率；便携式手持数码相机和便携式显微镜，可用于分析涂装线区域中的样品。此外，还有带软件数字视频显微镜系统。图像为数字格式，可以广泛分发，也可调用进行研究，方便与以前的样本作对比。

用显微镜对斑点、条纹、螺纹、颤动、划痕、气泡、污染等进行表征，非常实用。显微镜对于边界模糊不清的细微缺陷（如斑点）不是很有用。但是，显微镜在选择具有代表性的缺陷进行第二阶段分析时很有用。通常基材上的离散缺陷有很多种，使用常规显微镜筛查缺陷，并选择最具代表性的缺陷进一步分析更为有效。

表 1-5　不同显微镜功能对比

类型	首字母缩写	放大倍率		分析时间（秒）	环境
		范围	纳米		
光学显微镜	LM	5~2 000	200	10	空气
扫描电子显微镜	SEM	10 000~250 000	5	60	真空
扫描电子显微镜场发射器	SEM/FE	10 000~40 000	1.0	90	真空
透射电子显微镜	TEM	1 000~1 000 000	0.5	300	真空
扫描透射显微镜	STEM/SAD	1 000~1 000 000	0.15	30	真空
扫描激光声显微镜	SLAM	10~500	1 000	60	空气
共聚焦扫描显微镜	CSM	100~10 000	0.1	20	空气
扫描隧道显微镜	STM	5 000~10 000 000	0.000 1	300	真空
原子力显微镜	AFM	5 000~2 000 000	0.000 5	600	空气

2. 表面表征技术

第二阶段使用各种表面表征技术对涂布表面进行物化表征。表 1-6 是一些表面表征分析方法。

表 1-6　表面化学分析仪器

类型	首字母缩写	可检测元素	样品尺寸（cm）	分析时间（s）	解析深度
超声波显微镜	SAM	锂到铀	20	10~100	50
电子光谱化学分析	ESCA	锂到铀	20	10~100	50
二次离子质谱	SIMS	氢到铀	20	100	40
能量色散 X 射线	EDX	钠到铀	2	100	50 000
傅立叶变换红外光谱	FTIR	有机功能团	7	10~500	10 000
X 射线荧光光谱	XRF	镁到铀	20	500	2×10^8
激光电离质谱	LIMS	氢到铀	20	10	20 000
激光电离表面分析	SALI	锂到铀	2	50	50 000

扫描电子显微镜（SEM）用于典型涂布缺陷分析时，SEM 的高放大倍率和分辨率及其三维视图，可以看到所有细节。这种方法还可将分析仪（EDX）集成到系统中，定性、定量地测量缺陷和正常样品区域及其化学成分。SEM 光学图像是通过在真空中用电子束照射待研究表面，收集散射的电子并在电视监视器上显影图像而成，这些电子还会产生 X 射线发射，对其进行分析可以确定元素及其数量，但只能检测比钠重的元素。

在 SEM/EDX 中，可视图像和 X 射线图像可以组合，以多种格式显示，并在整个样品中显示特定元素成分。另一种格式是在整个缺陷范围内，通过正常涂层样品以单线扫描光束，显示元素分布从标准材料到次品材料的变化。该组合图像将显示缺陷的物理外观以及哪些元素与缺陷的特定特征相关联。另外，如果存在污染物或颗粒，则可以将 SEM 和 EDX 合成为一张图像。获得的图像可以数字存储，并列入缺陷目录。

SEM/EDX 技术，对于边界不连续的缺陷（如斑点）和疑似外来污染物的缺陷分析，非常有用。为了帮助识别，可对涂布机中潜在污染物成分进行表征，然后将其与缺陷进行比较识别。另外，可以在实验室制备样品，故意将可疑污染物添加到涂布液中，再进行 SEM/EDX 分析。如果可识别区域在 SEM 的尺寸范围内，则在分析弥散缺陷方面，也有一些用途。它也可用于研究表面雾度、橘皮和网状结构。

该方法可以识别进入涂层的金属污染物。轴承、惰轮和涂布辊、泵和导管中的金属成分各不相同，且含有铁、镍、铬、碳、钼和钛等特征成分。可将缺陷中的金属与已知来源进行比较，确定来源。

除 EDX 外，电子光谱化学分析（ESCA）和傅立叶变换红外光谱（FTIR）也被广泛用于缺陷分析。ESCA 可以检测到比锂重的元素以及有机化合物，同时确认键型。FTIR 适用于测定表面有机物红外光谱。

二、涂布机监测表征仪器

除了表征方法外，越来越多的缺陷需要专业工具监测涂布机性能。尽管大多数现代涂布机具有各种控制和测量系统，但在涂布机中各种位置测量所有变量，并通过其他测试结果验证，成本无法承受。

除了表征产品所需的仪器外，还需要仪器套件表征涂布工艺并提供基本数据（表 1-7）。

表 1-7　涂布机检定工具套件

便携式红外高温计：测量基材涂层温度和涂布机辊
便携式数据记录仪：在特定位置测量过程条件
频闪转速表：测量涂布线中的薄膜和卷筒速度
微型盒式磁带录音机：在无法写评论时记录观察结果
摄像机：记录涂布过程中和涂布线上的事件，包括数码相机、摄像机和相机三脚架
胶带尺和直线尺：测量涂布线上的位置
测速仪或热风速计：测量风管和喷嘴中的空气速度和静压力
温度计和探头的选择：测量环境温度和湿度
流变仪：测量涂布液流变性

温度是涂布液制备、涂布、干燥、辊涂和原料存储区域，以及混料釜、施胶机、放卷机和收卷机的重要参数。在大多数涂布机中，要记录并控制关键温度。温度测量被视为必要的手段。

可用来测量温度的仪器：①液体温度计，利用液体的膨胀来指示温度。②双金属表盘温度计，两种金属形成的条带由于热膨胀差异而随温度弯曲。③热电偶，两种金属结合处产生的电势是温度的函数。④电阻温度设备（RTD），其中铂金或其他金属传感器的电阻是温度的函数。⑤热敏电阻，利用半导体电阻随温度的变化来指示温度。⑥红外测温法，通过表面发出能量表征温度。

当需要同时进行多次测量时，可使用热电偶，热电偶可以放置在任何位置，数据记录在中央数据记录器中。热电偶也可以指示干燥机中基材温度。

电阻温度测试最精确，可在基本的干燥机空气控制系统中使用，但成本高。手持式测量设备最常用，但无法完成涂布机中的多点测量。

远程测量移动的卷材、涂珠或难以到达的位置，红外测温法最佳。与辊中热电偶相比，红外测温法更准确，但价格昂贵，还需要校准。除了单点红外测温仪外，热成像设备可以对大范围的整体温度进行扫描，测得的温度形成图像。如果温度保持恒定，则在监视器上显示某种均匀的颜色；温度变化时，将显示多种颜色。这些设备可检测定位加热和通风系统中的泄漏或干燥机中的热损失。

便携式数据记录器可以连接到热电偶，放置在需要温度读数的任何位置。

通过手持式速度计或热线风速计，可以长探头测量温度和空气速度，检查增压器的气流或增压器喷嘴的气流。

转速表检查涂布机中各种辊速度、干燥机风扇速度、涂布泵速度，还可以通过旋转而不会打滑的辊，检查卷筒纸速度。

转速表有机械式或接触式、频闪式或非接触式两种。首选非接触式转速表，它可以从难以接近的辊上获取读数，并且比接触式转速表安全。在速度非常高或难以进入的位置，应使用非接触式频闪设备。这些设备在旋转轮上需要以某种形式的指示标记形成光反射。

微型磁带记录器，记录从仪器中通过声音读取的数据。磁带记录器可以快速记录数据并容易调用。优选小型声控微型盒式磁带，重量轻且可存放在口袋中。

通常，阻尼器可远离测量流量的压力计，或者张力控制装置远离发生褶皱的幅材。

有各种各样的数码相机和录像机可以提供静止图像和连续图像，并将其传输到计算机中存储。可视记录设备可以永久记录过程中出现问题的任何点，帮助确定质量问题。

在涂布机区域进行检测时，还有一个重要的因素需要考虑，那就是人身安全。在走道上进行温度和压力测量，检查问题区域的过程，检查移动的卷材，安装热电偶等，所有这些都有可能造成事故，并造成附近人员受伤。需要规避人员绊倒、夹手等安全事故；穿戴适当的防护设备；在溶剂环境中，装配防爆设备。

多数现代涂布机控制系统都有数据记录系统，将测量结果保存为电子格式供进一步分析使用。优选便携式数字数据记录设备，以数字格式记录所需的测量值，标注测量时间，并以某种形式存储。设备可以插入任何部分连续记录数据，直接传输到计算机，当检测到缺陷时，分析数据绘制图表，以缩短分析时间，更快地解决问题。

涂布流体性质的测量，是涂布机故障排除过程中的重要方面。

涂布前测涂布液黏度，是涂布质量控制的一部分。当涂布质量出现问题时，如果没有流变数据，则可能难以确定问题根源。某些液体的黏度会随时间变化，如果在涂布当时不获取流变数据，后期获取可能存在偏差，必须在涂布开始前测量。

黏度测量有两种基本类型：恒定剪切速率和可变剪切速率测量。恒定剪切速率仪器可提供单点黏度测量，足以进行常规质量控制，但其固有剪切速率非常低（通常在300s^{-1}以下），并且涂布过程中的剪切速率（表1-8）通常很高。因此，对于稀液体，数据可能会产生误差。可变剪切速率黏度计可以提供各种剪切速率范围内的数据。在某些黏度计中，将剪切速率编程为自动更改，并打印出黏度与剪切速率的关系曲线。否则，剪切速率必须手动设置。可变剪切速率的优点在于可在涂布头中，以所希望的剪切速率提供黏度，并提供解决方案所需要的数据，这在单点测量中是看不到的；缺点是成本高、操作复杂。

表1-8　涂布工艺与涂布液剪切速率

涂布方式	剪切速率 (s^{-1})	涂布方式	剪切速率 (s^{-1})
涂布	—	刮刀	20~40 000
浸涂	10~100	辅助操作	—
逆辊涂	1 000~100 000	简单混合	10~100
顺辊涂	10~1 000	高速剪切	1 000~100 000
喷雾	1 000~10 000	试测试手段	—
Slide 坡流	3 000~120 000	Brookfield	1~300
逆辊凹版	40 000~1 000 000	ICI	10 000
顺辊凹版	10~1 000	Haake	1~20 000
挤出嘴	3 000~100 000	Fenske-Cannon	1~100
落帘	10 000~1 000 000		

恒定剪切速率黏度计包括玻璃毛细管黏度计、杯式黏度计、移液器黏度计、落球黏度计、电磁黏度计等。可变剪切速率旋转黏度计，可在宽温度范围内提供

$1 \sim 2\,000s^{-1}$ 的宽剪切速率。可对流体进行广泛表征，确定其黏度—剪切速率行为以及随时间变化的行为，对于优化配方特别有用。

涂布液必须以过程中将要经受的剪切速率来表征，单点低剪切速率黏度计，变化的涂布过程组件的剪切速率范围很广，不适用于涂布过程。在较高的剪切速率下，黏度行为可能有很大不同。表 1-8 展示了不同涂布工艺过程的剪切速率；浸涂的剪切速率仅为 $10 \sim 100s^{-1}$，而逆辊凹版涂布为 $40\,000 \sim 1\,000\,000s^{-1}$。

表面特性

对于涂布润湿过程，表面张力和表面能两个术语，可以交替使用。表面张力为每单位长度的力，如达因 / 厘米或牛顿 / 米。表面能为单位面积的能量，如 $ergs/cm^2$ 或 mJ/m^2（每平方米毫焦耳）。四个术语数值相同。

讨论液体时，通常是指表面张力，将固体表面视为具有表面能。在新形成的液体表面中，表面张力可能会随着时间发生变化，因为溶解的物质会扩散到表面，并像表面活性剂那样积聚。这种变化的表面张力称为动态表面张力。

当将一滴液体放在表面上时，它既有可能使表面润湿并铺展，也有可能保持静止的滴状。当液体平铺在表面上时，接触角为零。以水在基材上的接触角，表征基材的润湿性。

通常测试的是静态表面张力，因为测试表面已经达到平衡并且不会随时间发生变化。但涂布过程动态表面张力更接近实际。静态表面张力可能无法代表涂布过程，但可确保溶液在批次之间不发生变化，并且不会随时间发生变化。所以，动态表面张力测量被认为是一种研究工具。

三、在线表征系统

1. 在线缺陷检查系统

在线缺陷检查系统，也称为表观视觉系统，改进了涂布物理缺陷的检测技术。以往是在卷基起点或终点取样，放入既有透射光又有反射光的光台上，由训练有素的人员，目视检测和计数缺陷。这样的检验过程耗时长，需要重复检测且经常有遗漏。

在线缺陷检查系统，可以检查卷筒纸上的缺陷并及时指出位置，减少浪费，提高效率。这些系统可以快速检测过程中更改的结果，快速确定最佳工艺条件，还能分析系统中存储的数据，获得更详细的工艺相关性。

系统组件取决于缺陷检测要求：①激光检测系统或基于照相机的区域线扫描系统；②照明类型，如荧光灯、发光二极管（LED）、光纤电缆、红外线、挥发气体或特殊颜色；③通过透射或反射光进行观察；④扫描系统；⑤运行检查系统的软件程序；⑥显示系统；⑦数据存储和分析。

根据缺陷检测需求添加组件构成的检查系统，基本能够检测到涂层中的全部缺陷。

2. 涂布量在线测量系统

控制涂布产品涂布量至关重要，这需要用准确的表征系统快速识别缺陷信息。为了确保所有必要参数达标，在线涂布量测量系统必不可少，以便快速、准确地测量横向轮廓、纵向轮廓、辊平均数和辊对辊的变化等参数。

在线系统远优于通过厚度或重量分析表征涂布量的离线系统。系统可在启动后不久扫描基材并测量横向和纵向轮廓，以最少的材料损失快速发现问题，生成的数据可以在控制回路中使用，优化工艺。

系统中传感器的选择，取决于传感器的安装位置、测量位置的涂层湿或干、材料组成、厚度和涂布量、测试精度及卷筒纸速度等。两类可选：测量包括基材在内的产品总重量的传感器；仅用于测量涂层的传感器。

（1）在总重系统中，未涂布和涂布基材均被测量，然后从涂布的基材重量中减去未涂布的基材重量即得到涂布量。总重量计基于 β 射线、γ 射线或 X 射线透射率。（2）某些直接测量涂层的重量计利用红外透射、β 射线反向散射或 X 射线荧光。X 射线荧光计特别适用于产生强烈 X 射线响应的涂布液，如锌在 X 射线源刺激下，很容易通过荧光检测出来，使用硬脂酸锌为润滑剂的产品即用此法检测。

3. 黏度在线检测系统

涂布液的黏度是控制涂布量和涂布产品质量的关键变量。温度变化、溶剂蒸发、气泡或泡沫中的空气夹杂物、批次间的变化，以及微粒的聚集等引起的黏度变化，都可能导致涂布次品。以往，这些变化因没有持续监控黏度而重视不够。通常仅在准备周期结束以及在涂布过程中偶尔检测黏度，结果可能发现某些缺陷是因黏度变化导致的。在非牛顿溶液中，黏度变化尤其难以检测。

在线黏度检测系统，通过提供持续的黏度动态测量值，分析该数据并将其与缺陷水平或涂布量的变化相关联，可帮助避免上述问题，也可将其作为控制回路的一部分，在设定温度下保持黏度恒定。在线黏度检测系统还可以根据需要，控制添加溶剂、补偿蒸发损失、保持温度恒定。

四、数据分析技术

故障排除人员必须具有数据分析的基本知识，能够进行统计分析。供操作人员分析数据结论，进行必要的实验验证。

汇总数据后统计分析，所需步骤如下：

（1）提出问题，通过数据分析回答或建议可能的趋势或相关性，以供进一步探讨。确定哪些工艺变量发生了显著变化，这种变化如何影响缺陷或问题。

（2）汇总涵盖调查时段的特定数据集，包括围绕该过程产生了良好产品的时段。

（3）选择适当统计参数。对于初始筛选，可以使用绘图数据和相关矩阵来获取初步趋势和相关性。同样，对于初步分析，可以使用较低的置信度限制。

（4）计算选定的统计参数。

（5）解释参数，确定哪些关系有效，它们如何回答最初提出的问题。

（6）使用高级参数和其他数据集（如果有），执行其他分析。

1. 缺陷的命名

首次发现缺陷时，可以给其命名。缺陷命名是排除的起点，对于涂布和干燥缺陷，这是一个特别重要的阶段。缺陷通常相当模糊，难以定义，相同缺陷的名称可能有很多种，看起来相似的缺陷可能有多种成因，结果缺陷很容易被错误命名，并可能导致严重的后果。

检测到缺陷后，通常由第一位观察者为其指定一个描述缺陷的名称。中心清晰的圆形缺陷，看起来像是在中心出现气泡，则称为气泡，带有中心的斑点称为污垢，横向标记称为振颤，涂层中的柔软不均匀斑点。在汽车饰面的喷涂层中，尽管名称不同，但针孔和微泡都描述了相同的缺陷。在涂布和干燥缺陷中，很少有测试可以定量地定义物理不均匀性，如气泡或条纹，并且由于涂布样品性能多样，如颜色、硬度、涂布量、照相胶片的感光度，对应着各种缺陷名称。此外，许多来源相同的缺陷，如振颤和条纹，两者都涉及来自不同原因的多种缺陷。表1-9中总结了一些广泛使用的缺陷通用名。这些名称来自研讨会上论文、专利文献、出版物及涂布和干燥领域的从业人员。

表 1-9　一些物理缺陷名称

连续型缺陷	对流蜂窝
罗纹　振动	橙皮状　胖边
振纹　波纹	图片取景　开裂
条痕　频段	星状缺陷
横波　禁止	起皱
肋纹干燥带	腔体　夹杂物
洒泪　碎珠	裂缝　屈曲
尾巴条纹缺陷　枕缺陷	蛤状　夹带空气
人字形	火山状　带尾气泡
离散型缺陷	凝胶　污垢
气泡　坑状	格状　钩状
薄点　污点	轨道缺陷　条痕
针孔　鱼眼	团聚体　剪力
水泡　斑点	随机带状缺陷

显然，许多缺陷的初始定义并不正确，并且初始名称通常暗示缺陷成因，这会影响后续排除，该现象被称为初始名称综合征（Cohen，1993）。初始名称综合征会快速地为缺陷提供描述性名称，错误的名称会将焦点转移，影响缺陷诊断，

导致无效的故障排除过程。

以气泡为例。一旦将缺陷命名为气泡，就意味着空气可能因进料管线泄漏、泵密封性差、制备釜中的混合速度过高或涂布台上夹带空气等进入涂布液。然后，排除故障的起步工作将集中在查找这些可能的原因上。但是，如果缺陷不是由气泡引起的，而是由落在湿涂层上的污垢引起的，就会导致操作人员走弯路。

之所以存在初始名称综合征，是因为操作人员需要迅速消除涂布机上的缺陷，但快速分析缺陷所需的工具不易具备。粗略的视觉检查（可能使用显微镜）和典型缺陷的参考资料，被广泛用于帮助识别缺陷，很可能导致名称不正确。如果操作人员还具有更高级的诊断方式，如涂布机的在线监测，或许缺陷的评判更准确。

良好的初步表征，可以避免初始名称综合征。实际上，常规显微镜检查耗时长，需要良好技能与经验，手动搜索历史资料识别缺陷，乏味且不常用。扫描电子显微镜、EDX（能量色散 X 射线）和 ESCA（用于化学分析的电子光谱）可提供准确的信息，但不够及时，在查看缺陷时，存在惯性思维，即将缺陷与暗示原因的名称相关联。

避免初始名称综合征的最佳方法，是避免给缺陷赋予诗意的或描述性的名称，避免暗示初始观察时认为的原因，而是使用通用术语描述缺陷及其属性。不要将其描述为气泡，而应将其描述为一系列圆形区域，中间无涂层。如果缺陷看起来是颤抖的，则将其描述为连续出现的一系列涂布不均匀性。例如，不均匀性在中心较轻，宽度为 1 英寸，间距为 2 英寸。至少应检查几个有代表性的缺陷，确保属性正确，再给出一个无害的名称。

2. 收集和分析其他数据

成功解决问题和排除故障，就是要获得问题或缺陷以及所用涂布工艺的必要信息。信息来自不同方面，既有单独信息，又有综合信息，必须对所有信息进行归纳、分析和整理，研究缺陷成因及永久消除缺陷的措施。即使所有涂布工艺都有特性，也还是有基本的共性信息，特别是数据收集过程的基本组成部分，在多种涂布技术中，具有普适性。

在此基础上，进行缺陷的命名、分类，确认成因及消除措施和预防措施，就可能解决问题和排除故障了。

通常，干燥缺陷仅指涂布液或基材中的物理缺陷，如斑点、振颤或条纹。但此定义给出了更准确的涂布过程中可能出现的缺陷和质量问题，给更好地改进涂层和干燥过程提供了机会。

缺陷是涂层和干燥过程中，任何导致客户不满意的东西。涂布和干燥缺陷的含义，应该涵盖薄膜中的多种缺陷，而不限于物理缺陷。

涂布和干燥缺陷范围：

（1）涂层和基材中的物理缺陷。例如，气泡、条纹、螺纹、夹带空气、污染缺陷、振动、皱纹、彗星、卷曲、凝结点和重复痕迹。

（2）涂布量或涂层厚度不足。涂布工艺会导致数种缺陷。生产过程中所有辊的平均涂布量必须处于所需值。涂布量还必须在基材的整个宽度（横向或 TD 轮廓）上以及沿着辊子的长度（纵向或 MD 轮廓）上，达到均匀性标准。横向或纵向变化范围可以从 1% 到 10%，如果需要 2%，为 10% 设计的涂布线将产生次品。

（3）产品性能属性不足。这些可能会受到涂层和干燥条件变化的影响。例如，干燥条件影响卤化银膜的背景密度，必须严格控制干燥条件。黏附牢度受涂布液在基材上的润湿性能影响。涂层的雾度和透明度也可能受工艺条件的影响。许多配方要通过加热或紫外线辐射固化或交联，这些都会受到工艺的影响。

（4）无法持续获得指定的工艺条件。如果没有保持稳定的干燥点的位置，则产品可能过分干燥，导致产品性能不佳；或者干燥不足，导致产品缠绕粘连。

第五节　涂布缺陷排除流程

　　缺陷排除由一系列步骤组成（表 1-10），在实验室，中试工厂或制造单元中，所有涂布机都可使用此步骤解决。首先定义问题，然后收集所需信息，针对可能的原因给出假设，验证假设，最后使用正确的结论解决问题。科学试验是解决问题的最有效方法。

表 1-10　缺陷排除过程

（1）发现缺陷，发现问题	• 统计分析过程数据
• 来自在线实时检查系统	• 检查标准操作程序
• 来自涂布机的目视检查	（4）分析数据并找出问题的潜在原因
• 来自目视检查转换区域	• 头脑风暴会议
• 来自客户投诉	• 解决问题的技巧
• 来自量产数据分析	• 收集过程中的专业数据
（2）定义缺陷或问题	• 进行统计设计的实验室实验
• 收集代表性样本	• 运行计算机模拟
• 描述缺陷但不命名	（5）消除问题
• 列出并记录缺陷的特征属性	• 运行涂布机试验检验假设
• 制定问题陈述	• 这可能需要几次尝试，然后返回到步骤（4）
（3）收集并分析其他数据	（6）记录结果
• 收集一般过程信息	• 收集所有数据，工作会议中的图表和分析结果
• 收集有关缺陷的分析数据	• 准备报告和问题
• 收集原材料的分析数据	（7）应用结果防止再次发生

一、故障排除的基本原则

此故障排除过程的基本原理是，涂布机中只有两个基本的问题或缺陷原因。所研究的特定问题可以基于两种机制之一：（1）工艺或配方中的某些事故已更改，（2）违反了基本的物理原理。

生产中的大多数问题属于第一种。产品已经进行了数次生产运行，没有发现缺陷，由于工艺变化导致了不良后果。到产品正常生产时，已消除了由于基础科学和物理原理引起的所有问题。因此，分析过程的目标是，首先关注可能导致缺陷的工艺变化，或涂布无缺陷部分和缺陷部分之间的差别。

第二种主要发生在引入新产品，或现有涂布线功能增加时。此时，可能因为违反了物理原理会受到限制，此类缺陷可能需要通过硬件升级解决。

即使由于工艺或配方的更改而导致缺陷，基本物理原理对涂布也很重要，不能忽略。了解这些原理，将其作为寻找更改并确定所更改方案的依据。将两种机制统筹应用，可指导快速找到解决方案。

二、检测缺陷

多种光学技术的实时自动检测系统，可以在产品涂布时检测出许多缺陷，也可以在精加工或整理加工阶段，使用自动激光检查和人工观察，检测出源自涂布机的缺陷。通常，在包装最终产品时，会抽检产品质量。对于照相胶卷，将产品曝光并进行处理，会发现细微涂布缺陷。

故障排除的第一阶段，是确保达成共识，确认存在问题并妥善解决该问题。这对于组织人员、测试和实验资源至关重要，各方沟通是关键。

三、确认缺陷或问题

该步目标是进一步定义缺陷，明确问题所在及预期结果。

需要提出以下问题：

• 缺陷是什么？
• 缺陷是影响性能还是仅影响美观？
• 缺陷在哪里？
• 何时观察到缺陷？一天中的时间、季节、温度和相对湿度？
• 在什么光线条件下，如何发现的，是肉眼、显微镜或分析仪器观察到的缺陷？

四、分析数据并挖掘问题的潜在原因

对收集的数据进行分析确定缺陷原因，必须整合所有信息。"收集和分析其他数据"部分中建议的所有信息都可用于分析。难点在于从无用和错误的线索中，找到并筛选出重要信息。要确保所使用的过程以及逻辑和思路涵盖所有可能的解决方案，避免过分专注于不正确的解决方案。

1. 制定问题清单

作为分析基础，表 1-11 是用于启动问题解决过程并激发思维的通用问题列表。清单包含了有关涂布缺陷的一般问题和特定问题。

表 1-11　有关缺陷的问题列表

何时首次发现问题？以前见过吗？	涂布机的温度和湿度是否与平常不同？特定的喷枪是否更普遍？
涂布机上的所有产品都有吗？	
在某个特定的班次上出现的次数或多或少？在任何时间都经常看到它吗？	缺陷是否在特定产品中更为普遍？所有缺陷真的一样吗？
在一年中的某个季节，它的出现次数或多或少？外面的天气有影响吗？	它们如何分布？
	涂布机是否有任何新的限制？现在的标准和以前一样吗？
是否在流程的某个特定时刻看到更多？问题如何随时间变化？	是由其他人解释标准吗？
问题同时在设施中还有其他情况吗？涂布机或存储区有什么不同吗？	有没有新的原材料来源？原材料的年龄是多少？涂布机或转换区域是否发生了变化？
该区域比平时更干净或更脏吗？	最近有关闭吗？

2. 缺陷映射

缺陷映射是从原始数据中开发缺陷机制的一种分析技术，缺陷映射图是显示纵向和横向缺陷位置和频率的图表。它使用测量值、图表和统计信息，确定缺陷在基材纵向和横向上的频率与确切位置。该方法不需要昂贵的工具，但可以确保正确分析缺陷并指出最佳特征区域。

在研究斑点缺陷时，最初认为是切割操作中边缘修整产生的基底条，沉积到涂布的基材形成。基于原始涂布基材的长条样品，确定了每个斑点的位置并绘制了图 1-13。从图中发现，在距齿轮侧 18 ～ 24 英寸的车道中，出现缺陷的频率很高，这排除了边缘修剪器成因。对边缘修整的基材走向的研究表明，在斑点的位置出现了方向改变装置，该装置刮去了涂层。

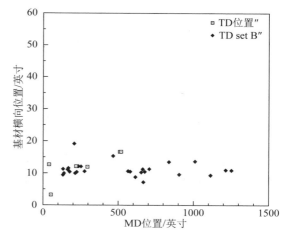

图 1-13　缺陷

3. 鱼骨图

鱼骨图也被称为因果图或石川图，它从机械、人员、方法和材料四个方面延伸，在每个类别下都有子类别。对于特定的问题或质量特征，作为一种图形工具，有助于确定所研究缺陷的所有可能原因。

4. 问题分析工作表

工作表是过程分析阶段非常有用的方法。通过比对过程、集中信息，分析导致当前问题的根源。

该工作表有四个关键元素，列出了问题或缺陷的四个基本属性：偏差多少、发生处所、发生时段、存在范围。

表 1-12 是基于涂布照相胶片中的颤振问题，整理有关问题的数据后填写的工作表。颤动或可变密度条在基材上是统一的。颤振的均匀性表明缺陷源自机械振动，而非流体不稳定。由于它仅在开始时发生，表明涂布开始时硬件可能存在故障。检查发现最初零件未对准。

表 1-12　Kepner-Tregoe Problem Analysis Worksheet 问题分析

	缺陷	非缺陷	特征
什么	横棱 横穿棱	点子	振动导入
	密度不均	条纹	流体动力
	颤振		不稳定致颤动
何处	横向	仅在边缘	振动的不均匀源
		仅在中心	不均一传递到基材
何时	涂布辊启动 roll	辊平衡期	仅开始涂布时振动
		仅末端	振动消失
程度	起始严重	不均匀	开始涂布硬件激活
	200ft 处减弱	强度相同	此时

当观察到涂布颤动时，可能成因有：（1）涂布头和基材振动；（2）涂布液流变性的变化；（3）涂布头条件变化。因此，数据收集和分析应着重于卷筒纸、建筑物、涂布头以及滚动轴承和进料系统中的振动。还需要：黏度（最好是黏弹性数据）、涂布量，以及涂布条件，如真空度、狭缝模头倾斜度，以及挤出嘴或坡流涂布模头到基材的间隙。

当检测到气泡时，应分析溶液制备釜、泵和进料管线，确定是否有空气泄漏到涂布液中。还要考察干燥设备载荷状态。

可能原因

涂布启动硬件故障，涂布启动硬件条件设置错误，涂布辊轴承不良，真空引发源。

表 1-12 第一行是各列标题。第一列是该属性的确定性，第二列是该属性的不确定性。所有信息来自故障排除过程的初始部分中收集的信息。第三列和最后一列（有时会省略）是基于前两列来标识信息的独特之处。在工作表的底部，列出了可能的缺陷成因。

5. 主成分分析法

主成分分析就是设法将原来指标重新组合成一组新的毫不相关的几个综合指标，来代替原来的指标，同时根据实际需要，从中选取几个较少的综合指标，尽可能多地反映原来各指标的信息。这些综合指标称为主成分。

假设在所讨论的实际问题中，有 p 个指标，把这 p 个指标看作 p 个随机变量，记为 X_1，X_2，$\cdots$，X_p，主成分分析就是要把这 p 个指标的问题，转变为讨论 p 个指标的 k 个线性组合的问题（$k \leqslant p$），由 k 个线性组合构成新的指标 F_1，F_2，$\cdots$，F_k，按照保留主要信息量的原则充分反映原指标的信息，并且相互独立。这种由讨论多个指标降为少数几个综合指标的过程，在数学上就叫作降维。显然，在低维空间识别一个系统要比在高维空间容易得多。

纸张的性能参数包括平滑度、吸收性、白度、抗张强度和耐破度等，这些性能参数决定了纸张的使用性能，而这些参数之间往往保持两两相关性，纸张的这些性能指标特点正好符合主成分分析的特点，因此，在涂布纸的性能参数分析中，完全可以采用主成分分析法。智川等通过对涂布纸性能指标的主成分分析，将纸张的六项性能指标综合为三个独立的指标参数，对这三个独立的指标参数加以综合得到综合指标，再根据独立指标及综合指标对纸样性能进行评价，综合后的指标能够较好地反映涂布纸的综合性能。

五、问题消除及总结报告

在确定了问题或缺陷，收集了数据，确定了可能的原因，并进行了统计实验建立假设的前提下，建议使用基于统计的实验，验证实验室结果并确定最佳解决方案。运行该实验时，如果问题没有完全解决，则应获取大量数据。或许有必要回到上一步，并使用最新数据重新分析问题。

最终报告应简单易行，包括总体摘要、解决问题的步骤、团队成员详细信息、分析报告、缺陷样本等，最终以数字格式存储到计算机数据库备检。

第六节　涂布操作及质量控制注意事项

　　涂布操作及质量控制，需要注意的事项较多，以铜（铝）箔为例，列出了通常需要注意的事项，其他需要根据实际情况灵活处理。

　　（1）检查设备是否处于正常状态，清理过渡辊、涂辊、胶辊烘箱过道，确保无杂物灰尘，准备涂布时所需要物品及工具。

　　（2）根据工艺要求确定基材宽度和厚度，取样实测。

　　（3）穿好牵引带，确保胶辊两边的距离大致一样，机头的纠偏在截体宽度相差不大情况下固定，不要随意移动。

　　（4）接带时必须平整牢固，不然会导致因截体两边受力不均，而出现机头皱带、间隙弹不开、易断带等情况。

　　（5）机尾烘箱出口处的纠偏。在正常情况时做好标记，在断带时把纠偏按钮打到手动，按左右按钮把极片调到平行时纠偏打为自动。不然会导致截体两边受力不均出现机头皱带、间隙弹不开、易断带、收卷不齐等情况。

　　（6）换卷时，先按下压杆后关张力。接带极片时两边必须平行，先打开张力再打开压杆。

　　（7）根据工艺要求设置加热温度，然后启动加热按钮。

　　（8）用 35μm 的铜箔两层垫在刀辊下涂辊上，手动下降刀辊光栅位置，当显示为零时将两层铜箔的实测厚度设置为基准点值。

　　（9）根据工艺单面敷料密度的要求计算刀口值，刀口值 = 单面敷料密度 ÷ 浆料的固含量 ÷ 主材的振实密度（适用于负极作参考）。

　　（10）根据计算出的刀口值减去基准点值设置为刀口设定值（适用于正极作参考）。

　　（11）用当前使用的截体单层两片 50mm 宽放在涂辊与胶辊两端的中间，调整到推动伺服使其截体用手轻轻地拉时感到不松不紧，过紧易伤胶辊，试涂时微调推动伺服参数。装好调刀，刀口不能装得过于垂直或过于太偏，稍微正偏但不能负偏，负偏会产生竖条纹。

　　（12）根据工艺要求设置参数，装好料槽及挡浆块。单面首检用 1 ～ 2 米的截体接上牵引带拉到机尾首检，首检好后用千分尺测量纵向和横向厚度，确保巡检作参考厚度。

　　（13）正极涂布速比一般情况下设置为 1.2，负极设置为 80%（暂时作参考）。头尾修调参数根据实际厚度作调整，留白速比和头部速比设置一致，其他根据实际情况作调整。

　　（14）单面涂完后拉空箔到机尾再涂 1 ～ 2 米，拉到机尾作双面首检，单面尾检合格刀口参数不要调整，若不合格，刀口参数适当调整，双面首检将涂单面 1 ～ 2 米长的那段涂布拉到机尾首检，首检好后用千分尺测量纵向和横向厚度，确保巡检作参考厚度。

（15）看机头的注意事项：料槽浆料的液面，随时用塞尺清理刀口里的干浆，避免浆料在刀口内积累，干后影响涂布厚度和敷料密度。随时清理胶辊上两边的浆料避免影响推动伺服。检查极片表面有无杂物硬伤、涂布辊上有无干浆，间隙涂膜左右长度是否一致，单双面是否对齐。若对不齐先看光纤感应的是哪边，光纤感应边对不齐适当调整光纤值，另一边适当调整涂膜间隙。修改参数，查看有无其他异常。看机尾的注意事项：查看极片面有无杂物硬伤、间隙涂膜长度、极片是否干透、测量极片厚度、头尾厚度。有异常情况立即通知机头人员，机头人员对出现的问题作相应的调整。总之，要有责任心，去挖掘问题、发现问题、分析问题、解决问题。

（16）涂布完后清理机头、机尾，以及烘箱内外，按工艺要求烘烤极片并做好标识，搬运极片或铜（铝）箔时注意安全、轻拿轻放。

（17）认真如实填写整个过程的参数记录、首检记录及日报表，每月对各种参数进行汇总分析，寻找同一材料的涂布规律，以便快捷涂布，提高效率。

参考文献

[1]   Edgar B. Gutoff; Edward D. Cohen. Coating and Drying Defects-Troubleshooting Operating Problems，Second Edition, 2006, Published by John Wiley & Sons, Inc., Hoboken, New Jersey Published simultaneously in Canada.

[2]   智川，梁巧萍，陆赵情，杨保宏. 主成分分析法在涂布纸质量综合评价中的应用 [J]. Nov., 2010 Vol.31, No.22 China Pulp & Paper Industry.

第2章 涂布液、基材表面性能与涂布缺陷

涂布液的制备输送过程，有可能造成各种涂布缺陷。不正确的配制操作、不合理的流动控制系统，会导致涂层中出现颗粒、附聚物或气泡，从而出现涂布缺陷。涂布过程中，涂布液的浓度、黏度会发生变化，影响涂层的横向均匀性；涂布液胶体不稳定或在涂布液中分散不完全，会导致过滤器堵塞；涂布模具的流动控制不佳，会导致下层覆盖率波动；供料系统不当，就无法形成均匀的涂布覆盖。

一、涂布液污物与不必要颗粒

必须滤除涂布液中的污物和不必要的颗粒。颗粒几乎可以来自任何地方，污物可能与原料一起进入涂布液。例如，空气中的灰尘沉淀到敞开的涂布液中，管道腐蚀将金属氧化物带到涂层中，细菌从管道上掉落到液流，有些聚合物或树脂只溶胀而不溶解，未溶解的聚合物小球涂布到基材上形成斑点。一些活性成分颗粒可能太大，在涂层中显示为缺陷，而其他颗粒虽小，但会聚集成大块。所有这些，都应在开始涂布前从涂布液中除去。过滤器可以阻止大颗粒进入涂布头。

涂布液中不必要颗粒分为硬软两种，硬颗粒不变形，容易过滤，如污垢、附聚物、腐蚀产物、垫圈片等。软颗粒容易变形，并且可以在高压降下伸长并挤压通过滤网，通过后重新成块。为了滤除软颗粒，必须将过滤器上的压降限制在较低值，如 3～5psi（20～35kPa）。正常情况下，过滤器的工作压力可达到 30psi

（205kPa），需要更大的过滤面积或更多的过滤器，才能在低压降下保持流速。要努力防止软颗粒形成。

特定的操作程序和特殊的保温措施是必要的。通常，如果将粉状聚合物倾倒在溶剂中，则物料外部吸收溶剂并膨胀。但溶胀的聚合物的外层会大大减少溶剂向内部的扩散，可能需要数小时才能溶解。建议把搅拌过的溶剂，缓慢添加到聚合物涡旋眼中，改进溶解效果。

二、涂布液过滤

（一）过滤方式

一般而言，过滤方式包括表面过滤、深层过滤、动力过滤三种。过滤运行又有间歇、半连续和连续等方式。

常用过滤器包括表面过滤器和深层过滤器。表面过滤器看似多孔膜，过滤的有效面积限于膜表面积，如图 2-1 所示。借助过滤介质的阻隔，小于过滤介质孔径的固体粒径，被阻留在过滤介质表面，形成滤饼，且厚度在不断增加。因此，当孔径被仔细控制并且相当均匀时，这些过滤器可以被认为是绝对过滤器。表面过滤用于必须去除所有大颗粒的场合。当过滤进行到存在大量固体时，滤布仅作为滤饼的支撑物，滤饼则发挥过滤作用。

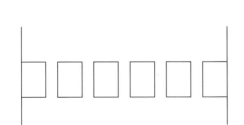

图 2-1　表面过滤示意

深层过滤是在过滤介质内部进行的，介质表面无滤饼形成。滤材孔道弯曲细长，颗粒尺寸比介质孔道小得多，颗粒进入孔道后容易被截留，由于流体流过时引起的挤压和惯性冲撞作用，颗粒紧附在孔道的壁面上。另一种理解是，深层过滤过滤元件的孔径比较大，液体中的固体借助过滤元件表面材料比较高的比表面积，如粒子（砂子、纤维）或毛状物吸收被阻留下来，积累到一定程度，大大提高过滤材料的阻隔性，实现过滤。

深层过滤器通常由以特殊图案缠绕在中心纤芯上的细丝组成（图 2-2）。进入孔隙的粒子可能会在改变方向之前撞击细丝，粘在细丝上除去。如果粒子穿过表面开口，仍有更多机会撞击内部细丝并黏附在其上。因此，会捕获一些小颗粒，而一些大颗粒可能会通过。例如，如果初始材料具有如图 2-3 所示的粒径分布，基本上所有大于特定尺寸的颗粒都将除去，大多数小颗粒仍然保留。保留在过滤器中的颗粒比例，随尺寸增加而增加。

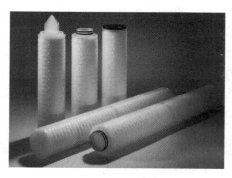

图 2-2　细丝缠绕在支架上构成的深层筒式过滤器

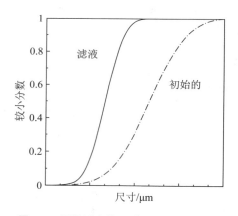

图 2-3　深层过滤前后液体中的粒径分布

　　深层过滤器用于液体固体含量较低的场合，如涂布生产线。对于大颗粒比较多的液体，通常先粗过滤，再细过滤。如果深层过滤器垫圈安装不正确，液体就会绕过过滤器，无法达到过滤效果。

　　深层过滤器的纤维或原纤维在首次使用时，可能存在脱落；过滤器的末端通常用灌封料密封，在首次使用时会滤出低分子量物质。建议在使用前冲洗过滤器。为了规避化学相容性影响，必须选择与溶液溶剂相容的纤维材质。

　　下面类型的材料，都可以用作过滤介质：滤纸（常用滤纸的孔径为 1 ～ 7μm）、脱脂棉、织物介质（包括棉织品纱布、帆布等）、烧结金属、多孔塑料、垂熔玻璃、多孔陶瓷、微孔滤膜。

生产线通常准备两套过滤器，一套运行，另一套并联备用。另外，由于颗粒会在通往涂布工位的管线中脱落，需要在涂布工位前安装粗过滤器，如金属丝网。

（二）涂布液中的团聚体／结块

必须保持涂布液中的固体颗粒分散稳定。表面活性剂类分散剂和聚合物类稳定剂必不可少。通常以阴离子表面活性剂作为分散剂。表面活性剂吸附到表面并使颗粒带电，同类电荷间相互排斥，阻止粒子凝聚，提高分散体系稳定性。高浓度的可电离盐，特别是多价盐，会破坏颗粒上的电荷层并引起团聚。部分表面活性剂复配，如阴离子表面活性剂和非离子表面活性剂，可以提高分散稳定性。

聚合物吸附到颗粒表面并在颗粒周围悬垂，达到一定浓度，形成颗粒间的空间阻碍，防止邻近聚合物颗粒聚集沉降，称为空间位阻作用。低浓度下，溶解的聚合物使分散体易于团聚。因此，浓度非常低的聚合物，可以作为凝聚剂或凝结剂，而较高浓度的聚合物，则是分散稳定剂（图 2-4）。

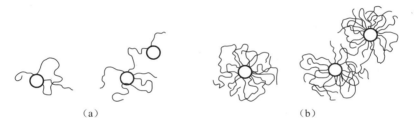

(a)　　　　　　　　　　　　　　　　(b)

（a）低浓度聚合物将颗粒连接在一起，容易导致团聚；（b）高浓度聚合物将颗粒隔开，防止聚集

图 2-4　聚合物对分散固体的影响

由于酸碱性会强烈影响某些颗粒上的离子电荷，因此 pH 值也是分散液稳定性的重要影响因素。如果胶乳具有羧基或磺酸基，它会随 pH 值的升高而被离子化，从而产生负电荷并增加稳定性。

分散过程需要搅拌，但搅拌速率过高，也会引起团聚。所以，供液泵中的高剪切速率，会凝聚分散体。离心泵具有较高的剪切速率；齿轮泵中的大多数流体，只能接触较低的剪切速率，但齿轮泵在齿轮擦拭壁时，会产生局部高剪切。在涂布过程中，从涂布头返回到进料容器的循环流，会导致颗粒产生不稳定的循环。在这种系统中，附聚物会随时间增加，必须滤除。结块通常会在过滤器快速堵塞时出现。所以，如果怀疑泵送引起结块，则设置进料容器和泵间的再循环系统，并随时检查溶液的结块情况。

（三）气泡及其消除

多数情况下，气泡是由流体制备和处理过程中引入的空气引起的，也可能来自涂布过程和干燥道，应确保不将空气引入系统。

气泡进入涂布液的可能途径包括：搅拌过猛，在液体混合时引入空气；撞击在液体表面上的液体流将夹带的空气带入；将液体泵入另一容器时，最初充满空气的管线进入液面以下；在泵吸入时，密封件泄漏且吸入压力低于大气压；管路中的气穴。所有管线向上倾斜并在管路高点设放气阀，可以避免气穴。

气泡也可能由溶解在涂布液中的空气形成。当温度升高或压力降低时，空气可能会从溶液中逸出。根据伯努利方程，管路中的流体机械能守恒，流速高的位置通常压力偏低，有可能引入气体，诸如管线末端、涂布台和狭窄管线处，以及阀门开关处，都有可能引入空气。

因此，需要去除气泡并减少溶解气体的量，以减少在管线中形成气泡的可能性。

将液体加热到一定温度保持一段时间，或抽真空将液体脱气，超声可辅助促进气体成核形成气泡释放，适度搅拌也有助于脱气。

消泡操作在于除去已经存在的气泡，通常在从涂布液到涂布站的管线中进行。简单的疏水阀，使液体进入顶部附近的表面下方，并离开底部。保留足够的驻留空间，可使气泡上升到表面。过滤器会过滤掉气泡，让液体以足够慢的速度向下流动，使过滤器捕获的气泡聚结成更大的尺寸，并逆流上升，也是可用措施。

本丛书在《涂布复合技术》部分，对气泡的消除及设备，已有介绍，可供参考。

三、影响涂层横向均一性的因素及其控制

（一）涂层横向均一性影响因素

横向均匀性，与涂布系统的结构密切相关；输送管路内流动的分散液，在管路中心以层流形式流动，接近管壁处，以湍流形式流动，导致与管壁不同距离的流体固含量不同，到达基材后，可能导致覆盖不均匀。

涂布流速通常相当低，并且几乎总是在层流状态下流动，此时涂布液几乎没有混合，应在涂布站之前安装在线混合器，使涂布液混合均匀。

如果通过带有夹套的管路加热液体，或者液体温度不同于环境温度，以致管壁会加热或冷却液体，则从进料管中心到管壁的涂布液，温度也会存在差异。液体黏度是温度的强函数，不同温度的液体到达涂布站的不同部分，导致黏度在整个涂布站上不一致，进而导致基材幅面的流量和覆盖率不一致。尽管在挤压涂布中，总流量仅取决于泵送速度，但在任何横幅位置的覆盖率，都会随黏度发生变化。所以，无论是辊涂还是挤压涂布，涂布液的局部流动都与黏度相关，也需要在涂布前安装在线混合器，保持涂布液各处黏度一致。

（二）因素控制

1. 在线混合器

在线混合器有动态和静态两种。动态混合器就是生产线上的搅拌器。它们具有出色的混合效果，并且是高剪切单元。由于通过旋转的搅拌叶片进行混合，会引入高频脉动，这些脉动可通过短塑料管来消除。

静态混合器是没有运动部件的小型设备，其直径与管路直径相同，由一定形式的内部结构组成，通过这些结构使涂布液受到切割和重组。例如，某一静态混合器，其内部结构将流体切成两段，如果有 21 个类似结构，就将有 2×10^6 个切片。这些结构是可以很好地混合液体的低剪切力的设备。除非内部向上流动，否则气泡可能会被困在其中，而不会到达涂布站。

《涂布复合技术》一书，对静态混合器有详细介绍，可供参考。

2. 温度控制

辊涂覆盖率在很大程度上取决于液体黏度，黏度又与温度强关联。在涂布模头中，如果温度以及因此导致的黏度在整个幅宽上分布不均匀，则涂布液流动也不均匀。所以，涂布液和涂布模头应保持温度相同。（因此，除非在室温下涂布一层，并且室温不会有明显波动，涂布液也处于相同的室温下，否则就必须进行温度控制。）

可在涂布液容器上安置夹套加热或冷却涂布液，也可在输送至涂布站的管线中安置热交换器，或者直接将至涂布站的夹套管线用作热交换器。通常使用高于涂布液温度的水作为加热液体，控制夹套热水流量，保证所需的涂布液温度。生产线中的静态混合器用作热交换器，可提高传热速率。如果夹套水恰好等于所需的涂布温度，则涂布液实际上没有达到该温度。所以，夹层水处于所需温度的夹套管线，仅用于将涂布液达到所需温度后保温而已。

四、涂布液延展黏度对涂布过程的影响及其控制

涂布液流变性与涂布运转性直接相关，并间接影响涂布纸性能，对涂布液流变行为的预测和控制，一直是涂布的重点和难点。

延展性能是涂布液重要的流变性能，影响诸如刮刀涂布、计量施胶压榨（MSP）涂布和帘式涂布运行性能。

（一）涂布液的延展黏度

1. 延展黏度的概念及研究现状

在涂布计量和转移过程中，不仅存在剪切流动，也存在显著的延展（拉伸）流动。延展流动是每当几何路径发生收敛或扩张时，涂布液在流动方向上受到加

速作用，使分子链在其运动方向上受到拉伸的过程（图 2-5）。在刮刀计量过程中，辊式涂布器的压区出口以及帘式涂布涂布液跟随纸幅运动的过程中，涂布液均会经历延展流动。在抵抗拉伸形变的过程中，涂布液自身所产生的内部阻力，可用延展黏度来衡量，延展黏度大的涂布液表现出更高的抗拉伸能力，在 MSP 涂布中，尤其是在帘式涂布过程中可以提供更稳定的运行性能。

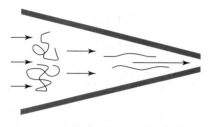

图 2-5　收敛流道中的延展流动

学者从 20 世纪 70 年代开始对聚合物熔体的延展黏度进行研究，对延展黏度测量工作做出重大贡献的有 Cog-swell、Gibson、Binding 等人。近年来，N.Willenbacher 使用毛细管拉丝破裂法分析了丙烯酸水溶液的延展黏度，并对比了不同溶液的特鲁顿系数。SaschaTadjbach 等人研究了不同涂布液以及不同增稠剂的延展特性，并认为选择延展性能好的胶黏剂可以扩大操作窗口，并提供良好的运行性。孙军从帘式涂布入手，初步探讨了延展黏度的测量及其对幕帘稳定性的影响。

M. Ojanen 使用 ACAV 超高剪切黏度仪中的 EXTV 附件对涂布液的延展黏度进行研究，他认为用欧拉数的大小可以判断涂布液延展黏度的变化趋势。ArthasYang 等人分别对比了毛细管拉丝裂断流变仪（Ca-BER）、多程毛细管流变仪（Multi-pass Capilary）以及 ACAV 超高剪切黏度仪的测量结果，认为延展黏度的测量需要精密的流变仪器，延展黏度的计算需要复杂的数据分析，同时，发现增加涂布液的延展黏度，可以有效减少帘式涂布中涂层的表面缺陷。

2. 延展黏度与剪切黏度

剪切流动和延展流动是涂布过程中普遍存在的流动形式，延展黏度的定义方式与剪切黏度类似，见图 2-6。在剪切流动中，涂布液的流动方向与受剪切应力所产生的速度梯度方向垂直，而在延展流动中，涂布液的流动方向和受延展应力所产生的速度梯度方向平行。

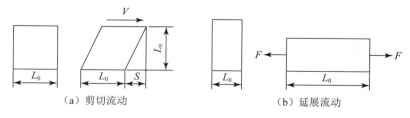

（a）剪切流动　　（b）延展流动

图 2-6　剪切流动和延展流动

剪切应变：$\bar{\gamma} = S/L_0 = Vt/L_0 = \gamma t$

剪切速率：$\gamma = V/L_0$

剪切黏度：$\eta_s = \sigma/\gamma$

延展应变：$\bar{\varepsilon} = (L_1-L_0)/L_0 = \varepsilon t$

延展速率：$\varepsilon = 1/L \cdot dL/dt$

延展黏度：$\eta_{\Sigma} = \tau/\varepsilon$

式中，剪切流动中，长为 L_0 的矩形流体受到剪切作用后，在 t 时间内发生的横向位移为 S，$\bar{\gamma}$ 为剪切应变，γ 为剪切速率，σ 为剪切应力，η_s 剪切黏度；延展流动中，宽度为 L_0 的流体在左右均为 F 的力下经历延展拉伸，时间 t 后的宽度为 L_1，$\bar{\varepsilon}$ 为延展应变，ε 为延展速率，τ 为拉伸应力，η_{Σ} 为延展黏度。

在涂布过程中，由于涂布液复杂的受力情况以及延展流动的瞬时发生性，通过理论公式准确计算流体延展黏度的数值比较困难，且用不同方法测量出的延展黏度也有差别。早在 1906 年，Trouton 就对高黏度液体的延展黏度进行了研究，他发现，对于牛顿液体以及低剪切速率下的非牛顿液体而言，延展黏度为剪切黏度的 3 倍，但在高剪切速率下，黏弹性液体将呈现出复杂的流变性，延展黏度与剪切黏度之比并不是常数。后来将延展黏度与剪切黏度之比叫作 Trou-ton 系数，记作 Tr 系数，即 $T_r = \eta_{\Sigma}/\eta_s$。Valle 等人测量了固含量为 55%、溶解在聚乙二醇水溶液中的高岭土的延展黏度，发现 Tr 系数为 12 ～ 16。Ascanio 等人发现，当剪切速率达到 $10^3 \sim 10^4 s^{-1}$ 时，涂布液的 Tr 系数为 4 ～ 36；当剪切速率达到 $10^5 s^{-1}$ 时，Tr 系数将达到 80。

在涂布过程中，涂布液均经历大范围的剪切速率和延展速率。图 2-7 是涂布过程中延展速率和剪切速率的范围。

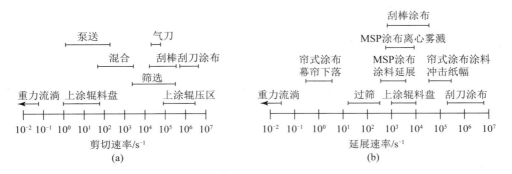

图 2-7　典型涂布过程的剪切速率 (a) 和延展速率 (b)

图 2-7 表明，在备料阶段、涂布阶段及计量阶段，涂布液经历剪切和延展速率的变化范围很大。对于帘式涂布而言，涂布液在与纸幅的冲击区所经历的延展速率，远大于幕帘自由下落时的延展速率，这是涂布液在冲击区更容易被拉断的原因；刮棒涂布和 MSP 涂布中涂布液所经历的延展速率范围大体相同；刮刀涂布中，涂布液经历的延展速率范围最大，最高达 $10^7 s^{-1}$。

3. 增稠剂对延展黏度的影响

Triantafil-lopuolos 和 Roper 等人研究了涂布液的流变性能对辊式涂布中的雾溅现象的影响，认为延展黏度很大程度上取决于涂布液的固含量和增稠剂用量。以淀粉、CMC 作增稠剂的涂布液，延展黏度较低，对 CMC 作增稠剂的涂布液而言，延展黏度随形变速率的增加而降低，随 CMC 用量的增加而增加。PVA 增稠涂布液的延展黏度有显著增加。

A.Sosa、P.J.Carreau 等人使用 CMC 作增稠剂，对以高岭土为主要颜料的纸张涂布液进行流变性分析，发现增稠剂用量的增加，可以提高涂布液的延展黏度，但增稠剂用量达到一定值后，尤其是在高剪切速率和低固含量条件下，具有剪切稀化特性的涂布液的剪切黏度也会随之增加，使涂布液呈现剪切增稠现象。

剪切增稠现象的出现，意味着涂布液的固含量和车速都已达到了上限，Hoffman 发现，在一定范围内，增稠剂的用量越大，越容易出现剪切增稠现象。

A.Sosa 等人发现，剪切速率、涂布液固含量和增稠剂用量的增加，均会导致 Tr 系数剧烈增加，将使 Tr 系数从 8 增加到 58。因此，涂布液的延展性能与增稠剂用量之间关系复杂，一味增加增稠剂用量，势必带来新的运行性问题。

在落帘涂布中，为了使高固含量涂布液在低流量下形成稳定幕帘，Barcock 等人研究了流变改性剂对涂布液延展性能的影响，流变改性剂通常是长链高分子聚合物，其分子链在拉伸流动下，可由静态的线圈收缩状态变为伸展状态，从而对延展黏度产生明显影响。研究发现，具有少量聚合物（如阴离子型聚丙烯酰胺和丙烯酸盐聚合物）的流变改性剂能够在中、高剪切速率下显著提升涂布液的延展黏度，这些聚合物的加入，能够增加涂布液的延展性能，且不会影响纸张物理性能和印刷适应性。

（二）延展黏度对涂布过程的影响

1. 延展黏度对刮刀涂布的影响

一般认为，在刮刀涂布中，尤其在涂布液计量阶段，高剪切流动是涂布液主要的流变行为，涂布液经历非常强烈的高剪切作用，剪切速率可达到 $10^6 s^{-1}$。通过毛细管黏度仪等设备，分析涂布液高剪切流变性，可在一定程度上定量预测涂布运转性。而随着涂布车速的提高，高固含量涂布液的刮刀涂布运转问题越发突出，涂布液由于剪切不充分导致的黏弹性、保水性以及涂布液与原纸间的相互作用，均会影响刮刀涂布的运行性能。

在刮刀计量区，涂布液会通过逐渐收敛的流道进入压区（图2-8），经历延展流动。Wilson 等人发现，在刮刀涂布中，延展黏度与为获得规定涂布量所需的刮刀压力的相关性，优于高剪切黏度；ArthasYang 等人发现，随着延展黏度的增加，刮刀或刮棒的负荷也会增加，即延展黏度对刮刀涂布运行性的影响非常大。因此，从涂布液的延展流变性入手，或许可以更合理地解释并有可能避免和消除刮刀涂布中流变性刮痕缺陷，收到稳定的运转效果。

2.延展黏度对 MSP 涂布的影响

在 MSP 涂布中，非常薄的计量涂布液薄膜先被涂到转移辊上，然后通过两根互相反转的辊子压区将涂布液膜转移到纸幅上。涂布液膜在转移压区的分离非常重要，它不仅影响转移率和涂布量，还可能形成雾溅和橘皮纹，引起运行问题。雾溅是涂布液膜在转

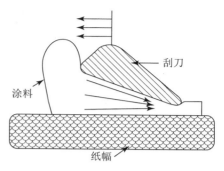

图 2-8 涂料在刮刀计量区经历延展流动

移压区分离时形成的（图 2-9），被认为是 MSP 涂布在高速生产时使用受限的原因，雾溅现象浪费生产原料，使操作变得困难，影响纸张质量。

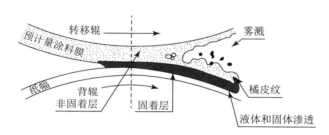

图 2-9 涂布液膜在转移压区的分离

对 MSP 涂布而言，单纯地依靠涂布液高剪切流变理论，不能很好地解释计量压区的喷料、涂布辊压区出口的雾溅及橘皮纹现象，根据涂布液油漆行业的经验，造纸涂布液的延展黏度很可能对压区出口处的涂布液膜撕裂及其所形成的橘皮纹纸病有影响。在计量压区，涂布液通过逐渐收敛的流道进入压区，产生了延展流动。在转移区，形成丝状的涂布液会被拉伸，如果涂布液的延展黏度低，很容易被拉断成小液滴，出现雾溅现象。Roper 等人认为使用剪切黏度大的涂布液可以减少雾溅现象，同时，Roper 发现，在涂布液中加入胶乳，可以帮助涂布液在转移区更好地脱水，可以减少雾溅。Smith 和 Triantafillopuo-los 认为，涂布液的延展性能决定辊式涂布中的雾化现象，随着延展黏度的增加，黏性阻力和涂布液内聚能增加，由于离心作用而喷溅出的液滴数量呈减少趋势。

3.延展黏度对落帘涂布的影响

在落帘涂布中，涂布液在形成区、流动区以及冲击区，均会经历延展流动。在形成区和稳定区，涂布液所受延展形变较小，幕帘的稳定性主要由涂布液的表面张力决定，在幕帘冲击区，涂布液会经历显著的加速流动，延展速率将达到 $10^5 s^{-1}$ 以上，延展流动和剪切流动共同影响涂布液的流变行为。如果涂布液的延展

性能不好，很容易在冲击区被高速纸幅过分拉伸，甚至被拉断。这样，不仅影响落帘涂布的正常运行（图2-10），还会造成涂层的表面缺陷和斑点（图2-11）。

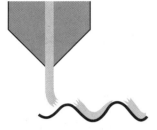
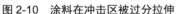

图2-10　涂料在冲击区被过分拉伸

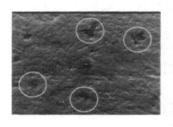

图2-11　扫描电镜下观察到的涂层表面缺陷

延展黏度高的涂布液所产生的幕帘更稳定，研究发现，落帘涂布中延展黏度的大小与涂层表面缺陷呈现很好的相关性，延展黏度大的涂布液所产出的成纸中，涂层表面斑点减少。

（三）延展黏度的测量方法

延展黏度的测量方法有拉丝法、反向喷嘴法、纺丝法、毛细管拉丝破裂法和流道收缩法等。不同的测量方法基于不同的假说和理论，测量也不尽相同（图2-12）。拉丝法虽然可以直接测定延展黏度，但仅适用于高黏度聚合物熔融体，其他方法虽然可以测定低黏度流体，但形变速率均较低，只有流道收缩法可以达到实际涂布中的形变速率，造纸涂布液常用的是流道收缩法和毛细管拉丝破裂法。

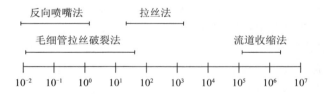

图2-12　不同测量方法所能够测量的延展速率的变化范围

五、影响涂层纵向一致性的流量控制

（一）辊涂湿覆盖率与流量

辊涂湿覆盖率取决于系统的几何尺寸，涂布液流变性或流动行为，以及涂布站上各个辊的速度。在狭缝、挤出、坡流和落帘涂布中，辊涂湿覆盖率取决于液体向涂布模头的泵送速度、基材运动速度和涂布宽度。系统中必须有从进料容器到涂布模头的良好流量控制以及卷材输送速度控制。

（二）涂布液进料方式

将涂布液送入涂布模头，通常有如图 2-13 所示的三种方式。

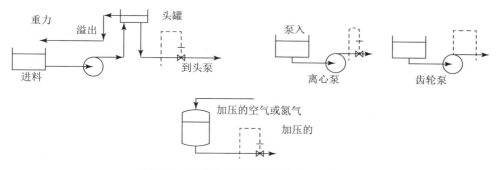

图 2-13　将涂布液送入涂布模头的三种方式

1. 重力进料

将液体用泵送到高位槽中，再通过溢流返回进料槽。压头箱可在管路中提供恒定的压头或压力，使流量控制（通过虚线连接至控制阀的流量计象征性表示）相对容易，系统无脉动。这种方式已不多见。

2. 加压系统

这些系统需要完全封闭的压力容器（图 2-13 底部）。由于加压促进气体溶解，可能导致以后形成气泡。如果不搅动液体，从容器的底部抽出涂布液，则不会有太多的气体溶解。问题在于加压状态下很难重新填液，需要两个容器交替进行，更换管路交替运行时，又可能造成涂布振颤，且空气（或氮气）进入出口管路，由于空气的黏度非常低，管路中的流动阻力将降低，导致涂布速度加快，部分液体和气体从涂层模头喷出。加压系统局限于易燃体系和低流量或短期运行领域应用。

3. 泵送系统

适用于大多数涂布生产。涂布液容器易于加注，且可以泵干。离心泵和齿轮泵都可能产生脉动，但脉动可控。通常，连接泵与涂布头的塑料管（如聚乙烯管）可提供足够的阻尼，以消除涂布模头上的大多数脉动，齿轮泵亦然。输送泵需要定期维护，齿轮泵流量计则是控制齿轮泵的速度，而不是调节控制阀。

注射泵用于非常低流速的涂布液进料，或将低流速的添加剂加入在线混合器之前的主流中。对于更长的涂布运行，可以使用两个泵，一个在注水而另一个在倒空，但很难实现从一个泵到另一个泵的无扰动输送。

关于狭缝挤出嘴涂布液输送与涂布质量控制，详见本书其他章节。

（三）流量控制

输送到涂布模头的流量，需要计量与控制。为了得到均一的涂层，不仅要通过校准的阀门或齿轮泵来控制流量，还应该测量流量，并对阀门或齿轮泵的速度闭环反馈控制。常用电磁流量计，超声波流量计和科里奥利质量流量计，计量满量程的 0.5% 的流量精度即可满足要求。

1. 电磁流量计

电磁流量计的基本原理，是导体通过磁场产生电压，该电压与流量之间是函数关系，测试电压即可反映流量。如图 2-14 所示，在电磁流量计中，流体本身就是导体，磁场在管道的外部非导电部分。通过电极测量产生的电压，电磁线圈的电压可以是直流电也可以是交流电。为了保证管道中的液体具有一定的导电性，使用范围限于水性涂布液。电极结垢可能会导致读数不稳定，需要及时清理。

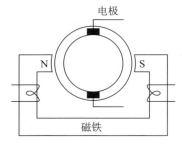

图 2-14　电磁流量计的原理

2. 超声波流量计

超声波流量计是基于超声波在流动介质中的传播速度，等于被测介质的平均流速与声波在静止介质中速度的矢量和的原理，流量计主要由换能器和转换器组成。根据对信号检测的原理，超声流量计可分为传播速度差法（直接时差法、时差法、相位差法和频差法）、波束偏移法、多普勒法、互相关法、空间滤法及噪声法等。

超声波流量计用于涂布液的流量管理时，在仪器的配管两端装有超声波探头，相互收发信号，测定各自传播时间；顺流的超声波会很快到达，逆向的超声波则会较晚达到，根据传播时间差算出流速，再通过流速算出流量。

3. 科里奥利质量流量计

科里奥利质量流量计简称科氏力流量计，是一种利用流体在振动管道中流动时产生与质量流量成正比的科里奥利力原理来直接测量质量流量的装置，由流量检测元件和转换器组成。科里奥利质量流量计实现了质量流量的直接测量，具有高精度，可测多重介质和多个工艺参数的特点。

科里奥利是真正的质量流量计，由传感器和变送器两大部分组成。其中传感器用于流量信号的检测，主要由分流器、测量管、驱动、检测线圈、检测磁钢构成（图 2-15）。变送器用于传感器的驱动和流量检测信号的转换、运算及流量显示、信号输出，变送器主要由电源、驱动、检测、显示等部分电路组成。

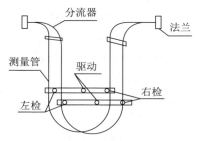

图 2-15　流量传感器结构

　　另一种类型液体通过不锈钢 U 形管泵送，该 U 形管以其固有频率振动。当液体通过管子时，它会沿管子上下运动。当试管向上移动时，进入试管的液体会阻止这种向上运动，从而有效地向下推动试管。另外，从管中流出的液体趋向于继续向上移动并向上推向管壁。这种力的组合使管扭曲，该扭曲被测量并且与液体的质量流量成正比。

　　综上所述，科氏力流量计具有其他流量计所没有的优点，测量精度仅与传感器左右检测时间差信号有关，得到了越来越广泛的应用。但使用环境振动不能太大，且要准确设计选型及安装，详细内容参见《科里奥利质量流量计原理及其应用》。

第二节　涂布液与基材表面性能及涂布缺陷

一、表面活性剂与表面张力

（一）表面活性剂

　　表面活性剂分子具有两亲性，即表面活性剂分子的一部分可溶于水，另一部分溶于有机溶剂。由于具有这种双重性质，表面活性剂分子趋向于集中在液体表面（或与固体的界面），溶解端在液体中，不溶端朝向空气。由于分子聚集在表面，因此被称为表面活性物质。覆盖表面的分子的不溶部分，具有比溶剂低的表面张力，使系统表面张力降低。

　　将表面活性剂添加到涂布液中，可以改善其对基材的润湿性。涂布液含有胶乳或分散的固体时，表面活性剂作为分散剂，可以防止固体颗粒絮凝及胶乳颗粒凝结。

（二）表面张力

　　在涂布操作中，涂布液以薄层的形式铺展在移动的卷材上，形成较大的表面积。表面张力倾向于减小，可能导致许多涂布操作缺陷，如对流蜂窝、缩孔、厚边、多层涂层中边缘不均匀、反润湿、缩边、胶黏剂失效和层间剥离等。

　　按照熵运动规律，所有系统自动趋向于以最低能量的状态存在，为了使表面能最小化，系统倾向于使表面积最小化。由于球体在给定体积下具有最小的表面积，因此，少量的流体倾向于具有球形形状，如液滴和气泡就倾向于球形。弯曲的界面高于外侧或凸出的一侧。因此，内部压力下降且气泡比外部的压力高。弯曲界面上的压差称为毛细管压力。

（三）涂布中的表面张力效应

1. 表面张力与润湿铺展

表面张力在润湿中起着重要作用。按照杨氏定律，为了使液体润湿表面，其表面张力必须低于固体的表面能。观察作用在高分子薄膜基材上湿涂层边缘的表面力，如图 2-16 所示。在平衡时，向左作用的力由向右作用的力平衡，作用在右边的是表面张力的水平分量，加上固体和液体之间的界面张力。如果表面上的液体要向左扩散，则向左的力必须大于向右的力。因此，希望基材的表面能较高，液体的表面张力较低，而固体和液体之间的界面张力也较低。对于水溶液，因为水的表面张力高达为 72mN/m（或达因 / 厘米），添加表面活性剂可以降低表面张力。同样，对于水溶液涂层，经常通过给薄膜表面氧化增加表面能。氧化使表面凹凸不平，增加的粗糙度有助于润湿。因此，氧化的表面能比未氧化的高分子膜高，有助于改善润湿性。

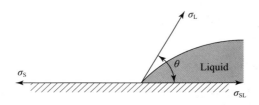

图 2-16　湿涂层边缘的表面张力

$s_L\sigma_L$ 是液体的表面张力，$s_S\sigma_S$ 是固体的表面能，$s_{SL}\sigma_{SL}$ 是界面张力。为了发生扩散，左侧的力 $S_S\sigma_{SL}$ 必须大于右侧的力 $\sigma_{SL}+\sigma_L\cos\theta$。

2. 低能表面的涂布

在各种涂布基材中，氟化表面的张力最低。这就是很难在氟化聚合物特氟隆上涂布，以及氟化表面活性剂在降低表面张力方面如此有效的原因。碳氢化合物表面张力也很低，在对塑料基材涂层前必须进行处理。氧化和氯化表面具有较高的表面张力，金属表面张力最高。不同的烃以及不同的氧化和氯化溶剂，表面张力变化很大。

表面张力取决于分子的哪些部分暴露在表面。如果含氧分子位于表面，而氧气朝下进入液体，则表面张力将是分子中烃部分的表面张力。乙醇和乙醛就是这种情况。在异戊烷中，甲基—CH_3 基比在正己烷或正辛烷中更可能存在于表面，在正己烷或正辛烷中，亚甲基—CH_2—基团较多，并且表面张力较低。没有甲基的芳族烃、苯、甲苯、二甲苯和苯乙烯，具有较高的表面张力。由于金属表面张力或能量最高，因此金属在清洁时容易润湿，但很难保持该表面金属氧化物的污染。

有机溶剂的表面张力低，在溶剂体系中很少使用或不需要表面活性剂。同样，许多表面活性剂在溶剂体系中无效。但是，某些氟化表面活性剂，会有效降低溶剂体系表面张力。

Zisman 法是通过测试接触角来确定临界表面张力，进而研究固体润湿性的方法。固体表面能难以直接测定，通过杨氏方程可大致计算固体表面能的数值。以 100mN/m 为界，将固体分成高能表面和低能表面，金属、金属氧化物、无机盐表面能可达 200～5 000mN/m，属于高能表面，易润湿；而有机固体和高聚物表面能低，属于低能表面液体，难润湿铺展。很多涂布基材属于低能表面，如聚乙烯（PE）、聚丙烯（PP）、聚酯（PET）、聚丙烯酸酯膜、聚氯乙烯材料等。

同系物液体在低能固体表面上的接触角随液体表面张力的降低而变小，用 $\cos\theta$ 对液体表面张力 γ_{lv} 作图，可得到一条直线，外推至 $\cos\theta = 1$ 所对应的表面张力值 γ_C，叫作临界表面张力（图 2-17）。若是非同系物液体，则（γ_{lv}，$\cos\theta$）点分布在一狭窄带，将此狭窄带外延至 $\cos\theta = 1$ 处，对应的最小表面张力值即为临界表面张力 γ_C。

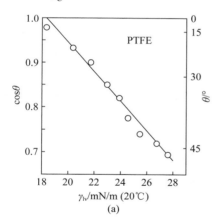
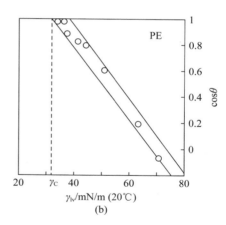

（a）正烷烃同系物测量聚四氟乙烯（PTFE）的 Zisman 图；（b）用非同系物测量聚乙烯（PE）的 Zisman 图

图 2-17　Zisman 图与临界表面张力 γ_c

γ_C 是固体润湿性质的经验参数，它表明，在该液体同系物中，凡表面张力高于 γ_C 的液体都无法自发铺展。理论上，所有 γ_{lv} 低于 γ_C 的液体都能够在该固体表面上铺展，然而实际对于给定的固体，γ_C 不是一个常数，而是随液体种类变化而变化。因此 γ_C 只是固体润湿性质的经验参数，在实际应用中需要注意：γ_C 越小，固体越难铺展。表 2-1 列出了常见低能高聚物固体或膜的表面张力与临界表面张力。

表 2-1　常见低能表面高聚物的表面张力和临界表面张力

聚合物	表面张力 γ_{SG}	临界表面张力 γ_C	聚合物	表面张力 γ_{SG}	临界表面张力 γ_C
聚乙烯	35.7	31	聚丙烯酸甲酯	40.1	35
聚丙烯	30.1	32	聚丙烯酸乙酯	37.0	33
聚氯乙烯	42.9	39	聚丙烯酸丁酯	33.7	31
聚二氯乙烯	45.2	40	聚丙烯酸乙基己基酯	30.2	31
聚三氯乙烯	53		聚甲基丙烯酸甲酯	41.1	39
聚四氯乙烯	55		聚甲基丙烯酸乙酯	35.9	31.5
聚氟乙烯	37.5	28	聚甲基丙烯酸十二烷酯	32.8	21.3
聚二氟乙烯	36.5	25	聚甲基丙烯酸十八烷酯	36.3	20.8
聚三氟乙烯	29.5	22	聚对苯二甲酸乙二醇酯	42.1	43
聚四氟乙烯	22.6	18	聚己内酰胺，尼龙 6		42
聚醋酸乙烯	36.5	33	聚己二酰己二胺，尼龙 66	44.7	46
聚乙烯醇		37	聚庚二酰庚二胺，尼龙 77		43

从表中数据可见，高聚物表面张力存在下列规律：

①聚合物引入 F 元素会显著降低表面能和临界表面张力，聚四氟乙烯具有最低的表面能和 γ_c。而引入 Cl、O、N 可提高表面能和临界表面张力。

②聚合物引入极性基团可提高表面能和临界表面张力。

③聚合物侧链引入非极性长链基团如聚甲基丙烯酸十八烷酯，长链基团可在表面富集或定向排列，显著降低表面能和临界表面张力。

聚乙烯（PE）、聚丙烯（PP）、聚酯（PET）、聚丙烯酸酯膜、聚氯乙烯 PVC 等材料的下述特性，容易对涂布生产和产品性能造成负面影响：

①表面能仅 30～43mN/m，表面能低，接触角大，涂布液或黏合剂不容易充分润湿基材，涂布过程铺展困难，易造成脱涂或缩孔。

②有些基材结晶度高，化学稳定性好，它们的溶胀和溶解都要比非结晶高分子困难，胶黏剂附着在基材上很难使高聚物分子链互相扩散和缠结，不能形成较强的黏附力，涂布层容易分离。

③聚烯烃属于非极性高分子材料，如聚乙烯分子不带任何极性基团。聚丙烯分子中虽然每一个结构单元都有一甲基，但甲基是非常弱的极性基团，所以聚丙烯基本上属于非极性高分子。胶黏剂吸附在被黏材料表面是由范德华力（分子间作用力）引起的，范德华力包括取向力、诱导力和色散力。非极性高分子材料表面，不具备形成取向力和诱导力的条件，而只能形成较弱的色散力，因而黏附性能较差，涂布层容易分离。

④部分基材树脂本身含有低分子量物质或是在加工过程中加入的添加剂如脱模剂、增塑剂、滑爽剂、抗静电剂等，这类小分子物质容易析出，富集在树脂表面，

形成强度很低的弱界面层，黏附性更差，或更难铺展。

以喷墨印刷承印物涂布为例，基材大多属于低能表面，如 RC 纸基的主体结构为纤维原纸双面以淋膜工艺涂上聚乙烯层，若不对聚乙烯层作预处理，涂布过程将直接涉及聚乙烯表面的铺展和粘着；虽然合成纸的印刷层（与芯层不同）含有更高比例的无机填料和改性剂，可以改善印刷和涂布适应性，但表面能一般在 38 ~ 41mN/m，只有经过预处理涂布才能提高到 50mN/m 以上，如南亚的 PG 系列其印刷层经过涂布处理成雪铜面；聚酯薄膜的表面能一般在 42mN/m 左右，涂布过程中润湿和铺展不会有太大问题，但水性喷墨涂层在此类基材上的附着力不佳，聚酯薄膜经双向拉升后，经过电晕在线底涂一改性丙烯酸酯类底层后，可提高对涂布涂层的附着力。

在喷墨介质的实际生产中，厂家提供的多数基材已经过一定程度的改性或涂布一层黏着层（又称底层或 prima），来提高基材的向上润湿性和附着力。但各厂家工艺不同，所提供基材的表面能和润湿性不尽相同，即便是同种类型的基材比如聚丙烯合成纸，其涂布表面性质也随厂家不同存在很大差异。在涂布过程中，仍有必要根据基材情况，调整涂布液的组分，改进润湿铺展性和附着性。在实际涂布过程中，基材表面能也随电晕、等离子处理等方式变化而变化。因此，检测固体表面能尤为关键。工艺控制人员可采用下述手段测量基材的表面能近似值：

以八种液体作为标准液：纯水（72.8）；甲酰胺（58.2）；2- 氰乙醇（44.4）；二甲基亚砜（43.0）；N- 甲基 -2- 吡咯烷酮（39.0）；2- 吡咯烷酮（37.6）；二甲基甲酰胺（35.2）；丙酮（23.7）。括号内为标准液的表面张力值，单位 mN/m。或选用甲酰胺和乙二醇单乙醚的混合溶剂，得到表 2-2 中一系列从 30 ~ 58mN/m 的标准液，其中百分比为质量浓度。

表 2-2　甲酰胺—乙二醇单乙醚混合溶剂的表面张力

甲酰胺（%）	乙二醇单乙醚（%）	表面张力（mN/m）	甲酰胺（%）	乙二醇单乙醚（%）	表面张力（mN/m）
0	100.0	30	67.5	32.5	41
2.5	97.5	31	71.5	28.5	42
10.5	89.5	32	74.5	25.5	43
19.0	81.0	33	78.0	22.0	44
26.5	73.5	34	80.3	19.7	45
35.0	65.0	35	83.0	17.0	46
42.5	57.5	36	87.0	13.0	48
48.5	51.5	37	90.7	9.3	50
54.0	46.0	38	93.7	6.3	52
59.9	41.0	39	96.5	3.5	54
63.5	36.5	40	99.0	1.0	56

测定时，用棉球蘸取测定液，涂于倾斜 30 度的固体表面，留下 1cm 宽 6cm 长的液膜。如果 5 秒钟内液膜不收缩，则判断固体表面能大于测定液；如液膜收缩很少，仍有 0.8cm 宽的液膜，则判断为接近测定液的表面张力；若液膜迅速收缩并破裂，说明液体表面张力高于固体，需使用更低表面张力的测定液，直至选出一个合适的或最接近的测定液，该液体表面张力近似等于固体表面张力。

3. 动态表面张力

在不同的条件下，溶液表面张力可用静态表面张力和动态表面张力来描述，通常所说的表面张力一般指静态的，即溶液形成新表面的时间大于 1 秒钟时，涂布液所具有的表面张力是静态表面张力，当溶液形成新表面的时间在毫秒级时，才用动态表面张力来描述。

（1）动态表面张力

当创建新的表面时（在所有涂布操作中创建新表面），该表面不处于平衡状态。任何表面活性剂都需要时间扩散到表面，从而降低表面张力。在达到平衡的这段时间内，随着表面活性剂扩散到表面，表面张力会随着时间降低。表面张力从最初形成表面时的无表面活性剂液体的表面张力，下降至老化表面的平衡值。这种变化的表面张力称为动态表面张力。部分表面活性剂扩散速度很快，表面张力在 10 毫秒内达到平衡值。有些扩散缓慢，可能需要数小时才能达到平衡。

（2）动态表面张力龄

人们通常使用平衡值，但很少知道表面张力是时间的函数。对涂珠上的涂布液的表面张力变化，特别是涂布基材，以及挤出和落帘涂布过程而言，从液体表面在狭缝出口处首次形成的那一刻起，涂布液的表面具有一定的寿命。关注动态表面张力龄，十分重要。

二、表面张力与涂布缺陷

许多涂布缺陷来自界面间作用力，即表面张力。在很少使用表面活性剂的溶剂型涂布液中，常见火山口和对流蜂窝或贝纳德蜂窝类弊病。在水性涂布液中，表面活性剂用量要高于临界胶束浓度，保持表面活性剂饱和状态，使液体表面张力恒定，减少涂布缺陷。

（一）对流或贝纳德蜂窝

对流蜂窝（图 2-18）表现为类似蜂窝结构的完美边形，也可能表现为小的圆形斑点。

首先，通过从下面加热一薄层液体观察，蜂窝是由密度梯度引起的，密度梯度是由底部较热，密度较小的液体通过较冷的上覆液体上升而成，如图 2-18b 所示。

如图 2-18a 所示的对流蜂窝，则是由表面张力梯度驱动形成。表面张力梯度可以由温度梯度或浓度梯度产生。当湿涂层厚度小于 1mm 时（几乎所有涂层如此），对流蜂窝大概率来自表面张力梯度。

可通过控制具有较薄的层与较高的黏度和较高的表面黏度，来减少图 2-18 中导致蜂窝的涂布液流动。表面张力梯度的来源，有时是由于混合溶剂中，几种成分的表面张力不同，蒸发导致浓度波动，进而导致表面张力波动。蒸发冷却导致表面温度波动，进而导致表面张力波动。较慢的干燥速度，通常有助于降低对流蜂窝程度。为了提高生产效率，希望更快地涂布和干燥。添加挥发性较低的溶剂会改变溶剂组成，添加表面活性剂，会对提速有所帮助。含氟表面活性剂在溶剂体系中效果明显。

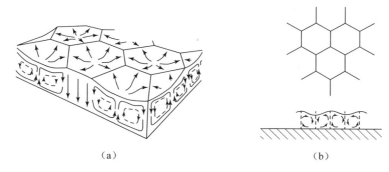

（a）表面张力驱动蜂窝缺陷；（b）密度驱动的蜂窝缺陷

图 2-18　对流蜂窝

（二）火山口

火山口特指由于涂层中存在低表面张力点，液体从该点流动到较高表面张力的位置引起的涂布缺陷（图 2-19）。低表面张力点，可能是由空气中的灰尘颗粒、油斑、凝胶颗粒或使用浓度高于其溶解度的有机硅消泡剂引起，液体将以很高的速度从低表面张力点流出到达高表面张力处。已测得速度高达 65 厘米 / 秒。

由于表面液体的加速以及下层液体的惯性或阻力，火山口的边缘会升高，同时中心变薄，只有单层可以保留在基材上，通常会在中心位置保留一个高"点"，其中可能包含污物颗粒。

与对流蜂窝一样，可以通过更薄涂层和更高黏度，减少火山口弊病。使用表面活性剂是有益的，应特别注意在洁净室条件下避免空气灰尘。不同的表面活性剂，对灰尘颗粒或分散的固体有选择性润湿作用，更换表面活性剂或许有帮助。

仅从结果很难区分已经上升到表面并破裂的火山口和气泡缺陷，应在显微镜下检查确认。

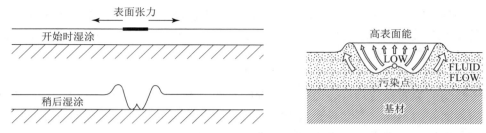

图 2-19　火山口形成

（三）厚边或相框

厚边也称为相框（图 2-20）。一般认为，在均匀干燥条件下，整个涂层会匀速蒸发。由于涂层边缘较薄，干燥过程中，边缘处的固体浓度将比分散状态的固体浓度更快提升。溶解的固体表面张力通常高于溶剂的表面张力，当无表面活性剂时，较高的固体浓度下的表面张力会更高。边缘处较高的表面张力，将导致涂布液流向边缘使其变厚。

其他原因也会导致涂布中出现厚边，详见本书其他章节。

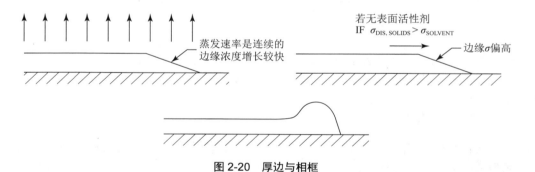

图 2-20　厚边与相框

（四）多层涂层中的不均匀边缘

图 2-21 展示了多层坡流涂层中两个相邻层间的边界。边导轨可控制各层扩散超出设定宽度。两个水层之间，通常不存在界面张力。在平衡状态下，两涂层与不锈钢表面相遇的平衡接触线上，两层与金属表面之间的两个界面张力必须相等。否则，界面将沿较高的界面张力方向移动。如果因涂层中多层而使坡流面变长，则界面的这种移动可能会很大。这意味着将有一个宽阔的边缘，其覆盖范围宽于涂层的大部分区域。如果各层与坡流的界面张力 σ_{1s} 和 σ_{2s} 不相等，则各层之间没有界面张力，则接触线将移动，从而导致边缘变宽。

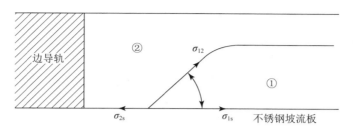

图 2-21　多层系统边缘的表面力

尽管不容易测量液体和固体之间的界面张力，但在所有层中使用相同的表面活性剂，使所有表面张力均相等，则液层与涂布模头金属间的界面张力，也近似相等。因此，如果在多层涂布中存在大边缘效应，则可考虑采取将各层调整为相同表面张力，而顶层的表面张力稍低的方式缓解。

（五）反润湿和缩边

涂布液的低表面张力和基材的高表面能，是良好润湿铺展的基础。否则，涂层可能会润湿不良而反润湿，即涂布液从涂布区域缩回（图 2-22）。当这种情况在大范围内发生时，称为爬网。当基材因受到污染（如由于油滴）而具有较低的表面能时，可能发生反润湿。

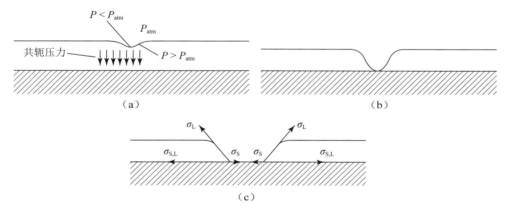

（a）表面力趋于规避凹陷，而组合作用力趋于放大凹陷；（b）组合作用力会在涂层中形成孔；
（c）表面力会导致系统反向润湿

图 2-22　反润湿与回缩

当涂层较厚时，不会发生反润湿。由于重力的反作用，水平表面上的厚层（如聚乙烯烧杯中的水）不会润湿。如果在液层中形成了凹陷，因为弯曲界面的凹形侧面上的压力，始终高于凸形侧面上的压力，则凹形边缘下方的压力将高于大气压。同样，凸中心下方的压力将低于大气压。因此，由于表面力以及重力协同作用，液体将从较高位置的高压区流向低压凹陷区，表面因此自愈。

薄层中的其他短程力也起作用，它们被称为分离压力。分离压力趋于使两个表面保持分开，防止反润湿。共同的压力倾向于将两个表面放在一起，有助于反润湿，因为一旦液体的上表面接触到固体，就会出现干燥点（图 2-22b），然后如图 2-22c 所示的表面力就会起作用。如果薄膜从表面凸出，如涂层存在的气泡或空气中的污垢降低了表面上某点表面张力（火山口或蜂窝），以致薄膜变薄至 1mm 以下的厚度时，共轭压力才起作用。

刚涂布时，不会马上发生反润湿和回缩现象，而是在此后不久发生。出乎意料的是，可以在不使用表面活性剂的情况下，将水性液体涂布在特氟龙上，但涂布后几乎立即反润湿。严格意义上来说，需要涂布后立即防止反润湿和爬行，还需要提高涂层与底材的黏结力。

一种液体在另一种液体上也会发生反润湿。如果顶层的表面张力不低于所有其他层的表面张力，则在多层坡流和落帘涂布液中，会在坡流面上发生反润湿。前面结合图 2-23 对此进行了讨论。当上层的动态表面张力是下层的动态表面张力的 1.2 或 1.3 倍时，就会发生这种情况。

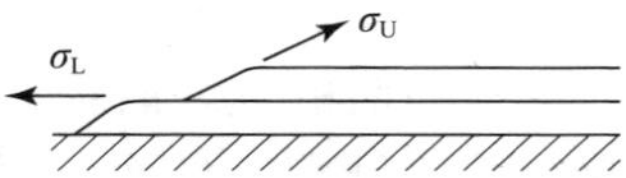

图 2-23 上层在下层上的铺展

（六）胶黏剂失效和分层

涂层间的黏附力差，会导致涂层从下面的层脱离。黏合失败最好用弱边界层来解释（涂布复合材料之胶黏剂章节有介绍）。表面层通常与块材有显著差异。通过表面活性剂润湿表面，是获得良好涂层的必要但非充分条件。常用的表面处理（如电晕处理或火焰处理）会交联或去除表面上的弱边界层，并使表面氧化，改善黏附效果。对未处理的塑料薄膜涂布，看起来涂层不错，但涂层黏附牢度很差，继续涂布时，前涂层可能会从基材上脱落。

如果相邻层的化学相容性不好，则可能发生层间分离。当相邻层中的胶黏剂至少部分不相容时，会使黏附性变差，加入适当的表面活性剂，可以改善相容性。

（七）不均匀的基材表面能

如果基材表面能不均匀，则涂布液和基材之间的润湿作用波动。涂布液与基材的接触线来回振荡，从而引起涂层波动。这些波动将是随机的，可是足以破坏涂层性能。通常，基材表面能量不均匀源于表面污染，如轴承油蒸气的污染、涂布区域被磨掉的塑料颗粒污染等。

（八）表面张力控制及其对多层坡流涂布质量的影响

在多层涂布中，顶层必须具有最低的表面张力。多层涂布通常用水性涂布液。

由于水层通常可以各种比例混合在一起，层间无界面张力。为了使一层扩展到另一层上，要求上层具有较低的表面张力。当顶层已覆盖其他层上时，其他任何层都不会与空气接触。此时，仅界面张力起作用，而表面张力不起作用。但落帘涂布中必须考虑幕帘的稳定性。当所有层都具有大约相同的表面张力时，落帘似乎是最稳定的。当然，顶层的表面张力应略低于他层。

为使上层在下层铺展，无层间界面张力时，下层的表面张力 s_L 必须大于上层的表面张力 s_U。

以某型号彩纸为例，从实测乳剂所得的静态表面张力和动态表面张力数据，以及涂布实验样片出发，分析表面活性剂在坡流涂布中的作用机理，并就层间表面张力匹配所造成的涂布质量问题，提出和寻求解决的办法。

如前所述，溶液动态表面张力，只有就表面活性剂而言才有意义，动态表面张力的大小，取决于在溶液形成新表面瞬间所吸附表面活性剂的量，在乳剂里，吸附速率是由扩散控制的，吸附作用 Γ 与时间 τ 的关系遵守 Word 和 Tordai 方程。

$$\Gamma = 2Co(Dt/\pi)^{1/2} - 2(D/\pi)^{1/2} \int_0^{t^{1/2}} Cs\,(t-\tau)\,d\tau^{1/2} \tag{2-1}$$

式（2-1）中，Co 是主体浓度，Cs 是亚表面浓度，D 是扩散系数 m²/s，t 是表面龄，π 是圆周率，τ 是辅助变量。方程（2-1）右端第一项，代表表面活性剂从内部扩散到亚表面。在建立表面的瞬间，亚表面浓度和吸附密度近似等于 0。当吸附显著时，扩散从亚表面向溶液内部进行反扩散，由（2-1）式第二项表示。当表面吸附达到饱和就建立了动态的吸附平衡，动态表面张力就接近静态表面张力。

涂布液表面张力的匹配原则：由于多层涂布的是水溶液或以水为介质的悬浮体，彼此可以混溶，不存在界面，故铺展系数 S 值，取决于涂层 A、B（设 B 为底层）的表面张力 γ_a 和 γ_b 的相对大小：

$$S = \gamma_a - \gamma_b = \pi \tag{2-2}$$

这表明，表面压 π 是铺展的动力。

由上可得：凡 $\gamma_a < \gamma_b$ 者，皆可铺展；凡 $\gamma_a > \gamma_b$ 者，皆不可铺展。Gutoff 指出，反润湿是因为不正确的表面张力引起的涂布液从基材上或下层回缩的过程，当反润湿发生在胶片较大的面积时，就形成表面涂布不均匀爬网；坡流涂布不润湿和爬网并不是在涂布液接触支持体的那一刻产生，而是在涂布之后定型前不久发生。通过计算发现：该彩纸涂布间隙为 350μm，涂布车速为 80m/min，涂布液在液桥的表面龄为 0.52ms 左右，可见涂布液在液桥的表面张力，接近涂布液介质的表面张力；当上层的动态表面张力是下层的 1.2～1.3 倍时，会产生不润湿现象。"*Liquid Film Coating*" 一书中描述：由于表面张力的影响，可以使多层涂布出现弊病，最外面的涂层在坡流面上应不缩边，而是均匀地铺展在下面涂层上，为此，由底层至顶层多个涂层的表面张力应递减 1 或几个 mN/m 是关键；坡流面上涂布液膜的表面龄为 0.2～1s，如图 2-24 所示。

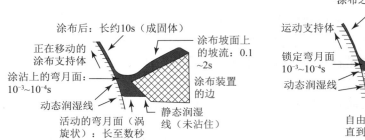

图 2-24　坡流面上各区域液膜的表面龄

为了便于分析，取某型号彩纸涂布液上 4 层，在 Agfa 片环涂布机进行白灯实验，涂布条件为：涂布间隙为 80μm，涂布车速为 30m/min，涂布量和某型号彩纸涂布条件相同，则液膜在液桥的表面龄为 0.32ms 左右。涂布时发现 Q+QG 层在坡流面上缩边现象明显。从涂布生片看，大面上无明显缺陷，只有因 QG 收缩引起的片边条道，但白灯显影发现，样片表面有麻点弊病。这些表面麻点弊病来自哪里？从涂布过程分析，涂布液从涂布缝隙流出并沿着坡流面往下流，由于金属的表面自由能很高（500 ~ 5 000mN/m），涂布液的表面张力为 28 ~ 35mN/m，所以液膜在坡流面上应该是润湿的。表 2-3 列出了某机实际匹配情况，并用斯托克斯方程计算坡流面上各层液膜的单层厚度及各层液膜所受总压力。

表 2-3　某彩纸涂布参数

项目名称	表面张力 （mN/m）	坡流面单层厚度 （cm）	坡流面单层所受重 压力（dyn/cm²）	坡流面各层所受总 重压力（dyn/cm²）
HM	28.6	0.063	5.70	5.70
QG	34.1	0.069	6.35	12.05
Q	30.1	0.084	7.73	19.78
PG	33.2	0.090	8.28	28.06
P	32.5	0.102	9.38	37.44
HG	30.7	0.105	9.66	47.1
H	30.6	0.087	8.00	55.1

从表 2-3 看出，从底层到上层的各层表面张力（静态或动态）的大小，是犬牙交错的，依照上述理论，说明某些层没有自发铺展能力，但由于液膜在坡流面上流动时相对较厚，因此，液膜在坡流面上的液—液润湿不单是表面压 π 起作用，重力对铺展也起一定的作用，由图 2-24 可知，表面张力接近静态表面张力；当液膜在接近液桥时，液膜由厚开始变薄（约变化 18 倍）而产生了新界面，由于表面

活性剂受扩散控制，液膜表面张力由小到大变化；液膜处于液桥时，表面龄接近 0.52ms 左右，这时表面活性剂无疑没有起到作用，表面张力也达到最大；最后液膜涂敷到片基上，液膜此时变得很薄，并且相对于片基是静止的，表面活性剂有了扩散时间。此时，由于涂层很薄，重力作用甚微，表面压 π 是液膜液—液润湿主动力。在多层液膜凝固定型前，不合理的表面张力梯度，可能会造成不良后果，再加上各层液膜冻点差异较大，使得有的层已经凝固，而有的层尚为液态，因此层间表面张力的大小差别更大，更容易出现涂布弊病。

总之，多层涂布液—液铺展中，从底层到顶层保持相近或稍稍提高润湿能力（降低 σ），以便在坡流面上立即形成多层态势，是杜绝厚边的有效措施。

确保可靠的润湿所要求的表面张力梯度没定值，但几个 mN/m 的差别已足够。另外，相同数量的错误梯度，会促使润湿不良。涂层的厚度即重力是帮助铺展的一种力。

多层涂布中，最底层的表面张力稍高，对各层的匹配是有利的，中间多层的表面张力应以调节范围较大为佳。在不影响照相性能前提下，使用的表面活性剂在乳剂中扩散速度越快越好。液膜各层较大差别的冻点，是涂布弊病的一大诱因。

第三节 基材表面处理与涂布缺陷

一、涂布基材表面处理技术

涂布液在基材表面的润湿铺展过程，基材的高表面能和涂布液的低表面张力，都有助于涂布液在薄膜表面的润湿铺展。合成树脂薄膜表面的均匀结构致使表面能偏低，一般要经过处理提高其表面能后，才会具备较好的涂布复合适性。

常用薄膜表面处理，可以通过化学处理或等离子体处理提高薄膜表面粗糙度，进而提高表面能，更多的是在薄膜表面施加预涂层，提高表面能。

（一）化学试剂处理法

采用化学试剂对低能材料进行表面处理，具体方式很多：如铬盐—硫酸法（$Cr-H_2SO_4$）、过硫酸盐法、铬酸法、氯磺化法、氯酸钾盐法、白磷法、高锰酸钾法等。其原理在于处理液的强氧化作用能使塑料表面的分子氧化，从而在材料表面导入羰基、羧基、乙炔基、羟基、磺酸基等极性基团。同时薄弱界面层因溶于处理液中而被破坏，甚至导致分子链断裂，形成密密麻麻的凹坑，增加表面粗糙度，改善了材料的表面能和黏附性。

化学处理法效果好，但应用于涂布生产，需要增加浸洗、中和、水洗、干燥等工序，处理液污染性大，涂布生产中基本无实际应用。

（二）气体热氧化法

聚烯烃材料表面经空气、氧气、臭氧之类气体氧化后，其黏结性、印刷性以及涂布性能均可得到改善，臭氧法与空气或氧气氧化法不同，基本上不受聚烯烃材料中抗氧剂的影响。如含 0.2% 抗氧剂的 PE 在 300℃下挤出时，若用臭氧同时处理，则 XPS 测得 O：C 为 6.2%，远远大于空气氧化时测得的 1.5% 的数值，基本上克服了抗氧剂的不良影响。

气体氧化法工艺简单、处理效果明显，特别适用于聚烯烃的表面处理，但要求与材料尺寸相当的鼓风烘箱或类似加热设备，应用受到一定的限制。

（三）火焰处理法

火焰处理就是采用一定配比的混合气体，在特别的灯头上烧，使其火焰与塑料表面直接接触的一种表面处理方法。火焰法也能将羟基、羰基、羧基等含氧极性基团和不饱和双键引入塑料表面，消除弱界面层。影响火焰处理效果的主要因素有灯头形式、燃烧温度、处理表时间、燃烧气体配比等，但由于工艺影响因素较多，操作过程要求严格，稍有不慎就可能导致基材受热变形，甚至烧坏，在涂布领域较少应用。

（四）电晕处理

电晕处理，又称电火花处理，是将 2 ～ 100 千伏、2 ～ 10 千赫的高频高压施加于放电电极上，以产生大量的等离子气体及臭氧，与塑料表面分子直接或间接作用，使其表面分子链上产生羰基和含氮基团等极性基团，表面张力明显提高，加之糙化其表面去油污、水气和尘垢等的协同作用改善表面的黏附性，达到表面预处理的目的。电晕处理具有处理时间短、速度快、操作简单、控制容易等优点，已被广泛应用于聚烯烃薄膜印刷、复合和黏结前的表面预处理。但是电晕处理后的效果不稳定，最好当即复合黏结。

影响电晕处理效果的因素有处理电压、频率、电极间距、处理时间及温度，印刷性和黏结力随时间的增加而提高，随温度升高而提高，实际操作中，通过采取降低牵引速率、趁热处理等方法，以改善效果。

在薄膜刚刚挤出后，对其进行电晕处理是非常有效的。电晕处理完几天以后，薄膜的表面张力会逐渐下降。薄膜的表面张力从最初的 44mN/m 和 38mN/m 下降到 38 ～ 40mN/m 和 34 ～ 36mN/m。但 6 至 8 个星期以后，薄膜的表面张力不再下降，而是稳定在某一个数值上。

（五）低温等离子体技术

低温等离子体是低气压放电（辉光、电晕、高频、微波）产生的电离气体。在电场作用下，气体中的自由电子从电场获得能量，成为高能量电子，这些高能量电子与气体中的分子、原子发生碰撞，如果电子的能量大于分子或原子的激发能，就会产生激发分子或激发原子、自由基、离子和具有不同能量的辐射线。

低温等离子体中的活性粒子具有的能量，一般接近或超过碳碳或其他含碳键的键能，能与导入系统的气体或固体表面发生相互作用。如采用反应型的氧等离子体，可能与高分子表面发生化学反应，引入大量的含氧基团，改变其表面活性，即使是采用非反应型 Ar 等离子体，也可能通过表面交联和蚀刻作用，明显地改善聚合物表面的接触角和表面能。

二、涂布过程静电生成与处理

（一）静电危害

静电会在涂布行业引起许多问题，除了由易燃气体中的静电放电引起的爆炸危险外，卷筒纸中的静电荷，还可能导致涂层不均匀、塑料薄膜基材吸收灰尘和污垢、裁切纸堆叠问题、薄膜跟踪问题、排纸装置的卡纸、感光材料的雾化、离型膜的针孔、静电伤人等。导致这些问题所对应的静电荷大小如表 2-4 所示。

表 2-4　静电电压与关联问题

最低电压（V）	关联问题	最低电压（V）	关联问题
30	涂层覆盖不均匀	1 500	火灾和爆炸危险
400	干扰喷射装置	2 000	单页纸堆叠问题
500	吸尘	4 000	包装问题
600	光敏涂层雾化	6 000	胶片运行跟踪问题
1 000	单张配准问题	7 000	电弧

来源：Kistler (1996) and Keers（1984）。

高速涂布线的许多位置，都容易产生静电荷。当两个不同的表面分开时会形成电荷，而通常由不导电的塑料制成的基材，会从其通过的每一个辊子上分开，如果表面未接地，则电荷会积聚到很高的水平。加湿是控制静电的方法之一。

静电产生的火花，有足够的能量点燃溶剂蒸气。只要基材上的电荷高到足以克服周围空气的击穿阻力就会放电，需要控制放电。

当带涂层的卷材带电，假设在涂布线的末端被切成薄片，所有带相同电荷的薄片将相互排斥，使堆叠薄片很困难，且纸张容易从纸叠顶部滑落。在推动而不是拉动纸张的弹出设备中，带电的纸张将倾向于黏附在设备上引起卡纸。类似的，涂布线中的带电基材，会被吸引并趋于黏附在辊和导板上，使正确传输困难。由于基材张力趋于克服由于静电引起的吸引力，在通常的基材张力下不是问题，但在薄厚度低张力基材的涂布生产线上，就成为问题了。同时，在复合站处，带有相同电荷的两张纸，会因彼此排斥而不易贴合。

荷电基材吸引带相反电荷污染物的距离，达 15～25 厘米（6～10 英寸），由于巨大的吸引力，污物很难清除。在高品质产品（如照相胶片和磁带）中，不能容忍幅面小至 1 毫米的污垢颗粒。清洁纸幅之前，应先清除织物上的灰尘，基材表面电荷会使灰尘难以清理。

静电消除器可以消除飞尘对存放基材的影响。所有对灰尘敏感的涂布操作，都应该优先选择无尘室（或至少半净室）条件（清洁度等级在 1 000 到 10 000 级）。

在照相工业中，静电放电的蓝弧，会雾化或曝光感光胶片和纸，这发生在涂布线上以及后续操作过程中，它甚至可能发生在相机中，因此操作人员也要穿戴防静电服。

带电的卷材放电，会导致基材表面的防黏涂层出现针孔。如果这些针孔达到一定数量，就会促使产品黏附到下面的卷材上，失去防粘连作用。

冬季湿度低，表面电阻率高，静电荷易积聚发生静电放电，需要加湿空气。

（二）静电辅助涂布

同性电荷相斥，异性电荷相吸。带电体会在附近的中性物体中感应出相反电荷。因此，涂布基材上的电荷将吸引涂布液。不均匀的电荷将不均匀地吸引涂布液，从而导致覆盖率不均匀。基材上均匀的电荷，或在支撑辊和接地的涂布模具之间，均匀的静电场将均匀地吸引涂布液。这是静电辅助涂布的理论基础。

（三）静电消除

自由电荷通过接地的导电路径消除，束缚电荷难以消除。而且，由于电荷会在移动的基材上累积，电荷清除应尽可能在靠近静电会诱发问题的区域进行，通常选择涂布台旁。

既要设法消除所有电荷，又要减少系统中新电荷累积。腹板和对齐不好的卷筒之间的摩擦，会在腹板和卷筒上产生电荷，所有卷筒都应尽可能对齐。金属辊应接地，以防止电荷堆积，轴承润滑剂应具有导电性，可以使用包含特殊碳或银颗粒的导电油脂，以确保良好的接地。选择合适的包装材料，使摩擦生电最小。

（四）自由电荷消除

为了排除表面电荷，可将表面接地，或使空气导电形成接地的导电路径。

接地的滚筒，会从其接触的表面排出表面电荷，但无法排出背面电荷，所以，第二个表面也必须越过接地辊。

尖电极在产生强静电场方面比平面电极更有效。因此，接地的金属丝一直用于排出表面电荷，只要金属丝靠近表面而不必非要接触表面即可。接地金属丝的尖锐端会导致卷材感应电荷产生的静电场过高，增加了空气电离的可能性，并使电荷在较小的间隙中流失。当放置在聚酯卷材的两侧时，可将结合电荷降低至1 000 伏以下。然而，在金属丝的尖端之间存在许多间隙，并且表面不导电，会有许多区域没有放电。后来，金属丝被精细的金属刷取代。金属刷细毛柔软，不会刮擦表面。刷子可以与表面接触，也可以相隔很短距离。多排硬毛可确保完全覆盖表面，当金属硬毛不接触表面时，直径不超过 10 毫米，以产生较高的场强。除非由于摩擦或可能的表面污染造成实际电荷堆积，否则电刷最好与表面接触。接触表面的导电布也有应用，但效果较差。

增加涂布空气湿度，提高基材表面导电性。空调成本较高，除非出于静态控制需要，否则不会使用空调。也可以通过特殊的抗静电处理（如季铵盐或氯化亚铜涂层）降低基材表面电阻。具体处理方式，依涂布产品性能要求而定。

电离辐射使空气电离具有导电性并允许其释放表面电荷。电离辐射可以来自镭或钋棒，少见于 X 射线、β 射线、γ 射线或紫外线。由于辐射危害，大多数放射性棒被禁用，也不足以进行高速涂布操作。

电晕放电将使空气电离，也能使基材表面带电。电晕放电在独立设备中发生，然后将形成的等离子空气吹向表面使其放电。电晕设备使用交流电，3 500 伏才开始产生电晕，大多数电源在 4 000 ～ 8 000 伏特下工作。当电压处于 ±3 500 伏时，交流电仅在循环的该部分中产生电晕。直流电晕发生器始终有效。两个直流电晕单元，一个提供正电晕，一个提供负电晕，比提供正负电荷的交流电器件高效。

静电消除器的位置非常重要，因为当带电的基材接近或接触卷材时，静电场强度会大大降低，并且基材将不吸引中和表面电荷的离子化空气分子。为了有效地中和电荷，建议除水棒外，与任何滚筒或导板至少相距 15 厘米，并且应在基材上方或下方 2.5 厘米处放置棒材。

为了消除人员的静电积聚，建议使用导电地垫或离子风机。如果操作员穿着沉重的绝缘鞋底，则应提供一条从鞋内到鞋外的导电鞋带，以保证导电垫有效。

（五）束缚电荷 / 绑定电荷消除

通过使偶极子失去方向来释放卷材的绑定电荷，要困难得多，并且目前没有可商购的设备。首先，必须在静电场中将卷材充电至均匀电荷，也就是说，将基材充电到高于所有现有表面电荷，然后，基材由相反的场放电。场强设置为使最终电荷近似为零，如静电电压表所示。建议使用非常细的不锈钢刷，将其保持在接地金属辊上的基材表面上方约 3 毫米处，进行充电和放电。可以调整电源在基材上均匀充电。在许多情况下，电源电压在 ±1 000 ～ 2 000 伏特范围内，将具有相反极性的放电电压，发送到位于第一组下游的一组类似电刷。该设置类似图 2-25 所示（Kisler，1985）。在这里，两组电刷分别靠着不同的接地辊，一组带正电，一组带负电。操作中要避免与任何高压物体接触，包括静电电压表探头的表面。

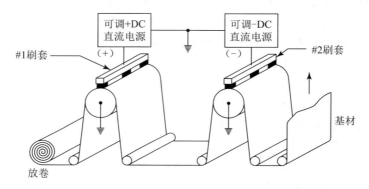

图 2-25　基材先充电再放电，释放自由电荷和绑定电荷

参考文献

[1] Edgar B. Gutoff, Edward D. Cohen.Coating and Drying Defects-Troubleshooting Operating Problems，Second Edition, 2006, Published by John Wiley & Sons, Inc., Hoboken, New Jersey Published simultaneously in Canada.

[2] 董红超，陈良 . 科里奥利质量流量计原理及其应用 [J]. 舰船防化，2008(4): 44-47.

[3] Jacob Bear, Dynamics of Fluids in Porous Media, Dover Publications, Inc., New York, USA, 1972.

[4] 赵国玺，朱步瑶 . 表面活性剂作用原理 [M]. 北京：中国轻工业出版社，2003.

[5] [美] 柯亨，[美] 古塔夫 . 现代涂布干燥技术 [M]. 赵伯元，译 . 北京：中国轻工出版社，1999.

[6] 北京大学化学系胶体化学专业教材，1977 年 .

[7] 朱步瑶，赵振国 . 界面化学基础 [M]. 北京：化学工业出版社，1999.

[8] 表面活性剂：静态和动态表面张力，P.M.Schweizer and S.F.Kistler, Eds.

[9] 谭绍勋 . 落帘涂布技术 [J]. 信息记录材料，2004(3).

[10] 张曦晨，刘金刚 . China Pulp & Paper Vol. 31, No. 7, 2012.

[11] Kisler, S.，均匀地给移动的纸幅装料的方法和设备 . 美国专利 4517143, 1985-5-14.

第3章 涂布方式与质量控制

第一节　预计量涂布及质量控制

狭缝（slot die）、挤压（extrusion）、坡流（slide）、落帘（curtain）以及薄膜转移（MSP 计量施胶压榨）涂布，都属于预计量涂布，此时，所有计量到涂布模头的材料都会涂布到基材上。本书中，狭缝（slot die）指代低黏度流体薄层涂布，挤压（extrusion）指代高黏度熔融流体涂布。

一、模压涂布

条缝、挤压、坡流和落帘涂布，都是由供液泵等装置，定量输送涂布液，以确定涂布量或涂层厚度，通过涂布基材与涂布模头间的滚珠，形成涂布膜层。假设所有涂布液都被涂到基材表面并形成均匀、光滑的涂层，在确定基材运行速度及涂布宽度和所需的湿覆盖率前提下，就可以计算出涂布液流速。

模压涂布属于精密涂布，因涂布头结构不同，而适用于不同黏度涂布液及涂布车速。挤出嘴式涂布和坡流挤压涂布，都属于狭缝涂布，适用于低中速涂布。落帘涂布适用于中高速涂布。

模压涂布方式的涂布量有一定变化范围，但定型涂布设备涂布宽度变动有外延边界。此外，所有模压涂布都对振动敏感，尤其是挤压涂布，对辅助设备传输精度要求较高。

实际操作中，为了获得平滑的涂层，无论是在基材纵向还是横向，将狭缝、坡流和落帘涂布覆盖率，控制在厚度误差 2% 以内都很困难。手动控制挤压涂布缝隙开口，或使用向下的缝隙模头进行落帘涂布时，横向涂层均一性均较差。

（一）狭缝涂布

狭缝模头由上、下模头，垫片，歧管塞和进料喷嘴组成。这些部件组装后，可形成歧管和狭缝，进到歧管内的浆料在狭缝处均匀地分散并涂到背辊上（图3-1）。

将挤压模头装在模头架台上，调整到适当角度后装在涂布装置上。涂布装置水平移动且高精度接近背辊。吸气室设置在涂布上游，可除去背辊夹带的空气，使涂布保持稳定（图3-2）。无背辊时不用吸气室。

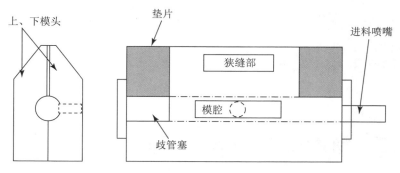

图 3-1　狭缝模头结构

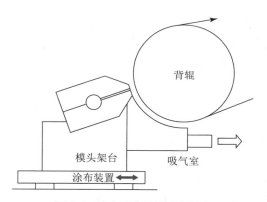

图 3-2　涂布模头及其配套设施

为保证涂布性能和薄膜厚度均匀，模头架台、涂布装置以及背辊的制作精度要求非常严格，即使宽度超过 1m，直线度、平整度、辊子圆柱度和跳动等，也要控制在 10μm 以内，高品质要求的控制在 2 ～ 3μm 以内。

高速涂布涂液黏度低且涂布量大，可以拉伸涂珠。高黏度低涂布量，涂布难度大。当涂布量低于 20ml/m² 时，即使黏度低也很难正常涂布。若涂布量小于 10ml/m²，涂布速度将低于 10m/min。

1. 涂珠与涂布性能

涂珠的稳定性决定涂布性能好坏。提高涂珠稳定性的关键因素：载体和涂布液的接触压力，从模头挤出的涂布液涂布到载体上的压力，载体和涂布液的润湿性，涂布液在载体上的润湿力，载体表面粗糙度。

为了将涂布液高速涂布在载体上，载体表面应具备一定的凹凸特性。

通过黏度、表面张力和涂布量调整涂布条件（模头间隙、吸气压力），可以预测稳定的涂布速度。

从模头挤出的涂布液，在涂珠部被拉伸几倍后涂布在基材上，此时，涂布液涂珠被拉向载体的下游。若拉伸速度过快，涂珠易被破坏。为此，通过在涂珠上游设置吸气室与下游产生压差，使其可承受上述拉伸张力，且在高速下也保持稳定的涂珠（图 3-3）。

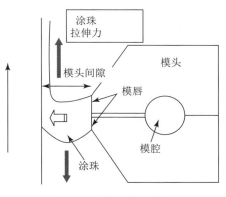

图 3-3　模头涂珠部

模头吐出口的唇口形状，也是决定涂布性能的重要因素。通常，模唇宽度只有几毫米，但横向要高精度加工。

在狭缝涂布中，涂布液被送入涂布模头的歧管，在歧管中，涂布液在整个宽度上扩散，并从狭缝中流出到由辊支撑的移动卷材上（图 3-4、图 3-5）。

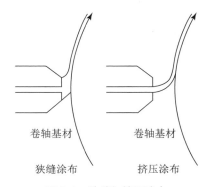

图 3-4　狭缝与挤压涂布

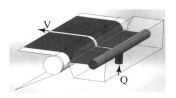

图 3-5　狭缝挤出式涂布

狭缝挤出涂布与坡流挤压涂层的区别如图 3-4 所示。在狭缝涂布中，涂布液通常会润湿涂布模具的两个唇，如果模具倾斜或下唇向后扫回，则涂布液只能润湿一个唇。在坡流挤压涂布中，涂布液以带状形式从缝隙中排出，并且不润湿模具的唇边。但是，这种区别不具备普遍性，经常有人交替使用狭缝涂布和挤压涂布。

如前所述，挤压涂布与狭缝坡流涂布高度近似，有时无法严格区分。在挤压涂布中，涂布液的黏度高，通常是聚合物熔体，从缝隙出来的流体不会扩散到模头边缘，而是保持带状存在于模头和基材之间（图 3-5）。为了获得均匀涂层，在狭缝宽度上，每隔一段就放置一个螺栓，通过基于测量横向覆盖率的扫描传感器，计算机控制调节狭缝开口或内部扼流杆。

挤出材料通常是由螺旋进料器进料的熔融塑料。由于高压、调节螺栓和温度控制等装置组合需求，挤压模头会复杂而庞大。

为了获得聚合物薄膜的阻隔性、机械强度或表面性能，常用到多层挤出或共挤出技术。当各层具有相似的流变性时，通过组合适配器，各层在挤出模头的幅宽方向，将具有均匀的厚度。当各层的黏度不同时，较低黏度的层趋向于边缘变厚，而较高黏度的层在中心较厚。层间黏度比为3或更大，可以获得均匀的各层的厚度。常用调节螺栓确保整个涂层的厚度均匀。

在狭缝涂布中，涂布唇通常在一个平面上，即一个在另一个平面的正上方。但是，有时有相对偏移（图3-6）。倾斜和偏移主要用于非常薄的涂层。否则，即使使用真空涂珠（图3-7），标准配置也无法制造足够薄的涂层。高达1 000Pa甚至更高的真空度，通常用于增加可涂布窗口范围，也就是说，可以获得更薄的涂层或更高的涂布速度。

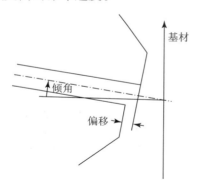

图3-6　狭缝涂布中的倾斜与偏移

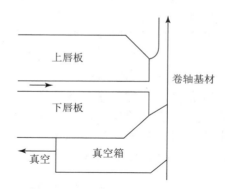

图3-7　带真空涂珠的狭缝涂布

固定上弯月面的上涂布唇的上缘和固定下弯月面的下涂布唇的下缘，应足够锐利（图3-8）。否则，弯月面可能不会钉在任何一个位置，而是在弯曲的边缘上漫游，差距越来越大，并将导致颤动缺陷。但过于锋利的边缘易损，容易形成可能导致涂布条纹的缺口。另外，操作人员在处理带有尖锐边缘的模具时，容易受伤。可以将弯月面固定的曲率半径设为50微米。

3M曾经发布结构复杂的挤出嘴模头的专利。它兼有倾斜和偏移及用于真空涂珠的刚性结构，并使用不具有平坦唇缘但楔形的上（下游）板。挤出嘴边缘非常锋利。刀口最好对准下游的唇口，短唇优于长唇。

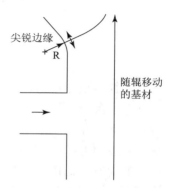

图3-8　固定弯月面需要锐利的涂布唇边缘

下唇和真空系统的唇都加工成与支撑辊相同的半径，略微倾斜。倾斜角又称为会聚角。

2. 无支撑辊涂布

无支撑辊基材上的狭缝涂布，也称为绷紧基材上的狭缝涂布、自由跨度涂布或辊涂涂布（图 3-6），涂层湿厚度小于 300 或 400 微米。

通常，在狭缝涂布中，涂布间隙与湿厚度有一定比例关系。最小湿厚度是间隙的 2/3，即涂布间隙是最小湿厚度的 1.5 倍。但图 3-9 的 3M 模头据称可以在更宽的间隙上涂布更薄涂层。对于标准的模具设计，意味着非常薄的涂层，间隙必须非常紧密。但是，要保持非常小的间隙（小于 75 ～ 100 微米）非常困难，当任何影响使之变为零时，模头就会切割卷筒纸，使湿纸幅拉过干燥道时被弄得一团糟，彻底清洁系统后才能恢复生产。

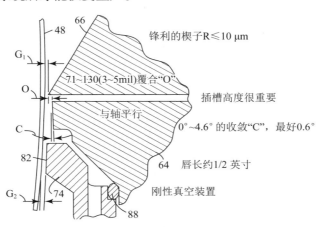

图 3-9　3M 狭缝涂层专利模头

同样，对于非常小的间隙，支撑辊的轴承跳动，可能会占间隙的很大一部分。这意味着，涂珠的体积会随着支撑辊的转动发生波动，进而导致涂布液覆盖率变化并形成振颤弊病。

图 3-10 是一种涂布湿厚度 1 微米甚至更薄涂层的技术。基材的出入角以及腹板张力非常重要，图 3-10 中的 x 轴，是与腹板张力成反比的弹性值。有人定义了弹性数 ε，即黏度乘以基材速度除以基材张力，然后乘以 6。角度需要通过模具倾斜和穿透到基材路径中加以控制，而非独立控制。显而易见，基材对涂布模具的作用力，与纸基进入基材路径的渗透

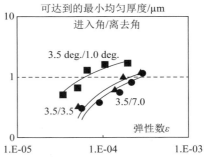

图 3-10　狭缝无支撑基材上 1 微米以下的湿厚度涂布

率乘以纸幅张力，大致成比例关系。

通过实验，调整优化给定的无支撑基材涂布系统的覆盖范围和涂布速度。方法：（1）尝试 3 次偏移参数，如 0 微米、25 微米和 50 微米；（2）在每个偏移处尝试三个倾斜角，如 0°、10° 和 30°；（3）在每个倾斜角度上，尝试从低到高的 5 ～ 10 腹板张力；（4）在每种情况下，都不应该将模头进入基材路径的渗透率，指定为受控变量，而是由操作员将模头移入和移出基材路径，通过视觉观察，获得最佳涂层。然后停机并取样。收集实验数据并目检样品，找到最佳条件。

有时，需要模具的倾斜度（图 3-6）为 10° 左右，过冲量为 25 微米左右，并且基材张力应相对较高。在 3M 模具中，建议倾斜度为 0.60°，覆牙（overbite）高度 71 ～ 130 微米。

多层坡流狭缝涂布 [图 3-11（a）] 可同时涂布两层或多层，几个腔体的流出液在内部汇聚，或者将各层同时涂布 [图 3-11（b）]。各层的黏度必须非常接近，否则，腔内连接各层时会导致涂布不稳定。

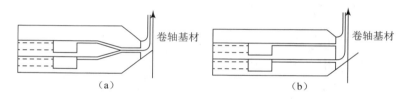

（a）腔内多歧管单出口，（b）多狭缝同时流出

图 3-11　双层狭缝涂布机

两层狭缝涂布模具中间板的唇缘形状，影响涂布液流动的稳定性。圆形的中间板涂布液流动波动小，因此最稳定（图 3-12）。

图 3-12　两层狭缝涂布模具中间结构首选圆形

（二）坡流挤压与落帘涂布

在坡流挤压涂布中（图 3-13），多股物流流到同一个倾斜平面上，沿平面向下流动到达向上运动的基材表面。各层流体从穿过缝隙出现在坡流面，涂布到基材并最终涂层干燥，始终保持相互分离。

如果涂布模具由矩形板制成（图 3-14），则坡流涂布转变为落帘涂布。在重力加速度作用下，落帘自由下落 50 ～ 300 毫米。落帘涂布对涂布液中的空气流动十分敏感，不适用于低速涂布。

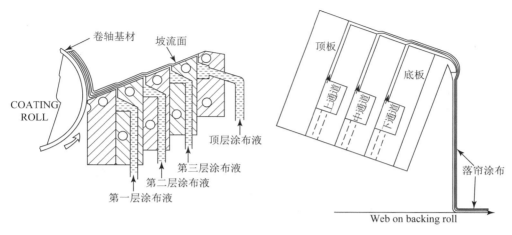

图 3-13　坡流挤压涂布　　　　　　图 3-14　落帘涂布

坡流和落帘涂布可涂布胶卷和相纸。彩色胶卷和相纸至少包含九个不同的功能层。基材受力较低，要求涂层厚度均匀，覆盖率良好，适用于较高的车速。

坡流涂布中的底板唇边缘，应如狭缝涂布一样锋利，以钉住底部弯月面。同样，在狭缝涂布中，也使用真空涂珠扩展可涂布窗口。

落帘涂布属于预计量精确涂布。这种非接触式涂布法对原纸没有施加任何机械应力，减少了基材断裂，涂布覆盖好，无刮痕和条纹等弊病。

根据涂层数量，分为单帘、双帘、多落帘涂布；根据落帘的形成方式，分为狭缝式落帘涂布和坡流式落帘涂布。

落帘涂布进行多层照相产品的精密涂布时，流体从坡流涂布头的圆形边缘流出，并垂直下落到水平移动的卷筒纸上（图 3-14）。使用边缘导轨，即从涂布模具到底座的金属或塑料棒，防止涂布液缩颈。导轨杆的底部可以弯曲并且可以骑在基材上，弯曲的末端可以稍微向外一点，以扩展边缘，避免边缘变厚。落帘涂布和坡流挤压涂布一样，涂布液始终保持层流状态，各层特性不变。与坡流涂布相比，落帘涂布有以下两个优势。

第一，在落帘涂布中，缝隙是落帘的高度，因此非常宽，这使得基材接头可以通过而不需要退出涂布模头。

第二，在坡流涂布中，气泡可能会留在涂珠中，漂浮在表面上并导致连续的条纹缺陷；落帘涂布气泡将从滑块上滑下，顺着落帘向下流到基材上形成点缺陷，但点缺陷比条纹少得多。

落帘涂布模头的后下边缘，应像狭缝和坡流涂布一样，加工锋利的边缘，以固定住底层的后弯液面，锋利边缘曲率半径为 50 ~ 100 微米。

（三）薄膜转移涂布（MSP 计量施胶压榨）

1. 薄膜转移涂布原理

薄膜转移涂布（MSP 涂布技术）又称计量施胶压榨（MSP）涂布，工作原理如图 3-15 所示。背辊支撑纸基靠近转移辊，涂布液首先在包胶辊面上，形成一层经过预计量的均匀的涂布液薄膜，该涂布液膜在基材经过两个相互转动的施胶辊压区时，转移到基材表面。

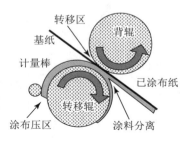

图 3-15　薄膜转移涂布

基本步骤：涂布液在转移辊上预计量；涂布液在背辊和转移辊间失水并转移到涂布基材上；涂布液膜在捏合区外分离，大部分涂布液以薄膜形式转移到基材上，少量被辊子带走；基材上涂布液膜中剩余的水分蒸发掉，形成涂层。

涂布液薄膜在转移区转移到基材的过程如图 3-16 所示。

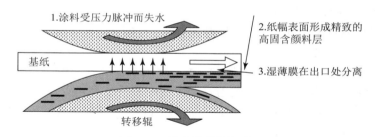

图 3-16　涂布液膜转移过程

首先，涂布液受背辊压力脉冲作用失水，在纸基表面形成静止的高固含颜料层，然后，运动到出口处，发生分离，大部分涂布液随基材而去。

转移到基材的涂液量取决于：

（1）涂布液的脱水性（保水性）和涂布区压力，压力越高，脱水性越好。

（2）车速，即压力脉冲的持续时间。涂布区压力有操作极限，如果压力太高，涂料易渗透到纸基中，降低涂布覆盖率。

车速与涂布量通常是固定的，涂布液保水性必须与过程参数相匹配。如果保水性太差，即脱水性太好，当涂布区敞开时，将不会有湿涂液留下，会发生不规则分离，涂液在涂布辊上变干，导致严重的运行问题，甚至会损坏设备。若保水性太好，即脱水性太差，当涂布区敞开时，将有大量湿涂液留下，过多的湿涂液会造成起雾弊病。

2. MSP 涂布计量元件

计量施胶压榨的计量元件有两种：

（1）容积式计量元件

容积式计量元件包括沟纹棒和绕金属丝的直棒。改变计量元件的压力负荷，对涂布量的影响很有限。高固含量的计量施胶压榨涂布，使用大直径的绕金属丝的辊，可能限制操作灵活性，但稳定使用周期长。

沟纹棒或容积棒的转动与涂布辊反向，由于本身具有冲洗作用，可减少刮痕。但高固含量涂布液的磨蚀作用同时增加，导致磨损加快，缩短了计量元件的寿命。

（2）压力控制式计量元件

压力控制式计量元件包括刮刀和光棒，用于多数 MSP 涂布设备。

弯形刮刀包括顶端加压和双加压刮刀，主要优势在于具有能加压的顶端并能防止刮刀背向绕曲。顶端加压使刮刀的加压范围更宽，并能更精确控制满幅涂布量。

光棒计量减少了旋转作用刮痕，延长了计量元件寿命。直径在 25 ～ 50mm 的光棒，在薄膜厚度较薄、车速又高的情况下，会形成较 "挺" 和更稳定的涂布。一般使用直径 35mm 的平滑棒，对纸张进行预涂或一次涂布，车速 1 000m/min。

许多安装小直径沟纹棒的 MSP 装置，都已改用大直径光棒，棒直径 5 ～ 30mm。它的涂布量控制范围比较宽，对于流变性涂布液，刮刀计量更合适，大直径光棒比刮刀和小直径棒稳定，使用周期更长。

3. MSP 涂布优缺点

与刮刀涂布相比，薄膜转移涂布状态下，经过了预计量涂布的液膜薄而均匀，在压区内纸幅承受的液体压力减小，从而减少了纸幅断头，纸基的受力更小，更适合于高速纸机，有些装置能够实现纸幅双面涂布。

（1）优点

①投资和运行较刮刀涂布线便宜，操作人员较少，运行成本较低。

②计量施胶压榨采用预计量再转移上料，不同于刮刀涂布的先上料再计量，对原纸作用柔和，原纸的强度要求低，可以使用强度较差、较便宜的浆种，可降低原纸成本。

③ MSP 能进行较低涂布量的涂布。MSP 纸张的松厚度较高，挺度较好，可以定量走低。

④ MSP 采用较软的胶辊转移涂料到纸上，可以获得较好的仿形涂布效果。涂层对原纸的覆盖性较好，尤其是涂布量低于 7 ～ 8g/m² 时，印刷斑点少。

（2）缺点

①涂层平滑性有欠缺，对成纸平滑度、PPS 粗糙度和光泽度有影响。

②不适用于高定量涂布。涂布过程存在薄雾和橘皮纹弊病。

4. 涂布厚度控制

薄膜涂布机种类很多，不同方式涂层厚度不同。由表 3-1 可见，不同设备的涂层厚度存在一定差别。

为了实现薄膜涂布的最大涂布量：

（1）尽量提高涂布液固含量，降低压区湿膜厚度；

（2）原纸允许有较高的涂布量；

（3）涂布速度越快，最大涂布量越小，高涂布速度在压区的驻留时间短，会产生雾溅。

表 3-1　各种主要薄膜涂布装置的薄膜厚度比较

涂布方式	涂料	薄膜厚度（μm）
门辊压榨	淀粉	2.5～5.0
单管刮刀	淀粉	12～30
迈耶棒	淀粉	9～25
门辊涂布	颜料	2.5～1.5
双管刮刀	颜料	5～30
光棍	颜料	5～20
计量辊涂布	淀粉和颜料	2.5～30

二、模压涂布操作窗

1. 模压涂布操作窗要素

预计量涂布首先要关注可涂布范围及其局限性，然后讨论在可涂布的范围内可能出现的质量问题。

在模压涂布的涂布窗中，真空度、涂布唇倒角、涂布间隙、涂布车速、模具形状、真空造成的振动强度，以及毛细管数都会影响涂珠状态，进而影响涂布质量。

图 3-17 表明，就狭缝涂布而言，涂布厚度越薄，则实际操作中的减压强度越高。就模头挤压程度越小，减压幅度越宽。

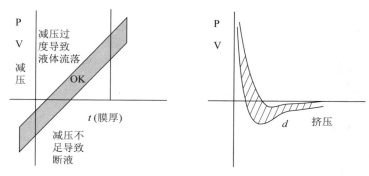

图 3-17　狭缝涂布厚度与减压强度的关系

图 3-18 是模压涂布毛细管数与涂布间隙和涂层厚度间的关系，在一定程度上，限定了可涂布的操作范围。

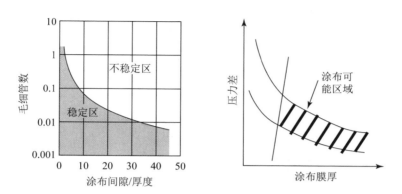

图 3-18　毛细管数与涂布间隙和涂层厚度的关系（K.J.Ruschak：CES.31, 1976）

图 3-19 是某个模压涂布的操作窗。实际操作中，有些影响涂布区域的因素，如涂布液和模具的接触角、涂布唇真度和狭缝间隙精度等，影响涂布范围的宽窄。

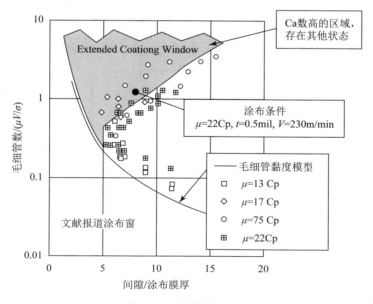

图 3-19　某模压涂布窗

此外，涂布头基座及周边振动会直接影响涂层厚度均一性（图 3-20）。

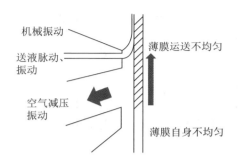

图 3-20　减压空气振动影响涂布均一性

由图 3-21 可见，模压和棒式涂布的振动允许水平至少相差 100 倍；模压涂布中，振动强度影响依次为狭缝式＞坡流涂布＞落帘涂布，从右到左不匀强度，随涂珠的易振动性差异而不同。

此外，空气振动也有影响。与其他方式不同，模压的薄层化需要减压，若对减压时的空气振动不实施充分的对策，则易引发涂布不匀（图 3-20）。

图 3-22 是某落帘涂布操作窗。

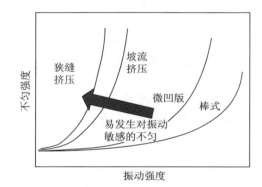

图 3-21　涂布方式与允许振动强度

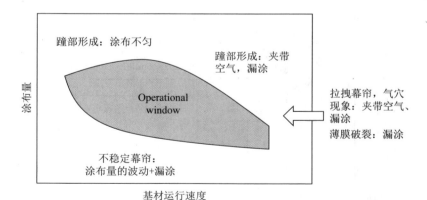

图 3-22　落帘涂布操作窗

2. 涂布宽容度

当涂布速度太慢或试图在向上移动的基材上施加太大的覆盖率时，湿涂层可能会倒流，或者基材无法带走所有的湿液而发生流挂。提高涂布速度和涂布液黏度，缩短基材运行距离，或使其更水平，都可以促使基材带走更多的液体。在高流动性或低速时，在可涂布的极限处可能发生反冲或流挂。

另外，为了获得好的涂层，以相同的覆盖率提高涂布车速，此时涂层将不再均匀地分布在整个幅面上；为了得到好的涂层而减薄涂层也不可行。这通常称为可涂布性的低流量或高速限制。

坡流和狭缝以及落帘涂布方式，存在各自可涂布的低流量和高流量极限。

3. 不同方式可涂布区域描述

对可涂布区域的描述就是涂布窗。涂布窗是指可涂布的低流动性和高流动性极限形成的可涂布区域（窗口），在该窗口中，可以涂布所需的产品。可涂布窗口，是对优化涂布液配方和涂布工艺实用的技术。如果操作接近低流量限制，则可能不值得确定高流量限制，反之亦然。涂布窗可帮助确定最佳配方，确定适当的操作范围。因此，应该为所有新产品或至少与产品相关的部分，确定涂布窗口。

如果可涂布窗可以生产速度进行涂布，并已显示可重复的生产条件，则可在涂布机上找到涂布窗口，或者最好在中试涂布机上找到。虽然优选检查干燥的涂层是否存在缺陷，但可仅通过观察涂层而确定其可涂布性，因为湿涂层可以离开涂布台而不必干燥。窄幅中试涂布机无干燥设置，但能够覆盖生产机器的整个速度范围，是理想选择。可以在卷材弄湿之前，将大部分涂布液从卷材上刮除，避免收卷混乱。

坡流涂布可以获取几种不同数据生成涂布窗。理想状态是最大和最小湿覆盖率应在很宽的涂布速度、涂布间隙和涂珠真空度范围内确定。实际操作中，需要测量：

（1）在多个涂布间隙和多个水平的涂珠真空度（包括无真空度）下，在一系列涂布速度下的最大和 / 或最小湿覆盖率；

（2）在一定的涂布速度范围和多个涂布间隙范围，保证湿覆盖率稳定涂珠的真空范围；

（3）在所需湿覆盖率和涂布速度下，在一定的涂布间隙范围内稳定涂珠的真空度范围。

若能获得一系列数据点时，无须重复测量；如果仅获得几个点，则应重复测量。在达到可涂性极限时，改变测试方向也很有用，如先提高速度，再降低速度。

应在涂布窗的中心附近进行涂布操作，因为该区域操作更趋于稳定，而缺陷将在区域边界附近操作时发生。

在生产涂布机上进行测试，成本高昂，涂布无法按照高速极限速度运行。在中试线中，通常无法干燥高速涂层。必须确保湿涂层不会污染干燥道和收卷机面辊或湿涂层不会到达收卷机。此时，应只涂一小段就停机，保证涂布部分干燥到位。

当超过低流动性或高速涂布性极限时，在坡流涂布中，可能出现下列情况：

（1）涂珠完全破裂，涂布液无法穿过缝隙到达基材。

（2）形成肋纹，并且以更高的速度，使肋纹间的空间变成干道，且肋纹变成小铆钉。

（3）空气夹带在涂布液中，以气泡形式出现在涂层中。

（4）夹带空气的干燥斑块散布在涂布区域。使用黏稠的液体时此类问题多发。

（5）一条或两条边缘向内弯曲。向内弯曲可能为厘米或英寸量级，剩余涂层会变厚。

4. 坡流涂布窗

对于特定溶液覆盖范围，可以在涂珠真空度对涂布速度的曲线图中，展示坡流涂布窗（图3-23）。图3-23中存在一个较高的涂布速度，在该速度以上会发生空气夹带，图中还展示了发生各种缺陷的区域。当涂层沿着由干燥带分隔开的向下延伸的窄条涂层组成时，会出现波纹。

另外，如果涂珠真空度太高，则会出现真空肋纹或颤动；如果真空度更高，则无法形成涂层。在图3-23（b）中，标记为均匀涂层的区域，似乎仍然在基材上形成了振荡的横幅波，无法得到让人特别满意的涂层。

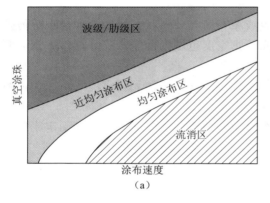
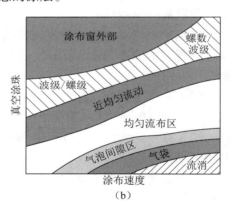

（a）甘油水；（b）水性纤维素聚合物

图3-23　坡流涂布操作窗

在坡流涂布中，适当的涂珠轮廓如图3-24（a）所示。涂珠不当，会形成涡流。当涂珠太厚时，可能因为该覆盖区域的涂布速度太低，会在涂珠中形成涡流，如图3-24（b）所示。当涂珠真空度太高时，会将涂珠吸到模唇边缘以下，如图3-24（c）所示，涡流也会在该区域形成。图3-24（d）是计算机模拟曲线，展示了两个涡流。涡流中的液体会长时间保留，并逐步减小，随材料缓慢离开涡流而导致涂布缺陷，所以，应避免形成涡流。

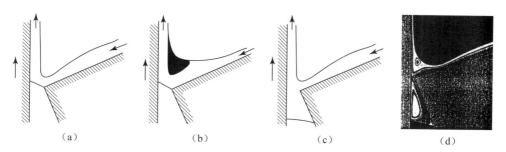

（a）理想条件，（b）带有上涡流，（c）具有模面润湿和较高涡旋，（d）具有模面润湿和较低涡旋

图 3-24　坡流涂布中的涂珠轮廓

可以另一种方式理解涂布窗。由于通常需要以固定的涂布速度（干燥机可以处理的最大涂层速度）进行某种涂布液涂布，实现设定的涂布量，因此，可认为是涂珠真空度与涂层间隙两个可控变量的关系图，显示了设定涂布量和涂布下的可操作区域。图 3-25 是一组特定条件下的操作窗口。

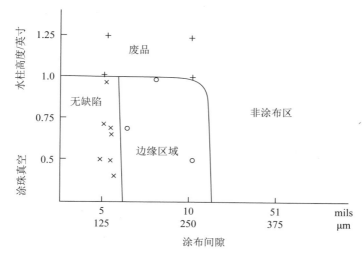

图 3-25　适用于一定真空涂珠和涂布间隙的操作窗口

在坡流涂布中，最小湿厚度随涂层速度的上升而增加。超过某个最大速度，无论层厚如何，都无法形成涂层。

间隙有轻微影响。在图 3-26 中，小间隙涂薄层，但间隙不影响最大涂布速度。有时间隙作用相反，即在较大的间隙处，可以覆盖较薄的涂层。在涂珠真空度为 1 000Pa 的情况下，在 300 微米的宽间隙处几乎没有数据。在较大的间隙处，只能使用低涂珠真空度，否则真空会把涂珠吸下来。图 3-27 展示了对于许多没有真空涂珠的简单液体的类似数据的最佳拟合线，从中可见，随着黏度的增加，最小涂布厚度增加而最大涂布速度降低。在涂珠真空度为 1 000Pa 的情况下

（图 3-28），最小涂布厚度显著降低，最大涂布速度略有提高。这就是通常使用涂珠真空的原因。

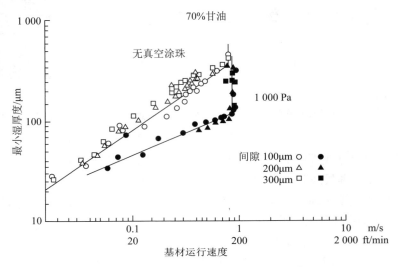

图 3-26　70% 的甘油坡流涂布的最小湿厚度与基材运行速度 ［E. B. Gutoff 和 C. E. Kendrick, AIChE Journal 33, 141-145（1987）］

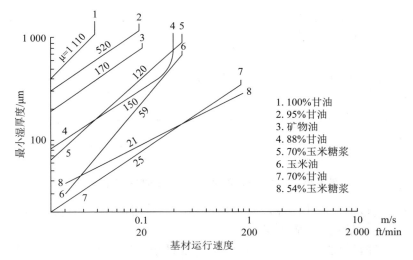

图 3-27　无真空涂珠的坡流涂布最小湿厚度与基材运行速度

与牛顿型液体相比，聚合物溶液可以涂层更薄、速度更快（图 3-29）。黏度 146mPa·s（146cP），无涂珠真空条件下，聚乙烯醇溶液比同黏度的甘油溶液涂布速度快 10 倍。

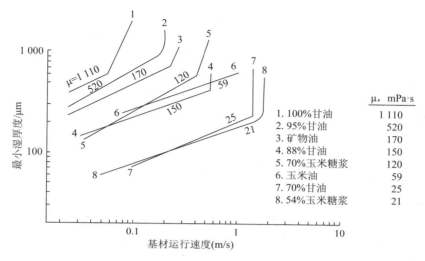

图 3-28 涂珠真空度 1 000Pa 的多种液体坡流涂布最小湿厚度与纸幅速度的关系

可以参考如图 3-30 所示坡流涂珠中所涉及的各种作用力，定性上述影响。稳定作用力趋于将涂珠抵靠腹板；另外，不稳定作用力又趋于将涂珠撕开。

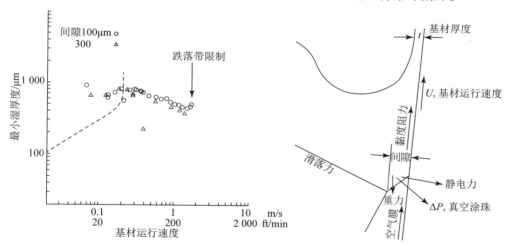

图 3-29 聚乙烯醇溶液坡流涂布最小湿厚度与
基材运行速度

图 3-30 坡流涂珠上的各种作用力

稳定力：

（1）涂珠真空。单位宽度上的力是涂珠真空度乘以涂珠长度。因此，在较大的间隙处，应该需要较少的真空。涂珠真空趋于将涂珠推向幅材，是稳定因素。

（2）静电力。如果支撑辊带电且涂布模头接地，或者涂布基材具有均匀的静电荷，则涂布液将被吸引到基材上，此所谓静电辅助涂布，但不常用。它可能比真空涂珠略好，并可与真空涂珠结合，但差别不大。

（3）重力。重力作用向下，倾向于防止液体从涂珠中拉出。但薄层中重力非常弱，没有明显影响。

（4）流体惯性。沿着滑板向下流动的流体的动量，趋于将涂珠压向腹板，这种力非常弱，可忽略不计。

破坏力：

（1）液体中的剪切应力。该力来自基材的运动。基材倾向于将流体与之一起拉出。该剪切应力与流体黏度乘以剪切速率成正比。剪切速率是速度在垂直于运动方向，即垂直于表面的方向上随距离的变化率。作为第一个近似值，可以将剪切速率作为基材速度除以涂珠厚度，大约等于间隙。因此，剪切应力约等于黏度乘以基材速度除以间隙。它拉动液体，并在涂珠中显示为拉应力，趋于将液体拉开。

（2）空气膜动量。基材伴随着非常薄的空气膜，必须除去空气使液体润湿基材。该空气推压涂珠，并趋于将涂珠推离基材。

（3）旋转支撑辊的离心力。该力倾向于将涂布液从基材上甩开，与重力和液体惯性一样弱。

因此，剪切应力和空气膜动量的强大不稳定作用力会使涂珠撕裂。如果不使用涂珠真空或静电辅助，则重力和流体惯性等稳定力太弱，只有涂布液本身的固有特性，才能抵抗不稳定作用力。液体的内聚强度，或者液体的拉伸黏度，使运动中的液体能够承受拉伸应力。

液体可以承受的拉伸应力，等于拉伸黏度乘以延伸率，延伸率是速度在运动方向上随距离的变化率，它表征液体的拉伸速度。简单流体的拉伸黏度，是正常黏度的三倍。

聚合物溶液趋于在高拉伸率下具有高拉伸黏度。当缓慢拉动聚合物溶液时，聚合物分子彼此滑过，其拉伸黏度与具有相同黏度的简单液体差不多。但是，当聚合物溶液被快速拉出时，这些分子没有时间"放松"，它们会纠缠在一起，很难拉开。拉伸黏度上升，溶液可以承受高拉伸应力，涂珠中的高拉伸率聚合物溶液也是如此。这就是聚乙烯醇溶液比同黏度的甘油溶液的涂布速度快十倍的原因所在（图3-29）。某些聚合物溶液（如聚丙烯酰胺）承受拉伸应力的能力，可以在无管虹吸管中存在的相对较低的拉速下得到证明，如图3-31所示。将真空管浸入聚合物溶液中，然后将其拉到表面上方，真空管会继续吸取液体。

聚合物溶液的黏度，在高剪切速率下降低，其涂布比简单液体更好。用桨搅拌烧杯中的聚合

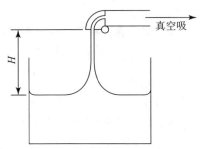

图3-31　聚合物溶液无管虹

物溶液，当搅拌速度非常慢时，聚合物分子将不
受干扰，呈正常的随机线圈（球形）形状；提高
速度搅拌，形状不变，线圈的流动阻力也保持不
变，黏度不会改变。这称为零剪切黏度。但是，
随着搅拌速度的加快，球形线圈将呈橄榄球状，
其在流动方向上的较小横截面将具有较小的流动
阻力，之后黏度将下降（图3-32）。在足够高的
搅拌速率下，聚合物分子将被拉伸到尽可能大的
程度，进一步提高搅拌速度，流动阻力不会降低。
因此，黏度将再次恒定，这称为无限剪切黏度。

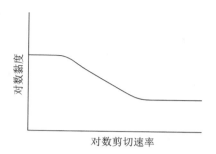

图 3-32　聚合物溶液黏度与剪切速率
的对数关系曲线

有时，聚合物溶液在剪切速率与黏度的双对数图上（图3-32），会有一个直线区域，
表征流体黏度随剪切力而降低，该类流体称为幂律流体。

以最小厚度快速涂布，无法获得好的涂层。

随涂布速度提高，基材上的该剪切力在涂珠中用作拉力：剪切应力等于黏度
乘以涂布速度除以间隙。当剪切应力增加时，涂珠中的拉伸应力增加，并将拉开
已经处于最大拉伸应力的涂珠。当涂上更厚的涂层时，拉力不变。随着向下滑动
的流量越来越大，涂珠也将越来越厚。使用较厚的涂珠，相当于拉力除以涂珠面
积的拉伸应力，可能在液体的内聚强度之内减小。因此，更快的涂布速度，必然
涂布更厚的涂层。

类似地，当涂布更高的黏度时，剪切应力以及因此产生的拉伸力和应力将增
加。如果开始时处于可涂布的极限范围，之后切换到较高黏度的液体，则无法再
涂布，因为在该拉伸率下，较高的拉伸应力可能会超过液体的内聚强度。通过更
厚的涂层，拉力将散布在更大的区域上，拉应力将减小，此时，才可能在这种液
体的可涂布范围内。

在涂珠与涂布基材的接触线处，液体内部的拉伸应力最大，涂珠表面处的拉
应力最低。随着涂珠越来越厚，涂珠表面位置相对应力为零。因此，增加涂珠的厚度，
将不再减小涂珠中的拉伸应力。此时，已经达到了最大涂布速度。在此情况下，
增加湿厚度，进而增加涂珠厚度，也不再允许涂布速度提高。

涂珠真空和静电辅助的稳定力，大大降低了最小湿覆盖率，还稍微提高了最
大涂布速度。

高速薄层涂布低黏度液体的能力，诠释了为什么在多层坡流涂布中，底层通
常要求低黏度。由于底层压力最大，有人建议使用惰性的附加层作为载体或底层，
以使涂布更加容易。使用纯水作为载体层，效果也很好。

5. 狭缝挤压涂布窗

狭缝挤压涂布的涂布窗，同样可由涂珠真空度与涂布速度的关系（图3-33）

说明。从图 3-33 中可见，在一定的涂布速度和涂珠真空度范围内，可以获得无缺陷涂层。在该区域之外，低真空一侧会形成肋纹。涂珠真空度太高时，涂布液将被吸去，使下模板在模唇下边缘的下方润湿，这称为上游弯液面膨胀。此时，在模唇下方的液体中，将形成涡流，液体将在其中停留较长时间，某些材料长时间停留，会导致降解，涡流也可能导致条纹或条带。随真空度轻微增加，涂珠将从间隙中吸出，导致无法涂布。

　　高速涂布因夹带空气而无法进行。图 3-33 中，既没有测量也没有计算出该高速极限，只是草绘表明确实存在极限。

　　强调两点。第一，在极低的速度下，可能会产生肋纹，或者上游弯液面会因涡流而膨胀，从而导致较长的停留时间以及出现条纹和条带的可能性，无法实现无缺陷涂布。第二，在图 3-33 中，随涂层厚度减小或涂布速度增加，可能需要一定的涂珠真空度，以获得无缺陷的涂层。

　　使用 50mPa·s（50cP）的液体时，图 3-34 表明，在相当低的涂布速度下，狭缝挤压涂布行为类似坡流挤压涂布，最小涂布厚度随涂布速度的增加而增加，似乎与间隙无关。但是，在较高的涂布速度下，最小湿厚度的确会随涂布间隙的增加而增加，在更高的速度下，则与速度无关。曲线的高速端星号，表示允许涂布加工的最大速度，即高速可涂性极限。在较高的速度下，可能会因夹带空气而无法形成完整的涂层，在更高车速下，干燥区隔离或小溪流形成肋纹。

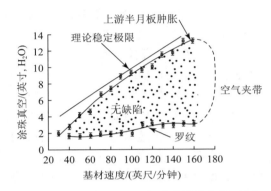

图 3-33　25mPa·s（25cP）的狭缝涂布的可涂窗口，溶液厚度 85 微米，间隙 250 微米

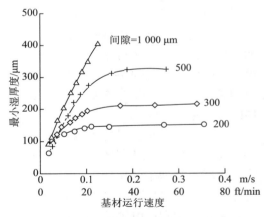

图 3-34　狭缝涂布间隙对最小湿厚度的影响

　　在一定速度下，随间隙变化，坡流涂布的最小湿覆盖率随黏度增加而增加［图 3-35（b）］。但是，在较高的速度下，最小覆盖率趋于平稳，覆盖率似乎与黏度无关。图 3-35（a）中的宽间隙处，在较低的黏度下，覆盖率无法在长时间涂布前保持稳定。图 3-36 重新绘制了许多数据，将其作为无量纲的最小湿厚度（厚

度除以间隙）再减去毛细管数，后者是速度乘以黏度除以表面张力。毛细管数等于黏性力除以表面力，是涂布操作中重要的无量纲群。

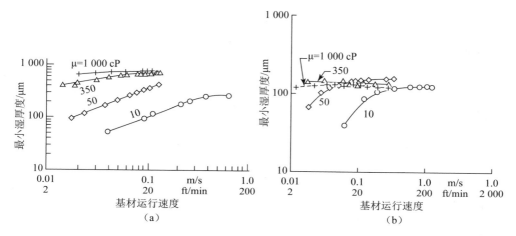

图 3-35　狭缝涂布中的黏度对最小湿厚度的影响，涂布间隙（a）1 000μm 和（b）200μm

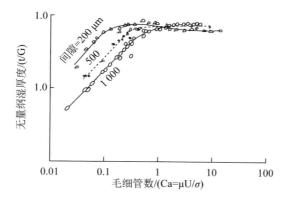

图 3-36　各种间隙下最小湿厚度除以狭缝涂布间隙是毛细管数的函数

图 3-36 表明，在较低的毛细管数下（较低的速度或黏度下），最小的无量纲湿厚度是间隙的强函数。在较高的毛细管数下，最小的湿厚度除以间隙就保持恒定，为 0.6 ~ 0.7。因此，在这个高毛细管数区域，最小涂层厚度约为间隙的 2/3。该区域的薄涂层，必须使用紧密间隙。从图 3-36 中，可以看到临界毛细管数（在该临界毛细管数之上，最小湿厚度除以间隙是恒定的）随间隙增加。表 3-2 总结了一些高毛细管数数据。

在狭缝挤压涂布中，重力影响通常很小，并且对准支撑辊中心的狭缝模头可以向上、向下、水平或任何角度指向。水平位置最常见，但当模头朝上时，更容易清除系统中的空气，降低气泡堆积破坏流动的风险。有人发现，从水平方向旋转狭缝涂布机到垂直向下，可以使涂层稍薄，但速度更快。有时，最小湿厚度随速度增加而意外降低。

表 3-2　无因次最小湿厚度，t/G, for Ca 4 Ca*

黏度 m (mPa·s)	间隙 G (mm)			
	200	300	500	1 000
10	0.61	0.55	0.44	Defects
50	0.70	0.70	0.65	Defects
350	0.67	0.71	0.66	0.70
1 000	0.65	0.70	0.65	0.72

注：Ca* 是临界毛细管数。

当狭缝向下（或可称为短落帘涂布）且间隙为 5mm 时，使用落帘涂布的边导轨，可以使涂布速度稍快且涂层略薄。推测在其他狭缝涂布中，也可以尝试使用边导轨。

模头中的狭缝开口，控制着基材上的液体动量，正如在坡流涂布中所讨论的那样，尽管通常影响不大，但确实有助于确定存在上限和下限的涂布模头中的压力，这类问题将在模具设计中讨论。

与坡流涂布一样，狭缝涂布中的涂珠真空度会降低最小湿厚度（图 3-37）。同样，涂珠在较大的间隙、较高的涂珠真空度下也不稳定。但涂珠真空在高黏度［500mPa·s（cP）以上］时，似乎不太有效。在较低黏度下，涂珠真空可轻松将最小湿厚度降低 20% ～ 30%。

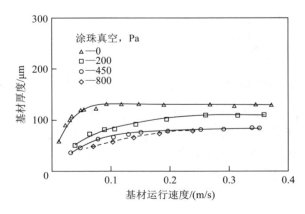

图 3-37　真空涂珠对狭缝涂布最小湿厚度的影响，使用 50mPa·s（50cP）液体，200mm 间隙

在较低速度下，对低黏度涂布液而言，可涂布极限与坡流涂布极限极为相似。图 3-38 是最小湿厚度与毛细管数的关系。当毛细管数（mV/s，即黏度和涂层速度

的乘积除以表面张力）等于临界值时，狭缝涂布和坡流涂布表现一致。但是，在高于毛细管数临界值的情况下，狭缝涂布可以比坡流涂布具有更高的速度和更薄的涂层涂布。与坡流涂布机一样，在毛细管数较小的情况下，间隙的影响相对较小，最小湿厚度随黏度和涂布速度而增加。

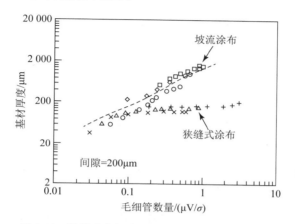

图 3-38　狭缝涂布与坡流涂布对比，间隙 200 毫米

虚线来自 Gutoff 和 Kendrick（1987）。△和○，硅油，50 mPa·s（cP）；+，95% 甘油－水，420 mPa·s（420 cP）；x，硅油，10 mPa·s（cP）；◇，88% 甘油－水，133 mPa·s（133 cP）

图 3-39 表明，以较高的速度进行狭缝涂布时，或许可以涂层更薄。

和坡流涂布一样，狭缝涂布聚合物溶液比牛顿流体更容易。在甘油溶液中添加少量聚丙烯酰胺或羧甲基纤维素，涂布效果如下：

（1）最大涂布速度增到最大然后降低。

（2）对最小湿厚度的影响很小，在毛细管数较高时，最小湿厚度保持在间隙的 2/3 左右。

（3）黏弹性过高时，表面会变得粗糙，类似挤出的熔体破裂。

（4）最大涂布速度会随间隙变化略有降低。

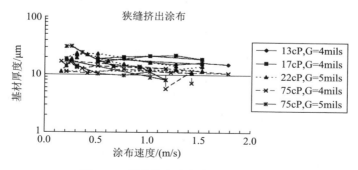

图 3-39　狭缝挤出涂布速度与涂布极限

与坡流涂布相同，两层狭缝涂层中的低黏度载体层，使涂布更容易，并可降低最小湿厚度（图 3-40）。

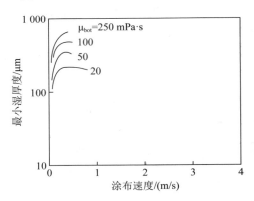

图 3-40　载体层在两层狭缝涂布中的效果，每层的湿厚度相同
顶层的黏度为 250mPa·s（cP），间隙 1 000μm

图 3-41 是在相对高黏度层下，涂布低黏度载体层时的效果。这可比照坡流涂布中载体层的作用加以解释。但图 3-41 中低黏度的载体层，随着上层黏度的增加，最小的湿厚度降低还有待进一步解释。

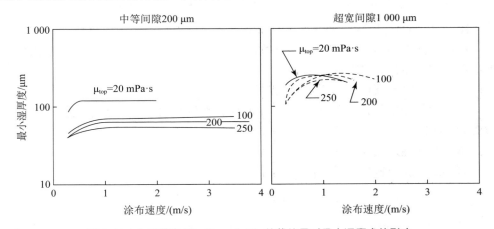

图 3-41　上层黏度 20mPa·s（cP）的载体层对最小湿厚度的影响

坡流和狭缝挤出涂布的定性比较见图 3-42。坡流涂布的下部弯液面，固定在涂布模头上，而上部弯液面完全自由，狭缝挤出涂布的上部弯液面和下部弯液面都固定。当涂层比间隙薄时，它可能处于低黏度或低速度（低毛细管数）状态，狭缝挤出涂布的上唇对固定在其上的弯液面几乎没有影响，除非极端靠近唇部。狭缝挤出涂布和坡流涂布的上半月弯度相似，涂布极限也相似。然而，在较高的毛细管数下，最小湿厚度增加到间隙的 2/3 左右，上唇起刮墨刀的作用，防止涂层变厚。

6. 挤压涂布窗

当挤出材料不再光滑或均匀时，会出现挤压涂布速度上限。通常将挤压涂布中的不稳定性，归类为熔体破裂或拉伸共振。当材料以高速挤压时，会发生熔体破裂，并可能产生雾度、表面粗糙（又称鲨鱼皮）等表面变形。在挤压涂布中，通常以比挤压更高的速度涂布—拉伸挤压的膜，涂布速度与挤压速度之比称为拉伸比。当涂布速度太高并超过一定的临界拉伸比时，膜厚度呈正弦变化。这种不稳定性称为拉伸共振。熔体断裂高度，取决于材料的黏弹性，拉伸共振在一定程度上与黏弹性有关。

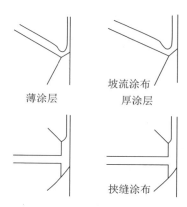

图 3-42 狭缝涂布和坡流涂布在涂珠区域的流动行为

熔体破裂来自一系列不稳定性的因素。

（1）突然收缩时形成涡流。如图 3-43（a）所示，当普通液体进入收缩段时，所有流线都流向出口区域。但黏弹性液体通常不会完全流向出口，而是在拐角处形成涡流［图 3-43（b）］。当任一侧的涡流中的液体进入收缩段时，都会产生压力脉冲，并可能导致不稳定。带支链的聚合物熔体，如聚苯乙烯、聚甲基丙烯酸甲酯、聚酰胺和大多数低密度聚乙烯，往往会形成这种涡流；其他线性的聚合物熔体，如高密度聚乙烯和线性低密度聚乙烯，则倾向于形成这些涡流，使所有流线收敛［图 3-43（a）］，但并无涡流形成。

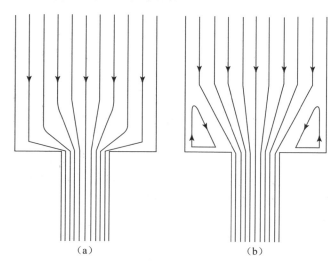

（a）　　　　　　　　　　　（b）

图 3-43 流体突然收缩：（a）普通牛顿流体，（b）黏弹性液体

（2）高入口压降。当液体进入直管或缝隙时，速度分布会重新排列，形成流动良好的抛物线状。流量重排涉及较高的压降时，就发生流动不稳定。

（3）高壁剪应力。某些聚合物熔体壁剪切应力超过某个临界值时会不稳定。有时表现为脉动流。相当于雷诺数 DVr/m 超过临界值 2100 时，在管道流动中发生湍流。

（4）壁上黏滑现象。通常，当剪切应力足够高，而分子缠结没有时间放松和重新排列，分子运动受到限制时，就会出现黏滑现象。对于在毛细管中流动的高密度聚乙烯熔体，像是在高的长径比下发生熔体破裂，此即黏滑现象。当超过屈服应力时，熔体破裂。材料松脱，然后重复该过程。在临界剪切应力以上时，材料也可能失去与壁的附着力而滑动。然后，壁剪应力下降到临界值以下，再次出现与壁的黏附，然后重复该过程。

（5）弹性能量存储在变形的聚合物链中。应力随着拉伸速率加快迅速增大，致使材料在某点松脱。

（6）简单剪切流中的熔体破裂。恰似在锥板黏度计中，锥盘旋转且整个聚合物的剪切速率相同。当剪切速率超过临界值时，剪切应力或扭矩会随时间降低到一个低得多的新值。当旋转停止时，液体熔体将恢复至原状。较低的应力可能是由于聚合物链沿"断裂"表面解开，该"断裂"表面可能在聚合物内部或金属表面。

（7）模具出口处的流体重排。导致鲨鱼皮现象。

有人认为，必须超过临界剪切应力时才会熔体破裂，且该临界值随聚合物分子量的增加而降低。对于模具狭缝中的流动，剪切应力随流速、黏度的增加而增加，随间隙减小甚至变化更快。因此，如果确实发生熔体破裂，则可以通过打开出口狭缝，切换到较低分子量的聚合物或以较低的生产速率操作来纠正。

还有人认为，当超过弹性应力与黏性应力的临界比（维森伯格数）时，就发生熔体破裂。黏滞应力与剪切速率成正比，而弹性应力随剪切速率的增加而变得更快。因此，该比率随着剪切速率的增加而迅速增加。

挤压涂布中的另一个不稳定性是拉伸共振。当拉伸比超过约 20 时，即使对于牛顿流体也会发生拉伸共振。因此，当最终膜厚度小于挤出模出口处的膜厚度的 1/20 时，可能发生拉伸共振。有人研究了聚丙烯薄膜浇铸中的情况，当拉延共振发生时，薄膜厚度在 20μm 至 36μm 呈正弦变化，波长约 1 米。当发生拉伸共振时，挤出膜的宽度也会变化。峰厚间距随拉伸距离和拉伸比而增加。

7. 落帘涂布窗

如图 3-44 所示，落帘涂布过程分为落帘形成区、落帘流动区、落帘冲击区。落帘形成区是涂布液从模头料口流出，形成短距离落帘（50～250mm）的过程。在落帘形成区，由于静止接触线处的作用

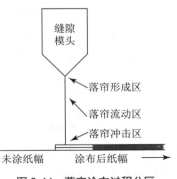

图 3-44 落帘涂布过程分区

力（重力、惯性力、黏着力和毛细管力），会导致缝隙口附近应力分布不均匀，造成落帘有时偏向缝隙模头料口的下端，称为 "茶壶效应"。

"茶壶效应" 缘于模具材料不一致、表面粗糙度引起的前进和后退接触角差异等。落帘流动区的主要流动变量是落帘速度，它是影响自由下落落帘稳定性的最大因素。在落帘冲击区，落帘冲击到移动基材时，所形成区域的物理性质，决定了操作窗口。关键参数有雷诺系数 Re、纸幅速度与落帘速度的比值及毛细管数 Ca。

$$Re = \rho Q / \mu \tag{3-1}$$
$$Ca = \mu Vc / \sigma \tag{3-2}$$

式中，ρ——涂料密度，g/cm^3；

μ——涂布液黏度，$mPa \cdot s$；

Q——缝隙料口单位宽度体积流量，$cm^3/min \cdot m$；

σ——涂布液表面张力，mN/mV；

Vc——落帘速度，m/min。

落帘稳定性的影响因素主要是影响落帘形成、造成落帘断裂、致使涂布过程无法正常进行的因素，主要体现在气泡及气流层的干扰。根据 Brown 的流体理论，仅当韦伯数 We > 2 时，落帘才会稳定。

$$We = \rho Hc \, V \, c2\sigma = \rho Vc \, Q\sigma = \rho 2gHH \, w \, U\sigma > 2 \tag{3-3}$$

式中，Hc——落帘厚度，μm；

Hw——涂层厚度，μm；

U——基材速度，m/min；

H——缝隙模头料口距纸幅距离，cm。

结合式（3-1）～式（3-3）可知，要使涂布过程稳定运行，必须调整好表面张力 σ、落帘速度 Vc、基材速度 U、模头距基材的距离 H 及涂料液黏度 μ。

在落帘涂布中，不仅对涂布的可涂布性有限制，而且对落帘也有限制。需要一定的流量以形成和维持下降的落帘。该最小流量相当高，并且随不同的流体发生变化，单宽流速从大约 $0.4cm^3/s \cdot cm/（24cm^3/min \cdot cm）$ 到大约 $1.5cm^3/s \cdot cm/（90cm^3/min \cdot cm）$ 变化。在固定的落帘最小流量下，随着涂布速度的提高，最小覆盖率将降低。即薄涂层必须使用高涂布速度，可见，落帘涂布本质上是高速涂布。通常要求落帘流体至少为 $1.0cm^3/s \cdot cm$ 的宽度和 $25\mu m$ 的湿厚度，最小涂布速度则为：速度 $=（1.0cm^3/s \cdot cm）\times（1/25\mu m）\times（10^4\mu m/cm）\times（m/100cm）= 4m/s$ 或 $800ft/min$。表面活性剂降低了上限值，建议用量为最小值的两倍。

Re 雷诺系数等于 qr/m，与流量成正比。U/V 是涂布速度除以落帘速度。

落帘涂布中落帘的动量协助涂布液保持在基材上，并阻止空气夹带。因此，由帘的高度以及离开模头的液膜速度所确定的落帘速度，有助于确定最大涂布速度。与坡流和狭缝涂布一样，流量非常重要，除了需要最小流量以形成落帘外，如果基材是静止的，则撞击基材的落帘将分成两股，一股流向基材运动的方向，另一股流向相反的方向。随着基材开始移动，更多的液体流向基材方向。超过一定速度后，所有液体都沿基材方向移动。但是，即使所有液体都沿基材方向移动，并且速度刚好高于最小值，某些液体仍然会向后移动一小段距离，然后向前移动，形成图3-45中的踵部。在图3-45中，流速以雷诺系数（qr/m）的形式绘制在 y 轴上，q 是流速，单位为 cm³/s·cm 宽度，r 是密度，单位为 g/cm³，μ 为平衡黏度。

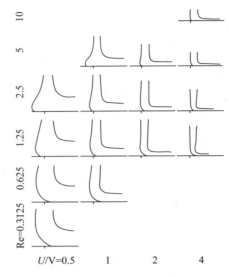

图 3-45　落帘涂布中的踵部形成

在 x 轴上，U/V 是卷筒纸速度与下降落帘速度之比。

图 3-45 表明，在较高的流速或较低的黏度（较高的雷诺系数）下，倾向于得到更多的踵部。较高的落帘速度（由于较高的落帘）或较低的基材运行速度（较低的比率，即基材速度与落帘速度之间的关系），影响更大。

踵部有害，足够大的踵部会包含再循环的涡流，涡流中的液体在此长时间保留，会引起条纹或条带或涂布液降解等缺陷。

要随时调整落帘速度和涂布速度。一方面，落帘速度要产生足够大的冲击力，以除去涂料与基材间的空气，还要避免流速过大形成踵部；另一方面，尽量提高涂布速度满足高速生产的要求，还要避免产生气流层，保证正常涂布。只有利用涂布速度和落帘冲击速度的比值，才能使落帘稳定，并使涂层更薄。

表面张力影响

通常涂布液的表面张力越小越好。涂布液的表面张力最好低至 30mN/m，而水的表面张力为 70mN/m，加入表面活性剂即可。

此外，涂布液的表面活性大，涂布液中混入的空气不易除去。对干扰传播而言（图3-46），拥有自由边缘气泡的干扰速度（V_d）越小越好。由式（3-4）中 V_d 与涂布液表面张力的关系可知，应尽可能降低涂布液表面张力。该分析指出涂布液的表面张力，取决于落帘下落的时间和表面活性剂浓度，认为低表面张力需要较长的表面作用时间和较高的表面活性剂浓度，而涂布液从缝隙模头料口到达纸幅的时间要小于 0.3s，这就要求表面活性剂有良好的扩散性能。

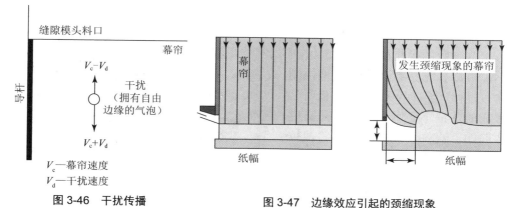

缝隙模头料口
幕帘
导杆
V_c−V_d
干扰
（拥有自由
边缘的气泡）
V_c+V_d
V_c—幕帘速度
V_d—干扰速度

图 3-46　干扰传播

幕
帘
纸幅
发生颈缩现象的幕帘
纸幅

图 3-47　边缘效应引起的颈缩现象

$$V_d = 2\sigma\rho Hc \tag{3-4}$$

涂布液的表面张力过大，会产生一系列问题，如气泡不易除去、落帘边缘效应、落帘厚薄不匀等。应加入表面活性剂降低表面张力，或优化涂布设备。落帘涂布的各层都需要表面活性剂，各层表面张力应大致相同，顶层比其余层略低。

涂布液的黏度影响

黏度是影响雷诺系数 Re 和毛细管数 Ca 的重要因素。黏度过大会降低落帘的加速度，而且增加落帘收缩的可能性，黏度升高会延长动态润湿时间，可能形成气流层，影响涂布速度的提高及落帘的稳定性。黏度过低可能形成踵部。黏度范围最好控制在 20 ～ 1 000mPa·s，当黏度大于某一临界值时，在平滑基材上达到的最大涂布速度，比在粗糙基材上达到的速度小，而当黏度在此临界值以下时，结果相反。可以根据黏度的大小选择不同粗糙度的纸幅，也可结合纸幅粗糙度调整涂布液黏度。

涂布液黏度过低易形成踵部，黏度过高会影响落帘的形成及稳定性。

涂布液的表面张力及黏度的综合性质，称为伸展性，通过确定涂布液的伸展性及流变性，选择合适的表面张力及黏度。可通过观察导杆附近落帘的厚度观察涂布液的伸展性。一般涂布液的黏度越大，涂布液的表面张力越大，导杆附近落帘与落帘间的厚度差就越大。

涂布液的密度影响

涂布液密度影响落帘对基材的冲量，涂布液密度有利于排除基材上方的空气。由于涂布液的固含量会影响到涂布液黏度及表面张力，在实际生产过程中，往往要先关注涂布液的表面张力和黏度，在满足要求的基础上，适当增加固含量。

气泡影响

涂布液中的大气泡，会使落帘断裂；小气泡会在干燥后形成针眼等弊病。大于模头料口宽度的气泡会使落帘断裂，或出现漏涂。

操作窗

以 Re 和基材与落帘速度比（U/Vc）为参数的操作窗口如图 3-48 所示，可以根据参数变化更好地控制涂布过程。当 U/Vc 和 Re 都较低时，形成的落帘不是垂直向下而是高度弯曲的，这就是拽拉膜现象，拽拉膜不利于落帘稳定。Re 低会使落帘收缩形成气流层，使落帘破裂，而 Re 过高又会导致踵部。随着 U/Vc 的增加，操作窗口会逐渐变窄，当 U/Vc 超过一定数值时，就会产生和泥现象。和泥现象就是既有踵部又夹带空气的一种不稳定状态。

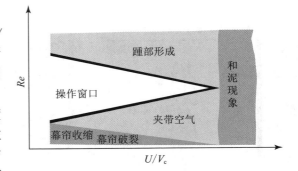

图 3-48　以 Re 和 U/Vc 为参数的操作窗口

图 3-49 是某落帘涂布的可涂布极限实例。图中有形成稳定落帘的最小流速，低速薄膜极限是图中 45° 斜率的直线；顶部是踵部形成的厚膜极限；空气夹带方面给出了高速极限。相同材料的落帘涂布速度，比坡流涂布快约一个数量级，较低黏度液体可以更高速度涂布。

图 3-49 表明，落帘涂布中的涂布窗口在所有侧面都受到限制。涂布窗口可以覆盖较宽的速度范围，

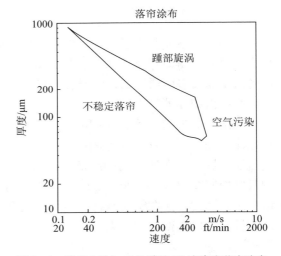

图 3-49　黏度 3333-cP 的液体 50 毫米高落帘涂布操作窗

图 3-49 中 0.1 ～ 3m/s，对于大多数涂布厚度而言，厚度范围比狭缝或坡流涂布窄得多。

表面粗糙度对涂布极限的影响

涂布纸基表面粗糙，涂布速度最高可达 250 ～ 300m/s。具有光滑表面的膜（如磁带），最高涂布速度可能仅为 7.5m/s。粗糙表面基材所带走的空气，更容易在"山脉"之间的"谷"中逸出，在多孔表面（如纸）上，空气也可以透过背部。均方根（rms）粗糙度为 1.8 ～ 5μm 的粗糙表面的可涂布速度，比均方根粗糙度不超过 1.0μm 的光滑表面快 1.5 ～ 5 倍。

表面粗糙度影响的大小与涂布液黏度有关。低黏度液体会完全润湿基材表面，由于真实的润湿速度近似恒定，具有较大表面积的粗糙表面，会使有效润湿速度

降低。相反，高黏度液体只会在粗糙表面的"山峰"之间的气穴上滑动。空气的黏度低，几乎无流动阻力，因此，涂布速度大大提高。克拉克（Clarke）将粗糙表面定义为至少具有 4 个点的平均峰值高度的表面，峰高至少为 2.5μm（ISO 4287 或 DIN 4786）。

图 3-50 表明，对于黏度为 21.8mPa·s（1mPa·s¼1 cP）的液体，光滑表面和粗糙表面的曲线之间，没有很大差异，但在给定的流量下，光滑表面的涂布速度略高。反之，对于具有黏度高达 171mPa·s（或 cP）的液体，在粗糙表面上的涂布速度要快得多。图 3-51 是用 208mPa·s（或 cP）的更高黏度液体进行了验证。

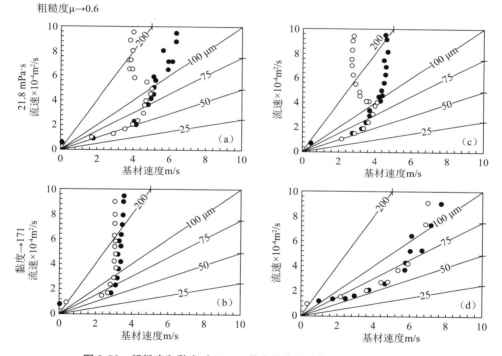

图 3-50　粗糙度和黏度对 70mm 幕高的落帘涂布最小湿厚度的影响

平滑表面是粗糙度为 0.6μm 的聚对苯二甲酸乙二醇酯；粗糙表面是粗糙度为 4.4μm 的聚乙烯涂布纸。
涂布液是明胶，实心圆代表随速度增加的润湿失效；空心圆代表润湿速度降低时润湿失效的消失。

图 3-52 表明，恒定流速 4.2cm³/s·cm 宽度，落帘高度 20mm。黏度效应发生在 83 ～ 100mPa·s（cP）的范围内；在粗糙表面上使用高黏度流体，在给定的速度下，可比低黏度液体在同样表面上涂层更薄。先前看到，在光滑基材上，使用低黏度液体可得到更薄涂层。

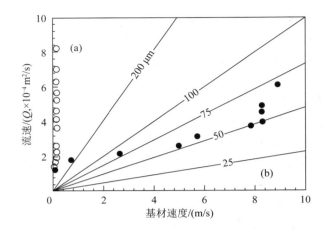

图 3-51 表面粗糙度对 208mPa·s（cP）明胶落帘涂布的影响

○为粗糙度 0.6mm 的平滑聚对苯二甲酸乙二醇酯薄膜；●为粗糙度 4.4mm 的聚乙烯涂层纸

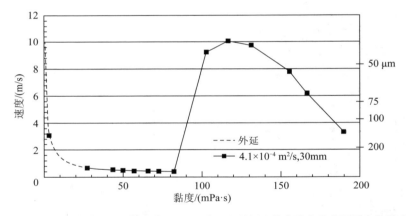

图 3-52 甘油溶液黏度粗糙度为 4.4mm 的聚乙烯纸上落帘涂布最小湿厚度的影响

由此可见，若能接受基材本身的粗糙度，则可用更快速度涂布更薄涂层。

涂布模头的材质和粗糙度，对落帘稳定性也有影响。

总之，涂布液中的气泡和落帘与基材之间的气流层，是影响落帘稳定性的关键。首先要加入适当的表面活性剂降低涂布液的表面张力。其次要在减少涂布液中气泡的基础上，调整涂布液黏度，使涂布液有适宜的流动性，进而调整好流速和涂布速度之间的关系，避免踵部和夹带空气发生。

8. 薄膜涂布（MSP 计量施胶压榨）涂布窗

图 3-53 是薄膜涂布涂布量和涂布固含量的函数关系。阴影部分为均匀涂层。

薄层涂布会增加刮痕，并降低涂布液流体动力学稳定性。因此，当车速和涂布量增加时，会导致涂布不均匀条纹。双管压力刮刀能使薄膜均匀度或整幅质量提高，条纹减少。

直径 25 ～ 50mm 的平滑棒，高速薄膜涂布，形成较"挺"和更稳定的涂布。通常使用直径 35mm 的平滑棒，对纸张进行预涂，车速 1 000m/min 左右。

黏度的影响

如果采用平滑棒来预计量，涂布液黏度产生的流体动力学作用力，薄膜转移涂布量与刮刀涂布有类似之处，随着纸机车速增大而增大，必须由棒的负荷来补偿。涂布量随着黏度增大而增大，随着棒的负荷增大而减小，随着棒的直径增大而增加。

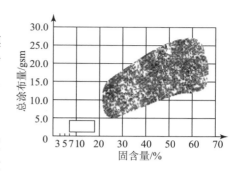

图 3-53 涂布量是涂料固含量的函数

涂布液黏度必须适应涂布过程，黏度过低，意味着棒压力过低，可能导致横向涂布不均匀或不能获得理想的涂布量；黏度过高会导致涂布区出口处形成薄雾，这与涂布液析出近似；车速较高或涂布量较低，必须降低黏度来补偿。延展黏度很重要，高延展黏度意味着更高的涂布量。

薄膜转移涂布控制范围

薄膜转移涂布的示意性操作范围，涂布量与车速关联操作窗，如图 3-54 所示。

综上所述，在现代化薄膜转移涂布机上，涂布液性能控制很重要。当涂布液具有高固含量和相对低的水相黏度时，涂布效果较好。高固含量会导致复杂的流变性，此时需要通过测定流变性来控制涂布液黏度。

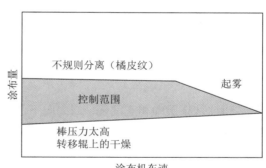

图 3-54 涂布车速与涂布量关联操作涂布窗

三、模压涂布的不稳定性质量缺陷及控制

（一）颤振

颤振是指因覆盖率的周期性变化而沿涂层向下，以规则间隔出现的腹板线条或条状物。覆盖率大多变化（颤动）是由机械原因引起的，如振动、速度波动、支撑辊偏心或轴承中跳动过大的辊、轴承流量波动、涂布液或涂珠真空波动等。驱动系统也会引起类似缺陷。

泵的脉动会导致流量波动。通过泵到涂布模头的塑料管线，可以抑制齿轮泵的轻微脉动。当夹套水受到压力脉动影响时，用塑料夹套管也会发生流动脉动。

应随时检查所有机械干扰的频率，是否与颤振频率相同。将涂布速度（cm/s）除以颤动的空间频率（cm），可以找到以每秒循环数（或 Hz）为单位的颤动频率。使用振动分析仪，可以测定振动频率。由于不良的轴承或不圆的辊，也会导致颤动，还需将颤动的空间频率与支撑辊的圆周作比较。

真空涂珠波动主要发生在较宽的涂层间隙处。真空涂珠波动的频率，用快速响应压力传感器确定。由于真空涂珠系统像巨大的吹奏乐器，真空涂珠波动经常会出现。例如，在大号中，气流越大，声音的振幅就越大，这相当于压力波的振幅。因此，在真空涂珠系统中，泄漏到系统中的空气越多，出现可见的颤动概率越大，应尽可能减少漏气。

通常无法避免空气向真空系统泄漏，因为卷材必须进入真空室，并且必须避免与卷材的摩擦接触，以防止刮擦卷材。但是，真空密封件和卷材的间隙应尽可能小，所有其他密封件（主要靠着支撑辊的表面或侧面）应保持摩擦接触，通过涂布液在基材和涂布模头间形成密封。

如果消除了颤振的所有机械成因问题仍存在，则颤振很可能来自系统的流体动力学。在某些系统中，由流体动力学引起的颤振并不少见，曾有人发现颤振发生在可涂性极限附近。

（二）肋纹

肋纹是涂层中相互间隔、均匀向下的网状线条，恰似沿湿涂层向下梳理形成。肋纹来自涂布系统的流体动力学。有人结合狭缝涂布中肋纹的数学模型研究后认为，要避免或减少肋纹，需要：①使用低黏度液体，②降低涂布速度，③提高湿覆盖率，④调窄涂布间隙。

图 3-55 表明，在大多数涂布系统中，发散的夹角往往会促进锯齿。唇部应与腹板平行，或者夹角应稍微收敛。在狭缝涂布中形成薄层时，当涂布模具的上唇或下游唇缘太圆时，也会对流出的流体呈现发散的夹角，从而形成肋纹。

Sartor（1990）认为，在狭缝涂布中，肋纹出现在可涂布的边界附近，而 Christodoulou（1990）发现，在坡流涂层中，肋纹在高涂珠真空、高涂布速度和低流量下更严重。Tallmadge 等（1979）发现，在坡流涂布的涂布宽容度极限附近出现了肋纹。Valentini 等（1991）发现，表面活性剂的选择和用量，会影响涂布窗口中的涂珠真空，进而影响肋纹的形成。

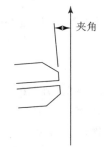

图 3-55　狭缝涂布模头和基材间夹角的发散，促成肋纹

涂布中需要一些黏弹性，但是黏弹性太高，会促成肋纹。极端情况下，肋纹可能会变成细丝或细绳。如果涂珠真空、间隙或夹角的调整无法消除肋纹，则需要改用黏弹性较小（分子量较低）的聚合物。但是，黏弹性也可能由某些表面活性剂，在高于临界胶束浓度的较高浓度下，形成临时结构而引起。因此，表面活性剂的类型和浓度，对肋纹有影响。

肋纹可以发生于涂珠的顶部或底部。在较厚的涂层和较大的涂布间隙中，肋间距较大。

当迫使黏弹性流体通过涂布模具中的狭缝开口时，也会形成肋纹。此时，应增加狭缝以及坡流或落帘涂布中的涂布缝隙开口。

（三）预定量涂布中的条纹和条带弊病

预定量涂布中的条纹和条带弊病成因很多，分析如下。

条纹是沿涂布方向延伸的线，它们覆盖率通常比平均值轻得多或重得多，有多种形式或不同宽度。条带比条纹宽，覆盖范围与其余涂层略有不同。条带可能来自涂布模具中缝隙开口的宽幅波动，在无支撑的卷材上涂布时，卷材上的张力不正确或不均匀，带有"谷"和"脊"的不良卷材导致湿涂层流动，可能导致系统的流体动力学不稳定，以及涡流和旋涡都会导致条纹和条带。

卷材携带并夹在涂布模头和卷材之间的灰尘颗粒，可能导致条纹。在较宽的涂层间隙下不太可能发生这种情况。如果确实发生，则可以使用一片塑料垫片将颗粒扫向侧面。所以，涂布基材应清洁无污垢。

涂布液中携带的灰尘或气泡，可能被捕获在涂布模头内部（通常在插槽中），中断流动并造成条纹。可将一塑料垫片插入槽中，并沿宽度方向移动，将所有颗粒扫到一侧。

通常，涂布液应先过滤，然后再输送到涂布模头，并应在涂布模头前设置粗过滤器，以除去从管线或配件上脱落的各种颗粒。涂布模头通常有两个通道，前端间隙大于后端间隙。因此，任何足够大的颗粒，都更容易被窄的后槽捕获。与前插槽中的扰动相比，后插槽中的流动扰动（如由捕获的粒子引起的扰动），更可能在到达插槽出口时自行修复。

轻于涂布液的颗粒，尤其是气泡，会漂浮在坡流涂布机的涂珠压条中，而不会被涂布液带到基材上形成条纹。如果发生这种情况，则应"填隙"，并用塑料薄片将气泡或颗粒扫到一侧。

涂布模具缺口可能导致条纹。即使涂布模具由不锈钢制成，其边缘也非常细腻，应该像处理最优质的晶体一样处理模具。模具边缘容易损坏，边缘受损会导致条纹。用磨石打磨，可能使边缘变圆。圆形边缘无法紧固弯月面，并可能在较大的间隙处产生振颤。当边缘曲率半径超过 50 ~ 100 微米时，必须修整涂层模具。

坡流涂布的前边缘下方区域流动的涂布液，可能形成旋涡或涡流，其对流动的干扰，可能是条纹的成因（图3-56）。当涂珠真空度太高或间隙对于给定的涂布液和涂布速度太宽时，液体将进入此区域。低黏度液体，较大的间隙和较低的涂布速度时，必须使用较小的真空涂珠。

在坡流和落帘涂布中，通过液体从上部狭槽流入未完全填充的下部狭槽的方式，也可能形成条纹（图3-57）。这种情况很少发生。为了在整个缝隙上获得合理的最小压力降，缝隙的开口应足够窄，以规避条纹发生。在极薄的低黏度液体层中，有时会使用宽缝隙设计，以便形成更高流速、更高黏度的液体流动。

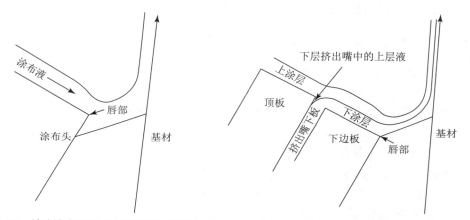

图3-56 坡流涂布唇部下方区域流动的液体 图3-57 在坡流和落帘涂布过程中，液体流入未完全
会导致条纹　　　　　　　　　　　　填充的下部缝隙导致条纹

涂布液可能在涂珠的下方以及坡流或帘式涂布机的顶板上干燥，从而干扰流动并导致条纹，此时必须冲洗掉堆积物。如果堆积物在涂珠下，则必须先撤出涂布模具。乳胶层涂布经常在涂布唇下积聚并引起条纹。乳胶颗粒上带有更多的羧酸基时，将pH升至7.0，溶胀度和胶体稳定性提高，条纹形成概率大大降低。可将顶板升高到流动层的高度来防止顶板上的积聚，使液体不在边缘流过（图3-58）。对顶部插槽的下边缘倒角［图3-58（c）］，效果相同。

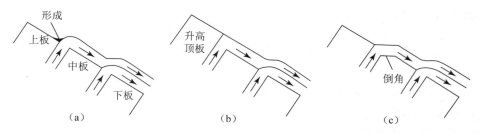

图3-58 预防坡流和落帘涂布顶板上的回流和堆积：（a）堆积形成，通过（b）升高顶板或（c）斜
切顶部间隙的下边缘来防止堆积

（四）缩边

所有预计量涂布，包括狭缝、坡流和挤压涂布，当存在涂布间隙时，液体都容易缩边。导轨是防止缩边的手段之一。

接近可涂布极限时缩边最严重，必须增加覆盖率才能继续涂布。高黏性涂布液，或黏弹性涂布液及更大的间隙，都会加剧缩边。高表面张力低黏度液体，也会缩边。降低表面张力也是常用措施之一。

挤压涂布间隙往往比狭缝涂布大，缩边相应加重。聚合物熔体通常高黏度且有黏弹性，缩边会增加。薄膜拉伸比越高，缩边越严重。因此，为了减少边缘收缩，应该在挤压模中使用较窄的缝隙开口降低拉伸比，使初始厚度更小，出口速度更高。还可以考虑使用较小的间隙或拉伸距离。较窄的缝隙开口，会增加剪切速率和剪切应力。

有时边缘表现为平滑、周期性的方式缩进和突出。这可能缘于支撑辊不圆或轴承跳动过多，随着辊的每次转动，间隙将在更紧和更宽的开口之间循环，在较宽间隙处，缩边更明显。

（五）扇形边缘

扇形边缘是出现频率较高的缺陷，表现为涂布边缘以几厘米左右的间隔呈尖峰和凹谷状。扇形边缘似乎在较宽的间隙处更常见，并且在低覆盖率和高速下接近可涂性极限。这种循环的缘由尚不清楚，常见于黏弹性液体。

（六）边缘涂珠与厚边

几乎所有涂层的边缘，都比中心区域厚。

厚边的涂布产品无法正确缠绕。中央部分的基材无法与下方的卷纸接触，使轧辊左右摆动，也可以用小刮刀刮去湿厚边，或用小束空气吹掉。

除非涂层通过紫外线或电子束固化，否则厚边将干燥变慢或不完全干燥。如果涂料在边缘干燥之前遇到了面辊，则湿涂料将转移到辊上使之变脏，导致后续缺陷。同样，缠绕纸卷中的湿边缘再度展开时会撕裂。

表面张力效应，可能是干燥过程中出现厚边的原因。但在许多情况下，在湿涂层到达干燥机前会出现厚边。在落帘涂布中，将边缘导轨弯曲骑在基材上，弯曲部分指向外部使厚重边缘变薄，也有使用喷气机将厚重的边缘向外吹。还可以用溶剂（通常是水）稀释边缘以降低黏度，然后用真空管吸掉。

在预计量涂布中，边珠可能是涂布操作中，由于表面张力效应，模头膨胀以及薄膜拉伸所产生的应力所致。当黏度低，涂布速度低，膜厚低且间隙大时，表面张力是边缘珠粒的最可能成因。狭缝和坡流涂布速度通常很高，间隙很小，黏度也很低。挤出涂布速度高、间隙大且黏度高，表面张力对边珠的影响很小。当表面张力是主要因素时，边珠通常会从边缘延伸不超过约 5 毫米。

模头膨胀导致厚边。黏弹性液体在挤出时会溶胀，使其初始厚度大于模具开口的厚度。由于边缘处有多余的壁，在边缘处会产生额外应力，从而导致多余膨胀。由于模头膨胀而导致的边缘厚度，不会超过中心区域厚度的两倍，且从边缘延伸不超过 5 毫米。

挤压涂布和狭缝及坡流涂布边珠的最常见成因，是拉伸薄膜时产生应力，导致基材或涂布的速度，远高于涂布模头排出材料的速度。涂布速度与模头出口速度的比率为拉伸比。研究发现，涂珠厚度与中心厚度之比（涂珠比），等于拉伸比的平方根。无论涂布液是否为黏弹性或黏度高低，边珠仅取决于拉伸比。典型涂层的拉伸比约为 10，范围为 2 ～ 14。以此推算，边珠比中心厚 1.4 ～ 4 倍。

由于拉伸应力，边珠随间隙或拉伸距离而变化。在间隙最大为 15 厘米的挤压操作中，边珠可从边缘延伸大约 5 厘米。在狭缝或坡流涂布中，缝隙为 100 ～ 400 微米时，边珠会低于 1 厘米。

边珠的形成不可避免。缩小挤出嘴的狭缝开口，会提高模头出口速度，从而降低拉伸比，但会增加模头压降。为了保持涂层横向均匀性，更窄的开口还需要更精确的加工（如研磨而不是精加工）。较窄的狭缝，将增加涂布液中的应力，如果是黏弹性流体，则将增加模头膨胀，或导致肋纹。真正的拉伸比应定义为出口处（模头溶胀区域，而不是缝隙厚度）最大厚度与涂布厚度的比值，较高的模头膨胀会使拉伸比增加。

由于边缘的范围随间隙或拉动距离的增加而增加，减小间隙应有助于减小边缘范围。这在挤压涂布中也许可行，但在狭缝或坡流涂布中，缝隙要小得多，通常希望间隙在 200 ～ 300μm，方便接头通过而无须撤回涂布模头。

在坡流涂布中，较陡的坡流角度涂布，可提高坡流速度，可能降低拉伸比进而降低边缘比。但坡流涂布边缘仅 5mm，较陡的角度，更可能导致界面波动。

（七）坡流和落帘涂布中的波浪纹

当液体沿倾斜平面向下流动时，类似雨水从铺好的坡道上流下来，会形成表面波浪，波长约 30 厘米。表面波通常形成于坡流涂布或落帘涂布的坡流板上。在多层坡流或落帘涂布中，表面波和界面波均可能形成。图 3-59 是坡流面上的界面波，波长约 1 毫米，远低于波长约 10 厘米的表面波。较长的界面波（1 厘米波长）可能变成

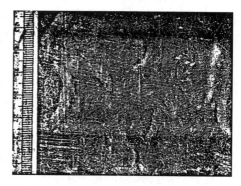

图 3-59　一次三层坡流涂布中的界面波

一系列锯齿状波纹。

　　纯液体表面波会在某个临界流速以上形成，该临界流速与黏度以及坡流面相对于水平面的倾斜角的正切成正比。因此，在较高黏度下，临界流速较高，不太可能形成波。而且，由于具有切线功能，在较小的角度下，临界流速较高，也不太可能形成波。表面活性剂协助稳定流动，此时需要更高流速，才能形成表面波。

　　古希腊人曾使用表面活性剂抑制波浪。当一艘船在波浪中被困在岩石上并有破裂的危险时，水手们将植物油（甘油的脂肪酯）缓慢倒入迎风面，使水面平静。此为"在麻烦的水上倒油"的由来。

　　因为表面活性剂总是用于水性体系，而多层涂布最常用于水性体系，所以，在坡流或落帘涂布中很少见到表面波。但是，在多层流中，相邻层间存在界面，会形成界面波。如果所有层属性相同，则系统就像一个没有界面的大层一样（只要没有界面张力），此时可能无界面波。为避免界面波形成，相邻层应该黏度相同，或者上层的黏性最高可达系数 $1.5 \sim 2$。另外，上层黏度不要低于下层黏度的70%。当上层的黏度远高于 10 倍时，则界面再次稳定。

　　与表面波一样，在相对于水平面较小的倾斜角下更稳定。在较小的角度下，这些层较厚，使界面波更稳定。通常，较高的流速、较高的速度涂布，可得到较厚的涂层，因此，在较高的涂布速度下，不太可能形成界面波。这与在平板薄膜共挤中发现的结果相似（图 3-60）。

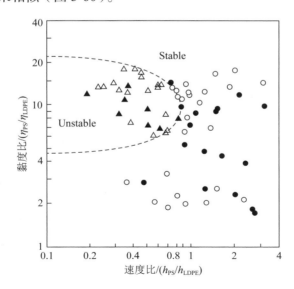

图 3-60　多层薄膜平板共挤中的界面不稳定

　　界面张力倾向于稳定系统以抵抗界面波动。尽管没有任何关于涂珠中形成波的报道，但它们可能在坡流面板上形成。狭缝涂布和挤压涂布也用于多层涂布，这些系统中尚无形成波的报告。

（八）落帘涂布常见纸病及质量优化

表 3-3 为部分国产成纸部分质量指标。

表 3-3　成纸部分质量指标

定量 /(g/m²)	光泽度 /%	PPS/μm	白度 /%	K&N/%	IGT 中黏度油墨 (450N)/(cm/s)	R&I/ 次
230	55	1.08	81.55	19.7	210	7.6
232	53	0.92	81.84	20.5	197	7.5
250	56	1.13	82.03	21.2	180	8.0
251	53	0.89	81.44	21.7	185	8.3
298	53	1.00	81.30	23.0	200	7.5
300	55	0.95	81.63	22.1	196	7.8

注：R&I 单位是次；1——全部拉毛；10——无拉毛。

1. 落帘涂布纸常见弊病及对策

（1）针眼

涂布液带入气泡，是针眼主要成因。表 3-4 是不同涂布方式允许的涂布液空气含量。落帘涂布液中的气泡，会使落帘在下落过程中破裂，影响落帘的稳定性；未破裂的气泡转移至涂层，干燥破裂形成针眼（漏涂）。

表 3-4　不同涂布方式允许含气量

涂布方式	除气前 /%	除气后 /%
刮刀涂布胶印	5% ～ 12%	3% ～ 8%
影印	10% ～ 25%	5% ～ 12%
薄膜转移	5% ～ 12%	3% ～ 8%
落帘涂布	2% ～ 5%	< 0.1%

针眼形成于预涂、落帘涂布及面涂各阶段，且形状大小不同。面涂针眼较浅，无上涂布液覆盖，大部分直径小于 5μm；预涂针眼较深，直径 5 ～ 8μm；落帘涂布针眼属于漏涂。

检测各阶段涂布液的空气含量，发现面涂供料槽空气含量较高（表 3-5）。

表 3-5　预涂、落帘涂布和面涂布液的空气含量

车速 / (m/min)	定量 / (g/m²)	贮存槽空气含量 /%			供料槽空气含量 /%			涂布头回流空气含量 /%		
		预涂	落帘涂布	面涂	预涂	落帘涂布	面涂	预涂	落帘涂布	面涂
1 000	230	0.90	3.75	5.13	2.8	—	16.35	4.29	—	10.23
900	230	0.21	3.15	2.40	3.3	—	10.95	3.85	—	9.76
516	400	0.69	3.33	1.35	5.55	—	11.67	5.04	—	8.85
440	450	0.57	3.27	2.1	3.57	—	14.13	2.67	—	9.60
855	250	0.45	2.10	2.25	6.01	—	14.73	6.60	—	13.05

因此，消除涂布液及涂布过程中带入的空气，是消除针眼的有效手段。

①控制供料槽液位在回流管口径的 1/3 ～ 1/2，减少冲击并让涂布液保持自转，消除死角。

②合理布置供料管线和回流管线、粗筛位置，控制涂布液回流量，减少回流过程中空气带入。

③优化消泡除气装置工艺参数，如控制进出口压差，除气器压差 250 ～ 350kPa，进口压力在 300 ～ 450kPa、出口压力在 70 ～ 100kPa；降低涂布量、调整干燥风箱温度，减少过快干燥引起的针眼。

④控制涂布液设计与配制，减少空气融入。

⑤密闭供料系统，规避涂布液输送过程空气融入。

⑥消泡降低涂布液中空气含量。

（2）"猫爪印"

在高车速、低涂布量落帘涂布时，很容易发生猫爪印。在涂布液制备中，大多着眼于涂布液低的表面张力、延展性和落帘的形成与稳定性。当抄造低定量纸时，纸机车速较快，例如达到 1 000m/min 以上时，若落帘涂布液延展性不够，基材和落帘速度匹配不好，在冲击区基材快速运行对涂布液落帘产生的拉伸，将造成微小的漏涂，类似"猫爪印"，原纸平整性欠佳时更甚。

此时，需要调整涂布液配方，降低表面张力，提高其延展性，同时要兼顾落帘稳定。低涂布液表面张力，有利于形成薄而均匀的落帘，且涂布液可以在冲击区迅速润湿基材，有利于基材上方空气的排出，抗环境干扰。

提高落帘涂布前纸基的平整性，增加预涂量和落帘涂布量等，都可减少"猫爪"纸病。

（3）条痕

落帘涂布条痕是指在纸面不规则间歇出现，不同于刮刀涂布的条痕。主要是由于涂布恒温室与落帘涂布喷嘴处温差太大，致使喷嘴结露引起冷凝水下落，冷

凝水将此处自由下落的涂布液稀释变薄所致。

因落帘涂布喷嘴结料，导致纸面涂布条痕，与落帘涂布条痕不同，前者位置固定且较宽，后者位置不固定且较细。

将落帘涂布恒温室与涂布喷嘴处的涂布液温度控制一致，同时控制涂布液制备贮槽温度及上料系统涂布液的温度，有助于消除涂布条痕。

（4）条纹与落帘破裂

即使按照涂布配方和涂布操作窗进行生产操作，也偶尔会产生条纹或落帘破裂（表3-6）。

表3-6 其他纸病成因和对策

纸病	何时发生	原因	解决措施
道、条纹	高速、原纸太粗糙	空气含量	降低原纸粗糙度
落帘破裂	低流速	落帘太薄表面张力	调整配方稀释涂布液增加涂层厚度

2. 落帘涂布纸质量优化

（1）提升原纸平整性

接触式涂布中，原纸的表面是变化的，且受到纸张表面相对于纸张内部结构变形的影响。非接触式涂布中，纸面变形影响小，但原纸的表面性能影响更大。落帘涂布后的纸面，由于纸面不平，在显微镜下仍能清晰看到粗大纤维，此处落帘涂层断裂显而易见，经后续面涂刮刀仍未消除。

为保证纸面平整，可根据纸张定量，控制合理的游离度。一般定量250g/m² 的涂布白纸板，面浆游离度控制在220～240ml；定量300g/m²控制在240～260ml；定量350～450g/m²控制在280～320ml。

控制纸基湿部化学品如助留剂用量。过分絮聚会造成纸面不平，需要控制芯层高分子物质的添加量，提升面层细小纤维保留率；还要注意填料的使用量、上网浓度、压光及干燥等因素对纸面的影响。

（2）落帘稳定性控制

①落帘高度

落帘涂布时，落帘对基材产生冲击，在基材作用下加速并随基材运行，直至同基材速度相同时，涂布液沉积于基材上形成涂层，故落帘速度 V_c 和涂布速度 U 对落帘的稳定性有重要影响。对给定的落帘涂布喷嘴，单宽体积流量和落帘出口流速 V_0 是主要参数。一旦涂布液流出喷嘴，就开始加速并在距离 X 处达到速度 V_c。落帘速度取决于涂布液下落高度，一般在5～25cm，V_c 可用式（3-5）表示。通常，高车速下增加落帘高度获得最佳下落速度，可使落帘更稳定。

$$V_c = V_0 + \sqrt{2gx} \qquad (3\text{-}5)$$

②涂布液黏度和延展黏度

涂布液黏度过低，在高定量产品低车速、涂布量相对较大时，极易形成踵部；涂布液黏度过高，会降低落帘的加速度，可能造成落帘收缩。此外，黏度增加会延长动态润湿时间，可能形成气流层。

涂布液的延展黏度指涂布液抗拉伸的能力，可用延展流变仪检测。

$$\eta = \sigma t / (D_0 - D) \qquad (3\text{-}6)$$

式中　η——延展黏度，$mPa\cdot s$；

　　　σ——涂布液表面张力，mN/m；

　　　D_0、D——涂布液延展柱直径，mm；

　　　t——涂布液延展柱直径由 D_0 到 D 所需的时间，ms。

车速越高，要求涂布液延展性越好。当涂布液的延展不理想时，轻则出现"猫爪印"，重则涂层断裂，出现"火山口"等现象（图 3-61）。

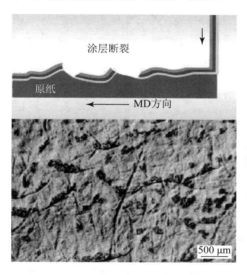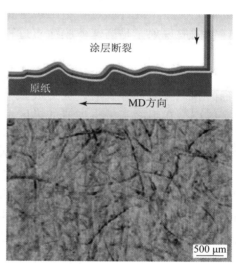

图 3-61　延展不理想（火山口）

原纸粗糙度也是调整涂布液延展黏度的重要依据，由于落帘涂布具有仿形特性，原纸粗糙度越大，对涂布液延展性的要求越高。

（3）消除边界空气层空气夹带

高车速低涂布量易夹带空气，导致波浪和飞帘，进而影响涂布速度的提高及落帘的稳定性，产生明显缺陷，严重时还会产生"V"形空气袋，使涂布过程失败。

因此，必须消除空气夹带，常用拦截空气层抽吸，也可以调节气刀阻拦边界空气层，同时用抽吸装置将拦截的空气吸走。气刀由真空箱支撑，涂布过程中气刀最上面边缘，距离涂布液帘 30～50mm，气刀对着基材运行反方向鼓风，防止落帘被气流吹动。

落帘涂布高速涂布纸板时，产生针眼、"猫爪印"等纸病的原因是多方面的，有时可能是几个因素共同作用。因此，需要有效控制生产的相关环节。涂布液不仅要求低剪切稳定性、低表面张力和空气含量，还要求延展性。此外，除气设备、涂布操作窗口及涂布原纸的性能，都会影响涂布质量。

（九）薄膜转移涂布的不稳定性缺陷及控制

1. 薄膜转移涂布缺陷

薄膜转移涂布中，基材剥离不正确时，常发生褶皱现象，进而导致涂布纸出现条痕和绳痕弊病，严重时导致纸张断头。

涂布液经过预计量后涂在辊面上，在两支背辊间形成的压区中由辊面转移到纸面。在涂布液转移过程中出现雾化或伴生橘皮现象，是高速薄膜涂布过程中出现的主要问题（图 3-62）。

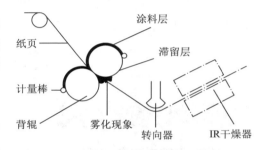

图 3-62　薄膜涂布装置基本结构与雾化

高速涂布过程中，由于涂料黏度，在辊面和纸页瞬间分离时，会形成微小的涂料点，在辊面和纸页形成的夹区里形成大量雾气，此为雾化现象。雾气中夹带的涂料点再次飘落到纸页上，影响纸页的表面质量。在形成雾化时，滞留在辊面上的涂料和转移到纸页上的涂料分离及拉丝，分别在辊面和纸面形成连续的微小凸起，高温迅速干燥固化以及压光作用并不能将这些凸起完全铺开，就会在纸面形成"橘皮"（图 3-63）。

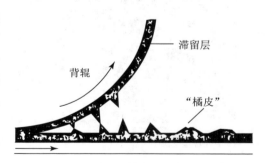

图 3-63　橘皮的形成

2. 常见问题及对策

（1）计量棒压区涂料飞溅

在计量棒压区出口的涂料飞溅，主要是由于反向辊压区中动压液流不稳定造成的。在开始阶段，液流的不稳定，会造成计量后薄膜中的条纹或肋痕，然后成为"珍珠"状涂料。最后，液滴开始聚集在棒床表面，甚至随涂膜进入转移压区。

计量棒飞溅，一般出现在低涂布量、高车速、高固含量和高棒压操作过程中。增加棒转速或调整涂布液特性（如降低固含量），可消除飞溅。图 3-64 是避免涂料飞溅的几种可行措施。

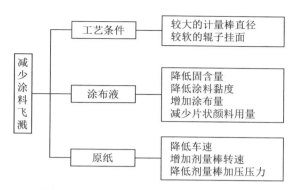

图 3-64　消除计量棒 / 辊压区涂料飞溅措施

经验表明，水溶性聚合物用量较低的涂料，易产生计量棒飞溅，增加用量则可以消除飞溅，增加计量棒转速也有效果，转速可增加至 350r/min。

（2）转移压区的涂料雾化

裂膜过程中的涂料脱水、辊子包覆层较低的涂料膜转移率，或涂料粒子间较高的黏附力，都可能发生转移压区涂料雾化。此类涂料雾化限制了高涂布量和高车速涂布。

为了在较高车速（>200n/min）和高涂布量时避免涂料雾化，可以提高固含量，或使用片状高岭土颜料，比块状或较小规格的颜料粒子，雾化趋低。

雾量与涂料薄膜厚度间呈指数规律增加；涂膜转移比低于 60% 时，在裂膜处有足够的未固化涂料，在离心力作用下雾化。

可能的解决措施见图 3-65。

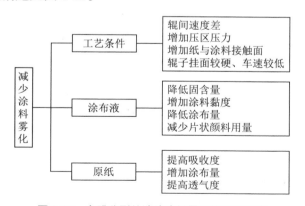

图 3-65　在膜分裂处消除涂料雾化的可能措施

优化工艺要素，增加压区压力和增加辊子挂面硬度，加强了转移力度，可能影响到涂料向原纸的渗透和涂布纸的质量，但会减少涂料雾化概率。增加纸与涂膜之间的接触面以改进涂料的转移率，也是可选方案。此外，降低湿涂层的厚度，即使在高车速下，也可以消除雾化。

密实的原纸，吸收性和透气度低，影响涂料的渗透，裂膜时有较厚的未固化涂料层，也易导致雾化。

总之，膜分裂的最佳状态，是在未固化涂料薄膜处于涂料与辊面之间的界面时获得。此时，该层中的干固含量与黏附力较低，易裂膜而无过多雾沫。

（3）涂料在辊面上的干结

涂料的干结会导致涂布纸表面质量缺陷。

随着涂料固含量提高，涂料在辊面上干结逐渐突出。高压区压力、较硬的包覆层、高涂料固含量以及低涂布量，都会导致涂层快速大量脱水，形成的干结涂层，在辊面迅速积聚，并随辊子转动加厚。

干涂层在辊面上的积聚，首先以条纹状出现，逐渐发展成厚涂层，并对计量棒或辊面及涂布纸表面造成损害。

颜料及其比例是决定涂料固化性能的最主要因素。层状和改性高岭土易在辊面干结，碳酸钙干结不明显。增加涂料雾化倾向的工艺和涂料参数，常常减少涂料在辊面上积聚的可能性。图3-66是影响涂料辊面干结的各种因素。

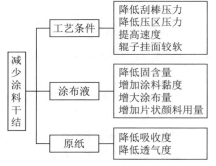

图 3-66　影响涂料辊面干结的因素

（4）基材剥离时的粘连

双面涂布 MSP 基材剥离出压区时，容易产生抖动。基材粘连，可能发生在基材全宽或基材的边缘，在涂布面上形成条纹或花纹。条纹一般顺着纸机方向，宽度 10～20mm，长度取决于基材抖动。

基材总是随具有较厚涂膜或具有较高黏度涂膜的纸面走的，为了控制基材的剥离，消除基材粘连，可从原纸特性、工艺参数或涂料配方等角度予以调控（图 3-67）。

当涂布量低于 10g/m² 时，原纸性能（如纸页疏松性和平滑度）影响基材剥离。

较开放的纸页表面，允许更多的涂布液渗入，留在纸面上的未固化涂膜就较薄。较薄的未固化涂层，减小了基材剥离阻力。在纸页有两面差情况下，如果差别较大，较疏松的一面就成为主要因素，两面不同的涂布液配方，也影响基材剥离。

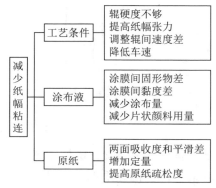

图 3-67　从辊上剥离时基材消除粘连措施

利用不同辊面硬度差和辊间速度差，可以控制基材的剥离。硬辊较小的变形和较好的表面接触，基材往往跟着较硬的辊子走。软辊在压区有较大变形，表面接触较少。辊面材质对剥离性能也有影响。

3. 优化工艺条件减少高速薄膜涂布的雾化

实验探讨了涂布量、车速、固含量和涂布液性质等参数对雾化现象的影响。典型涂布配方如下（表 3-7）：

表 3-7　优化工艺实验用典型配方

原料名称	超细碳酸钙	瓷土	胶乳	CMC（淀粉）	增白剂
原料配比	50.0	50.0	10.0	1.0（4.0）	0.1
涂料 pH	8.5				
涂料固含量	54.0% ～ 58.0%				

雾气量测定：将面积固定，定置、定时称取其在雾气区里中的涂布液量。以单位时间内纸上的涂布液重量表示（g/s）。

涂布液的黏度测定：Brookfield LVT 黏度计。

涂布液保水度测定：GW R-AA 保水度测定仪测定（g/m^2）。

（1）涂布速度对雾化的影响（图 3-68）。

保持涂布液参数和运行参数不变，随着车速的提高，雾化程度迅速提高。车速提高，剥离力加大，离心力加大，雾点粒子变小，增加了雾化程度；车速提高，涂布量加大，涂层变厚，压区中非固化层加厚，更易雾化。

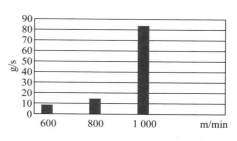

图 3-68　涂布速度对雾化现象的影响

速度和涂布量的关系见图 3-69、图 3-70，可见，随涂布量的加大，雾化程度迅速增加。

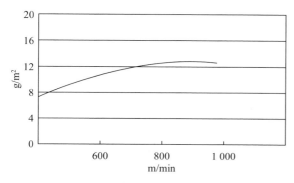

图 3-69　涂布速度与涂布量的关系
注：涂布液固含量 54.0%；黏度 500mPa·s；原纸 50.0g/m²；
　　计算棒压力 1.25bar。

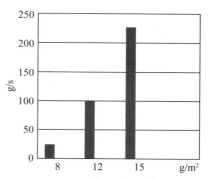

图 3-70　涂布量和雾化程度的关系

（2）固含量对雾化现象的影响

涂布液固含量越低，涂层越厚，形成一定厚度的固化层所需的时间越长；同时，固含量越低，相对黏度低，表面张力小，越易形成小点。因此，固含量越低，雾化程度越严重（图3-71），提高涂布液的固含量是减少雾化现象的有效途径。

（3）涂布液保水度对雾化的影响（图3-72）

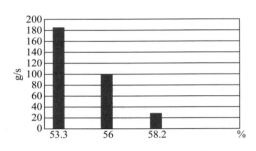

图3-71　涂布液固含量和雾化程度的关系　　图3-72　涂布液保水度和雾化程度的关系

（4）减少雾化的途径

1）促进固化层快速形成，减少非固化层厚度。

2）优化涂布液适涂性。优化原料结构，合理选用原料，涂布液性能最佳化是雾化控制的关键。

①多种颜料合理配比，优化涂布液。GCC 易于在高浓度下分散，并且具有相对较好的流变性能，高配比的 GCC 有助于达到快速固化点，易于涂层的剥离，减少雾化现象。

②胶黏剂的选择和使用。胶黏剂影响涂布液黏度，应选薄膜涂布、流变性能好的产品。辅助胶黏剂影响到涂布液流变性，进而影响雾化程度，一种或两种以上复配，调整黏度和保水性。

（十）挤压涂布常见问题及其对策

常见问题点有：

①涂布划痕（纵向划痕）。

②涂布色差（横向不均，干燥不均）。

③涂布量分布不均（纵向和横向的厚度不均）。

④进料（脱泡、过滤）。

⑤杂质（垃圾）。

⑥基膜的问题。

就①～③讨论如下。

1. 涂布划痕（纵向划痕）

在涂布开始时，首先要解决的问题是纵向划痕。模头唇口结构和涂布方式有很多种，但都容易出现典型的纵向划痕问题，表 3-8 是主要原因及其对策总结，可供参考。

表 3-8　涂布划痕（纵向划痕）的原因及其对策

原因	对策
1）模唇处有气泡产生	·除去气泡 ·除去浆料中的气泡 ·检讨并改进模唇形状
2）模唇上有浆料中的异物	·强化送料系统过滤 ·清洗送料系统和模头
3）基材上有异物	·基材清扫（湿式） ·空气洁净化 ·入口侧辊子位置调整
4）模唇或出料口有干料	·擦拭模唇 ·清理出料口
5）模头边缘部刮带	·修改模头设定条件 （出入口的模头高低差） ·检查入口侧固定辊位置

2. 涂布色差（横向不均、干燥不均）

与涂布划痕一样，涂布色差问题在涂布调试初期就会发生，也是必须解决的重要问题。特别是功能性薄膜薄层化时，干燥初期的干燥不均将引起涂布色差问题。涂布后应立即做好风量控制等工作。涂布色差与干燥不均的成因和技术问题，如表 3-9 所示。

表 3-9　涂布色差／干燥不均的主要影响因素

可能存在的问题	
1）干燥空气的不均	6）模头的设定精度（定位精度）
·鼓风机脉动引起的不均	7）模头的设定精度（再现性）
·风速（风量分布）的变化	8）模头间隙的设定精度
·干燥空气温度分布的变化	9）模头振动
2）预干燥机的配备（浆料型薄膜涂布）	10）模头架台的振动
·风的控制	11）进料系统的配管振动
3）背辊的旋转精度	12）泵的脉动
4）背辊自身的精度（真圆度）	13）送料浆料的流动不均（混合不良、溶解不良等）
5）基材相关	14）吸气室的减压度波动（不均）
·基材凹凸不平	15）吸气室的风机脉动
·基材带电	16）房屋（墙壁）振动、各种电机的振动
·静电消除不均	17）浆料黏度
·基材走带速度不均	18）浆料浓度
·基材本身不均	19）背辊有污渍
·基材振动	
·基材的润湿性	

3. 涂布量分布不均（纵向和横向的厚度不均）

基材上均匀且连续涂布的问题，体现在纵向和横向的涂布量分布。涂珠的稳定性是纵向均匀的关键要素，模头结构则是横向的关键要素。

（1）纵向涂布量分布

涂珠的稳定性是纵向均匀的关键要素，影响分布的主要因素如下：

1）进料不均。

2）走带速度不均。

3）吸气不均。

4）模头振动。

上述 1）、2）与设定值偏差超过 1% 就会产生问题，应选用高精度无脉动的送料泵，需要高精度处理技术（高精度走带速度）。

为防止振动，将涂布基础与其他部分断开，与模头框架也断开。要事先检查设备安装的振动数据，确保其对产品无影响。

（2）横向涂布量分布

横向涂布量分布取决于模头的构造，需要做好模头的细节设计。

输送的浆料经模头均匀地涂布到 1 ~ 2m 或更宽的基材上，且精度要控制在百分之几以内。模腔横向的流动压损小于出料口的压损。为确保出料口在横向上的压损恒定，模头制造要求极高的精度。为制造高精度的模头，需要能够进行超高精度加工的特殊加工设备（抛光机等）。为实现超精密的抛光作业，还要做好加工厂的温度管控。

基于以上所述，可将膜厚分布变化控制在 2% 以内。根据产品品质的设计要求，大多数产品的膜厚分布控制在 3% ~ 5%。

另外，在制作模头时，即使事先做了详细设计，根据以往的经验来制作，也会因为浆料特性的差异，模头宽度的差异以及模腔的微妙差异，得不到预想涂布量分布的情况仍然很多。具体调整方法如下：

1）需要调整装在模头内的垫片形状。

2）调整上、下模头的高低差。

调整高低差基本在 100μm 以内，但对涂布量的影响很大。

3）根据目标膜厚，通过调节螺栓调整模头间隙。

还有其他调整措施，但 1）~ 3）比较常用。

第二节　辊／棒式涂布及工艺问题

一、涂布方式

（一）辊式涂布

1. 顺辊涂布

顺辊涂布是指卷材随支撑辊移动，涂布辊与卷材同向旋转，通过涂布辊与卷材间隙涂布，涂布辊上的涂布液，在辊隙出口裂开，部分残留在涂布辊上，其他涂在卷材上。基材和涂布辊的移动，可同步或异步。涂布液可通过多种方式到达涂布辊。图 3-73 是平底供料式涂布辊，旋转的涂布辊，从液槽中蘸取涂布液。其他还有挤出嘴提供液体方式、三辊液盘输送式顺辊涂布方式、三辊隙输送顺辊涂布方式等。辊面可为光滑的镀铬钢、橡胶包裹或陶瓷材质，辊数量可变。

2. 逆辊与多辊涂布

如图 3-74 所示，在逆辊涂布中，背辊包覆橡胶层，基材压在涂布辊上，沿与之相反的方向行进从涂布辊上带走涂布液。辊与基材线速度同步或异步。涂布辊上的涂布液量，由反向旋转的计量辊控制。

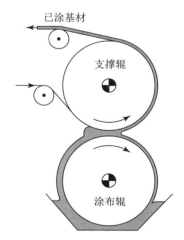

图 3-73　双辊涂布槽送料顺辊
涂布

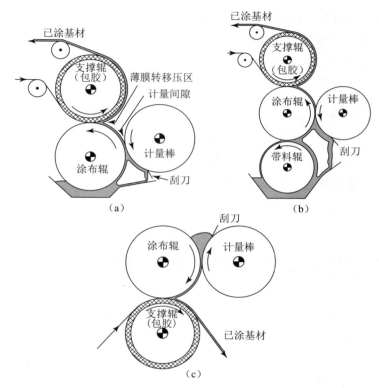

（a）三辊式逆辊涂；（b）四辊式逆辊涂；（c）三辊夹送逆辊涂

图 3-74　逆辊涂布

图 3-74 是几种逆辊涂布配置方式。刮刀完成对涂布辊上的涂布液计量后，要及时将计量辊上的涂布液刮除。

（二）凹版辊涂布

1. 凹版辊涂布

凹版涂布基本构成如图 3-75 所示。

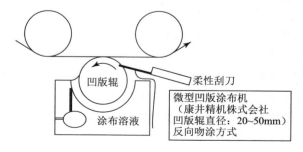

图 3-75　凹版涂布

凹版辊上的网穴，在刮除表面涂布液后，保有一定量涂布液。如图3-76（a）所示，在正向直接凹版辊涂布中，保有的液体转移到支撑胶辊上同向移动的基材上。卷纸和备用纸始终同速移动，凹版辊有时不同步。当卷纸与凹版辊反方向行进时，为逆向凹版辊涂布。如果先将液体转移到橡胶覆盖的中间胶辊上，则为胶辊涂布。正向凹版辊涂布如图3-76（b）所示。转移液量取决于单位面积凹辊的网穴数量、几何形状及转移率。

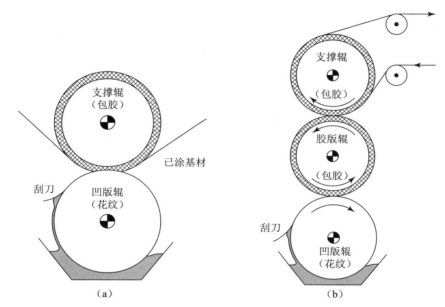

（a）直接凹版辊；（b）胶印凹版辊

图 3-76　凹版辊涂布

下列因素影响涂布量的分布：

（1）网穴（斜线：少"约10cc/m²" #100 <#200 "约5cc/m²"多）

图案方式：斜线、金字塔、网格等方式，影响涂布量。长时间使用后会引起凹版辊的表面磨损，网穴深度（#200，30μm左右）变浅，影响涂布量。

（2）转速（反转）的影响

凹版辊转速度提升到基材速度的2倍左右，可增加涂布量。超过2倍，涂布量反而降低。

（3）包角大小

包角变大，涂布量降低。包角变大，凹版辊的刮擦量变小，进而影响涂布量。但包角对涂布量的影响不超过10%，虽然对于涂布液与基材的润湿性也有影响，但只占百分之几。

包角过小易出现划痕，包角过大会影响刮刀周边装置（图3-77）。

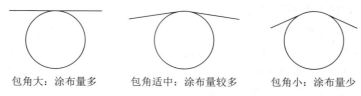

包角大：涂布量多　　包角适中：涂布量较多　　包角小：涂布量少

图3-77　包角大小对涂布量的影响

为解决横向上的涂布量分布问题，将凹版辊前后的辊子制成凸版辊（图3-78），使基材宽度位置处的包角不同，但容易产生褶皱，宽度位置的差异并不大。

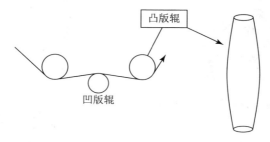

图3-78　凸版辊

（4）刮刀压力

刮刀紧贴在凹版辊上，刮去凹版辊带起的浆料，压力越大涂布量越少（图3-79）。

刮刀装置整体精度，影响凹版辊与刮刀的平行度及刮刀压力（图3-80）。监测凹版辊与刮刀装置的相对位置，可以控制该影响。

图3-79　刮刀压力对涂布量的影响（概念图）

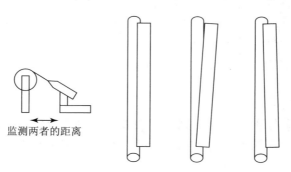

图3-80　凹版辊与刮刀的平行度

（5）刮刀前端形状决定刮刀与凹版辊表面接触长度

通常刮刀厚度 0.1～0.3mm，刮刀固定板厚度 0.5～1.0mm。如果刮刀及其固定板的高度在宽度方向上分布不同，可以根据其分布来设定刮刀压力的分布（图 3-81）。

提高刮刀和固定板高度的精度，可以调整宽度方向上的涂布膜厚（图 3-82）。一般情况下，刮刀比固定板薄，可大幅度挠曲，便于固定板调整挠曲量。

此外，为调整刮刀局部压力，可在刮刀和固定板之间塞入 1mm 以下的垫片，调整膜厚分布，但操作起来很困难。

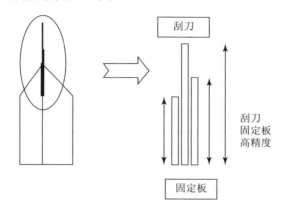

图 3-81　刮刀固定板

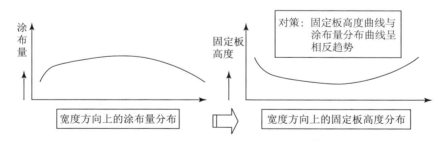

图 3-82　宽度方向涂布膜厚调整方法

膜厚分布调整，很大程度上取决于刮刀装置的具体结构。最好还是通过实际观察涂布量分布后，设计和改造刮刀本体。重点在于使刮刀与凹版辊在宽度方向上保持相同间隙。采用这种方式的凹版辊，直径在 60mm 以下，自重作用下的凹版辊会发生弯曲。刮刀与凹版辊接触后，弯曲更严重（1.8m 宽，弯曲约 500μm）。如果是硬涂层，则涂布量在宽度方向上的分布精度不是很严格，并且问题很小，采取上述措施就够了。

但如果需要高精度的涂布量分布（宽度方向上 5% 以内），则需要调整刮刀前端形状，详见图 3-83。还要确保上述刮刀与凹版辊的平行度，以及更高精度的固定板高度。设备制作精度控制在 10μm 以内，并确保安装和驱动的再现性。涂布时，可通过涂布量分布情况，调整固定板和垫片。

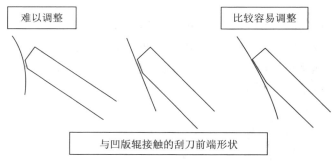

图 3-83　刮刀的接触方式

2. 微凹版涂布

微凹版涂布技术，是在普通逆向凹版辊涂布基础上开发的涂布方式。微凹版涂布辊直径一般在 Φ20 ～ Φ50mm（远低于普通辊径），这就是微凹版涂布（micro gravure）名字的由来。它是一种反转、吻合接触式涂布方式，即微凹辊的旋转方向与基材走料方向相反，吻合接触是指不需要压辊将基材压在微凹辊上，保证基材以极小的挠曲低负载掠过微凹辊，由此形成稳定的小涂珠，结合逆向涂布，实现高质量精密涂布。涂层均匀性 ±2%，涂层厚度为 0.8 ～ 2μm，微凹版涂布工艺同时适用于水性和溶剂型涂布液，黏度范围为 1 ～ 1 000mPa·s，有时达 2 000mPa·s。

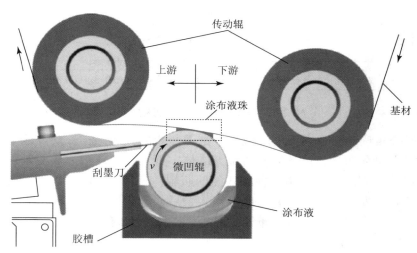

图 3-84　微凹版涂布

微凹版涂布过程如图 3-84 所示。微凹辊通过旋转将涂布液从胶槽中涂到微凹辊上，挠性刮刀将辊面上多余的涂布液刮除定厚，网穴或网状槽线（网状槽线在下文中统称为网穴）中充满涂布液，在网穴通过辊与基材之间的间隙时，网穴中的涂布液被吸附到基材上，部分留在网穴中带回液槽。微凹辊与基材以相反的方向转动，即逆向吻涂方式，辊与基材的线速度可同步或异步。相对于图 3-84 微凹辊转动方向，涂布液珠流域的上游为左侧，下游为右侧。与普通凹版涂布相比，微凹版涂布无背胶辊，不会因基材从网纹辊和背胶辊之间通过，而在接触点处因机械等应力问题产生皱褶，微凹版涂布高速时是借助网穴的容积和均匀度，实现有一定厚度和均匀性的薄膜涂布。

（三）压榨辊—弯月面—吻辊涂布

在顺辊涂中，当刚性辊将基材压在胶辊上时，则为压榨辊涂布（图 3-85）。如果送料辊上的液体厚度小于辊与基材间隙，则为弯月面涂布（图 3-86），下辊可有可无。在弯月面涂布纸基时，纸基和支撑辊可正好位于液槽面上方，表面张力使液体紧贴基材。在吻辊涂布（图 3-87）中，沿与涂布辊相同或相反的方向移动的卷材，是通过卷材张力才贴在涂布辊上的。

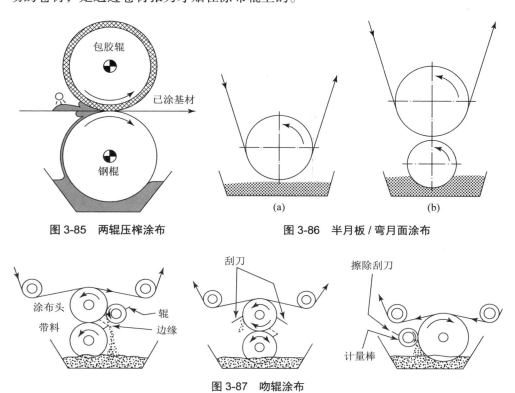

图 3-85　两辊压榨涂布　　　　　图 3-86　半月板 / 弯月面涂布

图 3-87　吻辊涂布

（四）刮棒涂布

绕线棒由金属棒及紧固缠绕在金属棒上的钢丝构成（图3-88）。在刮棒涂布中，首先任选方式，将过量的涂布液施加到基材上，用线绕棒（Mayer棒）去除多余的涂布液，留在涂层中的液体量，与钢丝高点间的自由空间有关。液体均匀分布时，涂层厚度约为钢丝线径的10.7%。绕线棒逆向缓慢旋转，使其均匀磨损，并释放附着在棒上的颗粒，避免形成条纹。

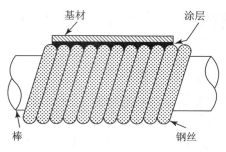

图3-88　绕线棒

（五）刮刀涂布

1. 柔性与刚性刮刀涂布

刮刀涂布中，刚性刀片垂直于卷材并紧靠卷材表面或贴近卷材，刮除多余液体。图3-89（a）是刮刀—辊式涂布。钢材辊保持固定间隙；橡胶包覆辊则将刮刀压在胶辊面。刮刀贴在无背辊基材面时，为浮动刮刀涂布［图3-89（b）］，基材张力控制是关键。

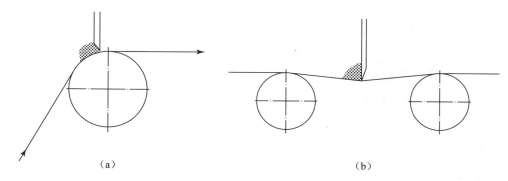

（a）刮刀—辊式涂布；（b）浮动刀涂布
图3-89　刀片涂布

刮刀涂布时，薄刮刀以一定角度压在基材上，刮掉多余的液体［图3-90（a）］。斜切刮刀涂布的刚性刮刀［图3-90（b）］，若不平行于基材，则斜角磨损很快。

在柔性刮刀涂布中，刮刀在压力下弯曲，刮刀的平面（而不是边缘）经常会发生刮擦［图 3-90（c）］。

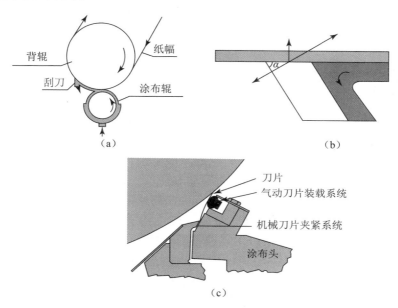

（a）总体布置；（b）斜刀；（c）柔性刮刀

图 3-90　刮刀涂布

2. 气刀涂布

气刀涂布以压力气流清除过量的涂布液（图 3-91）。在较低的气压下，空气的平面射流像刮刀一样控制涂布量，多余涂布液流回涂布槽。在较高压力系统中，空气充当刮板并从基材上吹走过量涂布液。高压系统中会有喷雾，必须加以控制，压缩空气的高能耗使气刀涂布应用逐步减少。

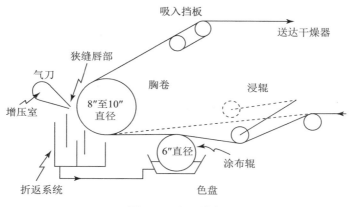

图 3-91　气刀涂布

（六）浸涂

涂布基材首先浸入涂布液，然后被拉出液槽。基材带走的液体，不流回液槽的都形成涂层。基材可以在槽中绕数个辊行进，还可单侧或双侧涂布，结合刮刀定量控制涂层厚度。

二、操作窗

1. 涂布量控制

涂布装备设计人员和用户，主要关注干涂层。涂布工更关注湿涂层。湿涂层覆盖率与可涂布性紧密关联。这里讨论的涂层重量，即指湿涂层重量。通常，只要涂布液混合均匀且均匀涂布，干湿涂层重量就成比例关系。

湿涂量控制涉及三个因素：平均涂布量、基材沿机器运行方向（纵向）的涂布均匀度、基材横向的涂层均匀度。如图 3-92（a）所示，在机器运行方向上，涂布量通常周期性变化。图 3-92（b）是典型的基材横向涂布量分布。

在多数辊涂中，平均涂布量影响因素，包括涂布系统的几何尺寸、基材和卷筒转动速度、所施加的力（卷筒纸张力或施加在刀、刀片或刚性卷筒上的力）、胶辊，以及涂布液的黏度或流变性等。在气刀涂布中，气压是重要因素。在凹版涂布中，凹版涂布辊的结构，是控制涂布量的主要因素。

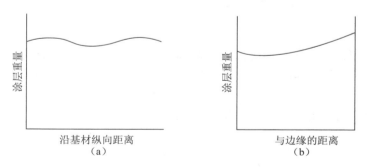

（a）机器运行方向；（b）基材横向

图 3-92　典型的涂布量曲线

可以通过测量覆盖率并调整涂布辊控制涂布量。但涂布辊价格昂贵且很难改变，调整较少。调整涂布液的流变学性或浓度，需要新配涂布液；这需要时间，而且配料可能很贵。可行的方式是，操作人员调整那些易于调整且不会干扰生产的项目。因此，很少会降低涂布速度，通常会调整辊速和涂布间隙或施加的力，直到涂布量正确。通过在线传感器和反馈控制的自动系统，调节辊速或涂布间隙，可自动控制涂布量。

在刮刀涂布中，涂布量由刮刀与贴合基材间的力控制。当刀片和基材间角度较小时，如在弯曲的刀片涂布中小于 20°，则涂布液会产生压力，该压力与刀片上的力相反。此时，平缓的角度会导致更大流体压力，并与涂布速度和流体黏度成正比。

刮刀涂布常用于涂布黏土等高固含量液体。大多数聚合物溶液，随剪切或搅拌强度升高，黏度下降，但固含量高的悬浮液黏度，在高剪切或高搅拌速率下可能会增加。这种剪切增稠行为的液体，称为膨胀性流体。剪切稀化和剪切增稠曲线如图 3-93 所示。

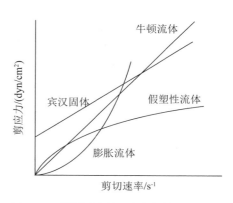

图 3-93 不同流体剪切应力与剪切曲线速率的关系

在叶片式涂布的黏土悬浮液中，黏土含量可能很高，以至于涂布液过于膨胀，导致黏度大增，增加对刮板的流体压力至将其从纸基上抬起，使更多液体被涂布。如果刀片上的外力，不能增加到足以使涂层厚度降至所需水平，则应尽可能增加刮刀角度。否则，必须稀释涂布液，减少膨胀率。

2. 涂布均一性与涂布液转移

涂布均一性取决于涂布系统固有性能。多数辊涂系统的覆盖率在 5% ~ 10%。精密逆辊系统能将偏差保持在 2% 以内。凹版涂布也可提供均匀的覆盖范围。然而，在非常小的范围内，均匀性可能不够好。因为在转移之后，来自凹版滚筒网穴的涂布液，必须同时流平。网穴之间的凹版滚筒上的平坦部分，促进印刷或网穴图案在纸面的留存，不利于形成均匀涂层。因此，为了均匀的覆盖范围和良好的水平度，对于给定的网穴体积，空白面积应尽可能小。反向凹版涂布，往往会将网穴涂抹在一起，比正向凹版涂布利于流平。凹版涂布机的涂布滚筒，与网版或胶版涂布滚筒的运行速度不同，同样有助于流平。

凹版涂布和其他辊涂，有时使用平滑棒（固定或缓慢旋转的平滑棒或棒）辅助找平。作为附加的机械装置，非绝对必要不用。

凹版涂布覆盖率主要取决于体积因子，即凹版滚筒每单位面积的总网穴体积。体积除以面积即为长度。如果将所有网穴体积内液体都转移，则体积因子恰好等于以微米为单位的湿厚度。但并非所有液体都会转移到基材上，多数滚筒转移的涂布液约为网穴体积的 59%，即湿厚度约为体积因子的 59%。凹版辊转移量为网穴体积的 58% ~ 59%。

凹版滚筒转移量，有时远小于 59% 或预期的体积因子。这是因为压印辊或支承辊与凹版滚筒间的力太小，或者是因为凹版滚筒和凹版滚筒之间的力太小。所需的最小作用力取决于滚筒液的黏度、基材类型以及孔的类型和大小。显然，在直接反向凹版印刷中，凹版印刷滚筒和压印辊之间的力，必须比在直接正向凹版印刷中的作用力小得多，否则基材和凹版印刷滚筒将不会彼此滑动。这种较低的力，可能导致滚筒液取出不全，这也许是直接反向凹印应用受限的原因所在。

3. 辊涂肋纹缺陷与控制

肋纹是沿着基材延伸并均匀地间隔开的线，类似从湿涂层上拉出一把梳子。肋纹也称为梳齿线、耙线和灯芯绒。是由涂布液流体动力学导致的肋纹缺陷。在绕线棒涂布中，人们期望脊或肋纹以线间距（线直径）间隔排布，肋纹间距不同于线间距。

在刚性刮刀涂布中，刮刀和基材间隙大小，影响肋纹形成及外观。如图3-94所示，当间隙完全收敛且未超出最窄间隙的发散区域时，无肋纹出现。如果图3-94中使用圆棒，则出现发散区，可能形成肋纹。

除非涂布液流平性很好，否则，肋纹一旦形成，就会残留在干燥的涂层中。低黏度液体更容易流平，时间越长流平越好。高黏度液体快速干燥或通过紫外线或电子束辐射很快固化时，不太可能流平。高表面张力有助于流平，如涂层中表面张力效应的描述，当存在液体和空气之间的弯曲界面时，该界面将存在压差。这种压力差称为毛细压力，其大小与表面张力成正比。在界面向内弯曲或凹入的一侧，压力会更高。因此，如图3-95所示，当存在肋纹时，在肋纹的高点下，液体中的压力将高于大气压。然而，在最低点处，向内弯曲侧在界面上方，空气压力高于液体中的压力。由于液体将从高压区域流向低压区域，液体将从肋纹的峰流向谷底。这有助于涂层流平，重力也有助于流平。

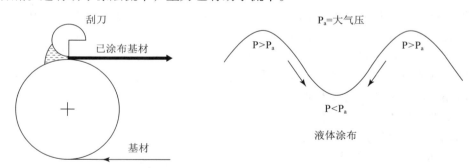

图 3-94　避免刮涂中沿流向的所有发散区　　　图 3-95　高表面张力有助于流平
　　　　　防止肋纹

当刮刀涂布中存在肋纹时，应更改几何形状，确保无液体流动发散区域，或者尽可能保证涂布液在基材表面润湿良好的前提下，提高表面张力，降低黏度，促进流平。有时会使用没有分叉区域的附加调平杆。最好是避免形成初始肋纹。

顺辊涂肋纹

顺辊涂布几乎总有肋纹形成。离去辊间流体的发散几何形状，以及始终存在的黏性力，都利于肋纹形成。如前所述，表面张力与肋纹的形成呈相反趋势，黏性力与表面张力之比，是确定肋纹形成的重要参量。黏度与表面张力之比，称为毛细管数，它等于 $\mu\overline{U}/\sigma$，即黏度和涂布速度的乘积除以表面张力。μ 是液体的黏度，σ 是表面张力，$\overline{U}$ 是涂布辊和支撑辊的平均表面速度。

基材和涂布辊之间的间隙与辊直径之比，对肋纹的形成有重要影响。如果涂布头和支撑辊的尺寸不同，则在间隙直径比中，应使用特殊的平均直径，则

$$\frac{1}{D} = \frac{1}{2}\left(\frac{1}{D_1} + \frac{1}{D_2}\right) \tag{3-7}$$

图 3-96 是根据这两个比率——毛细数或黏滞力与表面力的比率，以及间隙与直径之比的函数，形成的肋纹操作条件。

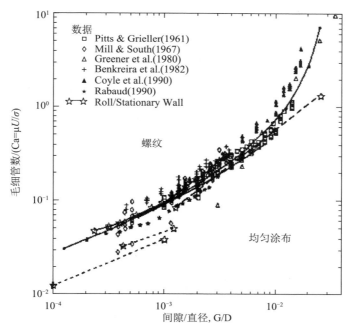

图 3-96　顺辊涂布肋纹形成操作区域

由图 3-96 可见，随着毛细管数量增加，肋纹形成的可能性也在增加。这表明，在更高的涂布速度、更高的黏度和更低的表面张力下，易形成肋纹。同样，肋纹更可能以较低的间隙直径比形成。这意味着紧密的间隙以及大直径辊，都有利于肋纹形成。较宽的间隙可减少肋纹形成，并提供较厚的涂层，因此，涂布间隙不能随意更改。

若涂布速度 200ft/min 或 1m/s，表面张力 40 达因 / 厘米或 0.040N/m，黏度 100cP 或 0.1Ns/m²，则毛细管数为（0.1Ns/m²）（1m/s）/（0.040N/m）或 2.5。在如此高的毛细管数下，如果间隙与直径比率不够大，必然形成肋纹。

由此可见，除非肋纹不影响产品可用性，通常不选择顺辊涂布。

黏弹性液体可与普通液体一样流动，但具有一定的弹性效果。蛋清就是常见的黏弹性液体。实际上，所有聚合物溶液和聚合物熔体，或多或少都是黏弹性的。黏弹性液体的临界毛细管数，比牛顿流体低得多。而且，黏弹性液体的肋纹高度，比牛顿流体更大。由于涂布液大多含有聚合物，在多数涂布条件下，会表现出黏弹性。因此，即使在图 3-98 预测没有肋纹形成的条件下，也可能形成肋纹。

尽管顺辊涂布中的肋纹几乎不可避免，但通过低速运行（通常希望以尽可能高的速度运行）和低黏度且扩大间隙（会产生厚涂层），可望最大限度减少肋纹。

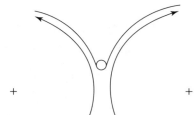

如前所述，使用没有分叉区域的调平杆，或许会有帮助。更好的解决方案，是用细金属丝或单丝在机器上拉伸，并使之在涂布辊和支撑辊上的纸基之间的膜分裂区域接触液体（图 3-97）。

图 3-97　在顺辊涂中，细丝或细丝穿过缝隙出口伸展并接触液体消除肋纹

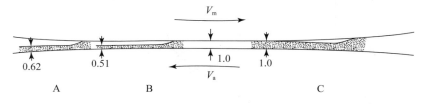

图 3-98　夹带空气形成—多级肋纹缺陷—逆辊涂布

计量辊在上方，涂布辊在下方

逆辊涂布中的肋纹和多级肋纹

逆辊涂布的最关键条件，在于计量辊和涂布辊之间的间隙，而不是涂布辊与基材相接的位置。经过计量，涂布辊上的所有涂布液都转移到基材上，在该点之前形成的任何缺陷也随之转移。

多级肋纹是具有锯齿形的周期性横向扰动。在高毛细管数（基于涂布辊速度）和计量辊速度与涂布辊速度的高比率下出现，作为空气夹带在计量辊和涂布辊之间的间隙中引起的缺陷，出现在涂布覆盖率低的区域，是一种明显的缺陷。

图 3-98 是多级肋纹形成过程示意。在给定的毛细管数下，即恒定的涂布辊转速下，随着计量辊更快转动，弯液面会退回到缝隙中。在较高的速度下，随着弯液面接近间隙中心，计量的薄膜厚度会变小。一旦弯液面通过间隙中心，辊表面的间距就会增加，计量的薄膜会再次变厚。当计量的膜厚大于间隙中心处的间隙时，就会截留空气，这种情况不会在稳态下出现。当液体以最小间隙重新附着时，薄膜再次变薄，弯液面通过该间隙后退，然后薄膜变厚并再次截留空气，不断循

环重复，就形成了周期性的横向干扰，称为多级肋纹。

图 3-99 是逆辊涂布无缺陷涂布窗。在极低的毛细管数（低速和低黏度）下，涂层无缺陷，在计量辊速度与涂布辊速度的比率较低，毛细数较高（速度较高）时，出现肋纹。在计量辊速度与涂布辊速度的比率较高时，形成多级肋纹。

在较高的毛细管数下，肋纹和多级肋纹区域之间，形成无缺陷涂层的速度比范围是一定的，而在较低的毛细管数下是不可能的。图 3-99 表明，在某些速度比下，可以通过提高速度，从有肋纹涂布到无缺陷涂布。此时，增加涂布速度会使涂布更容易。这种以高涂布速度获得无缺陷涂层的能力，是逆辊涂的优势。

在顺辊涂布肋纹的讨论中，使用了一个例子，其中典型的毛细管数可能为 2.5。图 3-99 表明，如果计量辊速度与涂布辊速度之比为 0.3，则在该毛细管数下，无论间隙宽（1 000 微米）或窄（125 微米），在逆辊涂布中都可能获得无肋纹涂层。

从图 3-99 中可见，在较小的间隙处，无缺陷操作区域更窄，有时可能消失。有人认为，肋纹一直存在，但在"稳定"区域，肋纹的振幅低到肉眼几乎不可见。

与顺辊涂一样，黏弹性流体（如聚合物溶液）似乎比牛顿流体更容易形成肋纹。因此，有时无缺陷操作区域可能完全消失。此时，同样通过无分叉区域调平杆解决问题。

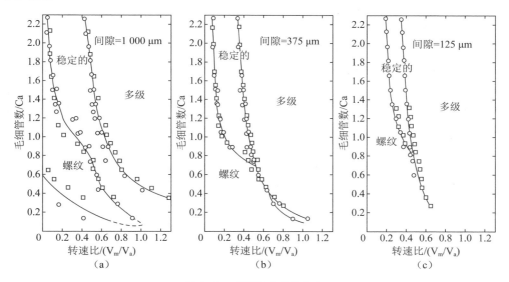

图 3-99 逆辊涂布的涂布窗

毛细管数 $\mu V = \sigma$ 基于涂布辊转速。□：200 mPa·s；○：400mPa·s

辊涂中的条纹和条带

条纹是有一定覆盖率的沿基材方向狭长线，与条带相似但要比它宽得多。在刮刀和凹辊等涂布方式中，附着在刮刀或刮棒上的灰尘颗粒会导致条纹。在涂布液到达涂布站前，此类颗粒应过滤除去，在涂布站前安装过滤器，以除去可能从进料管线出来的颗粒。同样，在局部洁净条件下涂布，洁净度1 000级或至少10 000级的数量级上，可以减少空气中沉降到涂布液上的颗粒。

溶液中逸出的气泡会导致条纹，涂布液应彻底除泡，并避免在涂布管路中形成气泡。

刀片、刮刀或辊上的划痕或任何不平整，都会导致条纹或条带。在高速刮刀涂布中，涂布液会积聚在刀片下游侧，形成圆柱结构或"石笋"，会在这些位置产生条纹。

辊面不平会导致条带。辊在自重或系统中力的作用下形成挠曲，当涂布或刮擦无支撑的基材时，基材张力的任何不均匀都有可能导致条带。基材张力不均匀通常来自不合格基材。卷筒纸也因起皱导致覆盖不均，甚至出现条带。湿涂层在起皱的基材表面因重力而流动，使低点的覆盖率更高，高点的覆盖率更低。

三、涂布工艺不稳定问题及质量控制

（一）辊涂中的颤振

颤振是指具有不同覆盖率的均匀的交叉网状条或带状外观。它可能破坏产品的效用，但有时不影响实用性，只破坏外观。辊涂中的颤振，通常是由机械问题引起的。建筑物、空气处理系统、驱动器等的机械振动是一种来源；速度控制器或张力控制器引起的卷纸速度或卷筒速度波动是另一种来源。详情见有关驱动器和卷纸处理的缺陷讨论部分。辊涂中某些刮刀涂布操作中，不圆的辊在狭窄的间隙操作，也是颤振来源之一。此外，如果支撑辊的轴承跳动量过高，同样导致颤振。

排除了所有颤振的机械源以后，颤振还可能由系统的流体动力学引起。在可涂性极限附近，即在最大涂布速度或最小涂布厚度附近，或许更明显。尚未见由系统流体动力学引起的辊涂颤振的具体讨论。

（二）流挂／下垂

涂层最大厚度通常取决于基材带走的最大厚度。显然，这取决于卷材与水平面之间角度大小。垂直向上运动的基材表面，涂层不会与水平基材等厚。同样，最大厚度随卷材速度和液体黏度的增加而增加，随液体表面张力的增加而减小。

如《涂布复合技术》一书所述，浸涂理论认为，垂直向上移动的基材，在只考虑黏性力和重力作用的情况下，低车速和厚涂层时，涂布厚度与车速和黏度存在下列关系：

$$h = \frac{2}{3}\sqrt{\frac{U \cdot \mu}{\rho \cdot g\sin\alpha}}$$

（3-8）

式中，h——涂布厚度；

      μ——液体黏度；

      ρ——重力加速度。

当尝试覆盖的涂层厚度超过最大厚度时，就会发生流挂现象，类似于垂直表面上涂布一层过重的油性搪瓷时，所看到的流挂现象。涂布较薄的涂料，以便将所有液体带走，快速涂布或使用黏性更大的涂布液，带走较厚的涂层，都是解决流挂的方法。当然，仅在这些未预先计量的涂层系统中，增加涂布速度或黏度，很可能会改变涂层厚度，还须调整几何形状或辊速。

降低表面张力，或许会减少流挂，但此时仅涉及表面张力的 1/6 次幂，因此效果会很弱。将表面张力从 40 达因 / 厘米（或 mN/m）降低到 30 达因 / 厘米（或 mN/m），只会增加 5% 的厚度。要获得良好的流平性，需要较高的表面张力，故通常不建议降低表面张力。

（三）凹版辊涂布（网纹辊）

1. 凹版涂布

凹版涂布缺陷主要涉及从凹版滚筒到基材和胶版辊的涂布液取出状态。可能发生的三个主要问题是斑点、多次取出及起雾。当一个或多个网穴或成排的网穴中的液体，仅部分转移而在基材上留下未涂布线时，就会形成斑点。在组合或多个取出中，取出一个或多个相邻的网穴液体，形成单行或大型组合网穴点时，这条大而宽的线将变得不平整。当高速操作中从涂布辊隙中喷出细小液滴时，就会发生雾化。

薄雾通常与蜘蛛网有关。当凹版滚筒与纸基分离时，涂布液形成丝状物。这些丝状物看上去像蜘蛛网。当辊涂乳胶漆墙时，经常会看到类似的螺纹变形，它与涂布液的黏弹性有关。雾化与涂布液的性质有关，在一定程度上，还与涂布过程几何形状和速度有关，较高的速度会形成更大的雾化。当无法更改涂布液且系统必须高速运行时，则必须忍受雾气并通过适当屏蔽以及受控的气流和通风来控制它。雾化会稍微降低覆盖率，但不影响涂层质量。

取出的稳定性主要取决于凹版图案自身及内部几何状态。如前所述，体积因子（每单位面积的网穴体积）决定湿覆盖率，或许有 59% 的网穴体积液体被转移。间距（垂直于图案角度的每厘米网穴数）和网穴设计决定取出状态。当自然肋纹频率不同于单元螺距乘以螺旋角正弦时，就会发生多条线取出。使用多个滚花辊时，当滚花辊的线频率等于滚花辊的螺距乘以螺旋角的正弦，等于系统的自然罗纹频率时，就不会发生多条线取出。多线取出的严重性随不匹配程度而增加（图 3-100）。实线是自然的罗纹频率。体积系数范围从 1（非常差）到 5（非常好），每个数字是涵盖涂层条件范围的 12 个测试的平均值。

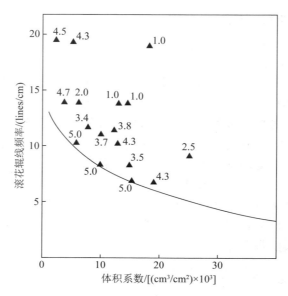

图 3-100　滚花辊线频率（等于螺距乘以螺旋角的正弦）与体积因数的关系

涂布的直观结果是涂层厚度，确定影响涂布厚度的因素，研究影响因素、涂布厚度的测定方法，以及各影响因素与涂布厚度的关系，可为实际工作提供参考依据。

涂布厚度取决于凹辊网穴容积，容积取决于网穴形状和尺寸（或者由每英寸长度上的网状槽线排列数确定）。对于固定的凹辊，通过调节凹辊与基材的速度比，可调节的涂布湿膜厚度 ±10%。

网穴具有储液、传液、匀液作用，从网穴中转移的涂布液形成的湿膜，各点稳定性必须彼此相同，否则难以高速薄层涂布。网穴的形状主要有四棱锥形、四棱台形、六棱锥形、六棱台形以及斜线形（螺旋线形在辊圆周构成等间隔的槽，图 3-101），常用网穴与辊轴线方向成 45°。网穴间的平面称为台阶区，网穴侧间的角度称为齿角。

图 3-101　网纹辊网孔的形状

四角形图案用于直接凹版辊，金字塔图案（类似于四边形，但底部为尖头）用于凹版辊，三螺旋形图案用于厚涂层，易于冲洗和清洁（图 3-102）。

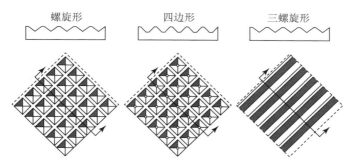

图 3-102　凹版网穴模式

2. 微凹版涂布厚度控制

网穴形状是控制取出形式和涂布稳定性的重要参数。网穴的容积是控制平均涂布厚度的最主要方法。在绝大多数工况下，转移到基材上的液量，是网穴容积的58%左右。由于微凹版涂布是逆向吻涂，且微凹辊直径一般在20～50mm，因此，在涂布液珠区域积液很少，不容易产生较大的干扰液桥，有利于涂层稳定。但若过量的涂布液被带到涂布液珠间隙处，则上游弯月面会形成滚动储液池。在滚动储液池流域，容易出现小旋涡，形成湍流并造成空气夹带。另外，涂布头操作工艺，包括刮刀压力、基材移动速度与网纹辊线速度速比、网纹辊转速、基材包角等，也是影响涂布液取出的重要因素。

针对微凹版涂布，有人将影响涂布厚度的各个因素归纳为设备和材料两个方面（图 3-103）。

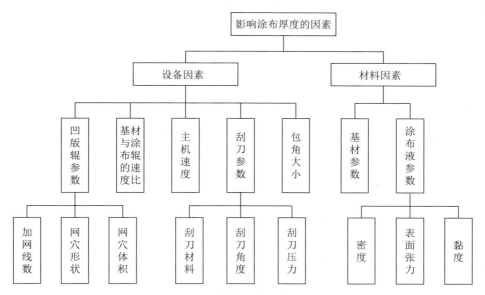

图 3-103　影响涂布厚度的因素

（1）设备因素

主要指可在设备上调节的因素。其中，微凹版涂布辊是可替换件，一旦其加网线数、网穴形状等因素确定下来，该涂布辊就不能发生任何变化。企业会根据生产需求，存储多根微凹版涂布辊。基材与涂布辊的速度比（简称速比）是决定涂布厚度的另一关键因素。速比可以通过设备控制面板设定。

刮刀参数中，刮刀类型一旦确定，不再做任何更改，刮刀压力和刮刀角度通过气缸调节。

（2）材料因素

当涂布液确定后，涂布厚度就可基本确定，如果必须更改，还可通过添加溶剂等方法改变涂布液的配比，该方法耗时较长，不实用。

基材确定后，可通过对其表面作处理等方法来改变涂布厚度。

涂层厚度的测定方法包括湿膜法和干膜法（表3-10）。

表3-10　涂层厚度测试方法

湿膜法		在线电子测厚仪检测、监控涂层厚度，及时修正涂布过程中的问题，设备成本高	
涂层厚度测试	直接法	整卷称重法	电子称重计测量，精度为0.1kg
		取样称重法	电子天平测量，精度为0.01mg
		直接测厚法	立式电子测厚仪测试，精度为1um
干膜法		测量涂布层干燥后的干膜厚度，是对涂布厚度较为精确的测量	
	间接法	扫描电子显微镜，精度在50～200nm，测量成本高，周期长，不适用生产	

徐树波研究了涂布厚度及其影响因素。

在锂电池隔膜涂布机上，使用封闭刮刀式微凹版涂布单元，基材为PP薄膜、PE锂离子电池隔膜，基材卷径400mm，幅宽500mm；纳米级粉体水性涂布液，烘箱长6米，电子测厚仪测定涂布厚度。

针对速比、主机速度、包角大小和刮刀压力，试验了对涂布厚度的影响。

（1）速比与涂布厚度的关系

保持主机速度、包角大小、刮刀压力不变：主机速度 V_1 为30m/min，包角大小为15°，刮刀压力为3kg。通过改变涂布辊的速度来改变速比。记录对应的速比与涂布厚度，使用matlab软件绘制二者变化对应关系如图3-105所示。

从图3-104中可见，涂布厚度随着速比的上升而逐渐上升。当速比约为2时，涂布厚度达到最大值，之后随着速比的增加，涂布厚度开始下降。在速比为0.6～1.0时，涂布厚度上升得较快，试验中发现了涂布条纹。

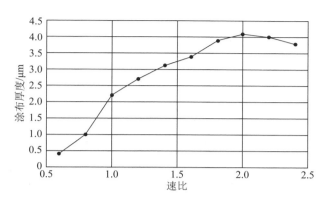

图 3-104　速比与涂布厚度的关系

（2）主机速度与涂布厚度的关系

速比、包角大小、刮刀压力不变：速比为 1，包角大小为 15°，刮刀压力为 3kg。改变主机速度，记录对应的主机速度和涂布厚度，使用 matlab 软件绘制二者的关系趋势如图 3-106 所示。需要注意，为保持速比，微凹版涂布辊的速度要随着主机速度的改变而改变。

从图 3-105 可见，涂布厚度随着主机速度的上升而上升，主机速度达到 40m/min 时涂层最厚，主机速度继续升高，涂布厚度则缓慢下降。主机速度在 10 ～ 50m/min，涂布厚度变化了 1.5um。

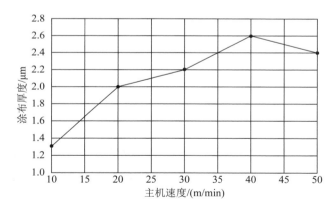

图 3-105　主机速度与涂布厚度的关系

（3）包角大小与涂布厚度的关系

速比、主机速度、刮刀压力设定：速比 1，主机速度 30m/min，刮刀压力 3kg。使用 matlab 软件绘制包角大小与涂布厚度的关系趋势图如图 3-107 所示。

图 3-106 表明，随包角增大，涂布厚度呈递增趋势。包角大小在 5° ～ 15°，涂布厚度变化较快；在 15° ～ 25°，涂布厚度变化缓慢。

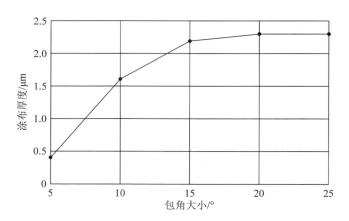

图 3-106　包角大小与涂布厚度的关系

（4）刮刀压力与涂布厚度的关系

将速比、包角大小、主机速度设定为：速比为 1，包角大小为 15°，主机速度为 30m/min 不变因素，改变刮刀压力。绘制刮刀压力与涂布厚度关系变化趋势如图 3-107 所示。

由图 3-107 可见，刮刀压力小则涂布厚度较大。增加刮刀压力，涂布厚度会快速减小。当刮刀压力为 1 ～ 4kg 时，涂布厚度比较稳定。但压力过大时刮刀轻微变形，导致涂布不均匀。

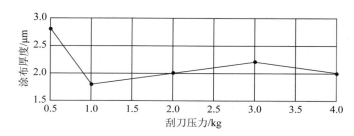

图 3-107　刮刀压力与涂布厚度的关系

总之，在测试实验条件下，随着速比和主机速度的上升、包角的增大，涂层厚度也会逐渐上升，而当刮刀压力较小时，涂层厚度较大。其中，速比对涂布厚度的影响最大，主机速度的影响次之，包角和刮刀压力变化影响较小。

富士公司成濑认为，下列因素影响微凹版辊涂布的涂布量。

（1）凹版辊速度 / 卷材速度相同时，除了低 RE 领域外，涂布转移率约为凹印网穴的 30% 。

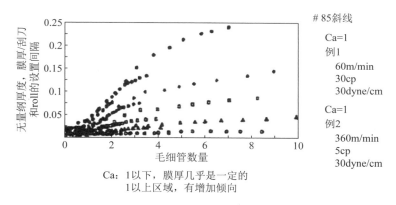

无量纲厚度，膜厚/刮刀和roll的设置间隔
0.25
0.2
0.15
0.1
0.05
0
2
4
6
8
10
毛细管数量
Ca：1以下，膜厚几乎是一定的
1以上区域，有增加倾向
# 85斜线
Ca=1
例1
60m/min
30cp
30dyne/cm
Ca=1
例2
360m/min
5cp
30dyne/cm

图 3-108 毛细管数与涂层厚度

（2）改变凹版辊速度 / 卷材速度发现，涂布量随凹版辊速度增加而增加（图 3-109）。

随着黏度增加，
峰值在右
涂布量
0.5
1.0
1.5
2.0
凹版/web速度

图 3-109 涂布量与涂布辊转速关系

刮刀是微凹版涂布的关键要素

凹版涂布必须使涂布液刚好充满网穴，充满程度直接影响涂布量。网穴中涂布液的填充和存在状态，直接影响涂布量及涂层质量。涂布辊的高速旋转，导致刮刀磨损与空气卷入，刮刀振动会导致涂布不匀，刮刀是网穴液体填充的重要影响因素。

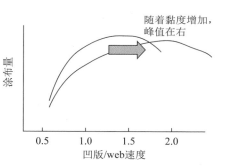

刮刀定厚模型

李宇吉根据刮刀在涂布中的使用工况，建立了刮刀定厚模型。如图 3-110 所示，涂布液通过刮刀与辊面间的间隙通道，在辊面下游形成薄膜。其中，刀刃表面与辊面的倾角非常小，建立如图 3-110 所示坐标系。在通道的末端处刀刃表面，几乎与辊面平行，因此在流动方向上，厚度 H 的变化是缓慢的。假设在 x 方向的流量变化小于 y 方向的流量变化，而且流量在 x 方向的速度远大于 y 方向的速度，最后，忽略 y 方向上的重力。基于润滑理论，建立刮刀与辊面间隙通道流量的控制方程如下：其中，v_x 表示流体 x 方向的速度，v_y 表示流体 y 方向的速度，P 为液体压力。

刀刃
D
液体
δ
y=H(x)
y
H_in
H_out
自由面
v

图 3-110 刮刀定厚模型示意图

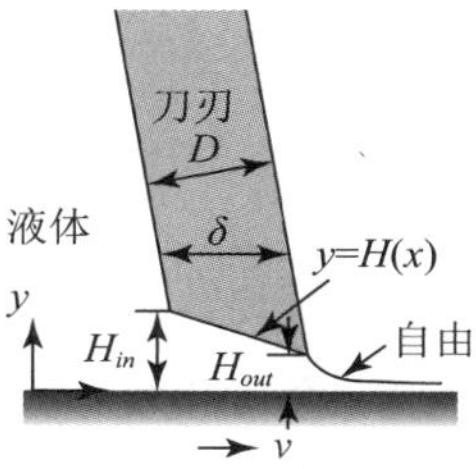

通道中无重力作用的平行层流体的动量方程为

$$0=-\frac{\partial P}{\partial x}+\mu\frac{\partial^2 v_x}{\partial y^2} \qquad (3\text{-}9)$$

$$0 = -\frac{\partial P}{\partial y} \tag{3-10}$$

连续方程为：

$$\frac{\partial v_x}{\partial x} + \mu \frac{\partial^2 v_y}{\partial y} = 0 \tag{3-11}$$

边界条件分别为：

当 $y = 0$ 时，

$$v_x = v, \, v_y = 0 \tag{3-12}$$

当 $y = H(x)$ 时，

$$v_x = 0, \, v_y = 0 \tag{3-13}$$

由式（3-10）垂直方向动量方程可知通道中的压力是恒定的，则对式（3-9）水平方向动量方程积分可得

$$V = \frac{1}{2\mu} \frac{\partial P}{\partial x}(y^2 - Hy) + v\left(1 - \frac{y}{H}\right) \tag{3-14}$$

由于两个固定表面上无滑移边界条件，则可得

$$\frac{\partial Q}{\partial x} = 0, \, Q = \int_0^H v_x dx \tag{3-15}$$

其中，Q 为通道流域中的流量。式（3-15）表明，在整个通道上流量是恒定的。对式（3-14）进行积分，得

$$Q = -\frac{H^3}{12\mu} \frac{\partial P}{\partial x} + \frac{1}{2} vH \tag{3-16}$$

将式（3-16）代入式（3-15），得到刮刀下间隙压力变化的雷诺方程为

$$\frac{\partial H^3}{\partial x} \frac{\partial^2 x}{\partial x^2} = 6\mu v \frac{\partial H}{\partial x} \tag{3-17}$$

上述二阶微分方程的求解，需要两个确定的压力边界条件。如果刮刀与辊面间隙通道的入口和出口都是完全浸没在液体中的，则入口和出口的近似边界条件为零大气压力。此外，相对于大的润滑压力而言，边界上小的流体静压力是完全可以忽略的。因此，对式（3-17）进行积分，得到刮刀与辊面通道中压力为

$$P(H) = \frac{6\mu v\delta}{(H_{in}^2 - H_{out}^2)} \frac{(H_{in} - H)(H - H_{out})}{H^2} \tag{3-18}$$

其中，H_{in} 和 H_{out} 分别为通道中入口和出口的厚度，δ 为刮刀刀刃在流体方向上的厚度。将式（3-18）代入式（3-16），得到刮刀下流域流量表达式为

$$Q = \frac{vH_{\text{in}}H_{\text{out}}}{H_{\text{in}} + H_{\text{out}}} \qquad (3\text{-}19)$$

因此，流体通过通道后，在辊面下游远处形成的膜层厚度 $H\infty$，根据质量平衡关系 $Q = vH\infty$，则 $H\infty$ 为

$$H\infty = \frac{vH_{\text{in}}H_{\text{out}}}{H_{\text{in}} + H_{\text{out}}} \qquad (3\text{-}20)$$

此外，通过对（3-18）压力式子进行积分，可以得到刮刀下方流体对其向上的作用力为

$$F_N = \frac{6\mu v\delta^2}{(H_{\text{in}} - H_{\text{out}})}\left[\ln\left(\frac{H_{\text{in}}}{H_{\text{out}}}\right) - \frac{2(H_{\text{in}} - H_{\text{out}})}{(H_{\text{in}} + H_{\text{out}})}\right] \qquad (3\text{-}21)$$

上述公式推导过程中，辊面是光滑表面，通过式（3-20）可以计算通过刮刀刮除之后辊面下游湿膜厚度 $H\infty$，可见，厚度 $H\infty$ 主要由通道入口、出口高度 H_{in}、H_{out} 决定。

结合式（3-21），刮刀作用于通道流体向下的力，与刮刀下方流体对其向上的力是一对作用力与反作用力，因此，刮刀与辊面间的间隙通道尺寸，受刮刀上负载的大小影响。Saita、Scriven、Prankh 等人对挠性钢刮刀在光滑表面上定厚的复杂过程进行了分析，认为刮刀上的负载对涂布厚度的影响如下：挠性钢刮刀在低负载下是平直的，这种情况下大部分负载集中在其刀刃端部，当加大载荷后，涂布厚度会急剧减薄。在中等载荷情况下，刮刀发生弹性弯曲，力通过液体分布到刀刃的大片面积上，当载荷加大时，弯曲变大，刀尖上翘，使涂层变厚。在高载荷作用下，刮刀剧烈弯曲，加大载荷会逐渐地减薄涂布厚度。在任何载荷条件下，增加黏性力和弹性力的比率（$Es = \mu UI/D$），都会抬高刮刀使涂布厚度增大。

虽然式（3-20）是基于光滑辊面推导的，但同样适用于网纹辊表面的刮刀定厚。研究表明，网状槽线形状对刮刀的变形影响不大，但对涂布平均厚度和刮刀与台阶间距离，具有重要的作用。

当网纹辊网穴是浅槽或者使用柔性刮刀时，刮刀与网穴台阶间隙较大，导致网穴充满并在台阶上留下较多的涂布液，此时，载荷变化对涂布厚度影响可类比光滑辊。而当网穴为深槽或者使用刚性刮刀时，刮刀与网穴台阶的间隙非常小，这时作用于刮刀的流体力学的力都集中在台阶上，涂布液流动由网穴的容积定量。

刮刀磨损模型

刮刀在微凹版涂布中，基材与微凹辊涂布液珠下游弯月面的储液池质量，与刮刀刮除后微凹辊表面涂液余量，即辊面下游远处形成的膜层厚度 $H\infty$ 密切相关，为了保证涂层厚度的稳定，必须保持刮刀刮除作用的稳定。由于刮刀受压作用于

微凹辊粗糙表面，微凹辊在高速转动过程中，会导致刮刀受到磨损，带来磨损表层微观形貌和宏观几何形状的变化，严重影响微凹辊表面轴向 $H\infty a$ 的一致性与径向 $H\infty r$ 的稳定性。

（1）刮刀滑动磨损形式

刮刀刀刃压在斜线条微凹辊上，刀刃宽度仅 100 ～ 200μm，微凹辊曲率为 20μm⁻¹，可把两者之间的接触面看成平面，将其运动视为相对滑动。正常工作状态下，涂布液在刀刃接触面与微凹辊之间，会形成极薄的润湿膜，由于微凹辊表面的氧化铬陶瓷层硬度远高于刀刃硬度，两者接触界面将发生磨损，刮刀属于易磨损件。刀刃与微凹辊之间的滑动磨损，可能存在四种基本磨损形式：粘着磨损、磨粒磨损、表面疲劳磨损和腐蚀磨损（图 3-111）。通常，所有的磨损形式均有影响，但影响程度随着工况条件而变化。针对磨损刮刀，只有确定各工况下的主要磨损形式，才能分析涂布缺陷原因，并采取适当的措施延长刮刀和微凹辊使用寿命。

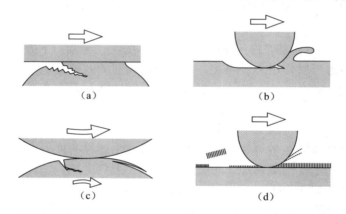

（a）粘着磨损；（b）磨粒磨损；（c）表面疲劳磨损；（d）腐蚀磨损

图 3-111　四种主要磨损形式

不同磨损形式造成的磨损表面微观形貌，如表 3-11 所示。

表 3-11　不同磨损形式对应的磨损现象

磨损形式	磨损现象
粘着磨损	局部划伤或拉毛损伤、孔洞、塑性剪切、材料转移
磨粒磨损	犁沟、划痕、沟槽
表面疲劳磨损	裂纹、点蚀
腐蚀磨损	反应产物（膜层、颗粒）

实际上，刮刀的磨损往往不是单一形式，主导的磨损形式可能会由于摩擦热、化学膜层以及磨损，引起表面材料性能改变和动态表面反应，进而诱发其他形式。

磨损形式不同，磨损系数和磨损速度及程度也不一样。不同磨损形式可能是同时存在而且相互作用的。因此，对于刮刀磨损而言，其磨损速率是一个综合的、变化的参数。对磨损体积轮廓进行表征、观察磨损表面微观形貌才能确定其主要磨损形式，评价其失效条件及对涂布造成的影响。

（2）刮刀磨损的宏观模型

在刮刀的磨损中，磨损速率主要受微观磨损形式影响，磨损导致表层材料不断损耗，引起宏观几何形状变化，进而导致摩擦面应力变化。

刮刀的形状一般有三种：斜面尖角刮刀、圆弧刮刀和阶梯形刮刀。目前涂布、印刷多用阶梯形刮刀（lamella doctor blade），其薄层刀尖与辊面的接触面积基本保持恒定，刮除效果稳定。阶梯形刮刀截面形状如图 3-112 所示。刀尖厚度 D，刀刃刃跟夹角 ϕ，刀尖长度 l_{BD}。

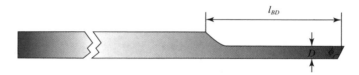

图 3-112　阶梯形刮刀截面形状

刮刀在微凹版涂布头中的使用方式，如图 3-113 所示。刀柄通过刮刀架夹紧，悬空的部分形成悬臂梁下压在微凹辊上，压力靠治具气缸提供，治具气缸的数量与行程由刮刀长度决定。悬臂梁固定端的受力情况如图 3-113 所示。其中，F_{pr} 为治具气缸提供的推力，F_b 为作用到悬臂梁固定端的力。

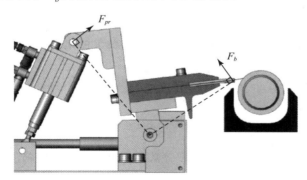

图 3-113　微凹版涂布头中刮刀悬臂梁固定端的受力

刮刀磨损机理与刮刀结构变形及刀刃截面形状密切相关。如图 3-114 所示，过磨损线上端点 O 且与悬臂梁中性轴垂直的面 OB、刀尖与刀柄阶梯截面 O_0B，将刮刀分割为磨损区 $OCDE$、刀尖 BC 梁段以及刀柄 AB 梁段。其中，对于磨损区 $OCDE$，由于跨度 I'（C-D）与截面高度 H（O-C）之比近似于 1，且磨损线 OE 上的作用力为均匀分布载荷，因此该区域几乎不发生弯曲变形，可视为刚体。刀尖 BC 梁段以及刀柄 AB 梁段，在梁的挠度中，剪切变形与弯曲变形相比较可以忽略，所以可将其视为欧拉梁。其具备的特点是在梁未变形状态下垂直于梁轴线的横截面，在梁变形后仍保持为平面且垂直于变形后的梁轴线。其中对于刀尖 BC 梁段，在弯曲过程中，其转角及挠度对比 AB 梁段而言较小，在整个悬臂梁段中将该部分弯曲视为小变形，因此可采用挠曲线近似微分方程对其求解。对于刀柄 AB 梁段，由于刮刀属于柔性梁，在实际使用过程中，刀柄悬空部分受压后往往挠度较大，属于大变形条件，如果使用挠曲线近似微分方程将会产生很大的误差，因此，采用柔性梁大挠度变形对该部分进行分析。

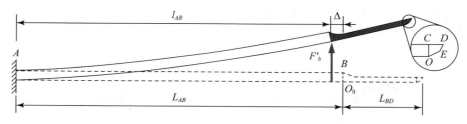

图 3-114　刮刀阶梯悬臂梁细分图及 AB 梁段大挠度变形

AB 梁段的大挠度变形

如图 3-114 所示，暂视磨损区 OCDE 和刀尖 BC 梁段为刚体，AB 梁段末端受力简化为受竖直向上的集中力 F'_b 作用，则其挠曲线微分方程为

$$\frac{y''}{\left[1+\left(y'\right)^2\right]^{\frac{3}{2}}} = -\frac{M(x)}{EI} \tag{3-22}$$

记横截面转角为 θ_B，则 $y = \tan\theta_B$，方程（3-22）可化为：

$$\cos\theta_B d\theta_B = -\frac{M(x)}{EI}dx \tag{3-23}$$

对式（3-23）进行积分，得

$$\sin\theta_B = \varphi(x) + C \tag{3-24}$$

式中，$\varphi(x) = \int -\frac{M(x)}{EI}dx$，$C$ 为积分常数，可由边界条件确定。

用 y' 表示式（3-24），得

$$\frac{y'}{\left[1+\left(y'\right)^2\right]^{\frac{1}{2}}} = \varphi(x) + C \tag{3-25}$$

由式（3-25），可求得

$$y^{'}(x) = \frac{\varphi(x) + C}{\sqrt{1 - |\varphi(x) + C|^2}} \tag{3-26}$$

$$y(x) = \int_0^x \frac{\varphi(\xi) + C}{\sqrt{1 - |\varphi(\xi) + C|^2}} d\xi \tag{3-27}$$

式（3-26）为 AB 梁段的挠曲线积分方程，当积分常数 C 确定时，就可以通过积分求得挠度。对于图 3-114 所示的 AB 梁段，其原长为 L_{AB}，弯曲变形后自由端 O_0B 水平位移为 Δ。假设变形后梁长度保持不变，则

$$L_{AB} = \int_0^{l_{AB}} \left[1 + \left(y^{'} \right)^2 \right]^{\frac{1}{2}} dx \tag{3-28}$$

其中，$l_{AB} = L_{AB} - \Delta$，位于 x 处截面的弯矩为

$$M(x) = -F_b^{'}(l_{AB} - x) \tag{3-29}$$

则有，

$$\varphi(x) = \int -\frac{M(x)}{EI} dx = -\frac{F_b^{'}(l_{AB} - x^2)}{2EI} \tag{3-30}$$

把边界条件 y′（0）=0 代入式（3-30），可得

$$K = -\varphi(0) = \frac{F_b^{'} l_{AB}^2}{2EI} \tag{3-31}$$

当自由端 O_0B 水平位移为 Δ 确定，即可求得常数 C 和 φ（x），再代入式（3-26）、式（3-27）计算可得 y′（x）及 y（x）。因此，自由端 O_0B 截面处的转角为 $\theta_B|_{x=l_{AB}} = \arctan y^{'}(l_{AB})$，挠度为 $w_B|_{x=l_{AB}} = y(l_{AB})$。

刀尖 BC 梁段的变形

由于悬臂梁为阶梯悬臂梁，在 AB 梁段的分析中，将 BC 梁段视为刚体，而由 AB 梁段的大变形引起刀尖 BC 梁段的刚体位移使截面 OC 得到的转角 θ_{C0} 和挠度 w_{C0} 分别为

$$\theta_{C0} = \theta_B = \arctan y^{'}(l_{AB}) \tag{3-32}$$

$$w_{C0} = w_B + \theta_B l_{BD} = y(l_{AB}) + \arctan y^{'}(l_{AB}) l_{BD} \tag{3-33}$$

将变形后的 AB 梁段刚化，则可将 BC 梁段视为整体转动了一个 θ_{C0} 的悬臂梁。对 BC 梁段进行受力分析，如图 3-115 所示，则其受到作用于截面 OC 的平移力 F_Q 和矩为 $F_Q d_N$ 的附加力偶。其中 d_N 为 BC 梁段中性轴端点 $N\left(\frac{D}{2}, 0\right)$，到力 F_Q 方向的距离。

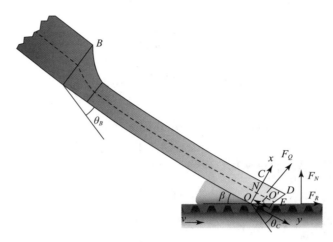

图 3-115　BC 梁段受力分析

上面的分析，将磨损区 $OCDE$ 视为刚体，其受到平行于支撑面 OE（摩擦面）方向的摩擦力 F_R 以及垂直于支撑面 OE 的支持力 F_N，在分析梁段的弯曲变形中，只考虑 F_R 与 FN 在垂直梁轴方向的合力，其合力为 F_Q。F_Q 作用于磨损区 $OCDE$ 形心，在平面直角坐标系 xoy 中，由分割法确定形心位置为 O'（x_C，y_C）。

$$x_C = \frac{(A_t x_t + A_q x_q)}{A_{OABC}}$$（3-34）

$$y_C = \frac{(A_t y_t + A_q x_q)}{A_{OABC}}$$（3-35）

其中，$x_t + x_q = D$，D 为刮刀刀尖厚度。
则点 N 到力 F_Q 方向的距离 d_N 为

$$d_N = y_c = \frac{(A_t y_t + A_q y_q)}{A_{OABC}}$$（3-36）

因此，BC 梁段在平移力 F_Q 和矩为 $F_Q d_N$ 的附加力偶的作用下，由于自身弯曲变形引起截面 OC 处的转角 θ_{C1} 和挠度 w_{C1} 分别为

$$\theta_{C1} = \frac{F_Q(l_{BD} - l_N)(l_{BD} - l_N + 2d_N)}{2EI}$$（3-37）

$$w_{C1} = \frac{F_Q(l_{BD} - l_N)^2(2l_{BD} - 2l_N + 3d_N)}{6EI}$$（3-38）

其中，E 为刮刀材料的弹性模量，l_N 为刚体磨损区 $OCDE$ 部分的中性轴长度，其长度受磨损量影响。

所以，OC 截面的位移等于 AB 梁段变形所提供的刚体位移和自身弯曲变形的叠加，其转角 θ_C 和挠度 w_C 分别为

$$\theta_C = \theta_{C0} + \theta_{C1} = \arctan y'(l_{AB}) + \frac{F_Q(l_{BD}-l_N)(l_{BD}-l_N+2d_N)}{2EI} \quad (3\text{-}39)$$

$$w_C = w_{c0} + w_{C1} = y(l_{AB}) + \arctan y'(l_{AB})l_{BD} + \frac{F_Q(l_{BD}-l_N)^2(2l_{BD}-2l_N+3d_N)}{6EI} \quad (3\text{-}40)$$

（3）磨损区 $OCDE$ 的变形模型

由上述对大挠度刀柄 AB 梁段以及小挠度刀尖 BC 梁段的弯曲变形分析可知，其挠度和转角的变化与刚体磨损区 $OCDE$ 的形心位置 $O'(x_C, y_C)$ 及该部分的中性轴长度 l_N 相关，而形心 O' 和 l_N 长度由磨损量 ΔA 决定，其中，形心位置由式（3-34）、式（3-35）求得。中性轴长度 l_N 与磨损量 ΔA 的关系如图 3-116 所示。其中，四边形 $OCDE$（三角形 OCD）为磨损区域，l_N 为磨损区域的中性轴长度，磨损线 OE 的长度为 l_{OE}，夹角 $\varnothing$ 为已知的固定值，磨损线 EO 延长线与过 O 点切线的夹角 β 为刮刀的接触角，为设定好的常数值。磨损分为如下三个阶段：

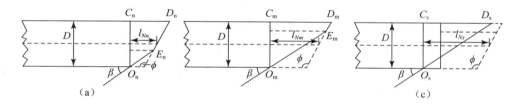

图 3-116　磨损阶段划分及中性轴长度与磨损量的关系

阶段一：磨损线上端点 E 在中轴线下。
阶段二：磨损线上端点 E 在中轴线上，顶点 D 下。
阶段三：磨损线上端点跨过顶点 D 的稳定阶段。
详细的数学模型，参见李宇吉原著。

四、微凹版涂布现场问题及其解决方案

（一）线棒涂布与微凹版涂布比较

线棒涂布与微凹版涂布缺陷及设备构成比较，见表 3-12。实际应用中还会有很多的影响因素，需要进一步考虑。

表 3-12　微凹版涂布工艺及其缺陷与设备构成

<table>
<tr><th colspan="2"></th><th>线棒涂布方式</th><th>微型凹版涂布方式</th></tr>
<tr><td rowspan="5">特征</td><td></td><td>通常是用模头或辊子将溶液涂到基材上之后，用线棒刮落并定量。
·有一种方法可以同时进行涂布和定量。在这种情况下，由线棒刮下的溶液会形成涂珠涂到基材上</td><td>凹版辊带起涂布液经刮刀定量后，由反向运动的基材带走涂布液，实现均匀薄层涂布</td></tr>
<tr><td>常用涂布量 ml/m²</td><td>3～30</td><td>20～100</td></tr>
<tr><td>常用浆料黏度 cp</td><td>～20</td><td>～100</td></tr>
<tr><td>常用涂布速度 m/min</td><td>～50</td><td>～100</td></tr>
<tr><td>涂布量设定方法</td><td>线径</td><td>网穴尺寸
辊子转速
包角</td></tr>
<tr><td colspan="2">高精度·均匀涂布问题</td><td>高精度的线棒，高精度组装，越细难度越大。
（最细线径：25μm）</td><td>高精度的凹版辊，高精度组装柔性刮刀</td></tr>
<tr><td rowspan="4">故障原因</td><td>不规则划痕</td><td>浆料滴落，基材褶皱，气泡</td><td>浆料滴落，刮刀接触波动，基材褶皱，图案深度分布</td></tr>
<tr><td>等间距划痕</td><td>黏度·速度范围，线径</td><td>网穴宽度</td></tr>
<tr><td>膜厚不均</td><td>线棒直线度，线棒固定座直线度，旋转偏差，驱动轴与线棒的同心度，旋转速度，振动</td><td>凹版辊直线度，驱动轴与凹版辊的同心度，振动</td></tr>
<tr><td>其他</td><td>周期性缺陷：线棒·线材伤痕</td><td>周期性缺陷：凹版辊伤痕</td></tr>
<tr><td rowspan="4">设备</td><td>主要构成</td><td>线棒，线棒固定座，涂布溶液
驱动部：电机·联轴器·减速机</td><td>凹版辊，刮刀，涂布溶液
驱动部：同左</td></tr>
<tr><td>变动</td><td>线材直径：25μm～1mm
线棒直径：5～20mm</td><td>网穴：#50～500（～2 000）
辊子直径：20～250mm</td></tr>
<tr><td>主要精度</td><td>线棒直线度·圆柱度
均匀绕线</td><td>辊子直线度·圆柱度
涂布溶液</td></tr>
<tr><td>涂布方法</td><td>涂布机/基材移动</td><td>同左</td></tr>
</table>

（二）微凹版涂布现场问题及对策

1. 纵向划痕

1）刮刀上有污渍，由于循环供料方式，浆料中的杂质和分散的颗粒（填料等），可能随时间的变化重新聚集。刮刀上的污渍随着时间逐渐增加，会引起划痕。

2）随着时间延续，刮刀磨损。

3）基材影响。浆料随着时间的变化变质后，导致表面状况恶化，进而产生划痕。

2. 横向膜厚不均

1）刮刀的振动

* 机械振动

* 如果网穴较粗糙，从凹版辊上刮下的涂料量过多，则刮刀容易发生振动

2）当浆料层中的浆料变化变大时，可能出现膜厚不匀的情况（需保持恒定液面）

3）刮刀变形

4）驱动轴与凹版辊不同心（采用高精度轴承）

对策：从刮刀入手

* 控制刮刀与凹版辊的接触角度

* 刮刀的厚度、材质

* 调整刮刀的接触压力

* 增加气缸的个数（间隔 30cm）

* 更换刮刀→ 1 次 / 天（24 小时运行的情况下）

* 更换凹版辊→ 1 次 / 月

3. TD 方向上膜厚不均

1）刮刀压力均一化

* 确认气缸间隔（确认凹版辊直径 φ50 → φ60 → φ65）

2）确认凹版辊与刮刀的平行度（通过电机调整等）

3）张力平衡

* 确认左右张力是否相同

* 确认辊子间的平行度

调整固定板→提高精度，参见图 3-81。

4. MD 褶皱（不限于 MG）

MD 褶皱并不是微型凹版特有的问题，需要现场仔细确认褶皱产生于哪个工序过程。可能的原因如下：

1）基材的影响

TAC 比 PET 更容易起皱，薄膜高温下更容易起皱，UV 照射的影响很大（UV分布：±20%）。

一般情况下，为减少基材对涂布的影响，通过加热辊来减少褶皱（基材褶皱或凹凸等）后再涂布。

2）MD 褶皱可能是热褶皱

UV 辊，带沟槽的加热除皱辊去除被带入的气体，可有效改善褶皱。

3）重新确认干燥条件

经验表明，干燥温度低，纵向褶皱相对较少。

4）提速后 UV 照射能量增加引起的褶皱

对策如下：

采用 2 次较弱的 UV 照射；降低涂布速度；重点是要确认产生褶皱的工序过程。

5）其他

HC 干燥后，表面粗糙不平滑，易产生划痕（褶皱），可考虑选用特定辊型，确认辊子间的水平／平行是否调好，采用高精度的轴承，用高精度辊子。

5. 刮擦

关于刮擦的原因，需要仔细检查现场每道工序。

一般原因如下：

辊子伤痕，辊子打滑，辊子附着物，辊子旋转不良，包角小、易刮擦，辊子刮擦产生的原因很多，需要仔细检查现场每道工序。

常见原因如下：

辊子划伤、辊子打滑、辊子旋转不良、包角不适、刮辊表面生锈等；由于浆料性质变化而产生异物、杂质、凝聚物和浓度变化等造成辊子表面附着杂质、凝聚物形成刮擦刮刀和微凹版辊不匹配，也会导致刮擦。

6. 色差

涂布膜厚很薄（1μm 以内）在厚度分布上会出现色差。如果薄膜厚度薄且均匀，可根据与膜厚匹配的光的波长着色。这是因为它接近可见光的波长，因此与颜色波长匹配的光会在界面处发生干涉，从而使颜色看起来更深。如果存在膜厚分布，则因与厚度分布相匹配的着色而看起来有色差。低黏度浆料（5 ～ 10cP 以下），薄膜容易产生色差。

色差的原因有很多，经验原因如下：

1）快速干燥时发生（强调膜厚分布）；

2）低沸点溶剂（IPA、EA 有差异），易发生（蒸发不均）；

3）干燥温度，风量不均（设置较低的干燥温度，溶剂种类的影响）；

4）残留溶剂的影响。

解决措施：涂布时，使膜厚分布均匀（可从进、排气方面调整）。

1）降低温度；

2）确认溶剂（溶剂种类的影响）；

3）确认风量不均；

4）确认底涂（基底处理）的影响（包括基材的凹凸等）。

第三节　刮刀涂布及其质量控制

一、刮刀涂布

刮刀涂布（Blade/Knife coating）也叫刮板涂布，或刮墨刀（doctor blade）涂布，

适用于刚性或柔性基材涂布。涂层膜厚主要取决于刮刀与基材的间隙。大面积卷对卷（R2R）生产过程，是刮刀固定后去修饰运动的基材。通过调节刮刀与基材的间隙宽度，可以得到不同厚度的湿膜涂层，但最终湿层厚度还受到涂布速度及涂布液流动特性影响，大概只有一半受间隙宽度影响。固化后干层厚度按经验公式 $d=\dfrac{1}{2}\times g\times\dfrac{c}{\rho}$ 计算，其中 g 为间隙宽度、c 为油墨浓度、ρ 为最终膜上材料的密度。

逗号刮刀涂布（comma coating）是一种广泛应用的涂布方式。逗号刮刀涂布机的逗号辊位于背辊的上游。特点是刃刮刀与辊刮刀结合，涂布量控制精度较高，能进行高黏度胶水涂布；各种胶黏剂的更换也非常方便，工作效率高，操作简单；在溶剂体系中，涂层光滑、精度高，且宽幅较大时能够横向调节。

1. 刮刀涂布的工作原理

通过供料系统中的上料辊或喷射梁，向原纸转移足够多的涂料，然后用刮刀计量整饰。工作原理见图 3-117 和图 3-118。刮刀通常采用强度、硬度较好的合金工具钢制成，常用的有兰钢刮刀、陶瓷刮刀、金属陶瓷刮刀等。刮刀片的厚度 $0.25 \sim 5mm$，单层涂布量 $5 \sim 20g/m^2$，单层涂层厚度 $5 \sim 20\mu m$。刮刀涂布只有在合适的工作面下，才能获得良好的涂布效果，同时获得比较平整的涂布面。图 3-119 为刮刀涂布的涂层。

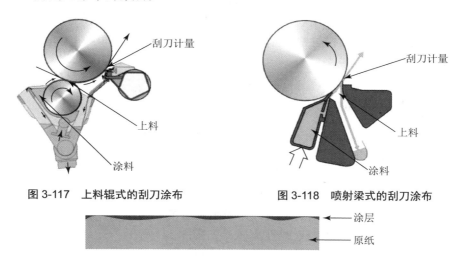

图 3-117　上料辊式的刮刀涂布　　　图 3-118　喷射梁式的刮刀涂布

图 3-119　刮刀涂布的涂层

2. 硬刮刀和软刮刀

刮刀因材质不同分为硬刮刀和软刮刀（图 3-120 和图 3-121）。硬刮刀有一定预研磨角度，如刮刀片角度为 35°，软刮刀通常不带预研磨角度或带的角度很小，如刮刀片角度为 4°。硬刮刀比软刮刀容易控制涂布量，操作起来也更方便，软刮刀虽不易控制，但可以得到较大的涂布量及更好的涂布效果。

硬刮刀和软刮刀对涂布量的控制参数不同。

使用硬刮刀时，通常刮刀的预磨角度和刮刀与背辊之间的夹角相同，或者为了获得较好的涂布效果及对刮刀梁自身变形的补偿，会调节刮刀与背辊之间的夹角略大于刮刀预磨角度（通常大 3°～5°）。在生产中保持角度不变，通过控制刮刀片加载软管压力的大小来控制涂布量，压力越大涂布量越小。

使用软刮刀时，通常使用硬支撑及小角度，通过控制刮刀片与背辊之间的角度来控制涂布量，角度越大涂布量越大，但在临界范围内，涂布量对角度比较敏感，并不是这种对应关系。所以，为准确控制涂布量，应当尽量避免选用硬刮刀和软刮刀均可用的角度范围。两种涂布量控制示意见图 3-122。

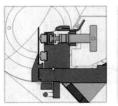 

图 3-120　硬刮刀　　图 3-121　软刮刀
　　　　工作原理　　　　　　工作原理

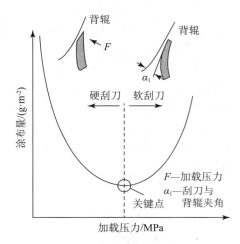

图 3-122　软刮刀和硬刮刀涂布量控制

二、刮墨刀磨损对涂布厚度的影响

在涂布工艺中，刮墨刀（也称刮刀）主要用于对多余涂布液的刮除定厚，如浸渍涂布、刮刀涂布、凹版涂布。人们研究了刮刀涂布中刮刀接触角对涂布量的影响，反向辊涂、凹版涂布和凹版印刷的刮墨刀刮除作用，刮刀刀刃下方的变化过程，高速刮刀在涂布过程中的影响；还研究了在凹版涂布过程中，刮墨刀磨损的初始阶段对涂布厚度变化的影响，并采用润滑模型模拟从刮墨刀刀刃与光滑辊面之间固定缝隙通过的稳定近线性流体，如图 3-123 所示。计算结果重复了不同刮墨刀刀刃轮廓，而选取的刀刃轮廓代表了刮墨刀刀刃持续磨损过程三个阶段。结果表明，建立的四参数模型与刮刀磨损初始阶段的凹版涂布厚度实验数据非常吻合。其模型可用于预测该情况下多个涂布工艺参数（涂布液特性、刀刃厚度、刮墨刀角度及基材速度）对涂布厚度的影响。

同时研究了纸张涂布中刮刀在高角度和低角度颗粒影响，结果表明，在高速刮刀涂布中，流体惯性决定了刮刀上游流量，毛细作用力对自由面的形成非常重要，弹性力控制了基材的变形，而颗粒碰撞决定刮刀的磨损。如图 3-124 所示，

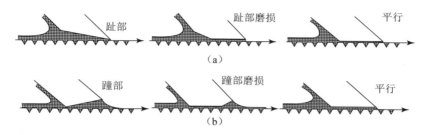

图 3-123　刮墨刀以"刃尖"（a）"刃跟"（b）接触网纹辊其磨损最后磨损线与辊面平行

在此基础上，结合理论分析和实验论证，提出了基于流体动力学、材料科学以及计算算法的磨损分析模型。其研究能够模拟刮刀刀刃"踵部"及其周围的加速磨损过程，并预测该刮刀在各种角度颗粒冲撞下磨损的准稳定状态轮廓。虽然简化了基材表面微观结构和撞击颗粒形状，但其模型仍能较好地预测不同刮刀位置下刀刃的磨损速率。

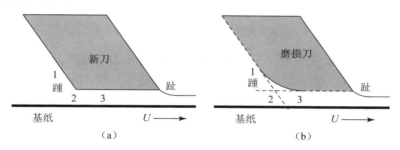

图 3-124　磨损初始 （a）和结束 （b）的刮刀截面轮廓

　　针对实际工业生产中的易变工艺参数研究结果表明，柔性刃区域的塑性失效，发生在定厚刮刀刃跟处和直角处，其塑性应变与定厚刮刀自由挠曲的长度，存在特殊的非线性关系，当刮刀长度增加时，其塑性应变减少，达到弯曲的最小值，增加到第二个拐点时，与水平轴保持渐进，而这种模糊关系，正是刮刀材料的挠曲导致应力的剧烈变化，并最终决定应力集中点的原因。

　　关于纸张涂布中用于刮除辊面杂质的刮刀磨损模型。在刮刀磨损发生时，刀刃与辊面接触长度将逐渐磨损为平行于辊面，此时流体动压情况将会发生，主要来自振动或黏性颗粒的外部扰动。在这种情况下，可以将刮刀视为瓦轴承进行建模，则其弯曲遵循悬臂梁理论，建立公式 $S_0 = \dfrac{1}{C_R^2}\left(\ln(C_R+1) - \dfrac{2C_R}{C_R+2}\right)$，而由液体动力润滑模型建立公式 $S_0 = \dfrac{h_1^3}{36U\eta L_3}\dfrac{Ed^3}{l^3\cos\beta}C_R$，联立上述两式，得到出现流体动压效应的极值为 $S_0/C_R = 1/12$。其中 S_0 为无量纲的索末菲数，C_R 为收敛比。该模型着重于涂布过程中的参数变化，使其有利于系统化提升刮刀的刮除效率（图 3-125）。

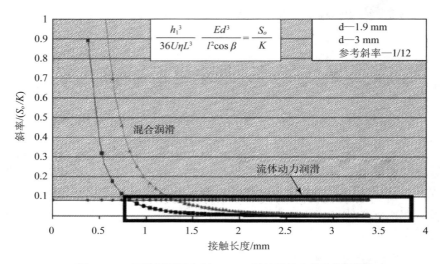

图 3-125　两种不同厚度刮刀 S_0/K 随接触长度的变化曲线

　　刮墨刀刀刃磨损受多个工艺参数影响，包括刮墨刀线性压力、主机速度、颜料类型及油墨黏度。刀刃磨损导致刮墨刀材料去除，其磨损来自与网纹辊之间的滑动磨损，以及与颜料颗粒的磨粒磨损。对于陶瓷涂层刮墨刀，颜料颗粒难以对磨损表面起到塑性变形膜切削作用，其磨损面上只有微抛光作用发生，从而使得陶瓷涂层刮墨刀具有较低磨损速率，如图 3-126 所示。

（a）　　　　　　　　　　　　（b）

图 3-126　（a）全新陶瓷刮墨刀刀刃；（b）磨损后的刮墨刀刀刃

三、刮刀涂布常见弊病成因及对策

（一）刮刀涂布常见弊病

　　在生产过程中，由于设备、原料及纸种的不同，刮刀涂布出现的弊病也不同。

可简单概括为刮刀痕、涂布不均匀、横幅偏差、漏涂、翘曲、皱纹、两面差等问题。下面就刮刀痕、横幅偏差和漏涂问题进行分析。

1. 刮刀痕

刮刀痕是一种条形的纸面压痕，压痕的大小不等，可以为 0.5 ～ 2mm 或更宽的压痕，长度在纸机方向数米到数百米不等，分为连续刮刀痕和间歇刮刀痕。

成因分析

（1）原纸。原纸中含有腐浆或松散的纤维，经过刮刀片时会形成较大较深的刮刀痕，这种刮刀痕通常比较大，一般大于 2mm；原纸上有杂质或易掉毛、掉粉或纤维的积聚也会在刀口处产生刮刀痕，这种刮刀片通常较小，一般为 0.5mm 或更小；纸基进入涂布机前的温度要合适，当较高温度的纸基进入涂布机时，使涂料中的水分大量干燥蒸发，造成涂料局部积聚或干燥不均匀，容易在经过刮刀时出现刮刀痕和磨损刮刀。

解决措施：从原纸抄造及表面施胶等方面，提高原纸表面强度。

（2）涂料。涂料分散不好，在刮刀处的流变性不好，可能造成涂料增黏增稠，从而造成较小的刮刀痕。颜料的选择对涂料的保水性也有影响，如果颜料本身分散稳定性较差，或由于系统电荷的相互作用，造成粒子之间的重新絮聚，也会在刮刀处形成刮刀痕；胶黏剂部分结皮和破乳，经过刮刀时也会产生刮刀痕；涂料中的碳酸钙与其他原料反应形成的结块或大颗粒杂物等，挂在刀口上会产生大于 2mm 的刮痕；水中杂质也会产生刮刀痕。

解决措施：改善涂料分散效果；防止涂料的重新絮聚，防止涂料结皮，加强涂料的筛选，用净化水等。

（3）设备。刮刀尺寸的选择及刮刀加载压力和角度的使用存在影响。实际生产中，多使用低成本的涂料，其颗粒较大而不均匀，所以，刮刀角度不能太大，否则容易使涂料中的颗粒凸显于纸面。较高的涂布量能有效地减少刮痕。

背辊或喷射梁喷嘴的清洁影响。涂料杂质黏附在背辊表面，造成局部突出而导致的刮痕，通常为 2mm 或更小；辊面硬度变化，涂料黏结在喷射梁喷嘴，也会造成刮痕。

断纸或意外造成的机械位置改变影响。例如，横幅调节装置在原纸有问题时进行了局部调节，过后又未及时调回零位或刮刀梁本身不平直，导致刮痕。

解决措施：选择合适的刮刀尺寸，适宜的加载压力及加载角度。保持设备清洁，对设备进行基本的机械调节。每次更换辊子后，进行水膜运行测试及相应的调节。

2. 横幅偏差

横幅偏差主要表现为纸基中间和纸基边缘的涂布量不一致，或者局部涂布量的偏差。

成因分析

（1）原纸定量和横幅水分以及原纸特性影响。原纸横幅定量或水分不均匀，会直接导致纸基横幅厚度不均，在经过压区时，会导致辊面磨损、刮刀磨损不均匀，从而加剧涂布横幅偏差。

（2）背辊不清洁。背辊不清洁会导致背辊包覆层硬度的变化，或磨损不均匀导致直线度的变化，造成涂布横幅偏差。

（3）刮刀梁。刮刀梁本身会有一定的挠度变形，由于刮刀梁温度不均匀导致的热膨胀量不同，会造成直线度偏差以及与背辊的平行度变化，通常要求横幅总偏差 < 0.2mm。刮刀梁内部的水循环系统及气胎补偿系统，对刮刀梁的变形起到补偿作用，可减少刮刀梁自身造成的横幅偏差。

（4）选择合适的刮刀厚度和材质，同时及时更换受到磨损的刮刀，减少刮刀对涂布横幅偏差的影响。

（5）控制系统的正常工作与否。例如，扫描架在线进行横幅的实时测量及反馈，刮刀梁的自动横幅调节装置，根据反馈信号进行自动调节使其满足目标横幅曲线，如果扫描架的实际测量点和自动横幅调节装置的控制点不对应，则很难进行有效调节。

解决措施：严格控制生产过程的各项指标，背辊定期检查及时更换，保证刮刀合适并及时更换；确保辅助系统正常工作；精调和校准刮刀梁的补偿和控制系统。

3. 漏涂

漏涂是指纸基上由于受到非正常因素的影响，没有涂层覆盖。通常发生在纸基方向的涂层表面，大小不等。这种纸病在日光灯或普通灯光下很难看到，必须借助紫外灯才能发现。

成因分析

（1）原纸均一性。原纸的性能差会导致干燥不均匀、涂布不均匀及漏涂。

（2）涂料。涂料内杂质影响涂层的均匀性，如果涂料内有气泡，气泡会在上料过程中聚集而转移到纸基上形成漏涂。

（3）背辊。背辊直径及包胶材质，工艺参数（加载压力、角度）和涂料流速，都有影响。

解决措施：严格要求原纸，控制涂料制备系统及涂布构成，适当控制涂料的流速。在一定的车速下，涂料流速过低，会发生漏涂现象；流速过高，则会引起回流现象或刮刀振动。

以喷射梁式的刮刀涂布为例，在不同的车速下合理的涂料流速范围曲线见图 3-127。

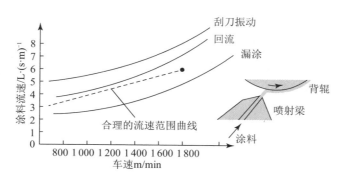

图 3-127　涂料流速的操作范围

在实际的涂布操作中，由于车速、原纸、涂料等已固定，通常通过改变刮刀的厚度、刮刀的预磨角度或加载压力等，控制涂布量及涂布效果。

（二）逗号刮刀涂布机的现场问题及其解决措施

1. 逗号辊的刀口精度

通常情况下，刀口精度的直线度控制在 5/1 000mm 以内，并且刀口必须进行精密研磨加工，决不可以有凹痕和毛刺。如果刀口被磨损，涂布精度会下降直接引起涂布表面不均，进而导致品质不良。具体对策如下：

重新研磨刀口，提高刀口精度。

对刀口采取 HIP（Hot Isostatic Pressing：热等静压）处理等措施，防止刀口磨损。经 HIP 处理后的刀口硬度更高，还可以提高研磨加工精度。在改善涂布表面状态的同时也提高了设备的耐用性（图 3-128）。

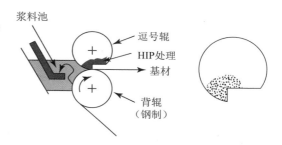

图 3-128　刀口前端部的 HIP 处理

2. 涂布液（胶黏剂等）温度

涂布量可通过安装在左右两端的间隙控制装置和安装在逗号辊中心的弯曲控制装置进行调节。若浆料温度发生变化，则逗号辊会由于温度差而发生变形（收缩或膨胀引起的变化），难以保持涂布精度。浆料温度变化后，其黏度也会随之发生变化，涂布间隙的涂布压力也会发生变化，最终会导致涂布量的变化。具体对策如下：

通过搅拌机的搅拌混合，使浆料池内的浆料保持恒定温度。为确保涂布精度，冬季、夏季的温度都要恒定。

浆料池内的气泡会引起涂布气泡不良。因此，为防止浆料池内产生气泡，应采用较低的搅拌速度，能够保持温度均衡即可（图 3-129）。

3.液面高度

液面应始终高于逗号辊的刀口。为防止气泡混入，涂布间隙应保持恒定的涂布压力，且刀口处应保持恒定的吐出量。具体对策是利用液位控制器保持浆料液位恒定。

4.背辊与浆料池侧板的间隙

可通过调整间隙来防止涂布机漏料，避免空气卷入以及方便穿带（基材）。涂布间隙的设定值稍大于接带处的基材厚度。气泡混入是现场常见的问题。涂布间隙过小有刮带的风险，间隙过大又可能产生气泡。

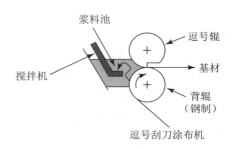

图 3-129　浆料池内温度均衡措施

难题在于涂布增速时如何处理夹带空气。参考挤压涂布方式设置吸气盒是可选措施（图 3-130）。

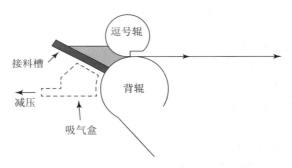

图 3-130　吸气盒移除夹带空气装置

第四节　喷雾涂布及其质量控制

喷雾涂布工艺的实质是利用独特可控喷雾装备和喷雾工艺，在没有任何机械接触的情况下，使雾化的材料均衡地扩展到基材上的一种涂布方式，具有非接触式涂布的明显特点。

（一）喷雾涂布的类型

雾其实是液态微滴，喷雾即人工造雾。造雾系统将液体以极细微的液态颗粒喷射出来，而微小的人造雾颗粒能长时间漂移、悬浮在空气中，从而形成白色的雾状现象，类似自然雾的效果，故曰喷雾。雾滴直径与均匀度主要与雾化方式有关。

目前，液体雾化方式主要有压力雾化、离心雾化、静电雾化和超声雾化。将液体雾化后，与涂布工艺相结合，便发展出了喷雾涂布技术。喷雾涂布的构思来自 20 世纪 90 年代中期的一位工程师。目前，喷雾涂布技术已经用于低定量涂布（LWC）、中等定量涂布（MWC）、高等定量涂布（HWC）和表面改性新闻纸的生产，可以在高达 2 500m/min 的速度下进行功能性涂布。不同喷雾涂布工艺特点对比如表 3-13 所示。

1. 压力雾化涂布

压力雾化涂布是利用高压使液体经由一定形状的孔喷出而破裂雾化于周围的空气中，雾化后液体随着气流在基材表面沉积，并形成均匀涂膜，主要有空气喷涂（二流体喷涂）、无气喷涂、混气喷涂等形式。常见的喷雾装备大多采用这种雾化方式，雾滴直径一般为 100 ~ 300μm。通过改变喷雾压力、喷嘴孔径和形状，可得到不同直径的雾滴。压力雾化是先使液体形成薄膜状，然后再撕裂成大小不等、不稳定的雾滴，导致雾滴粒谱较广。压力雾化具有喷涂简单、操作方便、设备成本低的优点，但是雾化效果和喷涂质量差，涂料可利用率低。

2. 离心雾化涂布

离心雾化涂布，也称旋转雾化涂布，是利用高速旋转部件的离心力，使液体呈雾状洒出，并在基材表面形成薄膜的过程。离心雾化的优点在于产生的雾滴粒谱比压力雾化窄，雾滴直径 10 ~ 50μm，可满足超低量喷雾和粒径控制的要求。离心雾化的性能好坏主要与旋转部件的转速有关。旋转部件的转速高达 7 000 ~ 14 000r/min，对加工精度要求较高，需要有良好的动态平衡性能，否则旋转部件容易磨损。

3. 静电雾化涂布

静电喷雾涂布是由喷头雾化液体并加载静电荷形成雾群，借助高压电场力的作用，使带正电的雾化颗粒沉积在基材表面上的一种喷涂工艺。静电喷雾器完全靠高压静电破坏液体表面张力使液体破碎成直径 40 ~ 200μm 的雾滴。静电喷雾一般是先利用外力（如气压力、液压力或离心力）将液体机械分散成雾状，并与静电引力、斥力结合在一起的一种涂装方式，具有雾滴穿透力强、靶标命中率高、雾滴小而飘失少和覆盖均匀等优点，但是不适用于无导电性的液体，且雾化装置结构和操作复杂，成本高。

4. 超声雾化涂布

超声雾化涂布，又称超声波喷涂，是一种利用超声波雾化技术进行的喷涂工艺，有压电式和流体动力式两种形式。常用的压电式是利用陶瓷雾化片的高频谐振（振荡频率为 1.7MHz 或 2.4MHz，对人体无害），将溶液、溶胶、悬浮液等液体打散而雾化成微细颗粒（1 ~ 5μm），然后再经一定量的载流气体均匀涂覆在基材表面，从而形成涂层。通常情况下，超声雾化涂布的原料利用率是普通压力雾化涂布的

4倍以上，利用率可达到90%以上。此外，超声喷头的喷雾量可以实现极低的稳定流量（0.001ml/min），故此可在基材上实现极少的上载量，从而实现超薄且均匀度极高的涂层。总体来说，超声雾化涂布具有雾滴粒径细小、雾滴大小分布均匀、雾滴高度圆整性、相对较大的雾化量和液体输送压力低等优点。

表 3-13   不同喷雾涂布工艺特点

雾化涂布	雾滴直径（μm）	供液压力（MPa）	雾化压力（MPa）	速度（m/s）	材料利用率（%）	涂布效果	设备成本
空气雾化涂布	100～300	0.2～0.6	0.3～5.0	10	30～40	一般	低
无气雾化涂布	100～300	10～20	0	1.2	45～50	好	较高
混气雾化涂布	100～300	3～6	0.05～0.12	0.7	70～75	好	一般
离心雾化涂布	10~50	/	0	/	70～90	好	高
静电雾化涂布	40~200	0.2～0.6	0.3～5.0	/	90～100	好	高
超声雾化涂布	1～5	0	0.3～5.0	/	70～90	好	高

（二）喷雾涂布的质量控制

1. 喷雾涂布原理

喷雾涂布是一种非接触式涂布技术，涂料经过雾化后以连续喷射至基材上，并扩散形成涂层（图3-131）。在喷雾涂布中，雾滴在涂布基材表面的扩散对成膜质量起主要作用。由于雾化颗粒中超过90%的液滴直径为20～60μm，相比于薄膜涂布的表面，涂料雾化后的小液滴沉积并在基材上扩散，使涂层沿着基材的表面紧密地覆盖于粗糙的基材表面，但是厚度的均一性比薄膜涂布好（图3-132）。但是，高质量的喷雾涂层与设备参数（雾化压力）、涂布液的性质（固含量、黏度和表面张力）、基材的表面特征（润湿性和粗糙度）、雾滴的直径（喷嘴形状与剪切速率）等都存在一定的关系。

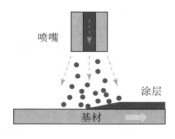

图 3-131   喷雾涂布

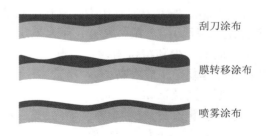

刮刀涂布

膜转移涂布

喷雾涂布

图 3-132   不同涂布方式覆盖基材原理

2. 涂布液性质

根据液滴的形成机理，要求喷雾涂布液黏度较低，Brookfield 黏度（100rpm）

为 50mPa·s 较为理想（刮刀涂布为 1 000mPa·s）。喷雾涂布技术是一种对基材进行直接的、不与机器接触的涂布或施胶的工艺。为实现较好的雾化和小液滴在基材表面的分布效果，涂布液的固含量、黏度和表面张力都必须很低（图 3-133）。当基材的表面张力远高于涂布液的表面张力时，接触角 θ（图 3-134）才能足够小，以达到涂布液均匀分布的效果。

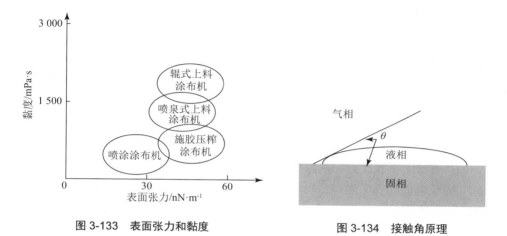

图 3-133　表面张力和黏度　　　　　图 3-134　接触角原理

3. 液滴的散布

雾滴的散布有两种机理：（1）液滴撞击基材时的撞击散布，取决于液滴的速度和黏度；（2）发生撞击后的自发扩散和流平，取决于涂料的黏度和表面张力。在雾化过程中，液体从喷嘴高速喷出后，小颗粒液滴和大气相撞，失去速度后形成小液

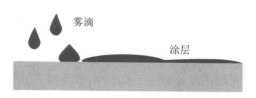

图 3-135　液滴在基材表面的分布

滴。小液滴沉积到基材表面（图 3-135），撞击基材表面并形成连续的液体薄膜。在此过程中，基材的润湿性对于获得高质量的薄膜，具有关键作用。

4. 液滴直径

液滴直径对涂料散布影响很大，小的液滴撞击速度小，散布不充分而不能形成连续致密的涂层；而大液滴之间不会交叠，液滴之间会存在无涂料的区域（图 3-136）。因此，液滴在基材上扩散后，涂层厚度通常小于涂布液液滴直径。喷雾液滴的直径一般为 10 ～ 100μm，而超过 90% 的直径集中为 20 ～ 60μm。除了喷嘴的形状和尺寸，液滴直径还受下列因素影响：（1）涂布液表面张力，张力越大，液滴越大；（2）涂布液黏度，黏度越高，液滴越大。相对于表面张力的控制，通过黏度控制液滴大小更易操作。

| 小液滴：散布不充分 | 大液滴：没有交叠 | 适宜尺寸：散布+交叠 |

图 3-136　喷雾涂布液滴大小

5. 喷嘴的剪切速率

压力雾化涂布和静电雾化涂布，均需借助喷嘴让涂料雾化。因此，喷嘴的直径、形状、压力等均可对雾化颗粒产生影响。喷嘴中的剪切速率很高，但在空气雾化时的剪切速率相对较低。喷嘴中，通常流道的交叉口为圆形，直径约 0.3mm。在圆形管道（毛细管）中的流动方程可用于近似计算。车速为 1 200m/min，涂布量为 8g/m²，喷嘴直径 6cm，体积流量 15ml/s，喷嘴中的剪切速率 γ 为：

$$\gamma = \frac{4Q}{\pi R^3} = \frac{4 \times 15ml/s}{\pi (0.3/2mm)^3} = \frac{4 \times 5 \times 10^{-6} m^3/s}{\pi (0.3/200m)^3} \cong 5 \times 10^6 1/s \qquad (3-41)$$

6. 喷雾涂布的优点和局限性

喷雾涂布可双面涂布，材料利用率高，表面涂层厚度均一，涂层对基材凹凸的追随比薄膜涂布更贴近，从而更易获得一个真实的外观表面，适用于多种产品涂布（表 3-14）。此外，喷雾涂布工艺解决了刮刀涂布和光棒计量涂布的条纹弊病，涂布液可选用颗粒较为粗糙、价格较为低廉的颜料。由于喷雾涂布是非接触式技术，适用于强度较差或较薄的基材，并可维持高的生产效率。相对于传统的刮刀涂布或膜转移涂布，涂布量范围宽为 0.1 ～ 30g/m²，喷雾涂布可应用于高速涂布中，运行费用相对较低。但是，喷雾涂布的液滴颗粒小，喷雾过程与成膜质量极易受粉尘污染，对环境控制要求高。此外，喷雾涂布的前期设备投入相对较高，且机器结构比较复杂，对操作要求高。

表 3-14　喷雾技术对多种产品稳定性的估计情况

表面遮胶	+++	MWC 预涂	+++
用化学品进行表面处理	+++	MWC 面涂	++
LWC	+++	HWC 预涂	+++
LWC 胶版纸	+++	HWC 面涂	+
LWC 轮转凹版印刷纸	0	加工纸	妨碍因素 0

注："+"越多表面越匹配。

（三）总结

随着纳米技术的应用以及功能材料涂布的不断革新，涂布行业已向高车速、宽幅、高精度方向发展，喷雾涂布技术特有的非接触式多层涂布、涂层均匀性

和宽的喷涂量调节的优势将越来越凸显，也是未来行业提高产线利润率和效率
的趋势。

参考文献

[1] 富士公司 USPNo.5, 069, 934, US Pat.5, 069, 934 Dec.3.

[2] 晨曦. 落帘涂布的原理 [J]. 国际造纸，2005, 24（3）：21.

[3] 孙来鸿. 非接触式喷雾涂布工艺 [J]. 国际造纸，2006, 25（1）.

[4] 范景阳. 用喷雾技术进行非接触涂布 [J]. 国际造纸，2004（5）：16-18.

[5] 赵德华. 一种新型的涂布技术——OptiSpray 喷雾涂布 [J]. 西南造纸，2003（5）：44-45.

[6] 冯铭杰. 德国 Albbruck 纸厂采用喷雾涂布新技术 [J]. 国际造纸，2004（1）：10-11+15.

[7] 金子技术事务所（有）金子 四郎，薄膜加工与处理对策フィルムの加工トラブル对策技術～步留向上への指針書～，2012 年 8 月 30 日　第 1 版第 1 刷　发行，科学 & 技术株式会社（薄膜加工问题及其对策～提高生产率的指导方针～，2012 年 8 月 30 日 第 1 版 第 1 次印刷 科学 & 技术株式会社出版）.

[8] 孙军，刘金刚. 落帘涂布中落帘稳定性的影响因素 [J]. 中国造纸，2009, 28（6）.

[9] 徐胜江，周志国，韩晓宏. 落帘涂布纸板机常见纸病的成因、对策及其质量优化 [J]. 中华纸业，2015, 36（16）.

[10] 徐树波. 微凹版涂布厚度的影响因素分析 [J]. 印刷技术·包装装潢，2016.

[11] 李宇吉. 微凹版涂布中的刮刀磨损及其对涂布厚度的影响 [D]. 华南理工大学，2016.

[12] 张灵敏. 刮刀涂布在生产中的应用及常见纸病分析 [J]. 中国造纸，2015.

[13] 化学. 科学 47, K. Y. Lee 等人，"狭缝涂布的最小湿厚度"，第 1703–1713 页，版权 @ 1992, 经 Elsevier 许可.

[14] A. Powell，M. D. Savage and P. H. Gaskell, Odelling the Meniscus Evacuation Problem Indirect Gravure Coating, TransI Chem E, Vol. 78, PartA, January 2000: 61-67.

第4章 洁净环境与涂布质量

第一节　空气净化和表面污染

　　涂布生产各个环节，特别是涂布站、干燥道、收放卷及分切加工，甚至卷材收储空间，都要求有一定的洁净度。空气质量是影响洁净度的首要因素，粉尘造成的表面污染及其对涂布质量的影响，存在于涂布生产各个环节。空气净化标准、净化方法、洁净度保持方法及等级，与涂布产品质量要求之间，存在对应关系。换言之，洁净环境对涂布质量有直接要求，一定等级的洁净空间，是涂布产品生产实现的必要条件。

空气洁净度和洁净等级

（一）悬浮颗粒物的空气洁净度

　　ISO 14644—1 和 JIS B 9920 规定，悬浮颗粒物的洁净室洁净等级（ACP），按照不同粒径的颗粒物浓度可分为 1 ～ 9 级，假设测定目标粒径为 D，其颗粒物浓度 C_n 的计算公式如下：

$$C_n = 10^N \times \left(\frac{0.1}{D}\right)^{2.08} \tag{4-1}$$

　　C_n：悬浮颗粒物的上限浓度（每立方米空气）。其目标颗粒物不小于粒径 D。保留 3 位有效数字，尾数四舍五入。

　　N：洁净度等级，9 以内的数字，去小数点进 1 位取整数。

D：粒径（μm）。

0.1：常数（μm）。

此时，通过将 N 去小数点进 1 位取整数获得的值是洁净度等级值。表 4-1 是不同粒径的上限浓度，图 4-1 是洁净度等级的上限浓度。

表 4-1　JIS B 9920 空气洁净度等级

洁净度等级（N）	上限浓度（个 /m³）					
	测量粒径					
	0.1μm	0.2μm	0.3μm	0.5μm	1μm	5μm
等级 1	10	2				
等级 2	100	24	10	4		
等级 3	1000	237	102	35	8	
等级 4	10 000	2 370	1 020	352	83	
等级 5	100 000	23 700	10 200	3 520	832	29
等级 6	1 000 000	237 000	102 000	35 200	8 320	293
等级 7				352 000	83 200	2 930
等级 8				3 520 000	832 000	29 300
等级 9				35 200 000	8 320 000	293 000

注：使用 3 个有效位数以内的浓度数据确定分类级别。

当目标粒度范围小于 0.1μm 或大于 5μm 时，通过 *U* 或 *M* 来表示洁净度等级。目标粒度小于 0.1μm 的超细颗粒的洁净度等级用 *U* 表示，即 *U*（*x* : *y*）。

x：超微颗粒物的最大容许浓度（个 /m³）。

y：测量的最小粒径（计数效率 50%）（μm）。

例：*U*（140 000 : 0.01μm）表示的洁净度等级是 0.01μm 以上的超细颗粒的最大允许浓度为 140 000 个 /m³。

目标粒度大于 5μm 的粗大颗粒的洁净度等级用 *M* 表示，即 *M*（*a* : *b*）: *c*。

a：粗大颗粒物的最大容许浓度（个 /m³）。

b：测量的最小粒径（当量直径）（μm）。

c：测量方法。

例：*M*（10 000 : > 5μm）：飞行时间颗粒物计数器，用飞行时间颗粒物计数器测得的洁

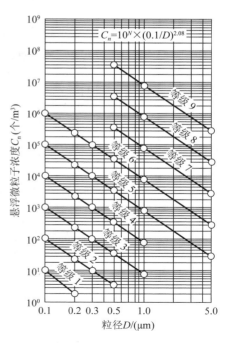

图 4-1　洁净度等级的上限浓度

净度等级超过 5μm 的粗大颗粒物浓度为 10 000 个 /m³。

（二）化学物质与空气洁净度

《JIS B 9917—8 洁净室和附属的洁净环境第 8 部分：悬浮的分子状污染物》对洁净室和相关受控环境中化学污染物（悬浮分子状污染物：AMC）的空气洁净度等级（ACC）作了规定。洁净室或相关控制环境的 AMC 等级（ACC）用 JIS-AMC 表示法，对污染物分类（如污染物类别、单个物质和物质组等）。污染物类别：酸性物质（ac）、碱性物质（ba）、生物毒素（bt）、凝缩性物质（cd）、腐蚀性物质（cr）、掺杂剂（dp）、有机物、全有机物（or）、氧化剂（ox）。

$$Cx = 10^N \tag{4-2}$$

Cx：JIS-AMC 等级 N 的上限浓度（ng/m³）。

表 4-2 和图 4-2 分别是 JIS-AMC 的等级分类以及等级和上限浓度之间的关系。表 4-2 中备注了 ISO-AMC 的等级分类，在 ISO 14644—8 标准中，浓度的基本单位采用（g/m³），所以等级分类数值为负数。在 JIS 标准中，浓度的基本单位采用（ng/m³），所以等级分类数值都是正数。

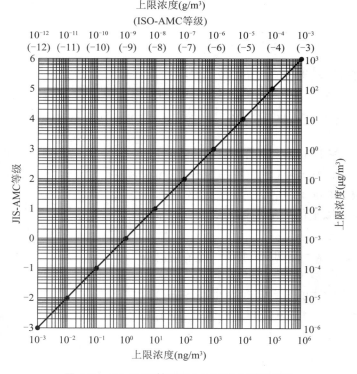

图 4-2　JIS-AMC 等级和上限浓度之间的关系

表 4-2 JIS-AMC 的等级分类

JIS-AMC 等级（N）	上限浓度			参考（ISO-AMC 等级）
	（g/m³）	（μg/m³）	（ng/m³）	
6	10^{-3}	10^3（1 000）	10^6（1 000 000）	-3
5	10^{-4}	10^2（100）	10^5（100 000）	-4
4	10^{-5}	10^1（10）	10^4（10 000）	-5
3	10^{-6}	10^0（1）	10^3（1 000）	-6
2	10^{-7}	10^{-1}（0.1）	10^2（100）	-7
1	10^{-8}	10^{-2}（0.01）	10^1（10）	-8
0	10^{-9}	10^{-3}（0.001）	10^0（1）	-9
-1	10^{-10}	10^{-4}（0.000 1）	10^{-1}（0.1）	-10
-2	10^{-11}	10^{-5}（0.000 01）	10^{-2}（0.01）	-11
-3	10^{-12}	10^{-6}（0.000 001）	10^{-3}（0.001）	-12

（三）表面洁净度

1. 粒子的表面洁净度

《JACA No.42 洁净室及控制环境中颗粒物表面洁净度的表示方法和测量方法指南》对表面颗粒物的洁净度作了规定。

目标粒径原则上为 0.05 ~ 500μm，洁净室和相关受控环境中表面黏附颗粒的表面洁净度以 SCP N 级表示。N 由目标粒径 D 处颗粒的容许上限浓度 $C_{SCP.D}$ 的对数确定，公式如下：

$$C_{SCP.D} = 10^N \times \left(\frac{0.1}{D}\right) \tag{4-3}$$

$C_{SCP.D}$：超过测量粒径的表面上允许的颗粒上限浓度（每平方米的表面颗粒数），保留 2 位有效数字。

N：SCP 的类别号定义为 1 ~ 8。中级类最多可使用小数点后一位。

D：测量粒径（μm）。

1.0：表示常数（μm）。

表 4-3 表示超过测量粒径颗粒物的特定 SCP 等级 N 与相应颗粒浓度之间的关系。图 4-3 显示了特定的 SCP 等级 N。

表 4-3　特定 SCP 等级 N 与相应颗粒浓度之间的关系

SCP 等级编号	0.05μm	0.1μm	0.2μm	0.5μm	1μm	2μm
等级 1	(200)	(100)	(50)	(20)	(10)	
等级 2	(2 000)	1 000	500	200	100	(50)
等级 3	(20 000)	10 000	5 000	2 000	1 000	(500)
等级 4	(200 000)	100 000	50 000	20 000	10 000	(5 000)
等级 5		1 000 000	500 000	200 000	100 000	50 000
等级 6		(10 000 000)	(5 000 000)	(20 000 000)	1 000 000	500 000
等级 7		(100 000 000)	(50 000 000)	(200 000 000)	10 000 000	5 000 000
等级 8		(1 000 000 000)	(500 000 000)	(2 000 000 000)	100 000 000	(50 000 000)
SCP 等级编号	5μm	10μm	20μm	50μm	100μm	500μm
等级 1						
等级 2	(20)	(10)				
等级 3	(200)	(100)	(50)	(20)	(10)	
等级 4	(2 000)	(1 000)	(500)	(200)	(100)	
等级 5	20 000	10 000	(5 000)	(2 000)	(1 000)	(200)
等级 6	200 000	100 000	50 000	20 000	10 000	(2 000)
等级 7	2 000 000	1 000 000	500 000	200 000	100 000	20 000
等级 8	(200 000 000)	100 000 000	5 000 000	2 000 000	1 000 000	200 000

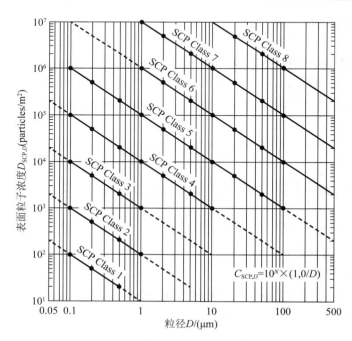

图 4-3　特定 SCP 等级的每种粒径表面浓度极限值

2. 化学污染物的表面洁净度

《JACA No.45 洁净室及相关洁净环境中分子状污染物表面洁净度的表示方法和测量方法指南》，提出了标记表面化学污染物（分子状污染物）的表面洁净度（SCC）的方法。SCC 分为酸性物质（Acids）、碱性物质（Bases）、有机物质（Organic compounds）、金属（Metals）和掺杂剂（Dopant）五大类，每组各有表面允许浓度水平。酸性物质（Acids）、碱性物质（Bases）、有机物质（Organic compounds）用 SCC 洁净度等级表示，掺杂剂（Dopant）和金属（Metals）用表面浓度表示。

酸性物质（Acids）、碱性物质（Bases）、有机物质（Organic compounds）的 SCC 洁净度由 N_{SCC} 等级指定。特定 SCC 或子组的允许上限浓度 C_{SCC}（ng/m²）的公式如下：

$$C_{SCC} = 10^{N_{SCC}} \qquad (4\text{-}4)$$

洁净度分为 1 ~ 6 个等级。而中间的等级，可以保留 1 个小数点。表面浓度不得超过容许上限浓度 C_{SCC}，如果小于容许上限浓度 C_{SCC}，则必须满足洁净度等级。表 4-4 显示了每个 SCC 组的洁净度等级。为了通过不同的测量方法和浓度显示始终表明洁净度等级，可采用 X_{SCC}，除了三组中每组的洁净度等级外，还显示了要测量的 SCC 或子组名称以及测量方法。X_{SCC} 的公式如下：

$$X_{SCC}\, a\, (b;\, c);\, d \qquad (4\text{-}5)$$

a：SCC 的组名。

（A：酸性物质 Acids、B：碱性物质 Bases、O：有机物质 Organic compounds）

b：材料名称（如 DOP、HCl）或子组名（如 TA）。

c：洁净度等级 N_{SCC}。

d：测量方法的简称。

掺杂剂（Dopant）和金属（Metals）的洁净度用表面浓度来表示。使用不同的测量方法在浓度显示中一致地表示表面浓度，采用 X_{SCC}，除两组洁净度等级外，还将显示要测量的 SCC 或子组名称以及测量方法。X_{SCC} 的公式如下：

$$X_{SCC\text{-}atomic}\, a\, (b;\, c);\, d \qquad (4\text{-}6)$$

a：SCC 的组名（D：掺杂剂 Dopant，M：金属 Metals）。

b：材料名称（如 B、Li）。

c：允许表面浓度 $\alpha E + \beta$（atoms/m²）。

d：测量方法的简称。

表 4-4　SCC 的洁净度等级

组名	材料名称或子组名	等级 N_{scc}
		$10^{N_{scc}}$ng/m²
酸性物质（Acids）	HF	1，2，3，4，5，6
	HCl	1，2，3，4，5，6
	Cl_2	1，2，3，4，5，6
	HBr	1，2，3，4，5，6
	SO_2、NO_2	1，2，3，4，5，6
	H_2S	1，2，3，4，5，6
	TA（total acids）as SO_4^{2-}	1，2，3，4，5，6
碱性物质（Bases）	NH_3	1，2，3，4，5，6
	RNH_2、R_2NH、R_3NH	1，2，3，4，5，6
	$RNH_2(OH)$	1，2，3，4，5，6
	$R_4N^+X^-$	1，2，3，4，5，6
	TB（total bases）as NH_3	1，2，3，4，5，6
有机物质（Organic compounds）	HMDS	1，2，3，4，5，6，7，8
	TMSiOH	1，2，3，4，5，6，7，8
	BHT	1，2，3，4，5，6，7，8
	Aromatics	1，2，3，4，5，6，7，8
	Siloxane	1，2，3，4，5，6，7，8
	Phthalates	1，2，3，4，5，6，7，8
	Phosphates	1，2，3，4，5，6，7，8
	Urethanes	1，2，3，4，5，6，7，8
	TOC（total organic compounds）as hexadecane	1，2，3，4，5，6，7，8

备注：表中没有阴影的数字表示表面的典型洁净度。

第二节　涂布空间污染控制

一、污染控制

污染控制原本是维持飞船及其搭载设备可靠性与精度的必备技术，可理解为一种能够去除空气、水以及表面污染物质的技术。20 世纪 80 年代，半导体行业开始生产 64kbit、256kbit 的 DRAM，需要相应的技术来解决产品成品率急剧下降的问题，污染控制技术被认为是解决问题的关键所在。

如今，污染控制作为重要的基础技术，被广泛应用于半导体液晶等电子产品、精密工业、制药工业、医院、高分子生物等高新技术领域，其中以洁净室为代表的洁净化技术占很大比例。污染控制对象大致可分为气体、液体和表面（固体）。

图 4-4 介绍了表面污染的机理。从图 4-4 中可以看出污染物质的产生过程，向空间表面附近移动和在空间中的反应过程以及在表面附近的沉降过程。

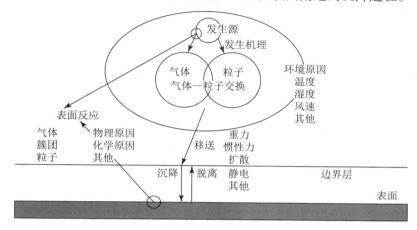

图 4-4　表面污染机理

对污染物质的控制，一方面要降低洁净室的污染物质浓度，另一方面要具有控制污染物质的发生到沉积过程的技术。在确保最适宜洁净度环境的基础上，坚持"尽量不产生""不带入目标区域""迅速去除""不堆积"污染物质四大基本原则。

在图 4-5 中，洁净区是洁净室中控制最严格的区域。大多数情况下，洁净区被洁净度等级低一点的区域包围着，可将洁净度要求最高的区域做到最小尺寸。

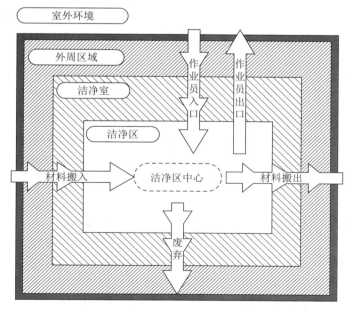

图 4-5　污染控制区域

二、污染物

（一）空气污染物质

一般情况下，空气中除了氮气、氧气、水分外，还包含了微量气体、化学物质、粉尘物质和悬浮微生物等。为确保产品合格率、品质和可靠性，精密涂布场所必须控制洁净室内空气和产品表面的污染。

1. 悬浮微粉尘

半导体工厂洁净室的目标对象是晶圆上蚀刻线宽1/2左右粒径的微粉尘。晶圆环境的目标等级是1级。半导体制造工厂为了避免设备、操作人员的污染，利用局部洁净化技术确保洁净化很重要。

2. 化学污染物质（分子污染物）

洁净室中化学污染物质的目标对象因空气、表面和纯水等对象而异。根据SEMATECH可分为Acids（酸性气体：A），Bases（碱性气体：B），Condensables（凝聚物，有机物质：C）和Dopants（掺杂剂：D）。根据ITRS Roadmap 2011的数据统计，2012年的晶圆环境目标值分别为无机酸性物质5 000ppt、有机酸2 000ppt、碱性物质20 000ppm（PGMEA，另外乳酸乙酯5 000ppt）、浓缩型有机物质26 000ppt（另外S、P、S等化合物单体100ppt）。

（1）水分

微量水分在晶圆表面生成的自然氧化膜会因特殊腐蚀性气体造成金属腐蚀等不良影响。此外，有机物污染，特别是邻苯二甲酸酯引起的硅晶圆表面污染，污染量也会因湿度不同而不同，需要在控制各类污染物的同时，控制水分。

（2）金属

如JACA No.35中规定，半导体制造不能将重金属的铁或铬作为直接工程材料使用，不锈钢（SUS）是建造高洁净环境的主要材料，也是在洁净室中大量使用的材料之一。但这些金属会微量溶于各种药液，造成晶圆表面积层缺陷。这也是进行热氧化晶圆会发生缺陷的原因，是氧化物和污染物质析出的产物。这种缺陷会增加结合部位的漏电，影响MOS存储器的更新时间，进而缩短使用寿命。

（二）污染物及其影响

1. 制造过程和受污染控制物质

从图4-6～图4-8中可以看出半导体设备、液晶面板以及磁盘的制造过程与受污染控制物质之间的关系。由于每个领域生产的产品种类繁多，受污染控制物质的详细信息也并非与图示完全相同。每个图中只列举了会在很大程度上影响过程缺陷的污染物质，并非全部。

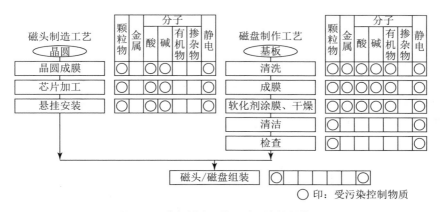

图 4-6 磁盘制造工艺和受污染控制物质

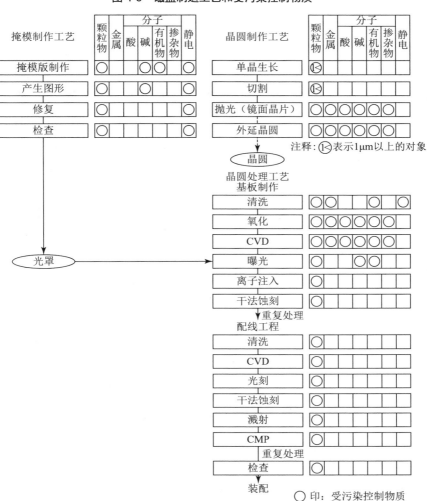

图 4-7 半导体设备制造工艺和受污染控制物质

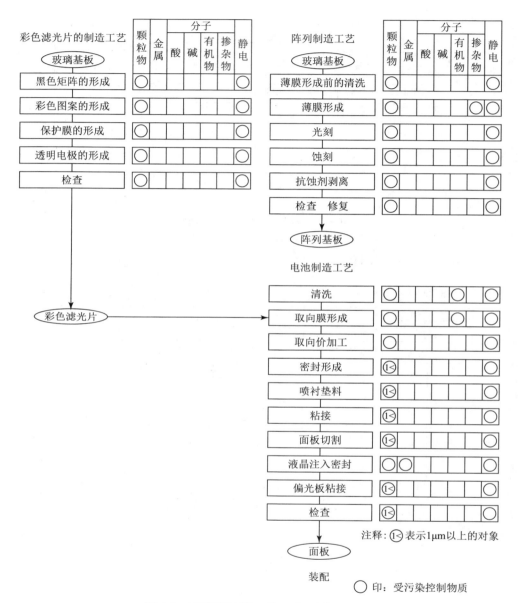

图 4-8　液晶面板制造工艺和受污染控制物质

2. 颗粒污染物对生产的影响和目标浓度

在生产过程中，颗粒物黏附到产品上影响生产的实例有很多。以 ICR 的 LSI 生产为例，图 4-9 的分类描述了由颗粒引起的缺陷。其中许多是图 4-9（a）的掩模效果，黏附的颗粒会抑制过程反应，并且在颗粒正下方的基板上形成异常表面。在图 4-9（b）中，颗粒污染了基板，而在图 4-9（c）中，附着颗粒的表面上新形成的沉积层质量较差。在图 4-9（d）中，导电粒子在平行电线间接触引起短路。在图 4-9（e）中可以看出扰乱表面形状的颗粒，这是在 LSI 之外的涂漆表面和液晶显示屏上经常看到的缺陷。

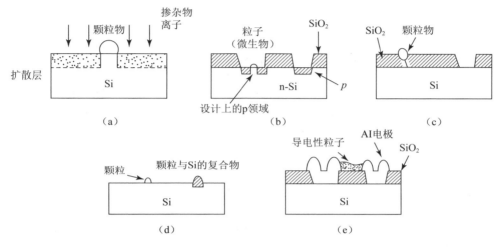

图 4-9　LSI 过程中由颗粒引起的各种不良情况

在 BCR 中，空气中的颗粒物附着在微生物上被带入产品中造成污染。洁净度应由附着在产品上的颗粒数量决定，主要工业领域与所需洁净度之间的关系如图 4-2 所示。

3. 化学污染物对生产的影响和控制浓度

（1）化学污染物的分类和影响

SEMATECH 对洁净室中化学污染物的控制目标进行了分类。每种污染物的影响如表 4-5 所示。

表 4-5　目标化学品及其对制作工艺的影响

分类	目标物质	半导体产品对制作工艺的影响	发生源
A：酸性物质	NO、NO$_2$、SO$_2$	过于干燥	外气 清洗液
	H$_2$S	氧化形成 SO$_2$	外气（火山烟）
	HCL	过于干燥	清洗液
	HF	过于干燥 腐蚀 HEPA 产生 BF$_3$	清洗液
B：碱性物质	NH$_3$ 胺类	影响化学放大抗蚀剂的分辨率	清洗液 混凝土 人

续表

分类	目标物质	半导体产品 对制作工艺的影响	发生源
O：有机物质	TVOC	总体有机污染指标	建材 胶黏剂
	硅氧烷 (D3—D6)	成膜过程中附着力差	密封材料、填缝材料
	邻苯二甲酸酯 (DEP、DBP、DOP)	SiO_2 膜耐压不良	PVC 产品等增塑剂
	磷酸酯	半导体元件的动作异常	窗帘、壁纸等建材的难燃剂
	芳烃（甲苯）	总体有机污染指标	胶黏剂等 耐溶剂
D：掺杂剂	B 化合物［BF_3、$B(OH)_3$］	半导体元件的动作异常	玻璃纤维制 HEPA 滤材
	P 化合物	半导体元件的动作异常	清洗液 建材

①酸性物质

在纯水清洁和干燥过程中，酸性物质附着在晶圆表面时会留下干燥斑点。据说在裸露的硅表面，氧化膜只会在干点区域变厚。

H_2S 溶于水时变成硫酸根离子。HF 除了会引起干斑外，还会腐蚀玻璃纤维材质的 HEPA 过滤介质，并与玻璃中的氧化硼 B_2O_3 生成 BF_3，常温下 BF_3 是气体，会黏附在晶片上发生硼污染。如果硼在高温氧化和扩散过程中进入硅中，将会导致设备故障。

②碱性物质

碱性物质会影响化学抗蚀剂的分辨率。抗蚀剂的放大剂是质子（H^+）。当 NH_3 黏附到抗蚀剂表面时，它与表面吸附的水反应生成 NH_4^+ 和 OH^-。OH^- 与 H^+ 反应生成 H_2O，放大剂的质子被吸收，无法形成正确的图形。

③有机物质

据报道，邻苯二甲酸酯有害，且 DOP（邻苯二甲酸二辛酯）会降低氧化膜的耐压性，硅氧烷可能影响黏附力使其变差。磷酸脂是磷污染的来源。TVOC（total volatile organic carbon）和芳香烃被视为洁净室中有机污染物的浓度水平的标志性物质。

④掺杂剂

利用离子注入装置将硼（B）和磷（P）以一定量引入硅基板制作设备。即使引入超过指定量很小的量，也会发生设备故障。

（2）化学污染物的目标浓度

① B（硼）和酸性气体

B 的管理浓度尚不明确。如果 B 的附着率为 1/400 至 1/500，并且在晶圆上的允许值与重金属一样为 10^{10}atoms/cm^2，那么空气中的管理目标值约为 10ng/m^3。关于 B 的产生浓度与 HF 浓度之间的关系，在 1μg/m^3 的 HF 浓度下，B 产生的浓度大约只有其 1/10，也就是 0.1μg/m^3。因此，HF 的管理目标值可以认为是 100ng/m^3。

② NH$_3$

当 NH$_3$ 浓度低于 1μg/m^3 时，影响极小，但当浓度超过 1μg/m^3 时，则有很大影响。因此，NH$_3$ 的管理目标浓度应低于 1μg/m^3。此外，当 NH$_3$ 浓度低于 1μg/m^3 时，会抑制硫酸铵的产生。

③有机物质

图 4-10 表示有机物的附着率。纵轴是表面附着密度，以 ng/cm^2 为单位。DOP 附着率为 1/120 至 1/160，TCEP 为 1/100 至 1/200，环状硅氧烷三聚体（D3）的附着率为 1/30 000 至 1/60 000，以此类推。从图 4-10 可以看出，要将放置 1 小时的 DOP 密度降低至 0.2ng/cm^2 以下，必须将空气中的 DOP 浓度降低至 0.1μg/m^3 以下。

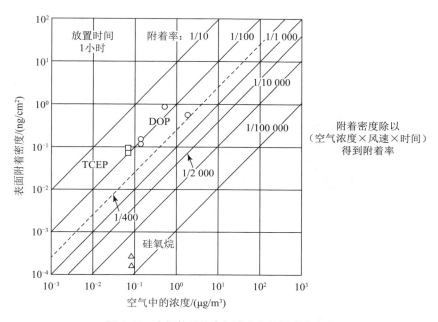

图 4-10　有机物质的空气浓度和晶圆附着密度

（三）静电

静电在各类工业领域以多种形式引起问题。尤其是在半导体和 FPD 的电子工业领域，在制造过程中产生的静电，是导致产品质量和产量降低的主要原因。洁净室中由静电引起的典型问题及相应的处理措施和方法如下。

1. 洁净室的静电问题

洁净室内具有代表性的静电问题如下：

（1）静电力学现象引起的干扰

静电引起的颗粒附着，表面污染（ESA：electrostatic attraction）。带电设备或颗粒的静电力（主要是库仑力）导致颗粒黏附到设备上并污染其表面（图4-11）。

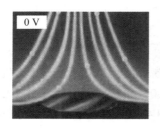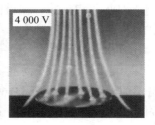

图4-11　静电力引起的表面污染

（2）静电放电导致的问题

静电放电造成的集成电路故障（ESD：electrostatic discharge）。由于从带电设备或人体/设备放电而产生的大电流会通过电路元件，电路会因受热出现故障（图4-12）。

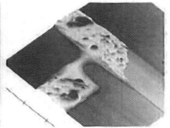

图4-12　因放电引起的元件（光罩）故障

出处：A Study of the Mechanisms for ESD Damage to Reticles，ISI（2001）

放电时电磁波引起的设备故障和数据破坏（ESI：electrostatic interference）。放电产生的电磁波导致生产设备中的控制LSI和存储器LSI发生故障。

2. 洁净室防静电对策

洁净室的防静电措施大致可分为两种：（1）电导率导致的静电电荷泄漏；（2）空气离子化进行静电中和处理。具体介绍如下。

（1）电导率导致的静电电荷泄漏

①静电接地

该方法是使用电线等将带电导体连接到地面，使带电体上的静电荷向大地泄漏走散。目标不仅包括设备（产品），还包括操作员、地板、工作台等生产设施。

突然的静电电荷转移，可能会由于上述放电现象而导致故障，通常在接地导线路径上设置限流电阻。

②空气加湿

这主要用于使非导体导电。加湿会增加非导体表面电导率，并且将静电泄漏到大气中。从表4-6中可以看出，空气相对湿度增加，充电电位随之减少。

表4-6　相对湿度的充电电位的变化

静电发生源	充电电位（V）	
	相对湿度（RH%）	
	10%～20%	65%～90%
地毯上步行	3 500	1 500
塑料地板上步行	12 000	250
工作台上的操作员	6 000	100
作业指导书用塑料信封	7 000	600
工作台的普通塑料袋	20 000	1 200
聚氨酯泡沫工作椅	18 000	1 500

（2）空气离子化进行静电中和处理

这是通过电离器产生的空气离子来中和（除静电）带电物体静电的方法。该方法对因接地引起的设备金属污染以及水分引起的表面污染等问题，而难以进行接地或采取加湿措施时有效。

第三节　空气净化和表面污染处理原理

一、空气过滤器的粉尘捕集原理

过滤纤维上的集尘机理有拦截、惯性碰撞、扩散效应、重力沉降和静电吸附，如图 4-13 所示。如图 4-13（a）所示，拦截是指含尘气流沿着气体流线向纤维等捕集物运动时，若尘粒与纤维表面间的距离小于尘粒半径，那么这些尘粒将会被直接捕获下来的现象。如图 4-13（b）所示，惯性碰撞是指含尘气体在运动过程中遇到障碍体（纤维等）时发生绕流，但粒径较大的粒子因其惯性继续保持原来的运动方向，进而与障碍体碰撞并被捕集的现象。如图 4-13（c）所示，扩散效应是指由于布朗运动引起的粒子无规则运动，因此即使粒子在流线上，布朗运动也会导致粒子轨迹偏离流线并沉积在纤维表面的现象。

重力沉降是指较大的尘粒在重力作用下发生脱离流线的位移现象。重力作用可以收集因拦截、惯性碰撞未沉积在纤维表面上的尘粒。

静电力是当粒子和过滤纤维表面带负电荷时加速收集粉尘的力。驻极体过滤器正是应用了静电力，它由带电的纤维组成，并通过其产生的静电力去除粉尘。悬浮粒子中的不带电粒子变成偶极子并在感应力作用下沉积。如果是带电粒子，除感应力外，它们还通过库仑力沉积在过滤纤维上。

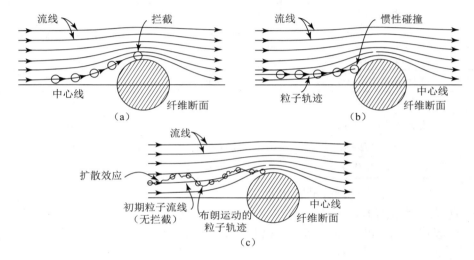

图 4-13　单一纤维的粒子捕集机理

过滤器的总收集效率从理论上考虑了每一根纤维的机理。图 4-14 是两种表面速度的大小与粒径和总收集效率的关系。可以看出，约 0.2μm 粒径的粉尘收集效率低，大于或小于 0.2μm 粒径的粉尘收集效率高。另外，表面速度慢更容易收集粉尘。在小粒径粉尘的情况下，惯性碰撞和拦截几乎不起作用，但对于 0.5μm 或更大的粉尘，其收集效果非常明显。对于 0.2μm 以下的粉尘，扩散效应的粉尘收集效果显著，但对于 0.2μm 以上的粒子，其效果微乎其微。

所有过滤器都有收集效率最低的粒径。通常粉尘粒径为 0.05 ～ 0.5μm。高效过滤器，通过对收集效率最低的粉尘进行过滤性能测试评估其性能。

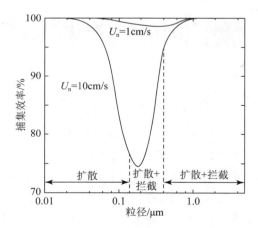

图 4-14　单一纤维的粒子与捕集效率的关系
（厚 1mm，充电率 0.05，纤维直径 2μm）

二、粉尘的表面污染和沉降原理

（一）粉尘的表面污染测定

表面沉降粉尘的计数测量方法有目视检测显微镜测试、荧光显微镜测试和表面黏附尘埃粒子计数器（SPC）、晶圆表面异物缺陷检测设备、溶液分散—液体颗粒计数器（LPC）以及扫描电子显微镜（SEM）等。

用于表面颗粒成分分析的方法还有扫描电子显微镜/能量色散 X 射线分析法（SEM/EDX）、电子显微分析法（EPMA）、俄歇电子能谱分析法（AES）、飞行时间二次离子质谱分析法（TOF-SIMS）、X 射线光电子能谱分析法（XPS）、傅里叶变换红外显微光谱法（FT-IR）、激光显微拉曼光谱法（μ-LR）、微波感应等离子体原子发射光谱法（MIP-AES）、全反射 X 射线荧光分析法（TXRF）等。

（二）粉尘的沉降机理

有关悬浮颗粒沉降的研究，包括静态液体中颗粒沉降以及层流场中颗粒沉降等理论研究。晶圆上颗粒沉降有实验研究和理论研究。有的沉降模式主要考虑的是颗粒的布朗扩散和重力沉降等因素。还有人考虑了湍流扩散对颗粒的影响，并且通过将表面附近分成几层建模。

图 4-15 是不同风速下上述模式的不带电荷粒子在晶圆上的沉降现象。粒径为 0.1 ~ 1.0μm 的粒子沉降速度最慢。若粒径小于 0.1μm，则因湍流扩散和布朗扩散导致沉降速度增加；若粒径大于 1.0μm，则因重力沉降导致沉降速度增加。此外，还证实了粒子带电时沉降速度进一步增加，且由静电控制起主导作用。

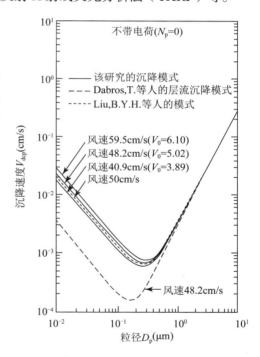

图 4-15　晶圆上不带电荷粒子的沉降

三、化学污染物质的表面污染和吸附机理

（一）化学污染物质的表面污染测定

如表 4-7 所示，晶圆表面上吸附的化学污染物分析手段多样。通过这些方法并结合目标表面、分析对象等来选择合适的分析仪器。

表 4-7　污染物质表面测量的分析方法

分类	目标气体	测量方法	相关标准
A. 酸性物质	HF	溶液洗脱——分光光度法 溶液洗脱——离子选择电极法 溶液洗脱——离子色谱法	JIS K 0105—1998 JIS K 0105—1998 JACA No.35—2000
	HCl	溶液洗脱——离子色谱法 溶液洗脱——离子选择电极法	JACA No.35—2000 JIS K 0105—1998
	SO_x	溶液洗脱——离子色谱法	JACA No.35—2000
	NO_x	溶液洗脱——离子色谱法 溶液洗脱——分光光度法	JACA No.35—2000 JIS K 0105—1998
	H_2S	气相色谱法（火焰光度检测法）	JIS K 0108—1983
	所有成分	溶液洗脱——电泳法	
B. 碱性物质	NH_3	溶液洗脱——离子色谱法 溶液洗脱——离子选择电极法	JACA No.35—2000 JIS K 0105—1998
	胺类	溶液洗脱——离子色谱法 溶液洗脱——电泳法	JACA No.35—2000
C. 有机物质	所有成分	气相色谱法（氢火焰电离化检测法） 气相色谱法（质谱法）	JACA No.35—2000
D. 掺杂剂	B	溶液洗脱——ICP 质谱法	JACA No.35—2000
	磷酸酯	气相色谱法（质谱法）	JACA No.35—2000

（二）有机物质的吸附机理

空间、浓度和暴露时间是影响表面污染的重要因素。通过检查表面上的吸附过程，可以预测吸附在表面上的分子数量。图 4-16 是 DOP（dioctyl phthalate）表面浓度的计算示例。最初，表面浓度随时间迅速增加，接近饱和浓度后缓慢增加。另外，可以通过空间浓度的差异来确认表面浓度的差异，并且具有吸附量的实验值与每种条件也一致，可以估计吸附量随时间发生的变化。

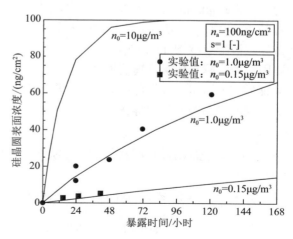

图 4-16　硅晶圆表面 DOP 浓度随时间的变化

（三）监测方法的应用

空气中化学污染物的测量和基材表面的测量，需要收集污染物并运用分析设备，花费大量时间才能得出结果。另外，洁净室整体上以代表微型环境的小空间为目标，这与简单地将基板表面暴露于洁净室的含义不同。因此，监测方法将是重要的表面污染评价方法。

第四节　洁净室

一、洁净室及其分类

（一）洁净室的历史，半导体到数字家电

洁净室及其相关联的洁净化技术来源于美国。据说，美国在 20 世纪 40 年代由于生产电气·精密设备需要洁净环境，将空气洁净的格陵兰岛和大西洋上的船舶作为工厂使用。当时，美国原子能委员会开发了用于捕集放射性粉尘的空气过滤器，即 HEPA（high efficiency particulate air）过滤器的原型。据说，美国早在第二次世界大战时就将搭载的预制洁净室用作军事。因为他们发现战场上的通信器材·电子设备的故障是由于粉尘引起的。特别是雷达，因粉尘出现故障的比例更是高达 70% 以上。在粉尘受控的洁净房间组装设备，其故障发生率降低了几个百分点。此外，外伤在简易无菌室治疗后的化脓现象也有所减少。

之后，随着美国国家航空航天局（NASA）阿波罗计划的实施和半导体高密化技术的发展，洁净室也得到了飞速发展。所以，洁净室在早期就参与了战争、核电开发和宇宙发展，美国作为超级大国发挥了重要作用。日本的洁净室技术也采用了美国联邦标准。该标准至今仍被广泛使用。20 世纪 80 年代，随着日本国内半导体行业的发展，日本的洁净室技术突飞猛进。半导体行业进行了各种技术创新，阐明了粉尘污染的机理并提高了生产效率。公元 2000 年前后，日本的半导体行业开始进入衰退期，而诸如液晶显示器、数字家用电器、功能材料等领域相继获得了世界上的最大份额，这与洁净化技术息息相关，且在各行业中都得到了最优化。在全世界，半导体的最前沿采用的是纳米级超精细加工技术。先进的空气净化技术在这种精细处理技术中发挥着重要作用，不仅可以管控尺寸接近测量极限的悬浮微粒子，还能在一定程度上处理分子状污染物。

（二）洁净室的作用

洁净室是由不同污染控制要求的多个房间构成的。为防止周围低洁净度区域对洁净室的污染，或将洁净室静压设置为比周围区域稍高，或根据高洁净度区域与低洁净度区域间气流管路的风速管理来加以控制。此外，还有不通气的物理隔断措施。

洁净室是将空气中悬浮微粒、悬浮微生物降低到相应洁净度等级以下并进行污染控制的室内空间。以悬浮微粒为主要对象的称为工业洁净室（ICR），以悬浮微生物为主要对象的称为生物洁净室（BCR）。近年来，还增加了气体化学物质的污染控制。图4-17为一般悬浮微粒的空气洁净度等级。

产业分类			洁净度等级（ISO）							
			1	2	3	4	5	6	7	8
ICR	半导体	晶圆制造				■	■	■	■	
		前工序		■	■	■	■	■		
		后工序						■	■	■
		液晶				■	■	■		
		磁盘					■	■	■	
		精密机械					■	■	■	
		光掩膜				■	■	■	■	
		印刷基板					■	■	■	
BCR	医药品	注射液充填					■	■		
		制剂包装线						■		
	医院	无菌病房					■	■		
		无菌手术室					■	■		
	食品	牛奶					■	■		
		小菜，便当，面包							■	■
	动物实验	无菌动物					■	■		
		SPF动物						■	■	

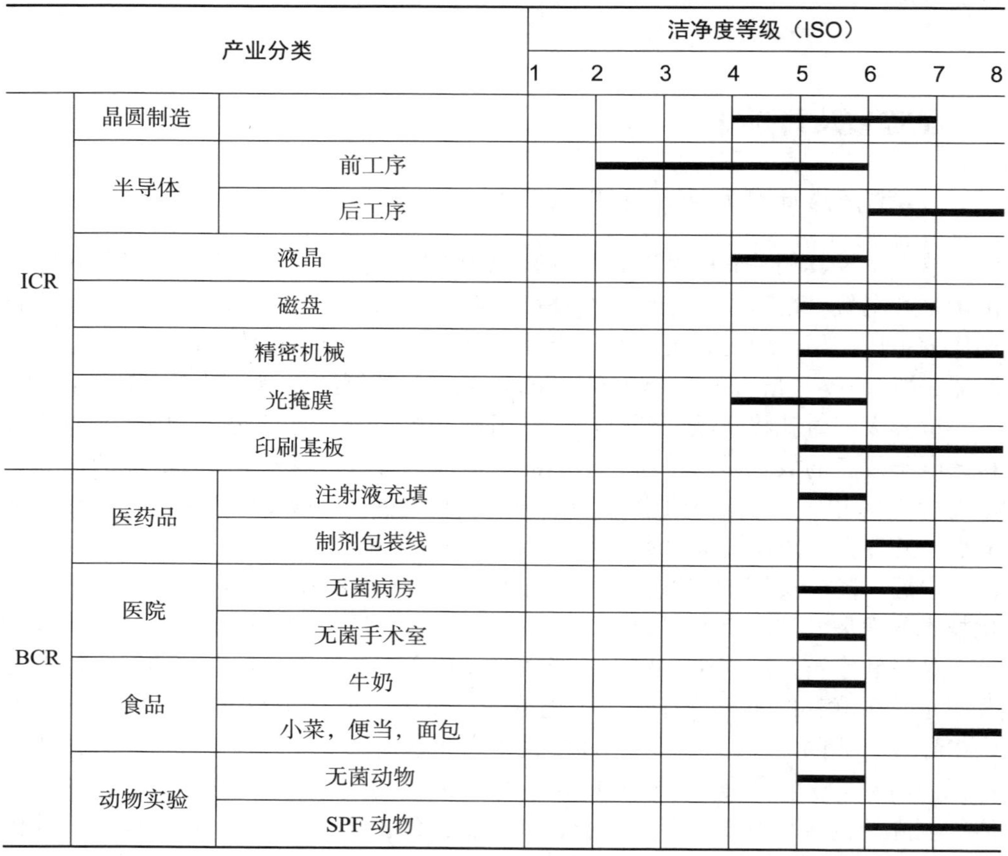

图4-17　一般悬浮微粒的空气洁净度等级

一般的洁净室将室内设定为正压，抑制外部污染侵入，或为防止有害物质流出室外而将室内设定为负压。一般情况下，洁净室应管理好温度、湿度、差压等环境条件，有时还要考虑静电、振动等因素。还要保证使用材料等的洁净度要求。

一般情况下，洁净室的悬浮微粒和悬浮微生物会通过 HEPA（high efficiency particulate air）过滤器或 ULPA（ultra low penetration air）过滤器来控制。针对化学污染物质（也被称为分子状污染物质）的控制，应增加化学空气过滤器等化学物质除去设备。

洁净室环境性能规划时，会根据洁净室的状态将其定义为以下三种。洁净室竣工后是根据该定义进行验收。

1. 施工完成时，所有的洁净设备机器具备可运行条件，室内没有生产设备、材料和操作员的洁净室。

2. 生产设备安装时，所有的洁净设备机器处于运行状态，生产设备已搬入具备运行条件，室内没有操作员的洁净室。

3. 正常运转时，所有的洁净设备机器、生产设备、操作员都处于正常的制造状态。

（三）常见洁净室的形式与分类

1. 洁净室的形式

气流形式分为单向流方式（unidirectional airflow）、非单向流方式（non-unidirectional airflow）和混合流方式（mixed airflow）三种（图 4-18）。气流方式的选定要综合考虑洁净度、运行管理、设备费用等方面，采用组合方式的情况较多。

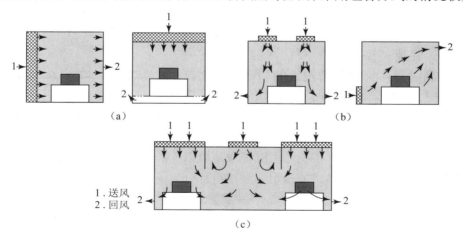

（a）单向气流形成；（b）非单向气流形成；（c）混合流形成

图 4-18　洁净室气流组织形式

（1）单向流方式（unidirectional airflow）

单向流分为垂直流和水平流。不论哪一种单向流都要把气流维持在一定的直线状态，便于通过终端过滤器的出风口与相应的回风口。设计的关键点是最大限度地减少洁净区中心位置的空气涡流。

垂直于洁净气流作业面上所有位置的洁净等级均相同。因此，若该过程是平面统一或分布式情况宜采用垂直单向流，若该过程是立体统一则采用水平单向流。

（2）非单向流方式（non-unidirectional airflow）

在非单向流洁净室中，从送风面各位置的过滤出风口送风，并从远离出风口的位置回风。过滤出风口可以等间隔分布在洁净室或洁净区，也可以集中布置在洁净区中心位置上。过滤出风口的位置对洁净室的性能很重要。终端过滤器的位置可以设置远一点，但要特别注意过滤器与洁净室之间是否受污染。

非单向流系统的回风口位置并不像单向流那么重要，可以和出风口一样分散布置，最主要的是将洁净室的死角范围降到最小。近年来，出现了风机过滤机组（FFU）等无须设置在吊顶的单独设置方式。

（3）混合流方式（mixed airflow）

混合流方式的洁净室，是指综合运用单向流和非单向流的洁净室。

（4）微环境（minienvironment）

伴随着设备的小型化、高集成化，再加上成品率的改善，需要不断降低成本。为了控制设备投资扩大化，最大限度地降低人或机器造成的环境污染，正在推进以美国为中心的局部洁净化研究开发。将设备周边或产品搬运通道用隔墙分开，在通过提供洁净空气，使人员及室内空间得到隔离而抑制污染侵入的局部洁净化技术发展中，逐步开发并应用了微环境和微观环境（microenvironment）等方式。

在 IRST 的推荐标准 RP-CC021.1《洁净室设计的研究项目》中，局部控制环境除了微环境以外还有对微观环境、洁净岛的规定。在建造部分高洁净度空间的方式中，隔断系统、穿墙方式、SMIF 系统、FOUR 系统等是形成局部洁净空间的代表性方式，在工程间设置隔墙，进行气流控制能够达到局部空间的洁净化。

图 4-19 为微环境方式案例与传统方式洁净室的比较。在洁净区的顶部设有风机过滤机组，通过设备供应洁净空气。微环境方式无须提高洁净室整体的洁净度，只需要保证工艺设备内、晶圆

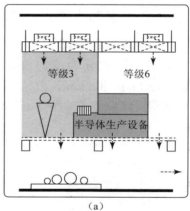

（a）

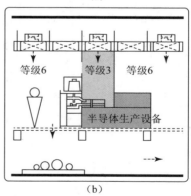

（b）

（a）传统洁净室；（b）微环境洁净室

图 4-19　微环境方式案例与传统方式洁净室的比较

附近等较小区域的高洁净度，因而可以从整体上降低运行成本。

通过局部区域高洁净化，减少搬运区域和维护区域的循环空气量，降低洁净度，从而降低成本。但循环空气的量不仅取决于洁净度，还取决于室内热负荷的去除情况。内部发热量的增加是重要的因素，优先控制温湿度性能的话，要改善室内热负荷就需要增加循环空气量。降低循环空气的传输动力是局部化的优点之一，因此，将设备产生的热量有效排出系统外的技术很重要。

2. 洁净室类型

（1）工业洁净室

工业洁净室（ICR）常用于半导体·液晶电子工业、精密工业等尖端产业。其目标污染物质是空气中的微粉尘，自 20 世纪 90 年代起，气体状化学物质成为污染物质控制目标。

空气洁净度因洁净室的使用目的而不同，半导体制造的前工序要求非常高的洁净度环境。表 4-8 是微电子工业的洁净室案例。

表 4-8　微电子工业的洁净室案例

洁净度等级[1]（JIS 等级）正常运行时	气流形式[2]	平均气流速度[3] /（m/s）	换气次数[4] /（h）	适用案例
2	U	0.3 ～ 0.5	适用外	光刻工艺，半导体加工区[5]
3	U	0.3 ～ 0.5	适用外	作业区，半导体加工区
4	U	0.3 ～ 0.5	适用外	作业区，多层掩模加工，光盘制造，半导体服务区，公用区
5	U	0.2 ～ 0.5	适用外	
6	N 或 M[6]	适用外	70 ～ 160	公用区，多层加工，半导体服务区
7	N 或 M	适用外	30 ～ 70	服务区，表面加工
8	N 或 M	适用外	10 ～ 20	服务区

注：1. 设定最优设计条件前，对JIS洁净度等级的操作状态进行定义并期望达成共识。
　　2. 列举气流形式的情况下，使其满足各洁净度等级。
　　　U=单向流，N=非单向流，M=混合流（U+N）。
　　3. 平均气流速度通常适用于单向流洁净室。单向流的必要速度取决于生产设备的配置状况和发热体的局部条件。其平均气流速度并不一定用过滤器面风速来表示。
　　4. 采用非单向流和混合流时，可采用换气次数。
　　5. 期望检讨隔离技术。
　　6. 按照污染源和保护区域根据物流性质或气流形式做好适当隔离。

（2）生物洁净室

生物洁净室（BCR）常用于药品工厂、食品工厂、医院和酿造等行业。其污染物质控制对象是空气中的微生物，包括细菌、真菌和病毒。微生物在空气中通常以气溶胶状态存在或附着在悬浮微粉尘上，细菌、真菌大小粒径为 0.5μm 以上相对较大，病毒大小粒径为 0.3μm 以下相对较小。这些都可以通过 HEPA 过滤器或 ULPA 过滤器捕集去除。

而且，因为生物研究需要用到无菌动物和没有感染病原体的实验用动物（SPF: specific pathogen free），其养殖室、手术室和生物工学研究室（主要是遗传基因重组等）要满足高洁净度并达到或接近无菌状态。表 4-9 为保健品用无菌工艺的洁净室案例。

表 4-9　保健品用无菌工艺的洁净室案例

洁净度等级 （JIS 等级） 正常运行时 [1]	气流形式 [2]	平均气流速度 [3] （m/s）	适用案例
5 （以粒径 0.5μm 以上为对象）	U	> 0.2	无菌工艺 [4]
7 （以粒径 0.5μm 以上为对象）	N 或 M	适用外	直接辅助无菌工艺的其他工艺区
8 （以粒径 0.5μm 以上为对象）	N 或 M	适用外	无菌工艺辅助区（含控制准备区）

　　注：根据用途有特殊洁净度要求的，请参照其他相关标准。

　　1. 设定最优设计条件前，对 JIS 等级相关的占有状态（施工完成时，生产设备安装时以及/或者正常运行时）定义，期望达成共识。

　　2. 列举气流形式的情况下，使其符合相应等级洁净室的气流特性。

　　U=单向流，　N=非单向流，　M=混合流（U+N）。

　　3. 平均气流速度通常适用于单向流洁净室。单向流的所需速度取决于特定的应用条件，如温度、受控空间和应保护项目的组成等。以置换气流为目的的气流速度应不小于 0.2m/s。

　　4. 在处理危险物质时应考虑操作人员的安全，采用隔离的概念（参照附属书 A）或使用适当的安全柜或其他安全设备。

二、洁净室的基本要求

（一）洁净度

　　洁净室的洁净度，以前是基于空气中悬浮微粉尘的规定定义的，近年来，污染物质的目标对象包括粉尘、化学物质和微生物等。而且，除空气以外的表面污染也变成了问题，ISO/TC 209 委员会为了统一洁净度的概念，对洁净室用语规定如下。

　　ACP- 按颗粒浓度表征的空气清洁度（Air cleanliness by particle concentration）；

　　SCP- 按粒子浓度表征的表面清洁度（Surface cleanliness by particle concentration）；

　　ACC- 按化学浓度表征的空气清洁度（Air cleanliness by chemical concentration）；

SCC- 按化学浓度表征的表面清洁度（Surface cleanliness by chemical concentration）；

ACV- 按可变浓度表征的空气清洁度（Air cleanliness by viable concentration）；

SCV- 按可变浓度表征的表面清洁度（Surface cleanliness by viable concentration）。

JIS 和 JACA 标准，将化学物质的空气洁净度（ACC）作为悬浮分子状物质（AMC）的洁净度。

（二）建设内容

洁净室相关的建筑项目包括：

（1）外构；（2）建筑（主体，内装）；（3）空调·卫生；（4）电气·仪表·集中监控；（5）给排水；（6）公用设施；（7）生产设备安装。

洁净室施工单位虽然不直接做（1）和（2），但大多数情况下需要处理建筑内装和开放式地板的洁净室区域。（7）生产设备安装是指设备搬入后与公用设施对接的相关工事，这部分工事既可以由业主负责，也可以由洁净室施工单位或设备厂家负责。

洁净室由图 4-20 所示内环的各设备组成。构筑这些设备一定要考虑是否满足外环的性能要求。所需的性能取决于用户的需求，设计施工者需依靠丰富的经验和研究探讨的结果，结合正确的建议与需求提出具体的方案。

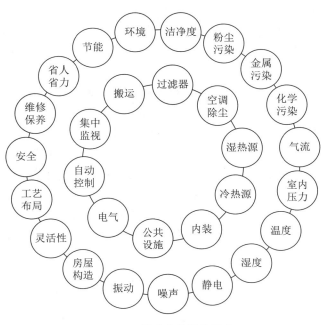

图 4-20　洁净室的性能要求

狭义上的洁净室是指将目标房间控制在规定的温湿度和洁净度范围内。广义上的洁净室是通过研究化学污染、静电、振动、噪声等因素来规划设计，并满足生产所需的冷却水、干燥空气、真空和气体等公用设施及安全措施等要求。

近年来，考虑到生产过程中产生的废气、废水和各种废弃物对全球环境的影响，在能源方面对洁净室设计提出了新要求。例如，经修订的《中华人民共和国节能法》规定，必须了解大型工厂和建筑物中的能源使用量，定期报告特定业务，并且每年将能源使用效率提高 1% 或更多。为维持洁净度，洁净室引入了大量的新风和循环风，加上连续运行，其单位面积的能耗比普通办公室多 20 倍左右。因此，需要从包括耗能大的热源系统以及送风·供水系统在内的各个方面促进节能，并且通过能量可视化进一步减少浪费。

（三）国际标准

国际标准化组织（ISO：International Standards Organization）是用于创建国际标准（IS：International Standard）的组织，该标准是工业领域的国际标准。该组织正在促进与洁净室有关领域的国际技术交流和标准化。在与洁净室相关的 ISO 国际标准中，正在考虑组织技术委员会（TC209）。该技术委员会（TC209）于 1993 年在日内瓦和苏黎世举行的国际污染控制协会联合会（ICCCS：International Confederation of Contamination Control Societies）的标准与实践协调委员会（SPCC：Standard and Practice Coordination Committee）上讨论并成立。TC 209 的责任国是美国国家标准协会（ANSI：American National Standards Institute），技术秘书处是美国环境与科学技术协会（IEST：Institute of Environmental Sciences and Technology）。

对于洁净室及其受控环境（cleanrooms and associated controlled environments），TC209 从洁净室空气中悬浮颗粒物的洁净度等级和生物洁净室的洁净度评估出发，研究洁净室中的环境评估方法，与洁净室设计和启动有关的事项以及其他有关表面污染的洁净度等课题，并已逐步建立了标准。截至 2013 年 5 月，已处理了 13 个标准，22 个国家（包括 P 成员和其他 O 成员）参与了标准的制定。

TC209 涵盖的洁净室技术始于半导体·电子行业、制药·食品行业、航天工业、汽车工业、核电工业，医院和科学研究等广泛领域尚未明确定义，这些领域也需要洁净的空间。通过国际标准化将每个国家的评价标准统一，有利于全球技术的转让。

如表 4-10 所示，关于洁净室相关的国际标准，目前已组织并成立了 12 个工作小组（WG）。ISO14644 是一般洁净室的标准，已制定起草了 Part1 到 Part10。此外，WG2 负责的 ISO 14698 已建立了专门针对生物洁净室的标准，如 Part1 和 Part2。需要注意的是，WG 编号是按照它们的组织顺序排列的，但不一定与 ISO

的 Prat 编号一致。此外，所有标准的标题均以洁净室和相关的受控环境开头，后跟每个标准的名称。

表 4-10　洁净室相关的 ISO 标准及对应 JIS 标准

WG	ISO No.	ISO 名称	对应 JIS
1	14644—1:1999 14644—2:2000	Part1：Classification of air cleanliness Part2：Specification for testing and monitoring to prove continued with ISO 14644—1	JIS B 9920 洁净室洁净度的评估方法
2	14698—1:2003 14698—2:2003	Biocontamination Control Part1：General principles and methods Part2：Evaluation and interpretation of biocontamination data	JIS B 9918—1 洁净室及相关控制环境——微生物污染控制第1部分：一般原理和基本方法 JIS B 9918—2 洁净室及相关控制环境——微生物污染控制第2部分：微生物污染数据的评估
3	14644—3:2005	Part3：Test method	JIS B 9917—3 洁净室及其附属洁净环境第3部分：试验方法
4	14644—4:2001	Part4：Design，Construction and start-up	JIS B 9919 洁净室的设计、施工及运行
5	14644—5:2004	Part5：Operations	JIS B 9917—5 洁净室运行过程中的管理和清洁
6	14644—6:2007	Part6：Vocabulary	—
7	14644—7:2004	Part7：Separative devices（clean air hoods，gloveboxes，isolators and mini-environments）	JIS B 9917—7 洁净室及相关控制环境第7部分：隔离装置
8	14644—8:2006 14644—10	Part8：Classification of air cleanliness by chemical concentration Part10：Classification of surface cleanliness by chemical concentration（DIS）	JIS B 9917—8 洁净室及相关控制环境第8部分：悬浮分子状污染物的空气洁净度
9	14644—9	Part9：Classification of surface cleanliness by particle concentration（FDIS）	—
10	14644—12	Classification of air cleanliness by nanoscale particle concentration（NP）	—

　　注：对于每一部分，下面的网站上都有详细说明。
　　http://www.iso.org/ise/stage-codes.pdf

　　此外，已将发布的 ISO 逐渐转变为 JIS，并且在发布 ISOPart1 之后对常规的 JIS B 9920 进行了修订。对于每个 JIS 标准，"可能在允许范围内存在技术差异（例如，日本特有的偏差），但要清楚地加以说明（MOD，修正）"，尽管作了一些修改，但内容基本上相同。至于分配给 JIS 的编号，使用了与生物相关的 9918 除外的 9919 和 9920，而对于 9917，则使用连字符以匹配 ISO 的编号。

WG1 与空气中颗粒物的空气洁净度有关，TC209 于 1999 年首先制定了《ISO 14644 洁净室和相关环境——Part1：1999，空气洁净度分类》，次年又制定了 Part2。这些是体现洁净室洁净度——"洁净度等级"的相关内容，是评价洁净室性能的基础。该评价方法结合了 1989 年修订的 JIS B 9920 的许多方法。而且以 Part1 为基础，对《JIS B 9920 洁净室空气洁净度评价方法》也做了修订。

WG2 是制定洁净室中的微生物污染标准的专家组，于 2003 年制定了 ISO 14698 的 Part1 和 Part2，从微生物的一般问题到测量、数据评估方法。日本将这两部分分为 JIS B 9918—1 和 JIS B 9918—2。

WG3 作为 Part3，制定于 2005 年，其中规定了维持洁净室性能测试和洁净室洁净环境的各种测试方法。2009 年，制定了《JIS B 9917—3 洁净室及其附属洁净环境第 3 部分：测试方法》。此外，该协会于 2005 年发布了《JACA No.40 洁净室性能测试方法指南》，并以测试项目为中心创建了性能评估指南，建议您参照这些指南。

WG4 的 Part4 提供了与洁净室设计·施工和运行有关的质量保证、质量管理的一般事项和流程，于 2001 年制定。此外，它以 MOD 的形式制定了《JIS B 9919 洁净室的设计、施工及运行》。

WG5 于 2004 年制定了 Part5：运行。该部分对洁净室运行期间的管理和清洁作了明确要求。其内容涵盖运行系统、无尘服、人员、设备、零件和便携式设备以及清洁等方面。此外，2005 年发布了《JACA No.41 洁净室操作管理和清理指南》，ISO 还提供了有关技术项目的信息。基于这些发现和 ISO 标准，增加了 JACA No.41 的内容，并最终制定了《JIS B 9917—5 洁净室运行管理和清洁》。

WG6 汇总了 TC209 的全部术语，并制定了 Part6：词汇。但尚未与 JIS 标准的《JIS Z 8122 污染控制术语》达成统一。

WG7 规定了小环境等隔离设备的设计、构造、安装、调试和批准的最低要求。并于 2004 年制定了 Part7：分离装置（清洁的排气罩、手套箱、隔离器和小型环境）。

WG8 是关于化学污染物（分子状污染物）的标准，对空气中的化学污染物质洁净度等级做了规定，并于 2006 年制定了 Part8。在此之前，该协会于 1999 年制定并于 2003 年出版了《JACA No.35（修订版为 No.35A）洁净室和相关受控环境中分子状污染物的空气洁净度表示方法和测量方法指南》的修订版。这些基本方法许多都反映在 Part8 中，体现了浓厚的日本人思想。另外，2010 年制定了《JIS B 9917—8 洁净室及相关的控制环境第 8 部分：悬浮分子状污染物的空气洁净度》。Part8 目前正在修订中，该工作组还讨论了有关基材表面化学污染物的表面洁净度。

该协会于 2007 年制定了《JACA No.45 洁净室及相关洁净环境中分子状污染物表面洁净度的表示方法和测量方法指南》。

WG9 针对 Part1：空气中颗粒物的洁净度等级，对表面颗粒物的洁净度等级作了规定。在此之前，2006 年制定了《JACA No.42 洁净室及控制环境中颗粒物表面洁净度的表示方法和测量方法指南》和《JACA No.43 洁净室基板表面污染物的测量方法指南》，这些指南要符合协会的标准。如图 4-21 所示，WG1、WG8 和 WG9 的适用目标，其中颗粒物质和化学污染物作为污染物，空气和表面作为管理目标，分别制定了各自的 指导方针，有助于 ISO 和 JIS 的标准化。

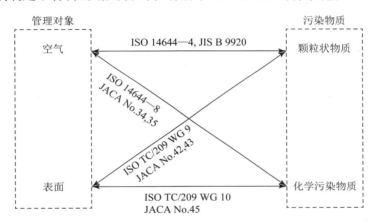

图 4-21　关于 TC209 颗粒物·化学污染物和空气·表面的关系

WG10 与洁净室的纳米技术有关，其目标是为空气中的纳米颗粒设定洁净度等级，与 Part1 中包含的 U 描述的概念不同。

WG11 正在为洁净室设备的兼容性制定标准。

WG12 正在为洁净室的表面清洁制定标准。

（四）洁净室的性能评价与质量管控

（1）ISO 9000 和 ISO 14000

ISO（国际标准化组织）于 1987 年和 1996 年分别制定了 ISO 9000 和 ISO 14000 国际标准。表 4-11 列出了 ISO 9000 和 ISO 14000 的主要内容。

ISO 9000 不仅是单一的产品质量标准，还是重要的质量管理体系，是通过"保证质量"的概念建立的国际标准。

ISO 14000 则是企业为了减少环境负荷，自主构建的有关环境管理系统的标准，ISO 14000 对于洁净室的规划和运行同样重要。

表 4-11　ISO 9000 和 ISO 14000 的内容

ISO 9001	质量体系：设计、开发、制造、安装以及配套服务的质量管理
ISO 9002	质量体系：制造和安装的质量保证模式
ISO 9003	质量体系：最终检查和试验的质量保证模式
ISO 14000	环境管理体系：企业为减少环境负荷自主构建的体系

（2）洁净度的质量管控

表 4-12 列举了半导体洁净室的质量管控项目。根据产品的要求，不同项目的管控程度也有差异。半导体工厂洁净室环境所要求的洁净度可能会受到微量气体成分、碱性金属和重金属等多种污染物的影响。

表 4-12　半导体洁净室的质量管控项目

管控种类	管控项目
空气	洁净度、温度、湿度、气流方向、风速、差压、气体浓度、颗粒物成分
建筑·结构	振动、静电、电磁波、噪声、照明
高纯度气体	纯度、微颗粒物、杂质气体、压力、流量
纯水	纯度、颗粒物、流量、电阻率、杂质离子、活菌、温度、溶解氧、总烃
高纯化学品	纯度、颗粒物、流量、电阻率、杂质离子、温度
其他	操作员、货物（保管、入库）、成本、节能、低噪声·振动

《JIS B 9917—3 洁净室及其附属洁净环境第 3 部分：试验方法》规定，在施工完成、安装生产设备以及正常运行期间要维护和管理洁净室的性能。还对空气中颗粒物的测量、空气过滤器和过滤器系统、气流和其他物理因素以及静电测量作了规定。

第五节　洁净室设计

一、设计流程表

前面介绍了空气净化的原理和洁净室的概要，以及洁净室设计阶段必要的数据和注意事项。洁净室的设计顺序、设计元素如表 4-13 所示。

表 4-13　设计流程

1. 洁净室的条件确认・设定	房间体积	外气状态
	洁净度	污染物产生量
	温湿度	生产设备规格
2. 洁净室系统的选定	洁净室气流方式	
	空调系统	
	净化系统	
3. 室压设定・系统分类・分区	室压设定、室压控制方式选定	
	空调系统分类	
	生产设备排气系统分类	
4. 布局检讨、过滤器选定	出 / 回风口的布局检讨	
	空气过滤器选定	
	化学空气过滤器选定	
5. 热负荷计算	建筑物热负荷	生产设备热负荷
	人体热负荷	传递功率热负荷
	照明热负荷	公用设备热负荷
6. 风量・水量计算	外气量	冷水・温水量
	循环送风量	加湿用蒸汽量
	生产设备排气量	
7. 洁净度确认	洁净度计算	
	分子状污染物浓度计算	
8. 设备选型	循环空调设备	设备排气风机
	新风处理机组	冷热源设备
	循环送风机	自控方式
9. 节能措施	设计条件重新检讨	
	系统・设备选型重新检讨	

表 4-13 是洁净室设计的标准流程，实施细节因人而异。

洁净室设计最重要的一点是要明确洁净室的使用目的，再根据其目的来设计相适应的系统。因此，要同客户做好充分的沟通，让客户明确提出洁净室的要求事项。此外，在沟通过程中如有质疑，要以质疑书等形式加以确认，消除质疑事项。

然后，综合考虑房间体积、热负荷等因素，将其作成设计条件一览表。根据设计条件一览表的内容同客户沟通、制订基本设计计划，这样不仅可以避免条件遗漏，还可以在计划变更时迅速调整设计方案，达到发包方和承包方之间信息共享的目的。

二、洁净室的系统选定

（一）洁净室气流形式

实际设计时需要综合比较各洁净室气流形式的特征，采用多种形式组合来选择符合设计条件的气流形式。

（二）空调系统

一般性建筑物主要从热负荷分布和设备费用方面来考虑空调系统，而洁净室还需要从洁净度和温湿度的控制性方面来综合考虑空调系统。

（三）空气净化系统

洁净室内的循环空气含有粉尘和分子状污染物，一般不能直接作为进气使用。此外，外气同循环空气一样也含有粉尘和分子状污染物。因此，需要安装各种过滤器来净化空气，请注意：如果安装位置不合适，不仅无法获得所需的清洁空气，还会大大缩短价格不菲的高效过滤器和化学过滤器的使用寿命。

三、室压设定、系统分类、排气系统分类

（一）室压设定及其控制

为了防止室外粉尘或分子状污染物侵入洁净室内部，要使室内压力大于室外压力。此外，不同的洁净房之间要保持一定的差压。因此，各室需要始终保持合适的压力值。

室压设定方法是按照普通室到准洁净室（更衣室或传递窗等），低洁净度洁净室，高洁净度洁净室的顺序，房间压力依次增加 5～10Pa（参照表4-14）。此外，洁净室的国际标准 ISO 14644—4 的规定是 5～20Pa，各标准推荐值略有差别。

表 4-14　邻室间必要的压差

和邻室的关系	压差（Pa）
洁净度等级不同的邻室	5
洁净室和洁净走廊·更衣室等	5 ～ 10
洁净走廊·更衣室等和一般室	10
洁净室和一般室	15

（二）空调系统分类

指根据热负荷和其他负荷的性质，将空调范围分为几个区域，并为每个区域提供空调系统。

对于包括洁净室的建筑物，可以考虑如表 4-15 所示的分区方法。

表 4-15　洁净室分区

分区方法		优势
按洁净度分区	将相同洁净度等级的房间汇总成同一区	有效利用空调机和风管的过滤器。该方法不仅可以抑制粉尘，还可以控制分子状污染物浓度
按使用时间段分区	将相同使用时间段的房间汇总成同一区	不使用时间段可以关掉空调机，节能。需要选择开机启动快的系统
按室内温湿度条件分区	将相同室内温湿度条件的房间汇总成同一区	可防止不必要的冷却除湿，再加热，节能
按热负荷特性分区	将显热比·负荷变动等负荷特性相似的房间汇总成同一区	可以减少部分负荷或低负荷时的过冷却，再加热负荷
按使用化学物质分区	将生产工艺中使用的化学物质性质相类似的房间汇总成同一区	混入循环空气的化学物质成分类似，便于空调机系统的气体问题处理（腐蚀，防爆等）。气体泄漏时，危害其他系统的可能性很小

（三）生产设备排气系统分类

排气装置包括酸、碱性物质和酒精等易燃易爆气体等类型。

洁净室的生产设备排气装置包括酸、碱性物质和酒精等易燃易爆气体等类型。要综合考虑气体性质和气体量，排气处理设备的式样和安装位置等，要注意以下事项：

①为每个类别的排气系统设置风管。

②为易燃易爆气体设置单独系统，以提高安全性。

③同一种气体的处理方法不同时，风管要分别设置。

④如果不可避免在同一风管系统中使用不同的气体，要充分考虑气体混合后产生新的有害气体或存在爆炸的风险。即使更改管路或增加安装空间，也要设立独立的风管系统。

⑤通常将排气系统的风管安装在天花板吊顶内或地坑内，因此不容易增设或变更。为了日后的增设工事，排气主风管要尽量做大。

四、布局及过滤器选定

（一）出 / 回风口的布局检讨

出 / 回风口的布局对洁净室室内气流有很大影响。如果出 / 回风口的布局不合理，就无法发挥洁净室的性能，也就不能保证所要求的洁净度。

（二）空气过滤器选定

洁净室最重要的部分是收集粉尘的空气过滤器。空气过滤器安装在进气风管或出风口前段，通过提供净化空气来维持洁净室的洁净度。同一过滤器的出风风速不同，过滤效率和阻力也会发生变化，因此要根据系统来选择合适的过滤器。

（三）化学过滤器的选定

在半导体洁净室中，随着产品精细化，控制目标将从微粒转移到化学污染物。因此，室外进气系统（新风处理机组）和循环空调机组或 FFU 等除了要安装粉尘收集空气过滤器以外，还要配套去除化学污染物的化学空气过滤器。但是，盲目安装化学空气过滤器，不仅无法有效去除污染物，而且还可能增加污染，因此在选择过滤器时要特别注意。

（四）脱盐过滤器

在沿海地区建设半导体·FPD 工厂至今仍被认为是禁忌。这是为了避免海盐颗粒进入工厂导致产品受到影响。由于海盐颗粒中所含的钠（Na）会影响电路元件的电气特性，因此应开避沿海地区，将风险降至最低。

海盐颗粒的粒径分布主要是 $1 \sim 10\mu m$，所以外气引入系统一般采用的是中效过滤器。近年来，通常使用可以高效防止海盐颗粒再次分散且具有高防水性的中性能过滤器。

选择用于海盐颗粒的过滤器时应注意以下几点：

①如果通过过滤器的空气相对湿度高于 75%R.H.，则收集到的海盐颗粒会潮解，流向过滤器下游并可能再次分散，因此需要考虑湿度控制功能。

②与普通中效过滤器相比，高防水性中效过滤器不容易再次分散。然而，在收集海盐颗粒的同时也会有很多粉尘被收集堆积下来，会降低过滤纤维的防水性能，因此有必要建立一种易于控制过滤器的压力损失的系统。

五、热负荷计算

对温湿度有高度控制要求的洁净室，需要对室内热负荷进行详细计算。基本的室内热负荷计算方法可以参照空调设备相关资料（如空调卫生便览等）。表 4-16 是计算洁净室室内热负荷时的注意事项。

表 4-16　洁净室室内热负荷计算时的注意事项

热负荷的种类	特征	注意事项等
生产设备的热负荷	• 发热量非常大 • 有时高达室内热负荷一半以上 • 洗净工艺以外只有显热负荷	• 设备负荷除了本次安装部分外，还要考虑将来规划的增设部分。将来规划不确定的，计算时要保留余量 • 大多数情况下，设备发热量不是固定的，需按照最大发热量乘以产能利用率和负荷率来计算室内负荷。通常是根据与客户的商议来决定的，一般按照 30% ~ 50% 来计算 • 装有冷却装置的设备可以减少散发的热量。计算热源时，需要设备所需的冷水量 • 如果设备有排气，则可以减少产生的热量。但是，减少率将在与客户协商后确定
传输功率的热负荷	• 风量·静压比一般建筑物的空调高，功率大 • 洁净棚、洁净工作台等风机发热都是室内负荷	• 普通空调的情况下有时可以忽视，但洁净室的风机功率大，从安装数量来看很多时候不能忽视 • 洁净棚和洁净工作台的风机发热按照设备负荷计算 • FFU 和循环风机的发热在风量确定后计算热量，考虑风机运行引起的温度上升
建筑物负荷	• 洁净室一般设置在工厂内，无窗、密闭性好等，建筑物负荷小	• 计算方法同普通空调一样
照明负荷	—	• 计算方法同普通空调一样 • 如果照明装置是吊顶内置型，其热量分配在室内和吊顶上方（但吊顶是供气室的情况除外）
人体负荷	—	• 计算方法同普通空调一样 • 根据洁净室内的作业状况来计算负荷量

六、风量、水量的计算

（一）外气量计算

外气引入量 Q_o（m³/h）是保持洁净室室内正压所需的外气量 Q_p 加上生产设备排气量 Q_e。

$$Q_o = Q_p + Q_e \, (\text{m}^3/\text{h}) \tag{4-7}$$

Q_p、Q_e 的计算方式如下：

Q_p——通常相当于每小时 1 ～ 2 次换气次数的风量。

根据洁净室的形状，人和产品的出入频度等有所增减。

相当于多少次换气次数的风量，同客户商议后确定。

Q_e——生产设备规格显示值的总和。

考虑到将来增加的情况，在合算值里面加入安全系数（10% ～ 20%）。

若能确定将来增加部分，在合算值里面加入将来增加部分。

（二）送风量计算

送风量的计算方法因洁净室气流方式而不同。

1. 非单向流方式的送风量

送风量 Q_s 取从洁净度（换气次数）计算的风量 Q_k，从室内热负荷计算的风量 Q_q 以及从外气引入量 Q_o 三者之中的最大值。

$$Q_s = \max(Q_k, Q_q, Q_o) \, (m^3/h) \tag{4-8}$$

外气引入量 Q_o 前面做过介绍，下面介绍的是来自换气次数和室内热负荷的送风量 Q_k、Q_q。

Q_k——洁净度和换气次数之间存在如图 4-22 所示的经验规则。

在同客户商议基础上确定换气次数。

一些 GMP 准则规定了最低换气次数。

Q_q——同普通空调一样，用出口温度差除以显热负荷来计算。

对温度控制要求高（±2℃以内）或热负荷较大的生产设备放置场所需要事先进行模拟试验。

2. 单向流方式的送风量

单向流方式的洁净室或混合流方式中单向流部分的送风量 Q_s 一般是通过室内气流速度 v（m/s）和地板面积（水平单向流方式下的出风面积）A（m²）来计算。

$$Q_s = 3\,600 \times v \times A \, （m^3/h） \tag{4-9}$$

通常，垂直单向流方式的气流速度为 0.25 ～ 0.5m/s，水平单向流方式的气流速度为 0.45 ～ 0.5m/s。此外，洁净室 ISO 标准（14644—4）的参考值为 0.2 ～ 0.5m/s。

一般情况下，单向流方式下的风量要高于室内热负荷处理所需的风量。因此，全送风量有时候又分为空调机处理风量 Q_{AC} 和循环风机处理风量 Q_F。此时，通常将 Q_{AC} 的风量设定为室内热负荷所需风量 Q_q 的同等量。

该阶段确定了空调系统、室内热负荷、外气量·送风量之后，就可以绘制各部分空调机系统和新风处理机组的空气线图。并以空气线图为基准，计算各状态点的状态量（温度、相对湿度、绝对湿度和焓等），再做设备选型。

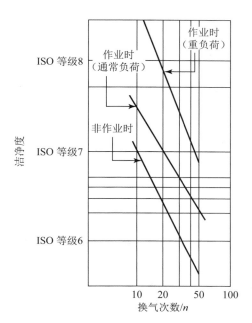

图 4-22　洁净度和换气次数

（三）水量计算

冷水量 W_C（L/min），温水量 W_H（L/min），加湿用蒸汽量 S（kg/h）的计算方法与普通空调一样。

可以从线圈进 / 出口的焓 h_1，h_2（kJ/kg）以及通过线圈的风量 Q_{AC}（m³/h）来计算线圈能力 q（kW），W_C，W_H 可以用线圈能力除以流经线圈内的水温差 Δt（℃）和水的比热 c=4.186〔kJ/(kg℃)〕获得。

$$q = 1.2 \times Q_{AC} \times (h_2 - h_1) / 3\,600 \text{ (kW)} \tag{4-10}$$

$$W_C, W_H = q \times 60/c\Delta t \text{ (L/min)} \tag{4-11}$$

当加热盘管或干式盘管的绝对湿度不发生变化时，则可以使用将空气温度差乘以空气的比热 CA=1.006[kJ/(kg·K)] 所获得的值来代替盘管进 / 出口之间的焓差。

$$q_H = 1.2 \times Q_{AC} \times 1.006 \times (t_2 - t_1)/3\,600 \text{ (kW)} \tag{4-12}$$

S 可以通过加湿前后的焓 h_3，h_4 和通过风量 Q_{AC} 来计算。且分母的数值是干蒸汽的热湿比 2 680kJ/kg。

$$S = 1.2 \times Q_{AC} \times (t_4 - t_3)/2\,680 \text{ (kg/h)} \tag{4-13}$$

新风处理机组的加湿方式带有风淋室的情况下，其补水量可以用风淋室通过前后的绝对湿度变化量 Δx [kg/kg (DA)] 以及通过风量 W_{AW}(L/min) 来计算。

$$W_{AW} = 1.2 \times Q_{AC} \times \Delta x/60 \text{ (L/min)} \tag{4-14}$$

采用风淋室的情况下，补水量以外的循环水量（喷雾水量）W (L/min) 可以通过气水比 L/G 来计算。

$$W = 1.2 \times Q_{AC} \times L/G \times 1\,000/(\text{水比重量} \times 60) \text{ (L/min)} \qquad (4-15)$$

计算每个空调机和新风处理机组的冷水量、热水量和加湿蒸汽量（水量），并汇总到表格中。计算出的水量可以用于空调机和新风处理机组的选定和热源计算。

七、洁净度确认

（一）洁净度计算

在洁净室的维护管理过程中，最重要的条件是洁净度。所以，有必要确认设计阶段选定的系统是否具备保持目标洁净度的能力。

已经普及的气流模拟不仅可以确认气流和温湿度分布，还可以计算洁净室的洁净度（粉尘浓度）。此外，能计算出局部换气效率的空气年龄指标，还可以通过模拟生产设备的放置状态来确认洁净室内洁净度容易变差的位置。但是，采用气流模拟来计算洁净度和粉尘浓度需要相应的设备和一定的工作量，净化系统能力的检讨还是通过计算公式比较方便，应用也较为普遍。

空气净化系统不同，其洁净度的计算公式也会有差异。对于每种方法，洁净度都需要从粉尘的增减以及空气过滤器的捕集效率得出。洁净度的计算公式：①引入外气的粉尘含量；②室内产生的粉尘；③使用的空气过滤器的捕集效率；④可以从外气量、送风量、排气量等获得，但会因气流方式而略有不同。

（二）化学污染物的浓度计算

在计算化学污染物浓度时，单向流方式的洁净室也以瞬时均匀扩散为假设条件。类似于非单向流动型洁净室的洁净度计算，计算流入和流出房间的物质量，并从收支平衡中得出用于计算室内浓度的公式。

八、设备选型

（一）新风处理机组

设置新风处理机组的目的有去除外气中的粉尘和热负荷，控制外气的露点，去除海盐颗粒以及外气中的化学污染物等。新风处理机组并不需要满足上述的全部功能，从设计条件和环境条件检讨设置目的，选择必要的功能。另外，在新风处理机组机内压力损失大的情况下，需要配置风机。

（二）循环用空调机

根据新风处理机组的功能确定所需的功能，循环空调机的主要目的是综合处理回风和新风，使之满足室内环境条件。

（三）循环送风机

循环送风机的选型方法及注意事项同空调机用送风机相同。

（四）生产设备排气风机

生产设备排气风机的选型方法与前面的风机选型方法基本相同。但是，根据排气中的气体成分，应注意是否需要防腐蚀和防爆措施。这些要求会大大影响风机·电机的材质和规格，需要同客户和生产设备厂家沟通好。

（五）冷热源设备

热源设备的选型与普通空调差异不大。热源设备的附属设备有冷冻机、冷却塔、冷却水泵、锅炉、油箱、膨胀水箱、热水箱、热交换器等。

1. 冷冻机选型

在洁净室中，从湿度控制的观点出发，在需要约 5℃冷冻水时，大多数情况下仅使用多台离心式冷冻机（涡轮冷冻机）。引入 CGS（热电联产系统）可利用产生的蒸汽以及多余的一次能源供给等，所以采用 5℃左右供应冷水的吸收式冷冻机越来越多。

冷冻机选型的条件有：①冷冻机负荷；②冷冻水和冷却水的出 / 入口温度；③必要的冷冻水量；④冷冻机动力源；⑤成绩系数（COP）等。

2. 锅炉选型

锅炉选型的条件有：①供暖·热水供应负荷；②温水出 / 入口温度或蒸汽压力；③燃料种类（重油、煤油、天然气等）；④效率；⑤安装时是否需要资质等。

（六）自动控制方式

在洁净室中进行自动控制的目的是使环境条件得到有效维护并合理利用能源。必须正确选择自动控制项目和方法以达到节能和节省资源的目的。

九、节能措施

洁净室的能耗主要来自热源系统和输送系统。表4-17是主要的节能措施项目。

表4-17 主要的节能措施项目

热源系统	减少热负荷	室内温湿度条件最优化设计
		引入最少的外气所需量
		掌握生产设备的负荷率·产能利用率的实际值
		改善结构的保温性能，强化风管·配管保温
		采用外气制冷系统
	采用热回收系统	冷冻机的废热回收
		高温排气·废水的热回收
		采用蓄热槽
	采用高效率冷冻机·锅炉	
输送系统	减少送风量	设定最合适的洁净区·洁净度等级
		采用洁净工作台·洁净通道（设置局部洁净区）
		减少室内粉尘产生量
		寻求出/回风口的最大温差
		减少风管漏风量
	减少送水量	采用冷水温差大的系统
	减少输送阻力	做成阻力小的风管形状
		简化风管·配管管路
		采用低压力损失的过滤器
	采用最合适设备	选用风机·泵的最佳效率点
		采用高效电机

第六节　薄膜制造工艺表面质量控制和洁净化技术

一、薄膜制造工艺的洁净化技术

近年来，针对薄膜制造工艺的异物附着问题，通过引入洁净室等洁净化技术来处理的案例显著增加。但并不是引入了洁净室就能彻底解决问题。相反，虽然引入了洁净室，但良品率与洁净度没有取得关联，洁净室不易管理的情况居多。

（一）洁净化技术的需求

实际上，并非所有需要洁净技术的行业都必须按照半导体制造行业的要求来控制悬浮微粒子。首先，引入洁净室后，不仅工厂会变得整洁，按照符合国际标准的《洁净室标准》管理生产的产品也更能得到外界的信任。此外，洁净室还可以提高产品品质，提升企业信用度。

其次，为提高生产效率，就要减少因工厂粉尘引起的产品不良，从而需要引进可改善粉尘环境的洁净化技术。粉尘问题很早以前就存在，伴随着产品轻量化、小型化和高品质的要求，目标粉尘也越来越小，小到肉眼无法确认的程度后仅靠清扫无法保证洁净效果，因此通过引入洁净化技术来尝试解决问题。虽然日本国内呈现量产减少的趋势，但工厂经营者还是希望即使减少产量也要提高生产效率，确保生产效益。特别是薄膜制造工艺，包含了成膜、涂装、涂布、贴合、复合、印刷、蒸镀等工序，这些工序过程中一旦附着粉尘加工后，粉尘将无法去除。而且，上述的部分工序对粉尘管理要求仅靠外观检查无法判断。但在生成的薄膜上放大后就能看出。

因此，以某些工序后难以去除粉尘的特定工艺为核心，引入洁净化技术容易验证其效果，这也是通过薄膜制造工艺评价洁净化技术引入的原因之一。

（二）洁净室的定义和标准

1. 洁净室的定义

如前所述，日本长期使用从美国引入的美国联邦标准进行洁净室管理，现在仍然被广泛使用。但在 20 世纪 80 年代，伴随着日本国内半导体产业的发展，日本的洁净室技术得到提高，JIS Z 8122 标准（污染监控术语 1974 年制定，2000 年改订，2009 年确认）对洁净室做了如下规定：

洁净室是指污染监控的有限空间，即将空气中的悬浮微粒子、悬浮微生物控制在限定的洁净度等级范围内，维持洁净室供应材料、化学品、水等的洁净度，并根据实际需求，对温度、湿度、压力等环境条件进行管控的房间。

各国的洁净室标准存在差异，为统一洁净室标准，1999 年以 JIS 为基础制定了洁净室国际标准 ISO 14644—1。ISO 14644—1 对洁净室的定义如下：

洁净室是指空气悬浮粒子浓度受控的房间、房间的建设和使用方式要尽可能减少室内引入、产生和滞留粒子，室内其他相关参数如温度、湿度和压力按要求进行控制。

2. 洁净室的标准

在 JIS B 9920《洁净室内悬浮微粒子的浓度测定方法及洁净室空气洁净度的评价方法》（1989 年制定，2002 年改订，2008 年确定）中，洁净室的空气洁净度通过洁净度等级来表示，各等级对目标粒径的上限浓度做了规定，并将其分为 1 到 9 九个等级。因为 ISO 标准是以 JIS 标准为基础，所以两者对洁净度的规定基本相同。JIS 标准和 ISO 标准的等级 1 洁净室表示在 1m³ 的空气中将粒径 0.1μm 以上的微粒子数量控制在 10 个以内的空间。

但日本在制定此标准之前，主要采用的是美国联邦标准。根据最常用的 FED-STD-209D 标准（以下称"209D 标准"），其等级是通过将 1 立方英尺（0.0283168 立方米）中粒径 0.5μm 以上微粒子数量的上限值用等级○○表示，并将其等级划分为等级 1、等级 10、等级 100、等级 1 000、等级 10 000、等级 100 000，共计六个等级。

据推测，日本现在最常用的洁净室洁净度大概是 ISO 标准的等级 7。ISO 标准的等级 7 是指 0.5μm 以上的微粒子上限浓度是 352 000 个 /m³，相当于 209D 标准的等级 10 000，不可否认这个数字更好掌握。因此，虽然 209D 标准已经被废除，但至今在现场仍然习惯性地沿用。事实上，这两种标准基本上是一致的。例如，ISO 等级 7 相当于 209D 的等级 10 000。表 4-18 将 ISO 和 209D 作了对比，请作参考。通用粒子计数器的采样流量因机种有所不同，大约 0.1 立方英尺 / 分，采样数据换算成等级更接近 209D 标准，这也是现在沿用 209D 标准的原因。

表 4-18   ISO 标准和 209D 标准的比较

ISO 洁净度 等级	大于或等于表中粒径的最大浓度限制（个 /m³）						FED-STD-209D 洁净度 等级	JIS 目标粒径范围（μm）
	0.1μm	0.2μm	0.3μm	0.5μm	1μm	5μm		
1	10	2	—	—	—	—	—	0.1～0.3
2	100	24	10	4	—	—	—	0.1～0.3
3	1 000	237	102	35	8	—	1	0.1～0.5
4	10 000	2 370	1 020	352	83	—	10	0.1～0.5
5	100 000	23 700	10 200	3 520	832	29	100	0.1～5
6	1 000 000	237 000	102 000	35 200	8 320	293	1 000	0.3～5
7	—	—	—	352 000	83 200	2 930	10 000	0.3～5
8	—	—	—	3 520 000	832 000	29 300	100 000	0.3～5
9	—	—	—	35 200 000	8 320 000	293 000	1 000 000	—

注：• 通用型粒子计数器的采样流量是 0.1CF/ 分。
　　→ JIS(ISO) 标准的 1m³ 不可测定。
　　• ISO 等级 5 →相当于 209D 等级 100……
　　• 209D 更容易理解。

（三）悬浮微粒子和粗大粉尘

1. 什么是悬浮微粒子

通常，手持物品掉落后由于匀加速运动（自由落体），会掉落到地面。但是，当物品的尺寸逐渐变小直到小于 1mm 时，由于空气阻力物品不会马上落到地面，而是缓缓落下。当尺寸小于 1μm 时则不会落下，而是悬浮在空气中。我们将悬浮在空气中 1μm 以下的微粒子称为悬浮微粒子。

在建立洁净室技术前，真正麻烦的是粒径小于 1μm 的悬浮微粒子。因为这些不落到地面而一直悬浮在空气中的微小粒子会随着人的动作而到处飘散，无法轻易捕集去除。但随着洁净化技术的发展，可以较为容易地控制空气中这类微小粒子的浓度。适当地设置带 HEPA 过滤器（0.3μm 以上粒子过滤效率达到 99.97%）的空气净化设备，通过控制气流和稀释空气中的粉尘浓度，可以基本上清除粉尘。

大气中广泛分布着 0.1μm 到 100μm 以上各种粒径大小的粒子，烟尘、香烟烟雾、微细沙尘等一般粒子都属于 1μm 以下的悬浮微粒子。这些粒子与空气中的氧气和氮气冲撞后产生永不停息的无规则运动——布朗运动，从宏观角度看，它与气流一起移动。其特征是不易沉降，可悬浮在静止的空气中。

悬浮微粒子有各种各样的形状，一般洁净室的悬浮微粒子是通过光散射法来计数，用散射光量来表示粒径。

2. 什么是粗大粉尘

JIS Z 8122《污染控制用语》不仅定义了悬浮微粒子，还定义了粗大粉尘（或者粗粒子）。粗大粉尘是指用肉眼基本看不到的粒径为 10 ～ 100μm 的粒子，在空气中会沿着气流运动，容易受到人的动作等影响。在气流滞留区以一定速度缓缓下落，逐渐沉积在地板、作业台和设备上。但与我们日常生活中了解的物体自由落下不同，它基本是匀速运动。针对这类粗大粉尘，半导体工厂等高洁净度要求的工厂采用了格栅地板结构，粗大粉尘直接掉进地板下面。但没有设置格栅地板的洁净室会因为粗大粉尘持续堆积，导致洁净室内部环境越来越差。

粗大粉尘一旦落下沉积后，再使用空气净化设备也不能去除。但在操作人员移动时会再次扬起粉尘。堆积的粗大粉尘如何解决是个难题。

对于半导体这样的精细加工产品，问题主要是因为 1μm 以下的悬浮微粒子引起的不良。而其他洁净化需求领域的问题点主要集中在稍微大一点的，跟粗大粉尘大小差不多。粉尘的外观判断以可视确认为基本原则。也就是说，要防止最小限度——"可视程度"的粉尘附着。在这种情况下，接近人类视觉极限的粒子成为目标粉尘，并且通常将粒径为 30μm 的粒子作为 NG 的下限值。但在有些情况下薄膜上的粒子外观比实际混入的粒子大十倍，将临近视觉极限的粉尘作为目标粉尘。在这种情况下，10μm 的粗大粉尘占比最多。

（四）粗大粉尘的附着是造成表面缺陷的原因

1. 粒子计数器和粗大粉尘

引起粉尘缺陷的是黏附在工件上的"附着粉尘"，而不是小于微米级别的悬浮微粒子。这些"附着粉尘"主要是粗大粉尘。

但是，洁净室的洁净度无论采用的是新标准还是旧标准，将空气中的悬浮微粒子控制在浓度上限值以内是对洁净度等级的首要评价。可通过尘埃粒子计数器测量目标粒径的悬浮微小粒子来计算空气的洁净度。该装置将激光束作为光源，吸取固定量试料时通过的微粒子会接收激光束发出的散射光，根据强度对通过的微粒子进行分类和计数。因此，粒子计数器的测定结果，如果在各位置测得的粒子浓度平均值低于为各级别规定的浓度限值，则认为该洁净室或洁净区符合确定的空气洁净级别。

如前所述，空气中的悬浮微粒子浓度决定了洁净室的洁净度，粒子计数器是洁净室管理中不可或缺的工具。但是，若要提高产品的良品率和一次良品率，则必须控制洁净室和工作环境中粗大粉尘的数量。另外，尽管有必要对附着在工件表面、设备、夹具等上的粉尘进行更严格的评估，但评估本身无法仅通过使用不知道粗大粉尘数量的粒子计数器来完成。这是因为有人说不能很好地获得空气中洁净度与良品率之间的关联性。由于粗大粉尘和悬浮微粒子的活动形态不同，因此应采取不同的控制方法。如果没有管控好适当的粒径，就算用洁净室来管理悬浮微粒子也会在室内持续沉积粗大粉尘，这种情况还是很容易想到的。

2. 粗大粉尘的附着原因

（1）各粒径的空气中浓度

空气中浓度越高的粒子越容易受污染。例如，越接近地面的粒径会越大，并且，比重较大的粗大粉尘在空气中的浓度也越高，如果附近正好有工件暴露，粗大粉尘大小的粉尘便会附着在工件表面。这样，附着粉尘的粒径和数量与放置工件环境中每种粒径的空气浓度成正比。

（2）时间

曝光时间越长，表面污染成比例增加。

（3）重力沉降

如果工件与地面平行放置，尘埃会因为重力沉降作用附着在工件表面。而且堆积数量会很多，但垂直放置就不会出现这种重力沉降的粉尘附着现象。

（4）静电沉积

即使将工件垂直于地面放置并且消除了重力的影响，静电沉积也可能会引起粉尘附着。静电的吸引力称为库仑力，当带电量一定时，库仑力与它们之间的距离的平方成反比。

（5）表面形状或表面状态

粉尘更容易附着在表面粗糙的工件上，这是物理方面的特性。同样，即使工件被水或有机污垢弄湿，由于表面张力也会发生黏附。即使异物不湿也难以从表面分离的力称为液体桥联力，其黏附力相当强。

（6）气流

通常，气流速度快粉尘只会通过而不会附着，气流速度慢掉落堆积的粉尘数量就会增加。因此，气流停滞区的工件很有可能附着粉尘。而且，气流离开物质表面时发生的乱流也是粉尘附着的原因。因此，仅要求空气快速流动还不够（增加粉尘碰撞概率或使灰尘堆积），还要适当加以控制。

如上所述，粉尘的附着机理是由多种因素引起的，虽然前面已作说明，但还是要强调一下通过粒子计数器测量到的空气中浓度只是原因之一。例如，相同浓度空间的工件，其滞留时间不同，粉尘的附着量也将不一样。

（五）粉尘的发生源和附着原因

在洁净室中，有多种粉尘来源会导致产品不良，不可能只采取一项措施就能解决全部问题。这是引进洁净室时最应该记住的关键点。由于涉及面较广，而且粉尘又是成比例逐渐累积，防尘工作需要很有耐心。下面按照顺序来揭露一下尘埃粒子的原因·发生源。首先是来自工厂外的粉尘侵入，也就是大气尘埃。自然形成的粉尘有沙漠卷起的沙尘、火山喷发、海水飞沫、森林火灾和花粉飞散等。工业革命以来激增的人类工业化造成的污染，即化石燃料产生的粉尘等。

工厂内产生的粉尘在密度高的工厂内容易附着在工件上。粉尘来源途径可分为操作人员自身，原材料·辅材，装置·工艺环节。下面介绍一般工厂共同的粉尘来源，即操作人员和设备产生的粉尘。

1. 操作人员产生的垃圾尘埃

穿着洁净服从人体产生粉尘的机理：①洁净服产生的粉尘；②人体未掩盖部位产生的粉尘；③从衣领、袖口泄漏的粉尘。

其中，①洁净服产生的粉尘通常是由于织物随时间变化或工作过程中的压力引起的，因此需要加以适当管理。②粉尘主要来自面部的裸露部分，也包括眨眼时的眼泪、打喷嚏的飞沫和咳嗽时的唾沫，还有报告称化妆品的使用会让粉尘量增加数倍数甚至十倍。③戴手套工作时要注意手套和袖子间不留缝隙。因为做动作会增加洁净服的内压，粉尘等会顺势从领口、袖口溢出，被称为 Pumping dust 现象。

在薄膜制造工艺中有干燥环节，洁净室温度会逐渐升高，会降低员工的舒适度引发洁净服穿着不良，因此要注重现场的员工教育。

2. 设备产生的垃圾尘埃

设备产生的垃圾尘埃，除驱动部和滑动部产生的金属屑、橡胶·树脂等的摩擦碎片，轴承的油脂，压缩空气中包含的油雾外，主要来源于驱动部扬起的因清洁不足积聚在内部的纤维屑。基本上，在洁净室内的活动都可能会产生粉尘。

3.辅材的垃圾尘埃

要注意在洁净室内施工时辅材也会产生粉尘，如纸类。在一般环境中使用的纸以纸浆为原料，纸张较硬，因此在表面施加压力时很容易产生灰尘。与之相对的洁净室专用纸，即以长纤维纸浆为主要原料，表面浸有树脂的无尘纸，不易产生灰尘。其他还有特殊树脂原料的合成纸。敲击纸箱等时其表面的附着物会脱落，加工端面也容易产生粉尘，一般不应搬入洁净室内。其他需要注意的辅材还有洁净室用抹布。特别要注意无纺布抹布的处理。此外，洁净室内还有各种各样的辅材，准备洁净室专用辅材要花很多时间和费用。若粉尘不影响工程品质，可以不用很担心，采用一般环境辅材就行。需要格外注意的是使用短纤维的（有可能脱落）、表面受强压的（因磨损产生粉尘），还有滑动部等。

4.薄膜制造工程特有的缺陷成因

（1）挤出成型·涂布后干燥等过程中的温度上升

众所周知，在挤出成型·涂布后的干燥过程中，树脂原料和涂布液中所含的异物会蒸发，在空气中冷却并产生微小的升华物。数量非常多，尺寸主要集中分布在 $0.3 \sim 0.5\mu m$，用粒子计数器测量会得到非常惊人的数值。一般不会和粗大粉尘一起出现，也不会直接关系到产品的良品率，但在洁净度评估方面则是棘手的问题。因为受热会产生上升气流。这些气流进而扰乱洁净室内气流，使粉尘扬起，造成产品不良。

（2）静电附着

薄膜制造工艺中的摩擦较多，原材料表面电阻高的情况也多，容易产生静电，库仑力引起的粉尘附着是个重要问题。静电附着本身并不是产尘的原因，主要是作为减少粉尘的要素在此作个概述。两个带电体之间的库仑力总是与它们所带电荷量的乘积成正比，与它们之间的距离的平方成反比。要降低工艺过程中的发生电位，不仅要控制工件周边的空气，还要将近距离的装置和夹具等清理干净。

（3）排气附着

大多数情况下，涂布过程中会排气。这也是不能完全洁净化的最重要原因。粉尘发生源的操作人员在产品的上游工作，难免会给下游的产品带来粉尘污染。为了清洁周围区域，除了常规处理之外还需要清洁包括排气部分的空气，因此与一般环境相比，空气净化成本和空调成本更高。另一个问题点使用溶剂的工艺应采取防爆对策，而防爆设备的价格远高于净化设备。由于排气始终会产生，因此需要设计一条动线，不让工件上游的粉尘扩散过来。

二、洁净室四大原则

通常情况下，建成时的洁净室是最干净的。原因之一是进气过滤器捕集外气或室内粉尘后逐渐被堵塞，粉尘通过时的空气阻力增加，供气量逐渐减少。也就是说，洁净室建成时的进气量最大。另一个原因是前一章节提到的洁净室设备无法去除的粗大粉尘逐渐累积增加了产品不良的可能性。悬浮微粒子悬浮在空中不沉降，可借助洁净室仪器进行管理，但粗大粉尘则是缓慢沉降并逐渐累积在洁净室中，从而增加了粉尘数量。因此，发现洁净室内出现大量粉尘的时候，应采取相应措施来处理。为了防止这种情况的发生，提出了管理人员应遵守的"洁净室四大原则"。

"洁净室四大原则"是指"（粉尘、污染物）不产生、不带入、不堆积、迅速去除"，这些原则在薄膜制造工艺中效果显著。产生粉尘的粗大粉尘很难用肉眼确认，但可以通过在洁净室中使用"可视工具"，采取有效对策，并评估必须安装洁净设备的场所以及安装后的效果。

参考文献

[1] CSC 有限公司 . HP, URL: http: //www.csc-biz.com.

[2] 洁净室及相关受控环境，第 1 部分：空气洁净度等级 (GB/T 25915.1—2010/ISO 14644—1: 1999) .

[3] 洁净室及相关受控环境，第 2 部分：证明持续符合 GB/T25915.1 的检测与监测技术条件 (GB/T 25915.2—2010/ISO 14644—2: 2000) .

[4] 洁净室及相关受控环境，第 3 部分：检测方法 (GB/T 25915.3—2010/ISO 14644—3: 2005) .

[5] 洁净室及相关受控环境，第 4 部分：设计、建造、启动 (GB/T 25915.4—2010/ISO 14644—4: 2001) .

[6] 洁净室及相关受控环境，第 5 部分：运行 (GB/T 25915.5—2010/ISO 14644—5: 2004) .

[7] 洁净室及相关受控环境，第 6 部分：词汇 (GB/T 25915.6—2010/ISO 14644—6: 2007) .

[8] 洁净室及相关受控环境，第 7 部分：隔离装置 (洁净风罩、手套箱、隔离器、微环境) (GB/T 25915.7—2010/ISO 14644—7: 2004) .

[9] 洁净室及相关受控环境，第 8 部分：空气分子污染分级 (GB/T 25915.8—2010/ISO 14644—8: 2006) .

[10] 洁净室及相关受控环境，第 9 部分：按粒子浓度划分表面洁净度等级 (GB/T 25915.9—2010/ISO 14644—9: 2012) .

[11] 日本空气洁净协会，2013 年，欧姆社出版 .

[12] [日] 高桥和宏：关于核级过滤器的处理，空气净化，Vol.34, No.4, pp.67 ～ 73(1996) .

[13] [日] 今井俊次：关于建筑过滤器的处理，空气净化，Vol.34, No.5, pp.78 ～ 81(1997) .

[14] [日] 川村秀夫：关于生物过滤器的处理，空气净化，Vol.34, No.6, pp.29 ～ 31(1997) .

第5章 涂布模头设计与涂布质量控制

涂布的理想状态是将涂布液无缺陷地涂布在基材上。这里简要讨论狭缝挤压涂布、坡流和落帘涂布的涂布模头与涂布质量控制间的关系；探索为什么坡流涂布和落帘涂布可以轻松实现涂布厚度误差小于2%，而狭缝挤压涂布则不然；同时，还要探索如何获得均匀的停留时间，如何保持最小的模头唇口剪切应力，为什么要清洁涂布模头，以及如何在不改变涂布模头的前提下，改变涂布宽度等内容。

第一节 横向一致性

挤压涂布、坡流涂布和落帘涂布模头的内部结构相似。图 5-1 至图 5-3 分别是挤压涂布（slot die）、坡流涂布和落帘涂布模头结构，三者共性在于涂布液从倾斜平面流出，落到水平移动的卷材上形成涂层。所有模头的内部结构设计，都是为了涂布液在整个涂布宽度上保持横向一致性。

2% 的涂布均匀度是指整个涂布基材上涂布厚度的变化率，即横向覆盖率的标准偏差除以平均值小于等于 2%。由于涂布模头很难精准调整，其

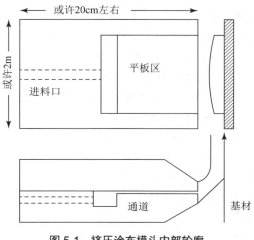

图 5-1 挤压涂布模头内部轮廓

涂布均匀度几乎不可能达到 2%，所以，涂布模头的制造，应确保其只能始终以一种方式正确组装，从而保证涂布均匀。不可调节的涂布模头通常用于涂布几千 mPa·s（cP）以下的低黏度液体。挤出涂布模头可调，通常用于具有不同流变性的高黏度液体（如聚合物熔体）。

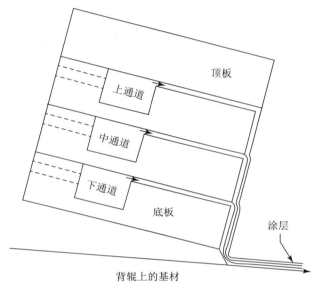

图 5-2　坡流涂布模头

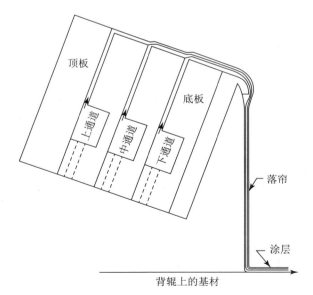

图 5-3　落帘涂布模头

在图 5-1 中，涂布液进入分配腔中心，沿通道向下流向两个边缘，从缝隙中到达涂布唇口流出。假设狭缝长度（从通道到前唇的距离）恒定，且狭缝各处间隙恒定，则在宽度的任意点通过狭缝的流量，将与从通道到大气的压降成正比。但在进料口（通道中心）的压力，必须高于通道两端的压力，以使通道中的流体从中心流向边缘。因此，从中心缝隙流出的流量，将大于边缘处的流量，湿涂层的中心处将更厚。将此现象戏称为"皱眉"。反之，若中心区域的覆盖率较低，而边缘区域的覆盖率较高，则为"微笑"。通常通过更改或校正模头内部，使涂层厚度一致，前提是知道未经校正的模头，何时能均匀涂布。

Carley（1954）模拟了模头的覆盖率变化，结果如图 5-4 所示。百分比误差是从中心到边缘的覆盖率变化。牛顿型流体的误差仅是 C 的函数：

$$C = \frac{8H^3W^2}{3\pi LD^4} \qquad (5\text{-}1)$$

其中，D 是通道的等效直径，H 是间隙，L 是从通道到唇口的长度，W 是涂布宽度（对于侧面进料模头，它是两倍涂布的宽度）。

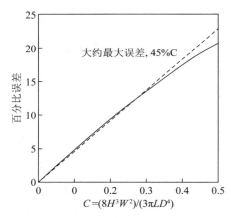

注：图中虚线表达线性关系，实线为实际结果

图 5-4 未经校正模头中牛顿型流体的覆盖误差

所有参数单位必须一致，如毫米或英寸。图 5-4 中的曲线，在目标区域近似线性关系。

分数误差 = 0.45C

因此，牛顿流体很容易计算出给定的模头模拟设计，能否提供基本的涂布均一性。为了保证 2% 的均匀度，计算出的均匀度应为 0.5% ～ 1%，当然，还存在其他误差影响。

尽管流速和黏度对涂布模头的设计很重要，但牛顿流体的覆盖率变化，仅是涂布模头几何形状的函数，与涂布液黏度和流速无关。对于给定的几何形状，从通道到出口的整个压力等于通道中的表压，它与黏度和流速成正比。如果黏度或流速太高，则内部压力过高，模头可能会散开，或者进料系统无法以所需流速供应涂布液。如需降低狭缝中的压降，从而降低通道中的压力，则可增加狭槽开口或间隙，当缝隙开口的间隙在几何分数 C 的上述方程式中提高到 3 时，需要将通道做大，否则，将大大增加 C 及涂布不均匀性。

如果黏度或流量太低，模头中的压力太低，此时重力作用突出，液体会不均匀地从狭缝流出。此时，应使用较窄的狭缝开口或间隙。同样，压力太低，与惯性作用及模头中的压力相比，流体运动的动能相对较大，则不利于不同黏度和流量的液体涂布。

在坡流涂布和落帘涂布中，若模头中压力太低，上层液体可能会落入未完全填充的狭缝，导致涂布条纹。涂布模头中的流道横截面通常是矩形而非圆形，需要找到矩形通道的等效直径。假设通道的宽度和高度分别为 a 和 b，其中 a 为较大尺寸，则等效直径为：

$$D = g\,(b/a) \tag{5-2}$$

函数 $g\,(b/a)$ 如表 5-1 所示。

非牛顿型流体黏度与剪切速率有关，涂布覆盖率误差很大，上述关系式不适用。

剪切速率是假设流体薄片相对于相邻薄片的运动时，速度在垂直于运动方向上随距离的变化率，恰似一个通道离开通道壁时的变化率。有些流体会剪切稀化，当黏度对数与剪切速率对数是线性关系时，该液体被称为幂律液体，黏度可以表示为：

$$\mu = K\gamma^{n-1} \tag{5-3}$$

其中，K 为稠度，等于剪切速率为 1 时的黏度；n 是幂律指数，γ 是剪切速率。

表 5-1　用于计算矩形通道等效直径的 $g(b/a)$ 值

b/a	g (b/a)	b/a	g (b/a)
0.1	0.237 5	0.6	0.823 1
0.2	0.392 5	0.7	0.902 1
0.3	0.522 2	0.8	0.972 8
0.4	0.635 0	0.9	1.036 4
0.5	0.734 6	1.0	1.093 9

注：a 是较大的尺寸，通常是通道宽度；b 是较小的尺寸，通常是通道高度。当量直径为 $De = g(b/a)/a$。

覆盖误差是幂定律常数 n 和几何因子的函数，但不是稠度 K 的函数。

幂律关系仅覆盖了非牛顿流体的一部分黏度——剪切率曲线，不包括黏弹性区域。更复杂的流变行为研究，需要通过计算机辅助进行。

第二节　温度控制

在模拟模头中计算涂布不均匀性时，涂布液温度对黏度影响很大。如果在室温下涂布，则涂布液也应处于室温下。否则，应在涂布开始前将其处理到室温。如果需要在高温下涂布，则在涂布前使涂布液和涂布模头达到设定的涂布温度。

涂布液可在进料容器中达到涂布温度，也可通过热水夹套管线，将涂布液泵送到涂布模头时达到涂布温度。可以监控涂布模头中的涂布液温度，并据此随时调整夹套水流量或温度。

涂布模头应保持在涂布温度。当在非室温涂布时，有几种技术经常用到。第一种是使水或传热流体，通过穿过涂布模头的板的孔循环，保温效果很好，但会使模头和模头组件复杂化。第二种是将涂布站封闭在一个小空间内，保持空间温度在 40～50℃。此时，涂布模头达到所需温度非常慢，在启动之前，房间必须处于该温度最低值。第三种是在涂布模头内和周边设置电加热器，但电加热器均匀控温困难，该方法仅用于挤出模头中聚合物熔化。

为了保持黏度一致，涂布模头中各处的涂布液温度均应相同。因为流速与黏度成比例关系，需要指定允许的黏度变化范围。一般由黏度变化引起的流量变化，不应超过 0.25%，至多 0.5%，在此基础上，设置允许的温度变化范围。绘制黏度随温度变化曲线是必要的。图 5-5 是几种含有明胶的涂布液黏度与温度关系曲线。首先，在涂布温度下测量黏度，然后在高于和低于涂布温度 5℃的条件下测量黏度。通过这三点绘制一条平滑曲线，从中发现温度变化为 1℃时的黏度变化。再基于上述，确定引起 0.25% 或 0.5% 或任何黏度变化的温度范围。

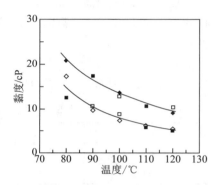

图 5-5　含明胶涂布液黏度随温度变化趋势曲线

例如，在涂布温度附近，黏度在温度每变化 1℃时变化 1%，为了将黏度控制在 0.25% 以内，就必须控制温度变化保持在 ±0.25℃ 以内。

涂布液在涂布管线中心与管壁温度可能不同，而中心处的液体，可能与壁上的液体一起进入涂布模头的不同部分，为了消除管线中可能发生的任何分层，液体应在涂布模头之前混合。

第三节　涂布模头内部设计与涂布质量

一、涂布模头内部校正

如果未校正模头的误差过大，则必须更改内部形状，保证整个宽度上涂布液均匀流动。原则上，必须更改从通道到模唇的狭缝长度，使其边缘变短。当惯性效应可以忽略时，可以使用 Gutoff（1993）给出的简单的缝隙长度公式，对牛顿型流体和幂律定律（剪切稀化）液体进行计算。边缘处缝隙长度的分数校正，可以用作未校正管芯中误差的近似值。Sartor（1990）描述了一种精确的有限元技术，用于计算整个流量。也可以不改变通道的形状，使狭缝在边缘附近小于中心部位，通过改变狭缝高度来校正模头，使狭缝尺寸在边缘附近大于中心部位。

二、 模头内部压力及其分布

如前所述，涂布模头中的压力既有上限又有下限。在低压侧，液体只会不均匀地滴出，重力作用突出。同样，如果在设计中忽略了惯性影响，则通道中因惯性引起的压力影响可忽略不计。在设计中，应尽可能忽略惯性效应，使涂布模头具有通用性，并适用于不同黏度和流量的液体。当在通道中旋转 90° 时，由于流经通道的流体惯性损失，导致的压力上升约为 ρV^2，其中 V 是进料口附近通道中的平均速度，ρ 是密度。显然，ρV^2 具有压力单位。因此，以 SI 为单位，并引入牛顿第二定律，在力和质量之间转换：

$$\rho V^2 = \frac{kg}{m^3} \left(\frac{m}{s}\right)^2 \frac{N\text{-}S^2}{kg\text{-}m} = \frac{N}{m^2} = Pa \qquad （5-4）$$

Pascal 是压力的 SI 单位。当通道中压力足够大时，则惯性压力仅是其很小的一部分，如 0.25%。因此，当通道进料口中的惯性压力（ρV^2）为 80Pa 时，则通道中的最小压力应为 80Pa / 0.0025 或 32000 Pa。

通道中的压力等于狭缝中的压降，对于牛顿流体

$$\Delta P = \frac{12\eta qL}{H^3} \qquad （5-5）$$

其中，H 是狭缝高度或间隙（cm 为单位）；L 是狭缝长度（cm）；q 是每单位宽度的流速（cm³ / s·cm 宽度），η 是黏度（泊）。

最大压力受制于模头强度。如果通道中的内部压力为 1MPa（150psi），并且模头的宽度为 1m，且狭缝和通道的总长度为 10cm，假设模头中的平均压力是最大压力的一半，则扩散力将是

$$\frac{10^6 Pa}{2} \frac{N/m^2}{Pa} (1m \ wide)(0.1m \ deep) = 50000N \ or \ 11000 \ pounds \qquad （5-6）$$

为了抵消这种力，模头必须足够大。即使如此，也难防狭缝在模头的中央区域张开。因此，不可调节的模头仅适用于较低黏度的液体，促使液体从狭缝流出的内部压力，通常低于 100kPa (15psi)。

三、 挤压涂布模头（extrusion dies）

挤压涂布和狭缝涂布的区别在于，在狭缝涂布中，涂布液润湿模头的唇部［图 5-6（a）］，挤压涂布唇部不润湿。挤压涂布黏度高达数百万 mPa·s（cP），模头中的压力高，通道中的压降也高。因通道中的高压降，需要设计很大的校正量，从而产生了"衣架"设计［图 5-6（b）］。当模头用于流变特性不同（剪切稀化行为）的流体时，对一种流体有利的校正，通常不利于另一种流体。因此，由于较高的内部压力，即使是大型模头也难以避免间隙扩大，必须在前边缘沿着模头的宽度方向，每隔一段用螺栓（图 5-7）调节缝隙开口。调节扼流杆可在后面使用。手调螺栓难以实现均匀的横向覆盖，可用在线传感器测量，并借助计算机调整狭缝开口或扼流杆。通过加热或冷却的热膨胀调节螺栓长度，也可实现横向覆盖率均化。

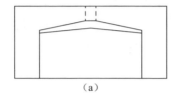
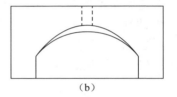

（a）　　　　　　　　　　　　　（b）

图 5-6　带有锥形通道的模头底板：（a）狭缝模头和（b）衣架式挤压模头

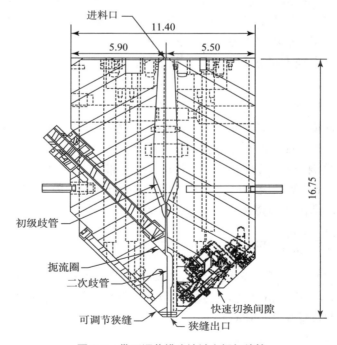

图 5-7　带可调节模头铰链衣帽架歧管

四、模头壁面剪切应力控制和停留时间控制

应力是指材料由于外因作用变形时，某一点每单位面积上承受的附加内力。拉应力如图 5-8（a）所示，它倾向于将矩形杆拉开，应力大小等于 F 除以垂直受力面积 wh。剪切应力如图 5-8（b）所示，作用力为 F，它沿着表面拉动盒子，F 除以与力平行的接触面积 wh 等于剪切应力。假设狭缝涂布模头宽 W 米、狭缝高 H 米、长度 L 米、通道中平均压力 P 帕斯卡，则以牛顿为单位的液体中的剪切应力等于压力乘以面积，即

$$F=PHW \tag{5-7}$$

忽略边缘效应，液体中的壁面剪切应力等于力除以平行流动的面积，则

$$\tau_w = \frac{PHW}{2HL} = \frac{PW}{2L} \tag{5-8}$$

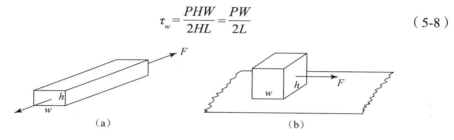

图 5-8 （a）拉应力和（b）剪切应力（应力均为 F/wh）

为了防止材料在壁上积聚，特别是在涂布液具有屈服应力并趋于形成凝胶的情况下，希望涂布模头的所有部分，都高于最小壁切应力。即使液体未形成凝胶，也需要最小的剪切应力，避免颗粒沉降到壁上。在涂布模头中，流体通常是层流状态，此时，壁切应力与液体黏度和流速成正比，与通道直径成反比。因此，当远离进料口并沿着通道向下流向边缘时，由于流入狭缝的流量而使流速降低。必须减小通道的等效直径，以保证最小的壁切应力。这就形成了狭缝涂布模头中的锥形通道（图 5-6），也是挤出模头中衣架结构的设计依据。

涂布液停留时间控制。有时涂布液性能会随存留时间下降，因此，不允许液体在涂布模头中停留时间过长。要特别注意不留流动死角，避免涡流形成及流体闭合循环运动，避免存在非常缓慢地被替换的区域，避免因流速太低导致的沿通道渡越时间过长。即好的设计应无死角，也不应有涡流。

可以通过避免死角空间来规避死角。涡流通常不明显，规避起来比较困难。

为了预测涡旋形成，Sartor（1990）对狭缝涂布模头进行了有限元分析。

图 5-9 描述了三种涡流形成。最常见的涡流形成如图 5-10（a）所示，沿着上弯液面，上唇和腹板间隙是湿涂层厚度的三倍以上。

当间隙相对于湿厚度太紧，或涂布速度太低时，液体会润湿上模唇肩部 [图 5-10（b）]，并在彼处形成涡旋。

在极低的涂布速度下，涡旋不可避免。间隙变大时旋涡如图 5-10（a）所示；间隙变小时旋涡如图 5-10（b）所示。

提高流速能避免这两种涡旋。如果涂布液体从下边缘退回到缝隙中，则在下弯液面附近形成涡流［图 5-10（c）］；

如果模头表面不润湿，则不会形成涡流。更高的涂珠真空度，会将弯液面拉回较低的边缘并消除该涡流。

当狭缝开口大于湿膜厚度的五倍时，会在狭缝的出口处形成涡流［图 5-10（d）］。

当进料口的开口大于湿膜厚度的 0.2 倍时，一定会发生这种现象。不同的涡流，有时会合并成大涡流。

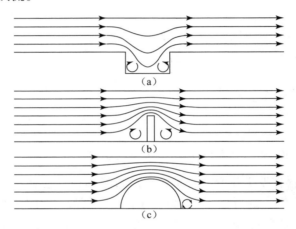

图 5-9　流体中形成涡流：（a）流过矩形孔，（b）流过垂直板，（c）流过半球

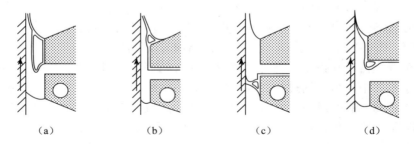

图 5-10　在狭缝涂布模头中形成涡流

第四节　部分涂布模头设计加工要求

一、狭缝涂布模头加工精度

狭缝涂布模头（slot die）在涂布工艺中涉及的变量比较多，涂布过程中的各种变量，对涂布质量影响较大。

如图 5-11 所示，设想涂布液从料槽通过计量泵，定量输入模头腔体，模头的腔体均匀地把溶液分散到整个横截面，然后通过狭缝，在一定压力下，均匀地涂布到基材上。此时，涂布量和均匀性，主要由涂布唇口吐出的液体压力、流速和流量的均匀性决定。理论公式如下：

$$V = \frac{\Delta P b^3}{12\mu L}$$

式中，ΔP 是模头出口压力下降差；b 是模头狭缝间隙；μ 是液体黏度；L 是狭缝纵向长度，即腔体到唇口的距离。

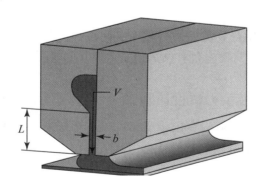

V = 流速
μ = 黏度
L = 狭缝长度
b = 狭缝宽度

图 5-11　狭缝涂布模头结构

可见，狭缝间隙对模头唇口流量影响最大，即整个狭缝机械幅面的均匀性，对于涂布厚度的均匀性影响最大，是 3 次方的关系。换言之，把 slot die 的两块铁片打开，溶液从腔体流经过的平面，如果有 2μm 的台阶差距，涂布就有 8μm 的偏差，所以，涂布模头的加工精度十分重要。

以 EDI 的狭缝模头为例，EDI 会在模头出厂前，提供幅面加工精度数据如下（图 5-12）：

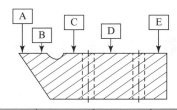

μm	A	B	C	D	E
LOW	−0.334819	−0.554183	−0.219364	−0.069273	−0.037523
HIGH	0.115455	0.000000	0.496456	0.935184	0.871684
DIFF	0.450274	0.554183	0.715820	1.004457	0.909206

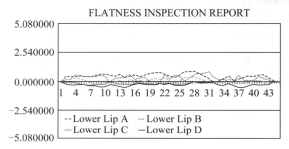

图 5-12 EDI 模头幅面加工精度

EDI 在 b 值的控制上，通常做到 0.5μm 左右，即机械加工精度偏差控制在 0.125μm。

同样，液体在模头狭缝中受到剪切力后黏度变化与否，在一定程度上让狭缝的参数控制更为复杂，所以，狭缝涂布对设备和涂布液要求较高。

二、锂电池狭缝挤压涂布模头刃口设计制作

目前，锂离子电池行业已经普遍采用狭缝挤压式涂布技术。电池极片狭缝挤压式涂布如图 5-13 所示，一定流量的浆料从挤压头上料口进入模头内腔，并形成稳定的压力，浆料最后在模头狭缝出口吐出，涂布到基材上。

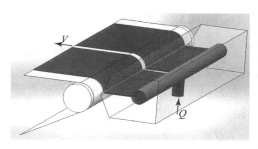

图 5-13 狭缝挤压式涂布

挤压模头关键部件，直接影响涂布极片的质量和均匀性，模头成本大于整个涂布机的30%。涂布模头主要包括上模、下模和垫片三部分。下模有特殊的内部腔体，上模相对简单，垫片位于上下模之间，可根据不同需求选择。影响涂层厚度均匀性的因素，主要有挤压模头型腔出口速度的均匀性、基材的平面度、浆料的均匀性以及表面张力等。挤压模头出口速度均匀性是主要因素之一。挤压模头腔体的几何结构，直接影响腔内的流体形态；优化结构参数，能有效提高出口速度分布的均匀性。包括：

（1）涂布模头内部流道设计，比如梯度式、衣架式、单腔式和双腔式料槽结构。基本目标是维持涂布液在模头内的流动速度，非静止区域或沉降等问题，通过模头狭缝出口速度均匀，保证涂层均匀性。

（2）进料位置优化设计，比如模头下部进料、模头侧面进料等，改变流体流动状态，确保模头狭缝出口速度均匀。

（3）垫片结构优化设计。通过垫片形状优化解决极片厚边问题。

涂布模头的刃口，是整个模头的关键，如图 5-14 所示，涂布时浆料不断流经刃口，从狭缝吐出，刃口性能直接影响涂布效果。根据锂离子电池涂布的特点，挤压模头刃口应该满足：

图 5-14　挤压涂布模头

（1）高刃口尺寸精度。锂离子电池涂布浆料湿厚为 100～300μm，精度小于1%。要求刃口锋利，达到微米级精度；直线度小于 2μm/m。

（2）唇口表面光洁，粗糙度小（Rz0.2μm 以下）。要求喷口面表面光洁，粗糙度小，不造成固体颗粒堵塞，规避竖直条道等缺陷。

（3）刃口材料硬度高，耐磨损，使用寿命长。正负极浆料是由固体颗粒组成的悬浮液，在涂布过程中，浆料在压力作用下不断从刃口狭缝吐出，固体颗粒会对刃口喷出面形成磨粒磨损，要求刃口材料硬度高，耐磨，能够长期使用。

（4）耐腐蚀。锂离子电池浆料里面往往含有机溶剂、聚合物黏结剂等组分，正极浆料呈弱碱性，因此，要求刃口耐腐蚀。

（5）刃口锋锐，具备一定韧性，不会发生断裂，抗压强度和弯曲强度高，不发生弯曲变形。

考虑到具体的使用环境和成本，应合理选择挤压模头的材料，表 5-2 提供了不同材料的组合方案。

表 5-2　挤压模头材料选择方案

	材质						
	方案 1	方案 2	方案 3	方案 4	方案 5	方案 6	方案 7
喷枪枪体	全部为不锈钢	全部为硬质合金	不锈钢	全部为钛	钛	钛	耐蚀合金
刃口			硬质合金		不锈钢	硬质合金	

硬质合金是由硬质相和黏结相组成的粉末冶金产品，硬质相主要是各种碳化物：碳化钨（WC）、碳化钛、碳化钽和碳化铌，钴作为黏结相使用。日本的 TF15 是一种钨钢硬质合金，这种材料晶粒尺寸细小，小于 1μm，兼顾了硬度及韧性，易形成锋利刃口，刀尖强度又高，其性能参数见表 5-3。图 5-15 是超硬合金刃口与不锈钢刃口精度对比，对比使用这两种不同刃口材料的模头涂布，涂布厚度均匀性也有差别（图 5-16）。刃口采用耐磨损性优异的硬质合金，可实现长寿命、高品质。

表 5-3　TF15 材料基本性能参数

材料等级	黏结相量（wt%）	比重	硬度（HRA）	导热系数（W/m·℃）	热膨胀系数（×10⁻⁶/℃）	杨氏模量（GPa）	泊松比	抗压强度（GPa）	破坏韧性值（MPa·m¹ᐟ²）	弯曲强度（GPa）
TF15	10	14.5	91.0	71	5.3	580	0.22	5.8	12.5	3.8

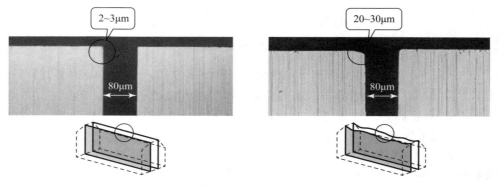

图 5-15　超硬合金刃口与不锈钢刃口对比

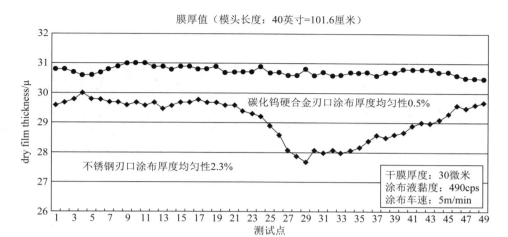

图 5-16　碳化钨硬质合金与不锈钢刃口模头涂布厚度均匀性对比

参考文献

[1]　美国文献 http://www.mmc-slotdie. com/technologies /tungsten_carbide.html.

[2]　涂布质量英文书 .

[3]　J.H. Coating Matters 3 月 15 日 .

[4]　原创 miko woo 锂电池狭缝挤压涂布模头刃口，电池世界在线 2018-2-17.

第6章 涂布工艺辅助设备对涂布质量的影响

第2篇

第一节　涂布辅助设备系统

涂布辅助设备是维持主要的涂布机元件有效运行所需的设备和辅助子系统。主要涂布机元件包括放卷机、涂布机、干燥装置、收卷机和卷纸跟踪设备，完整的辅助系统包括硬件、培训程序、质量控制系统和测试仪器。

涂布生产线构成，主要的涂布加工设备包括涂布机、干燥器、放卷机、收卷机和卷筒纸传输系统；支持主要加工过程正常运行的设备，包括过滤器、输送泵、表面处理器、混合器、控制仪表、质量控制程序和培训以及质量缺陷监测系统，统称为过程辅助设备；涂布技术包括硬件技术和软件技术两部分。

缺陷故障排除工作，通常集中在主要的工艺设备上，如放卷、基材传输、涂布机和干燥装置，过程辅助设备，也是减少和防止缺陷的重要因素。

辅助设备成本低，主动改进实施可以提高质量。其特殊优势在于减少对故障排除过程的依赖性，属于主动预防质量缺陷和消除隐患措施。

表 6-1 是辅助设备类别及其典型硬件。

表 6-1　涂布机辅助设备

表面处理	支持站	工艺仪表
火焰	精密涂布装置	线速度 / 基材张力
电晕放电	隔振	干燥 H&V 控制
等离子体	刚性	干燥点检测
基材清洁	盒体	—
静电控制	—	—

续表

表面处理	支持站	工艺仪表
—	在线监测	污染控制
—	涂布量	干燥空气过滤
—	缺陷检测	涂布空气过滤
—	黏度	—
混液	涂布室	质量控制
高剪切分散	温度控制	S.P.C.
低剪切分散	适度控制	6-sigma
清洁工具	气流	测试方法
过滤	颗粒物控制	—
液体传输	涂布辊和轴承	数据管理
过滤	辊面	计算机数据采集
消泡	均匀与平衡	统计分析
泵送	轴承和润滑剂	缺陷数据库
温控	—	远程访问
黏度控制	人员培训	—
在线清洗	—	—
—	程序	卷筒存放
—	设备	环境控制
—	测试	污染控制

表面处理系统用于对基材的各种处理。表面处理影响基材润湿性、附着力、基材清洁度和静电敏感性等。

为了提高基材的润湿性和附着力，可用火焰、放电或电晕以及等离子处理，增加基材的表面张力及其在基材上的均匀性；提高附着力和润湿性，提高涂布质量和均匀性。也可以通过氧化还原使官能团沉积，改变表面化学性质及粗糙度，去除或交联表面上的弱边界层，可以增加黏附力。

基材清洁是另一种表面处理系统，目的在于去除污染物，清洁基材表面。包括接触式和非接触式系统。涂布后的存储和放卷也可能会引入污染物，基材清洁系统有助于减轻污染物影响。

静电控制系统用来减少基材上静电积累。有两种类型：一类是为了中和或除去自由电荷或表面电荷，将电离空气吹到基材上，或者使用接地的金属丝；另一类对于偶极电荷、内部电荷或束缚电荷，只能将基材充入均匀电荷，然后用相反电荷中和该电荷。

制液是关键步骤，有缺陷的溶液或分散液，不可以进入后续工序。

涂布液或分散体制备设备。为了得到均匀、稳定且无污染的涂布液，根据溶液特性，选用不同剪切力的搅拌釜。低剪切速率设备制备溶液的各种成分全部溶解。如果溶液中包含不溶性颗粒物，则需高剪切设备制成分散液。快速交联剂在涂布头之前，通过在线混合器加入。必须按照工艺流程，顺序添加各种成分，控制剪切速率和溶解或分散时间，制备均匀稳定的分散体或溶液。所有水池和管路都要事先经过清洁。

流体输送设备将溶液从混合釜输送到涂布头。泵必须提供均匀的流量，不给涂布站造成振动。要配齐过滤器、温度控制系统、在线黏度测量和流量测量设备。

基座是放置涂布机的装置。在整个涂布过程中，保持涂布机的刚性和稳定性。基座具有多种功能，精确测量和调整涂布机，以保证良好的涂布质量。

在线仪器测量涂层重量和缺陷，有助于尽早发现、快速表征、减少废品。

工艺控制仪表必不可少。为了控制干燥器加热和通风设备参数，需要控温、空气中的溶剂水平（水性系统的湿度）、干点和空气速度的仪表。还要配置控制基材速度，涂布张力和边缘对齐的设备。另外，需要传感器监控关键变量。仪表精度范围，必须与高质量品控对应。如果基材速度精度要求为 2%，而仪器只能将其测量和控制为 5% ~ 10%，则无法实现所需的性能。

涂布线和生产车间通常使用高效微粒空气（HEPA）过滤器，过滤车间空气，减少污染。冬天的干燥空气会引起静电，将灰尘吸引到基材上，需要配备控制相对湿度的设备。有时，涂布站周围也要安置过滤设备、控温及湿度保持设备。

涂布辊和轴承是辅助系统的重要组成部分。高质量辊会有效提高涂布质量和可操作性，不良滚动的轴承可能会成为污染源。各种辊影响基材的收放卷、主辊以及基材辊恒定。作为基材传输和涂布对齐的关键组件，低质辊表面粗糙造成划伤，过多的轴承跳动，不良凸度或辊子不圆，对涂布质量和可操作性有不利影响。

统计质量控制系统，用于识别质量趋势，确保产品合规。可用技术包括直方图、帕累托图、因果图、缺陷集中图、散布图和控制图。

涂布是一个复杂的生产过程。全过程人员培训，有助于确保所有设备正确操作，并将操作失误降至最低。

所有产品的详细操作规程，也是辅助系统的关键。规程应准确易读易用。

数据管理系统，收集和存储涂布过程的所有数据，具体涉及产品性能、缺陷图像和技术参数、来自过程控制回路和过程变量的测试数据。

卷材存储条件。仓储温度和相对湿度影响基材质量，进而影响涂布质量。

第二节　涂布缺陷与辅助装备交互作用

适当的辅助设备，减少或消除缺陷；设备不一致和设计不当、辅助设备不足，导致缺陷。

表 6-2 是辅助设备与各种缺陷间的交互作用。垂直轴上是辅助设备类别，水平轴上是缺陷。表中的 X 表示所指辅助设备对应的缺陷。不同辅助设备可以影响同一缺陷；同一个辅助设备，也可影响多个缺陷。

可能影响所有缺陷的因素包括：

①所有制造、设计和销售产品人员的培训。

②所有设备和产品操作条件的操作程序。

③质量控制系统，必须确保物理质量水平和性能特性在规格范围内。

④数据管理系统，集成所有过程数据以及按类型和产品划分的产量损失，还应包含工厂或 R & D 先前经验的记录，有助于减少缺陷。

表 6-2　辅助设备交互作用

| 辅助设备 | 振动 | | 点缺陷 | | | | |
| | | | 物理的 | | | 污染物 | |
	机械的	蛇形流动	均一性	肋纹	气泡	点子	划痕
表面处理							
火花、电晕放电、等离子	X			X			X
基材清洁、静电控制			X			X	
混料							
高剪切分散			X		X	X	
低剪切分散			X		X	X	
清洁工具			X		X	X	
过滤			X		X	X	
液体传输							
过滤					X	X	
消泡					X		
泵送	X				X		
黏度/温控		X	X	X			
支持站							
精密涂布器	X	X	X	X			X
隔振	X		X				
刚性	X		X				
污染物控制			X			X	X
涂布室			X			X	
温湿度控制							

续表

辅助设备	机械的（振动）	蛇形流动（振动）	均一性（物理的）	肋纹（物理的）	气泡（物理的）	点子（污染物）	划痕（污染物）	皱纹	干燥点变化	条纹	斑点	预计量	自计量	产能	静态
颗粒物						X				X				X	X
气流						X				X					
Cartridge			X							X					
工艺仪表										X					
张力	X		X				X			X					
线速度	X		X	X			X			X		X	X		
干燥器 H&V											X	X	X	X	
干燥点										X		X	X		
在线监测										X				X	
涂布量			X	X							X				X
基材缺陷检测	X	X			X	X	X			X	X	X	X	X	
涂布辊与轴承	X		X			X		X	X	X	X	X	X	X	X
卷材存储条件			X			X		X	X		X			X	
人员培训	X	X	X	X	X	X	X	X	X	X	X	X	X	X	X
程序	X	X	X	X	X	X	X	X	X	X	X	X	X	X	X
数据管理	X	X	X	X	X	X	X	X	X	X	X	X	X	X	X
质量控制系统	X	X	X	X	X	X	X	X	X	X	X	X	X	X	X

第三节　狭缝涂布液体输送与涂布质量控制

一、狭缝涂布设计与涂布液传输

电子装置的轻量化、柔性化，是全球发展趋势。计算机、相机、平板终端、智能手机、手机、汽车导航等产品构成的各种部件，都使用了各种功能性涂布液。与涂布层的薄层化、高浓度化、水溶化、无溶剂化等时代的需求相对应，从涂布液的供给到实际的涂布工艺为止都是封闭的系统，并且通过计算机化，保持清洁环境。在电子材料制造中的精密涂布技术中，狭缝涂布正在成为主流。向涂布机供料的"流体控制供给系统"是重要课题。在涂布液体供应中，为低黏度高精度薄膜涂布开发的"超精密定量隔膜泵"，是必须了解的内容。

在狭缝式涂布机设计中，经常提到四个机械要素：涂布头加工精度、薄膜稳定速度、涂布头位置精度和涂布辊旋转精度。此外，供料泵在流体传输与控制系统中，发挥约 30% 的作用，直接影响供料系统的稳定性，进而对涂布质量构成强影响，已经成为第五个机械要素。

二、涂布液传输用泵

（一）计量泵及其分类

1. 计量泵

计量泵是一种能够准确定量输送液体的流体传输设备。如果正确使用，其发挥性能将远超于涡流泵等其他同类产品，有效降低工艺成本和提高工艺效率。对于通常的往复式定量泵来说，避不开的就是麻烦的"脉动"现象。例如，高黏度液体、易沉降浆料和易挥发的液体等，其中脉动（惯性抵抗）是存在于许多转移应用中的一个问题。但是，根据泵的工作原理，有些类型泵吸入—吐出管道内产生脉动不可避免。一般使用缓冲器等作为防止往复式泵特有脉动的手段。尽管定期检查，在控制延迟—液滴多吐等连续过程中，仍难以准确控制。基于上述情况，人们开发了一种泵自身具有防止脉动的机械结构，即二连泵头的无脉动化机械结构——双头式无脉动定量泵。以往的产品，在一般的化学、食品、医药品工业等生产过程中，即使在严格的应用中具有实用价值，但是，随着技术进步，出现了胶片的精密涂布（表面涂层）工艺，半导体中的大规模、高集成化、器件微细化的平滑、平坦化以及处理超临界流体的过程，提出了比无脉动精度要求更高的高精度、无脉动注入。涂布领域适用的主要计量泵有单螺杆泵和精密齿轮泵。相对而言，TPL 泵在追求精度、提高稳定性和可靠性机翼更加小巧方面，就成了标准定量泵的理想选择。结合终端用户用于涂布液输送的实际情况，新开发的油室双可开构造模式，使得在更换工序时，可以缩短泵内清洗时间。

2. 计量泵的分类

泵的种类很多，分类方法也多种多样。在此将泵按照转子式泵和往复式泵两类，作一介绍（图 6-1）。

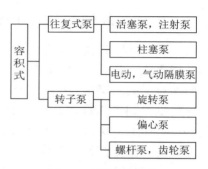

图 6-1　计量泵的分类

（1）离心泵与转子式容积泵

离心泵是较常见泵种类之一，它通过电机带动泵中的叶轮和叶片旋转，此时产生的离心力和推进力将液体排出，从而实现流体传输。离心泵的特征在于，可以输送大量的液体，但是排出量尤其容易受到排出侧（泵出口侧）的压力波动的影响。转子式容积泵和离心式泵完全不同，与往复式容积泵有相似之处，尤其擅长高重复在线精度来移送高黏度液体。但是，在传输像水一样的低黏度液体时，如果是含悬浮颗粒的液体，磨损比较严重，还会因为施加剪切力而造成某些液体流变性质变化。同时，泵体内部还会出现逆流、轴封部漏液等问题。转子式容积式泵如图 6-2 所示。

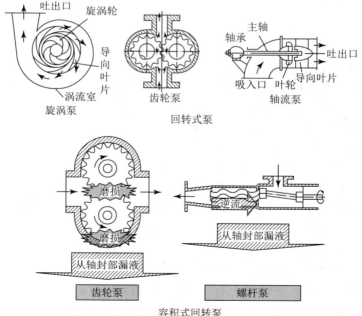

图 6-2　回转泵

（2）往复式容积泵及其结构

通过偏心结构把来自电机的旋转运动转化为泵轴的往复运动，从而驱动泵轴末端的隔膜或者柱塞，通过泵腔内的正压和负压作用，完成泵腔内液体的增减，同时，通过吸入侧和吐出侧的止回阀结构，最终完成液体的吸入和吐出。图6-3是往复式容积泵的结构及送液部位结构。

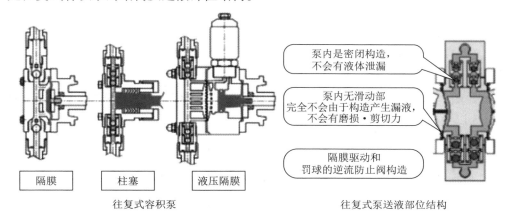

隔膜　　　柱塞　　　液压隔膜

往复式容积泵

泵内是密闭构造，不会有液体泄漏

泵内无滑动部完全不会由于构造产生漏液，不会有磨损·剪切力

隔膜驱动和罚球的逆流防止阀构造

往复式泵送液部位结构

图6-3　往复式容积泵结构及送液部位结构

这种结构方式的特点是，泵的内部是完全密封的结构，并且没有机械密封那样的滑动磨损，可以完成液体计量移送。与转子泵相比，定量性（重复再现性）会更高，往复式容积泵受到泵的吐出侧即出口侧的压力变动造成的吐出量变化小，容易实现液体微量、高精度移送。

但是，由于往复式容积泵的结构原因，移送液体时会出现间歇移送（记脉冲）。这个脉冲会引起配管的振动，导致涂布不均匀问题。

（二）脉动及其影响

1. 单头式隔膜泵或柱塞泵的脉动

单头式隔膜泵或者柱塞泵特有的间歇移送可以用到间歇式喷涂、血液移送（人工心脏）等用途的泵上，即脉动现象并非一无是处，但脉冲带来的诸如配管振动等，对涂布的负面影响更大。

单头式隔膜泵或柱塞泵会产生如图6-4所示的明显脉动。

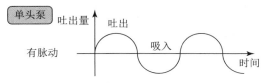

单头泵　吐出量

吐出

吸入

有脉动

时间

图6-4　单头式隔膜泵或柱塞泵脉动波形

2.双头式隔膜泵或者柱塞泵的脉动

双头式隔膜泵或者柱塞泵，如图 6-5 所示，产生单头式 1/2 的脉动。

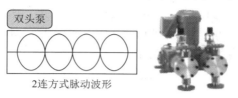

图 6-5　双头式隔膜泵或者柱塞泵脉动波形

3.三头式隔膜泵或者柱塞泵的脉冲

如图 6-6 所示，三头隔膜泵或者柱塞泵的脉冲，会减小到单头式泵的脉冲的 1/3 以下。

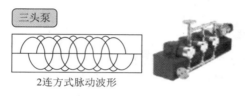

图 6-6　三头式隔膜泵或者柱塞泵脉动波形

如上所述，有单头式泵的间歇式计量泵，也有通过多个泵头来减小脉冲的低脉冲泵。增加泵头的数量的确可以减小脉冲，但考虑到经济性和空间占用等因素，实际应用还是以三头泵为主。

4.特殊驱动凸轮的双头式无脉动泵及其脉动

（1）基本结构

双头式无脉动泵的结构，是把两个单头式泵做 180 度相位交替组合，并使之做交互式往复运动。传统的单头式计量泵，是采用圆形的偏心驱动凸轮并使之做旋转运动，与之接触的驱动泵轴会做出正弦曲线运动。这里说的特殊驱动凸轮，不会使驱动泵轴做正弦曲线运动，而是使泵的吐出过程做等速度运动。基本构造如图 6-7 所示。

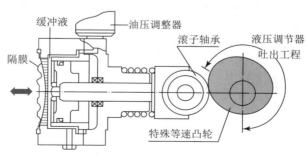

图 6-7　双头式无脉动泵结构

（2）双头式无脉动泵脉动波形

采用特殊等速度驱动凸轮结构的泵在运转时，单侧泵腔内的吐出量波形呈台状。并且，左右的两个泵头在切换时，一定区间内两个泵头会同时做吐出运行（一方减速运行，另一方加速运行）运动，两个泵头的吐出量的合计，一直为恒定状态并最终使泵整体的吐出侧，产生无脉动的吐出效果。无脉动波形如图 6-8 所示。

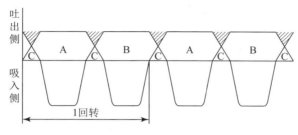

图 6-8　双头式无脉动泵脉动波形

（三）隔膜泵

1. TPL 系列液压隔膜泵

（1）TPL 的基本结构

日本 TACMINA 公司 TPL 系列泵，既具备传统隔膜泵的优势，又具备柱塞泵的高精度特点，属于涂布专用泵。图 6-9 是 TPL 泵的基本结构。

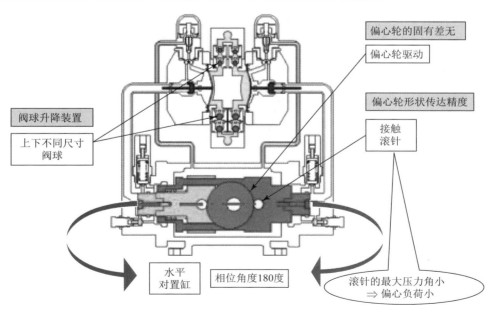

图 6-9　TPL 泵的基本结构

（2）涂布供料系统中泵的主要性能参数

（a）泵的效率

泵的效率是指针对理论吐出量而言，即泵的实际吐出量的比例。计算公式如下：泵效率（%）= [实际吐出量（mL/min）/ 理论吐出量（mL/min）] × 100

（b）瞬间流量脉动率

瞬间流量脉动率是指瞬间最大吐出量和瞬间最小吐出量的差值，除以平均吐出量再除以 2 计算的值。计算公式如下：脉动率（±%）= [瞬间最大吐出量（mL/min）—瞬间最小吐出量（mL/min）]/ 平均吐出量 × 1/2 × 100

2. 吐出效率对比

结合低黏度液体的移送，进行了 TPL 液压隔膜泵与齿轮泵的效率比较试验。泵的效率按 30：1 的吐出比例进行计算。如表 6-3 和图 6-10 所示，齿轮泵在电机的低转速运转下呈现出效率低下的情况。

表 6-3　泵的吐出效率

TPL1M-008 泵效率　　　　　　　　　　　　　　　　　　　　清水·常温

吐出压力（MPa）	平均流量（g/min）	泵回转数（rpm）	理论吐出量	泵效率（%）	马达设定回转数
0.2	117.513	99.06	119.503	98.33	3 000
0.2	100.093	84.31	101.709	98.41	2 540
0.2	94.783	80.03	96.546	98.17	2 400
0.2	71.080	60	72.382	98.20	1 800
0.2	47.757	40.08	48.351	98.77	1 200
0.2	23.979	20.05	24.188	98.38	600
0.2	11.900	10.01	12.076	98.54	300
0.2	3.914	3.305	3.987	98.18	100

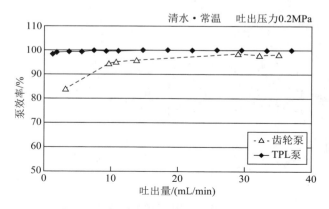

图 6-10　两种泵吐出量与泵效率关系曲线

3. 隔膜泵其他优点及推荐应用领域

（1）隔膜泵其他优点

隔膜泵还具有无脉动、无剪切力、无滑动部件、易于清洗和维护等其他优点。

（a）无脉动：因为没有摩擦剪切，不大可能产生局部压力变化，可以抑制空蚀现象产生的气泡。密封性突出：无液漏，无热变质，允许空转，异物混入少。

（b）易于清洗和维护：易分解的构造＋抛光加工接触液体部，少量消耗品。

（2）推荐用于薄膜精密涂布

关联功能涂料应用有：LCD·PDP 各种光学膜 /TAC 膜 / 偏光片 / 彩色滤光片 / 防反射膜（AR/AG）/ 视角补偿膜 / 触屏黏膜 / 配向膜 /PVA 膜 / 表面保护膜 / 提亮膜 / 感光材料 /UV 固化材料 / 锂离子电池（正 / 负极，分离膜等）纳米银导电膜，近几年作为 ITO 导电膜的替代品，凭借其透明性、折叠性、导电性强、成本较低、便于涂布等优势逐渐扩大市场。

但是，因为纳米银独特的细针形纤维结构，选择不施加剪切力的温柔送液泵至关重要。

三、泵与涂布质量

涂层薄膜化、涂布液低黏度化是涂布工艺的发展趋势之一，同时，洁净度和涂布质量要求也日渐提高。为了满足这些要求，狭缝式涂布机越来越受到重视，与之关联的质量问题解决措施，需求日盛。与狭缝涂布相关的常见质量问题，有横纹、杂质混入、气泡及涂布液性能变化等。泵是横纹主要成因之一。

1. 横纹成因及其规避措施

通过调试涂布机或者调和涂布液等，或许可以在一定程度上改善横纹，但泵影响最大。由于泵的结构，导致泵和涂布模头间压力变化，以及泵的送液量不稳定，都会导致横纹。

规避措施：使用具有止回阀球结构的泵。隔膜泵有两个单向阀防止逆流，可以解决涂层不匀问题。此外，即使压力变化，流量也保持恒定（图 6-11）。

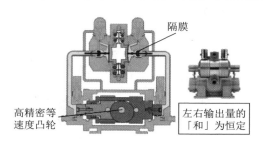
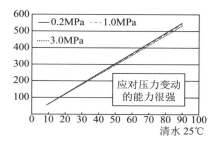

图 6-11　隔膜泵输送性与压力影响

2. 异物混入成因及其规避措施

输送泵内部摩擦造成的磨损，会使涂布液混入异物。用两种泵移送超纯水，对排出水中的颗粒计数（粒子径 0.2μm 以上）。对比发现，隔膜泵中污染物颗粒个数仅为螺杆泵的百分之一（图 6-12）。

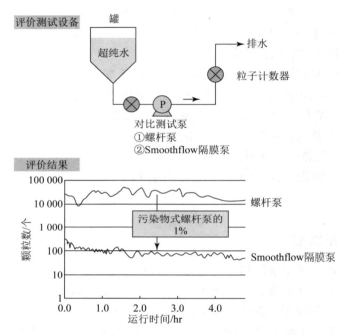

图 6-12　泵内摩擦导致液体杂质离子含量变化

规避措施：采用没有摩擦剪切部的隔膜泵。

3. 气泡成因及其规避措施

气泡成因：考虑到狭缝式涂布为全密封结构，气泡从外界进入涂布液的可能性较小。研究发现，原本溶解在涂布液中的气体，会因为涂布液在输送过程中的温度或者压力变化再次汽化（图 6-13）。

规避措施：选择不施加摩擦剪切力结构的泵。

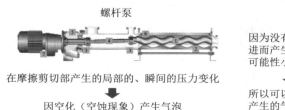
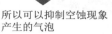

图 6-13　隔膜泵结构规避摩擦气泡及杂质生成

4.涂布液性质变化，输送失败

液质性质变化成因：泵送液部的摩擦剪切力（图 6-14）。

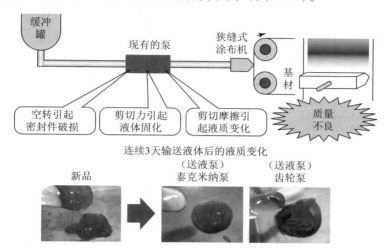

图 6-14　涂布液质量变化

规避措施：针对这种容易液质变化的敏感液体（如 UV 固化胶），选择不施加摩擦剪切力的隔膜泵。

四、典型涂布应用示例

1.泵性能对涂布质量影响

选择三种代表性涂布液，结合不同输送泵，进行了涂布稳定性试验。涂布液进行泵的性能比较如表 6-4 所示。

表 6-4　典型涂布液物化性能参数

树脂名称	项目	浓度（%）	黏度（mPa·s）	密度（g/cm³）
A	环氧树脂（基本浓度 8%）	8	856	0.882
		4	68	0.857
		2	17	0.844
B	PSA（黏合剂）（基本浓度 40%）	40	11 845	0.952
		30	2 112	0.925
		20	369	0.905
		10	68	0.881
C	硅类树脂（基本浓度 60%）	60	30 500	0.979
		30	409	0.915
		10	15	0.870

涂布液基本构成：

A. 环氧树脂、聚酰亚胺、BT 树脂等　　　浓度 2% ～ 8%
　　低黏度热硬化型树脂　　　　　　　　涂膜厚度 0.5 ～ 2.0um
B. PSA（黏合剂）　　　　　　　　　　　浓度 10% ～ 40%
　　合成橡胶、亚克力类 PSA 等　　　　　涂膜厚度 5 ～ 20.0um
C. 硅树脂类 PSA　　　　　　　　　　　浓度 10% ～ 60%
　　硅树脂，使用高频转速运转泵对应高黏度
　　　　　　　　　　　　　　　　　　　涂膜厚度 0.5 ～ 30.0um

实验过程设计，如图 6-15 所示。

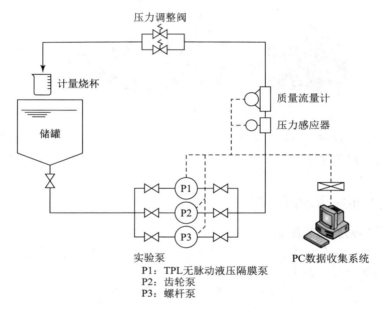

图 6-15　实验流程

2. 试验方法

（1）测试泵（P1：TPL 无脉动液压隔膜泵、P2：齿轮泵、P3：螺杆泵）

将三种泵，调整为同等的吐出能力来输送以上三种液体，接触液的构件材质选择的是 SUS/PTFE。

（2）吐出量可变方式

通过调整频率，控制电机旋转数。通过旋转编码器测量旋转次数。频率设置为 6 ～ 60Hz 内可变。

（3）测量吐出量

吐出量从吐出侧的配管里采样，用电子称测量重量。

①吐出量：密度换算（mL/min）。

②采样时间：60sec。

（4）泵效率

用电子称测量从泵吐出侧 60sec 间流量，把密度换算成体积。计算实际吐出量相对于理论吐出量的流量比例。

（5）脉动率测量

脉动率是利用数据记录仪处理质量流量计的输出，读取并计算瞬间最大值、瞬间最小值和平均值。

3. 试验结果

（1）泵效率

图 6-16 至图 6-19 是低黏度涂布液中的泵效率数据。

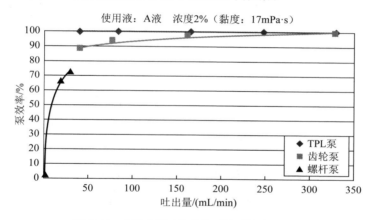

图 6-16　A 涂布液吐出效率对比（浓度 2%）

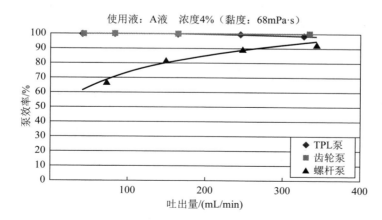

图 6-17　A 涂布液吐出效率对比（浓度 4%）

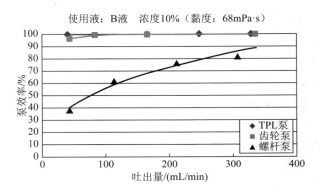

图 6-18　B 涂布液吐出效率对比（浓度 10%）

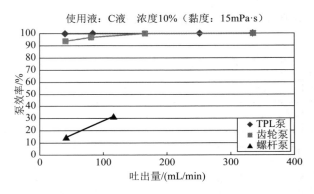

图 6-19　C 涂布液吐出效率对比（浓度 10%）

（2）吐出侧压力变化下泵的吐出量和泵效率以及脉动率

低黏度液体在移送时，在泵的吐出侧压力变化条件下吐出量泵的效率流量脉动率的表现如图 6-20 至图 6-25 所示。此外，由于螺杆泵在低黏度液体移送时无法发挥性能，故此处省略螺杆泵的测试数据。

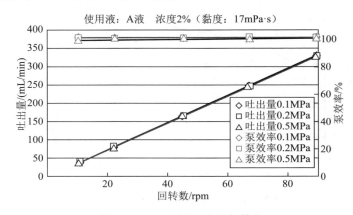

图 6-20　TPL 泵的吐出量与效率

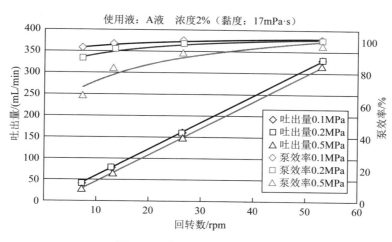

图 6-21　齿轮泵的吐出量与效率

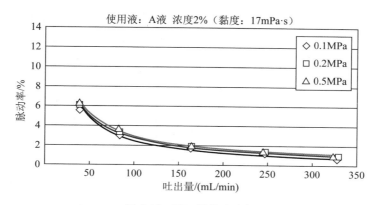

图 6-22　TPL 泵的脉动率

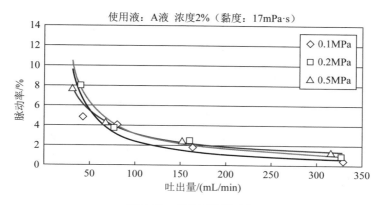

图 6-23　齿轮泵的脉动率

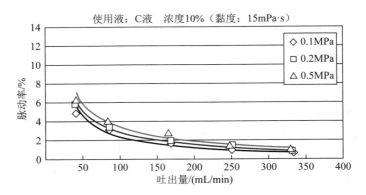

图 6-24　TPL 泵的脉动率

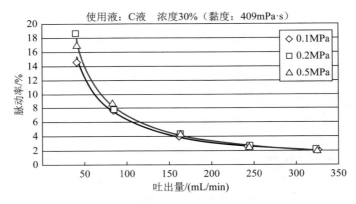

图 6-25　TPL 泵的脉动率

（3）中高黏度液体移送时，通常齿轮泵和螺杆泵更加具有优势，但是如图 6-26、图 6-27 所示，TACMINA 的 TPL 泵同样可以达到较高的送液水平。

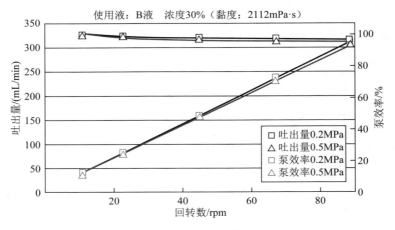

图 6-26　TPL 泵的脉动率

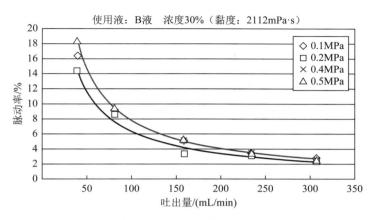

图 6-27　TPL 泵的脉动率

在环氧树脂 2%（黏度 17mPa·s）中，将 TPL 泵和齿轮泵的吐出量的流量脉动和压力脉动作为一个例子进行比较。这是基于所有相同条件的 pc 数据收集系统的趋势图。从 TPL 泵的压力波形中可以看到一些脉动，但是流量波形几乎没有脉动而是直的。在齿轮泵中压力脉动和流量脉动同步产生脉动，可以认为是因为液体黏度低，所以两个齿轮间发生了液体逆流。测量的数据如图 6-28 所示。

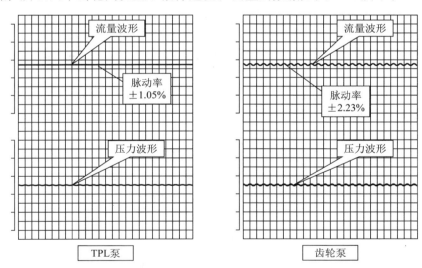

图 6-28　流量与压力波形的比较

4. 三种泵的实验结果评价

使用 TPL 液压隔膜泵、齿轮泵、螺杆泵对电子材料薄膜涂布中常用的 A、B、C 三种液体进行涂布测试，在低黏度领域（100mPa·s 以下）的测试结果如表 6-5 所示。TPL 液压隔膜泵，将传统的隔膜泵的脉动消除到极限，解决了传统隔膜泵的脉冲问题；通过泵结构的改进，大大提高了容积效率，在低黏度领域比起齿轮泵和螺杆泵具有明显优势。

表6-5　泵应用性能对比

	TPL 液压隔膜泵	齿轮泵	螺杆泵
容积效率	• 98% 以上（MAX 时） • 吐出侧压力变化下流量变动小	• 98% 以上（MAX 时） • 吐出侧压力变化下流量变动大	• 76% 以下（MAX 时） • 吐出侧压力变化下流量大幅下降
脉动率	• 1%~2%（MAX 时） • 受吐出侧压力变化影响小	• 1%~2%（MAX 时） • 受吐出侧压力变化影响大	• 5%（MAX 时） • 受吐出侧压力变化及转速影响明显
受吐出侧压力变化影响程度	• 基本无影响并成直线性比例 • 0.5MPa 以上会有若干变化	• 有较大影响 • 0.5MPa 以上会有若干变化	• 受影响最为明显 无法保证流量的稳定性
电机转速变化下的流量直线性	• 稳定的直线性 • 流量可变范围广	• 直线性略有变化 • 流量可变范围广	• 不具备稳定性 • 流量可变范围窄

如上所述，要求高性能、多功能性的电子材料，即使在精密涂布产品中涂布剂的种类也会变得多样。从涂布技术方面考虑，研究涂布工艺中的供液系统是重要课题。虽说介绍的是高精度无脉动泵"TPL 系列"，但并不是完美无缺的无脉动，本来应该用"微脉动"来表现的地方，以现在的技术能力还无法达到。在今天制造的多种多样的泵类产品中，没有完全无脉动的泵。今后应该解决的课题是以下内容。

- 进一步开发进化后的高性能无脉动化泵（强制阀方式脉动率 0.5% 以下）。
- 稳定供给高浓度、高黏度浆料涂布液。
- 应对清洁（清洗装置一体化供给系统）。
- 进一步充实微小流量系列（100mL/min 以下的领域）。

今后的研究和开发应以高性能化、多功能化、环境调和型、省资源节能、可靠性提高、确保安全性等为目标，同时，挑战流体处理相关的所有可能性。

第四节　辅助设备导致的缺陷

一、机械振动

基材横向的直条道，通常是由振动传递到涂珠，引起涂珠振动（填充和排空），导致涂布量不同。振动源可能是自泵、驱动器、建筑物或干燥装置的加热和通风系统，辊子和轴承及外部因素。为控制这些振动，可采取以下措施：

①选择刚性涂布工位，最好在其自身基础上延伸到基岩，与建筑物其余部位振动隔离；②保证卷材张力均匀，无振动或波动；③所有的基材保持平衡，无黏着、振动或晃动；④隔离或去除振动源。

二、蛇形振动

不规则的横向或横向"腹板筋"。这是运行超出稳定范围导致流体动力学不稳定形成的缺陷。控制措施包括：

①确保涂布工艺条件正确；

②测量并控制黏度和温度；

③保持最佳的涂不透设置；

④通过表面处理改善润湿性。

三、物理均匀性差

涂层的整体外观表现差，改善措施包括：

①处理表面改善润湿性；

②制备均匀的分散体；

③调整黏度保持可涂性；

④保持最佳涂布站设置；

⑤严控卷筒纸张力和线速度均匀性；

⑥基材存放期间，免受污染、物理损坏和极端温度。

四、肋纹

肋纹即横跨基材宽度的一系列均匀纵向线条。由于涂珠中的流体动力学流动不稳定性，导致涂布量的正弦横向变化。控制措施有：

①确保人工在可涂布窗口操作；

②控制涂布液黏度和温度；

③保持精确的喷头设置；

④严控辊速；

⑤避免涂布间隙中的流动扩散；

⑥避免黏弹性过高。

五、气泡

气泡是无涂层的清晰圆斑点，缘于通往涂布头的进料管线中的气泡，或干燥器中的沸腾导致气泡。控制溶液中的气泡，可采取以下措施：

①消除混合或泵送时的气泡；

②涂布液除气；

③调整进料管线的尺寸和布局，确保无泄漏和清除管路气泡；

④控制干燥器，以确保在涂层不会随着湿涂层中溶剂浓度的降低，沸点迅速增加。

六、污染点（脏点）

脏点是涂布产品中存在异物导致的点状缺陷。常见异物有棉绒、纤维、污垢、花粉、驱虫剂、油斑和彗星等。控制措施有：

①清洁基材；

②过滤溶液去除污染物；

③过滤更衣室的空气和干燥室的空气；

④制定持续的污染控制程序；

⑤保护卷筒在存储和运输过程中不受污染；

⑥消除涂布线上的静电堆积；

⑦确保轴承没有在腹板上喷润滑剂。

七、总体生产率低

辅助设备会影响生产率，即单位时间涂布的产品量。长时间停机，无法维持标准条件并降低的生产线速度，会导致生产率下降。措施有：

①控制干燥点的位置，保持线速度；

②精确控制生产线速度和干燥器条件；

③使用质量控制系统检测异常趋势，并在形成缺陷前予以纠正；

④培训涂布工。

八、静电导致的缺陷

涂布机中的静电堆积，会产生各种缺陷（污垢、针孔、痕迹、"照片效果"），并可能导致溶剂型涂布机着火。基材和卷材的分离会在涂布机中积聚静电荷。这些电荷会吸引灰尘，导致污染缺陷。释放静电时，会损坏胶片，曝光光敏材料并引起火灾。静电控制措施有：

①用静电中和剂清除表面电荷。

②将纸卷接地，从涂布机排出电荷。

③涂布车间保持较高的相对湿度。

九、划痕

划痕是涂层表面或基材表面的线性凹痕。辊速和基材速差而打滑会导致刮擦。划痕可短可长，侧面往往呈锯齿状，与条纹有所区别，在本质上可以是重复的。此外，它们可能不是很深，难以检测到。卷筒上的硬污染物，也会割伤与卷筒接触的基材。控制划痕措施有：

①确保所有卷筒清洁且无污染物。

②确保涂布机中的所有卷筒自由旋转。

③确保无不良轴承。

④监视卷筒基材处理系统，以检查纸卷打滑并纠正。

⑤检查基材张力。

十、条纹

条纹是在涂布机方向上延伸的细长带。通常在中心处涂布量较低，并具有较高边缘锐度，可通过视觉检测。条纹可以是连续或间歇的，宽度可变。条纹的主要成因是颗粒，如气泡、污垢、附聚物和凝胶，颗粒被困在液珠中，导致湿涂层形成条纹。消除条纹措施有：

①处理基材表面，去除污染物并提高可涂布性。

②确保所有溶液和分散体混合均匀。

③过滤涂布液去除污染物。

④消泡。

⑤清洁基材，避免基材将颗粒带入涂珠。

⑥清洁涂布头。

十一、斑点

斑点是涂层表面覆盖率变化的不规则图案，大小不一，最高达几厘米。严重时会导致虹彩图案。斑点属于不均匀的气流干扰湿涂层缺陷。斑点控制措施有：

①监测涂布液黏度和温度。

②提高涂布液浓度，以减少湿涂层厚度。

③提高涂布液黏度。

④降低干燥初期的气流速度。

⑤确保喷嘴气流均匀。

⑥封闭涂布头和干燥装置之间的区域，以减少空气在湿涂布基材上的运动。

⑦控制干燥条件。

⑧使干燥道内的气压与房间内的气压平衡，减少湿部流入或流出干部的气流。

十二、预计量的涂布中涂布量不均匀

涂布量不均匀性是指涂层厚度变化超标。首先是整个基材平均覆盖率的变化；其次是涂布量在横向或横向腹板上的变化；最后是沿着基材方向的涂布量或纵向分布的变化。单位是相对于平均值的百分比，或者标准偏差，或者是 95% 的置信范围。

在预计量涂布中，所有送至涂布头的溶液，都沉积在基材上。预计量涂布器的设计，是保证涂布均一性的关键。影响涂布量的辅助装备及控制包括：

①泵，泵的输送均匀性必须优于产品规格要求。齿轮泵流量均匀性最佳，但需要用塑料管阻尼减轻由齿轮啮合引起的波动。

②监控流向涂布头的流量。

③在线测量涂层重量。

④涂布机前在线混合，保证涂布液均匀。

⑤整个生产过程中，使用刚性精密基座保持涂布头稳定。

⑥保持线速度一致。由于泵控制涂布液的稳定流速，因此，基材速度的变化将导致涂布量变化。

日本富士公司用"超声波雾化法"，克服挤压涂布起始线附近涂层过厚的现象，提高挤压涂布均一性。挤压涂布中的涂布不匀，缘于片基底层表面单位面积上的带电量不同。所谓"超声波雾化法"，即在涂布乳剂前，先在片基底层表面喷一层经超声波发生器雾化的水、甲醇或乙醇等导电性液体。其装置示意图（图 6-29）如下所示。

超声雾化的液滴，直径为 0.5～5μm，喷雾量根据喷液及涂布液种类而定，一般为 0.1～5ml/m²。在 RC 纸基上，以

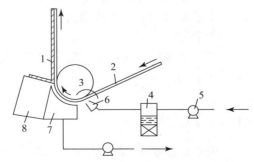

1——涂布液；2——片基或纸基；3——滚筒；
4——超声波雾化器；5——鼓风机；6——喷嘴；
7——减压室；8——涂布嘴

图 6-29　超声波雾化装置

96 米 / 分钟的速度，同时涂布以下两层溶液。

（1）5% 明胶水溶液　　　　　　　　1 000 份

　　对苯乙烯磺酸型增稠剂　　　　　10 份

　　阴离子磺酸表面活性剂　　　　　1 份

　　黏度　　　　　　　　　　　　　35 厘泊

　　表面张力　　　　　　　　　　　32 达因 / 厘米

（2）10% 明胶水溶液　　　　　　　　1 000 份

　　溴化银　　　　　　　　　　　　160 份

　　对苯乙烯磺酸型增稠剂　　　　　5 份

　　阴离子磺酸型表面活性剂　　　　2 份

　　黏度　　　　　　　　　　　　　40 厘泊

　　表面张力　　　　　　　　　　　35 达因 / 厘米

应用例一

涂布前，于涂布嘴上流侧 150 毫米处，用 800KHZ 型超声波发生器，以 5ml/min 的速度，向纸基表面喷一层雾化自来水。消除了涂布起始线附近涂层过厚现象。

应用例二

预先用 1.35MHZ 型超声波发生器，以 5ml/min 的速度，向三醋酸纤维素醋片基的底面，喷一层雾化水溶液，然后，以 30m/min 的速度，同时涂布感红乳剂层、隔层、感绿乳剂层。干燥后，用透射光检查，未见涂布不匀现象。

十三、自计量涂布和刮涂的涂布量不均匀

为了精确控制涂布量，可采用以下措施：

①用在线量规测量涂层重量。

②使用在线黏度计和温度计测量黏度和温度。

③对进料系统进行温度控制。

④涂布液消泡。

⑤保持一致的线速度。

⑥在整个生产过程中，使用刚性的精密支撑台保持涂布头稳定。

⑦确保辊子和轴承直径均匀且跳动最小。

十四、悬浮干燥装置中的空气刮擦

空气刮擦是涂层表面的不规则划痕，呈边缘有限的沟槽状外观。沿机器运行方向成簇或连续出现。随着时间的流逝，会逐渐变得更糟。减少空气摩擦措施有：

①清洁空气悬浮干燥装置喷嘴，清除喷嘴上的各种堆积物。

②控制生产过程中张力均匀。

③在顶部和底部喷嘴间保持最佳的空气平衡。

④确保基材无卷曲或平面度缺陷。

十五、干燥点变化

干燥点是涂层在干燥装置中被认为是干燥的位置，即恒定速率周期结束而下降速率周期开始的位置。可以通过膜温度的急剧升高或外观从有光泽到暗淡的变化，或涂层的感觉来确定。如果干燥点移向干燥装置的末端，产品可能会被过湿缠绕。同样，若干燥点移回干燥装置的前端，则产品将过度干燥变脆。精确控制干燥点位置措施有：

①良好的干燥点测量系统和控制回路。

②精确控制线速度。

③精确控制干燥装置状态。

④确保涂布量均匀一致。

参考文献

[1] Edgar B. Gutoff, Edward D. Cohen, Coating and Drying Defects. Troubleshooting Operating Problems，Second Edition, 2006, Published by John Wiley & Sons, Inc., Hoboken, New Jersey Published simultaneously in Canada.

[2] 庞少朋, 韩武 . 涂布机张力的检测与控制 [J]. 印刷技术 · 包装装潢 , 2016-2-18.

[3] 株式会社 TACMINA 技术资料《高精度隔膜泵 TPL 系列》.

[4] 株式会社 TACMINA 技术资料《定量泵的基础》.

[5] 井野，原田，杉本 . 精密涂工技术应用于电子材料 [M]. 平冈织染株式会社，株式会社デンギケン .

[6] 株式会社 加工技术研究会 コンバーテック 2004 年 2 月号 .

[7] 株式会社 加工技术研究会 コンバーテック 2004 年 5 月号 .

[8] 电气、电子材料研究会电气、电子材料技术总览 2005.

第7章 干法复合工艺及问题解决办法

干法复合（DL：dry lamination）是一种将以有机溶剂（主要是乙酸乙酯）为介质的溶剂型胶黏剂涂在基材上，使溶剂在烘箱中蒸发，利用残留的树脂成分，将其他基材与层压材料贴合的复合加工方法。

一、主要干法复合材料和用途

干法复合加工材料主要有各种塑料薄膜、金属箔（铝、铁、钢、铅箔、不锈钢）、各种纸、玻璃纸、无纺布等。干法复合适用于各种基材，并且根据所选胶黏剂的类型，还可用于多种食品（如干食品、液体食品、蒸馏食品）、药品、工业材料、电气电子材料等领域。这种层压方法使用的溶剂型胶黏剂，也适用于印刷加工型企业。表7-1汇总了干法复合主要基膜和密封胶的特性。

表7-1 主要基膜和密封胶特性

特性	基材	密封胶
透明性	玻璃纸、OPP、PET、ONY、PS、PC	CPP
表面光泽性	玻璃纸、OPP、PET、PS、PC	CPP
表面硬度	玻璃纸、OPP、PET、PS	CPP、PAN
遮光性	纸、铝箔、铝蒸镀	铝蒸镀CPP、铝蒸镀PE
强度	ONY、PET、PC、PS	EVA、LLDPE、m·LLDPE

续表

特性	基材	密封胶
撕裂性	玻璃纸、PS、单向拉伸膜	—
耐冲击性	ONY、PVA	EVA、LLDPE、m·LLDPE
耐针孔性	ONY、PVA	IO、EVA、LLDPE、m·LLDPE
刚性	纸、玻璃纸、PET、PC、PS、OPP	MDPE、CPP
气体阻隔性	铝箔、PVA、EVOH、PVDC（K）、蒸镀膜、K涂层膜、ONY	蒸镀 CPP、蒸镀 LLDPE
防潮性	铝箔、蒸镀膜、PVDC、OPP、K涂层膜	CPP、LDPE、LLDPE、EVA
保香性	铝箔、PC、PAN、PET、PBT、PVA、EVOH	PAN、PET
非吸附性	PAN、PET、PBT、PVA、EVOH	PAN、PET
耐寒性	PC、PVC、ONY、PET	IO、EVA、LLDPE、m·LLDPE
耐热性	玻璃纸、PET、ONY、PC、OPP	CPP、MDPE、LLDPE
挤压成型性	PS、PC、ONY、PVA	CPP、PS
防静电性	PVA、EVOH、防静电 PET、防静电 OPP	防静电 LDPE、LLDPE、EVA、CPP
机械特性	玻璃纸、PET、ONY	IO、EVA、LLDPE、m·LLDPE

注：
OPP：双向拉伸聚丙烯。　　　　　　HDPE：高密度聚乙烯。
PC：聚碳酸酯。　　　　　　　　　　ONY：双向拉伸尼龙。
PVDC：聚偏二氯乙烯。　　　　　　　EVOH：乙烯 / 乙烯醇共聚物。
PVC：聚氯乙烯。　　　　　　　　　　PAN：聚丙烯腈。
IO：离聚物。　　　　　　　　　　　　CPP：未拉伸聚丙烯。
LLDPE：线性低密度聚乙烯。　　　　　MDPE：中密度聚乙烯。
PET：双向拉伸聚对苯二甲酸乙二醇酯。　m·LLDPE：茂金属催化剂 LLDPE。
PVA：聚乙烯醇。　　　　　　　　　　PS：聚苯乙烯。
PBT：聚对苯二甲酸丁二醇酯。　　　　CNY：未拉伸尼龙。
EVA：乙烯 / 乙酸乙烯酯共聚物。　　　LDPE：低密度聚乙烯。

通常，干法复合加工企业是从其他厂家采购基膜、胶黏剂和贴合膜，再加工成制品。加工制造商的附加值低，关键在于如何构建低损耗、无缺陷的系统。为此，首先要仔细设计系统功能，在生产前确定各种基材、胶黏剂和具体加工方式。

二、干法复合机的基本结构

干法复合设备通常分为四大类：

第一类，用于将两种类型的薄膜基材黏结在一起，包括放卷装置、胶黏涂布装置、干燥装置、层压装置和产品收卷装置。使用此类干法复合设备，单次层压的薄膜，经过 2 ～ 3 次层压后，可获得 3 ～ 4 层的多层层压制品。

第二类，在复合生产线中增加印刷装置，工序完成可以实现印刷—层压制品的制备。

第三类，干法复合设备串联布置，安装两台胶黏剂涂布装置和一台基材放卷装置，可形成一次实现两次贴合的串联式装置。

第四类，DL/NS 两用设备，在同一生产线上具有干法复合涂布段和无溶剂式层压涂布段。

一般情况下，第二、第三、第四类干法复合设备不常用，重点介绍第一类干法复合设备的基本结构。

（一）干法复合工艺

干法复合装置如图 7-1 所示。具体工艺流程如下：

①表 7-1 中列出的各种基材都从图 7-1 的"第 1 基材"入口进料。这些材料可纯色打印或预先打印，在室温下以乙酸乙酯为主溶剂，通过涂布装置将固含量为 20% ～ 30% 的干法复合胶黏剂均匀辊涂在基材表面。根据用途，可将涂布量控制为 2 ～ 5g/m²（干膜）。可用凹版辊或密封式刮刀方式涂布。

②涂有干法复合剂的基材通过长度为 9 ～ 12m，温度为 60 ～ 80℃的烘箱，采用热风干燥。

③干燥后的基材与从第 2 基材进料的密封膜、铝箔、蒸镀膜等中间膜，通过加热辊和层压辊，在 50 ～ 80℃的温度下复合，并立即用冷却辊冷却。

④冷却的层压制品收卷长度为 2 000 ～ 4 000m。

⑤收卷的层压制品涂抹热固化型干法复合胶黏剂后，放置在 40 ～ 50℃的保温室中，根据所用胶黏剂的类型，熟化 1 天至 4 天，然后将其作为干法复合的基材制品转入分切、制袋工序。

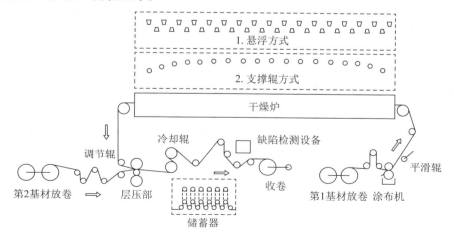

图 7-1　干法复合装置

（二）层压装置各组成部分

层压装置各组成部分，需要在预先设计产品的层压结构、用途、生产率、设备成本以及未来产能的基础上，充分考察加工厂家和设备厂家后确定。

1. 第 1 基材放卷装置

第 1 基材放卷装置是将各种薄膜从设定位置以一定张力连续送出的装置。ONY（双向拉伸尼龙）薄膜、PET（双向拉伸聚酯）薄膜、OPP（双向拉伸聚丙烯）薄膜、PE（未拉伸聚乙烯）薄膜的规格，取决于铝箔复合材料的厚度和宽幅。

功能要求：

①接带可靠，在任何设置速度下均无接带错误。推荐半自动、自动接带的电动双轴转塔方式。

②方便上卷（基材原纸）。便于原纸、宽度变更、上卷、3 英寸卷筒和 6 英寸卷筒切换。

③稳定控制进纸张力。

④自动调整基膜的进纸位置（EPC：纠偏控制）。

⑤可自动接带。

⑥放卷装置基本参数规范。通常要求加工速度为 150 ～ 200m/min，基材最大外径为 600mm（重量 500kg），进料张力 30 ～ 300N，产品宽幅 500 ～ 1 300mm。具体参数，应通过加工厂家和设备厂家，共同研究加工产品、结构、用途、生产率、设备成本和未来产能等综合情况后决定。

2. 胶黏剂涂布装置

干法复合涂布方式的左、右侧的供料稳定，涂布量均匀，可获得设定的涂布量。

（1）涂布方式

凹版涂布和反向吻式涂布是两种代表性涂布方式（图 7-2）。凹版涂布的涂布量，取决于凹版辊表面的网穴、图案的形状、深度以及胶黏剂的固含量（20% ～ 30%）等。凹版辊表面的图案形状有网格型（四边形）、金字塔型和斜线型，其中网格型最常用（图 7-3）。反向吻式涂布方式的涂布量，取决于由基材运行速度、反转辊旋转速度、刮刀辊旋转速度、胶黏剂的固含量浓度、黏度以及反转辊与刮刀辊的间隙。刮刀辊的固定精度，决定涂布量均匀程度。用这种方法可实现高涂布量。

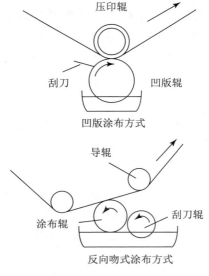

图 7-2　两种干法复合涂布方式

网格型　　　　　　金字塔型　　　　　　斜线型

图 7-3　三种凹版图案形状

（2）压印辊（impression roll）

凹版涂布的压印辊由橡胶材料制成，随着基材宽度改变，从而改变橡胶宽度（胶黏剂涂宽）。压印辊有轴一体式、轴分离式和套筒式三种，但由于辊的重量、胶黏剂的黏附性等原因，通常选择套筒可以从卷芯上拆卸的套筒式。

（3）刮刀装置

刮刀装置是用刮刀刮去凹版辊表面过量胶黏剂的装置。刮刀的上下及前后方向、接触角度及接触压力都可以调整。此外，刮刀左右还装配了摇摆器。

凹版辊—浆料池方式和密封式刮刀方式如图 7-4 所示。凹版辊—浆料池是传统的涂布方式；密封刮刀方式具有污染少（加工速度高），设备周围无溶剂气味（环境性、卫生性良好），容易清洗（生产效率高）等优点，应用广泛。

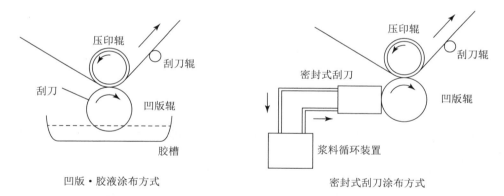

凹版·胶液涂布方式　　　　　　　　　　密封式刮刀涂布方式

图 7-4　凹版辊—浆料池涂布和密封式刮刀涂布方式

（4）平滑辊

平滑辊是一种在凹版辊涂上胶液后，用平滑辊正转或反转接触图案印迹，使涂布面更加平滑美观的装置。通常反向旋转，以 1/3 ～ 1/4 的设备速度旋转使涂布面光滑。普通平滑辊的直径为 30 ～ 40mm。在涂布量少的情况下反而会引起外观不良。

3. 干燥装置

干法复合烘箱是一种使涂布在基材上的胶黏剂溶剂成分挥发的装置。通常有三节烘箱，总长度为 9 ～ 12m。

烘箱要根据加工速度和涂布规格来设计。各烘箱的温度调整范围为 50 ～ 100℃。

通常与设备厂家协商后，确定烘箱内的风嘴形状、风速、左右间隔、与基材的上下间隔以及风机容量等。

烘箱内采用支撑辊方式或气浮方式运行，通常采用支撑辊方式。

4. 第2基材放卷装置

第2基材放卷装置与第1基材放卷装置的规格相同，主要传输表 7-1 中的各密封材料。特别是未拉伸的 PE、PP、EVA，蒸镀 LLDPE、PP、EVA，无添加薄膜和铝箔等，必须适当处理因厚度不均引起的单侧松弛、衍生的褶皱和翘曲等问题。

5. 层压部分

如图 7-5 所示，层压部由加热辊、层压辊和背辊组成。这是一种将从烘箱输出的涂有干法复合胶液的基材，与从第 2 基材放卷装置输出的基材进行复合的装置。

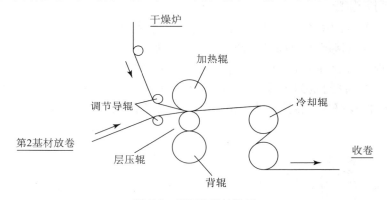

图 7-5　层压装置的辊子

（1）加热辊

驱动辊及加热辊表面镀铬，外径 250mm，最高调节温度 100℃，复合基材可根据加工速度设定温度 50～70℃。

（2）层压辊

外径 100～120mm，表面及衬里由耐热橡胶制成，便于更换。左右的夹辊压力均衡，应适当控制橡胶硬度、耐久性、挠度等。

（3）背辊

表面镀铬，外径 180～200mm，有助于纠正夹辊左右侧的线压平衡和弯曲度，还可调节左右接触压力。

（4）调整导辊

上下各有一根，设置在加热辊和夹辊前，上下前后均可手动调节，还可调整两种基材的走带角度，防止褶皱、张力松弛和翘曲等问题。

（5）冷却辊

驱动辊表面镀铬，冷却水循环，外径 250mm，在层压辊后装有 1～2 根驱动辊。

6. 收卷装置

收卷装置是一种通过张力调整，使层压制品避免褶皱和错位的装置。最大卷径 800mm（重量 800kg），加工幅宽 500 ～ 1 300mm。采用中心收卷，通常有上收卷和上下兼用收卷两种方式。收卷经常采用 3 英寸或 6 英寸的锥形卡盘。此外，还装有压辊和接近辊。

收卷张力通过摆动辊自动调整，张力范围 30 ～ 400N，锥度率 0 ～ 100%（一部分 140%），压辊压力（0 ～ 1MPa，0 ～ 10kg/cm²），通过这三个参数条件收卷。

接带方式有三种（图 7-6）：①与收卷方向相反的追接；②与收卷方向一致的迎接；③引入储带功能，吸收加工速度，并在暂停状态下接带的横接。追接接带后，可能出现褶皱；而迎接在指定速度内收卷整齐；横接收卷整齐，但需要装配储带装置，因此产线长度通常要多出 2 ～ 3 米。

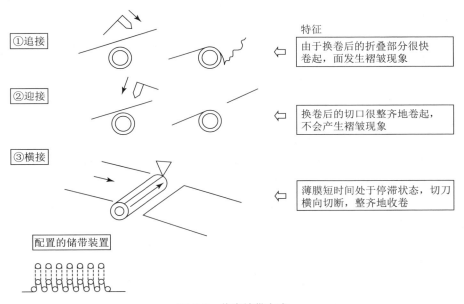

图 7-6　收卷接带方式

7. 其他装置

根据具体需要可选择粉末涂布装置和集尘设备、静电去除装置、缺陷检测装置、自动涂布量测量仪、胶黏剂自动混合供料机等。

三、干法复合工艺的主要问题

干法复合工艺的主要问题发生在胶黏剂、层压和收卷工序中。图 7-7 是干法复合各阶段的主要问题。

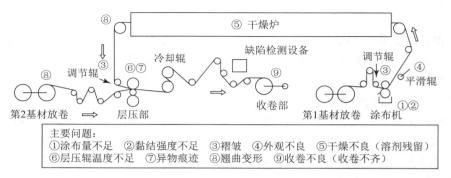

图 7-7　干法复合工艺的主要问题

①涂布量不足，通常是由于胶黏剂的固含量浓度和凹版辊的图案深度设定不好引起的。固含量浓度 25%～30%，图案深度特定，以确定的浓度和凹版辊图案深度得到涂布量，并根据凹版辊的图案磨损情况确定更换时间。

②黏结强度不足，通常是由于基材的预处理程度、胶黏剂种类、涂布量以及层压辊温度不足引起的。

③褶皱，通常是由于基材单侧松弛，第 1 基材放卷和第 2 基材放卷张力、调节辊的基材角度、左右平衡调整不足引起的。

④外观不良，主要影响因素有胶黏剂的润湿性不好、涂布量不足、平滑辊不适用、层压辊表面有异物以及静电导致的异物附着等。

⑤干燥不良，由此导致的残留溶剂问题通常是由于前工序印刷中残留溶剂过多，干燥过程中干燥温度不足，风量低和产线速度引起的。

⑥层压辊温度不足，由此导致的黏结不好通常是由于高速加工温度不足，加热辊容量不足引起的。

⑦异物痕迹，通常是由于导辊和层压辊上的异物引起的。

⑧翘曲变形，通常是由于第一和第二进给张力与高速加工之间的不平衡引起的。隧道现象则是由于放卷张力与胶黏剂的初黏力不足导致的。

⑨收卷不良，是由于收卷条件不佳造成的，应根据薄膜结构设定最佳条件。

第二节　干法复合胶黏剂与复合质量控制

一、干法复合胶黏剂作用原理

聚氨酯胶黏剂使用方便，黏结性能良好，常用作干法复合胶黏剂。聚氨酯是一个分子中具有氨基甲酸酯基团（—NHCOO—）的聚合物的总称。异氰酸酯基（—NCO）反应形成氨基甲酸酯基，异氰酸酯基具有极高的极性和反应性，它会与各种活性氢化合物发生反应。其中，用于干法复合的异氰酸酯基团的反应有：

①异氰酸酯基团（—NCO）与水（H_2O）反应生成脲键（—NH—CO—NH—）。

②异氰酸酯基与羟基（—OH）反应生成氨基甲酸酯键（—NH—CO—O—）。

③异氰酸酯基与氨基（—NH_2）反应形成脲键。

干法复合胶黏剂有一液型和二液型。前者使用在聚合物末端具有异氰酸酯基的聚氨酯聚合物，喷洒水蒸气，或与空气中的水或吸附在薄膜表面的水反应生成CO_2并形成脲键并固化（缩合反应）。

这种一液反应型在干燥状态和薄膜表面吸水率低，或胶黏剂涂布量较多的情况下不能充分固化，需要经过一段时间后才能完全固化。而二液反应型由聚合物末端具有羟基的主剂和具有异氰酸酯基的固化剂两种液体组成，并且通过羟基和异氰酸酯基反应形成氨基甲酸酯键进行固化（加成反应）。对于一液、二液反应型胶黏剂，聚酯基胶黏剂比聚醚基胶黏剂的初黏力更好，黏结强度、耐热性、耐化学性、耐内容物性、煮沸／蒸煮适应性都很优越。

主要层压复合胶黏剂的反应机理见图 7-8。

1. 一液反应型（水分硬化型）

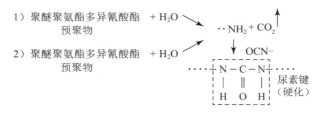

2. 二液反应型

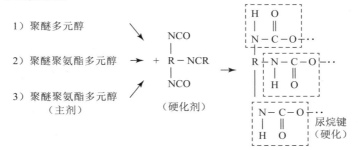

图 7-8 主要层压胶黏剂的反应机理

二、干法复合用胶黏剂

干法复合中使用的聚氨酯胶黏剂，通过多元醇（主剂）与多异氰酸酯（固化剂）反应获得。因为异氰酸酯基与活性氢反应，多元醇可与各种多元醇一起使用。聚氧丙烯多元醇（PPG）和聚氧亚甲基乙二醇（PTMG）是两种典型的聚醚多元醇。

聚酯多元醇由乙二酸（AA）、间苯二甲酸（IPA）和对苯二甲酸（TPA）等二元酸和乙二醇（EG）、二甘醇（DEG）等二醇制得。

多异氰酸酯具有芳香族和脂肪族两种，甲苯二异氰酸酯（TDI）和二苯基甲烷二异氰酸酯（MDI）是典型的芳族多异氰酸酯。脂族多异氰酸酯中，可使用二甲苯二异氰酸酯（XDI）和六亚甲基二异氰酸酯（HDI）。

多元醇和多异氰酸酯的设计，应考虑如胶黏剂的最终用途、可加工性、初黏力、黏结强度、耐热性、耐内容物适用性、耐化学性和耐久性等性能。胶黏剂特性见表 7-2。

表 7-2　异氰酸酯胶黏剂的特性

1）一液型和二液型	
一液型（尿素键·尿素树脂）	二液型（尿烷键）
• 容易混合	• 需要注意混合
• 反应硬化受湿度影响	• 不受湿度影响，稳定
• 耐受性不太好	• 耐受性良好（尿烷键）
• 产生的碳酸气体较多	• 产生的碳酸气体较少
• 缩合反应引起的固化反应变大	• 加成聚合引起的固化反应变小
2）聚醚和聚酯	
聚醚	聚酯
• 可加工性较好（低黏度）	• 可加工性较差（高黏度）
• 初始内聚力弱	• 初始内聚力强
• 与基材的润湿性良好	• 与基材的润湿性较差
• 硬化涂层柔软	• 硬化涂层坚固
• 耐受性不太好	• 耐受性良好
• 不水解	• 易水解
• 价格低	• 价格高
3）芳香族和脂肪族（异氰酸酯）	
芳香族	脂肪族
• 反应快	• 反应慢
• 黏结性良好	• 黏结性不好
• 紫外线照射后会发生黄变	• 紫外线照射后不会发生黄变
• 对食品卫生有些担忧（芳香胺的提取）	• 对食品卫生放心
• 价格低	• 价格高
4）聚酯和聚氨酯型聚酯	
当将链状聚酯制成聚氨酯型聚酯时，由于引入了高极性聚氨酯键—NHCOO—，与类似的聚酯相比，可获得以下特性： ①黏结性更广　②与基材的润湿性更好　③硬化涂层坚固，耐受性增强 ④溶液黏度提高　⑤增加聚氨酯化工序，价格高	

胶黏剂的高度凝固

为减少溶剂挥发，控制溶剂成本和 VOC（volatile organic compounds，挥发性有机化合物）的产生，已尝试使用高浓度的胶黏剂涂布。将固含量从常规的 20% ~ 30% 提升到 40% ~ 50%。为了在高浓度下保持正常的低黏度胶黏剂涂布，设计时降低了胶黏剂的分子量，由此引起的初黏力降低致使隧道现象发生。在使用少量溶剂加工过程中，溶剂挥发使黏度急剧增加，进而会引起诸如润湿擦痕、涂布量增加等问题。需要设置配有胶黏剂黏度控制器和转换器。

三、干法复合的基材和胶黏剂

用干法复合胶黏剂将基材 1 与基材 2 复合，为确保产品的复合强度，需将基材 1 与干法复合胶黏剂，干法复合胶黏剂与基材 2 分别强力复合。

例如，（A）PET 膜 / 聚氨酯胶黏剂 /PE 膜、（B）PET 膜 / 聚酯型聚氨酯胶黏剂 /PE 膜。

由图 7-9 可见，（A）和（B）的黏度强度随时间的变化，（B）完全反应后胶黏剂与薄膜融为一体，可获得高强度，但由于基材和胶黏剂之间的内聚能（材料中分子或原子之间的吸引力越近，相容性和亲和性越高，越容易黏附和混合）随时间的细微差异，降低了（A）的黏度强度。

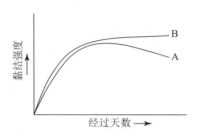

图 7-9　干法复合黏结强度经时间变化

在 PE 表面经过电晕处理后，通过羰基（—CO）、羧基（—COOH）和羟基（—OH）反应可获得高强度，使干法复合胶黏剂与 PE 强力复合。用聚酯聚氨酯胶黏剂将双向拉伸聚酯薄膜（PET）和双向拉伸尼龙 6 薄膜（ONY）贴合。通过分析热封强度随时间的变化，可发现 ONY 的强度不稳定，这是由于内聚能的差异引起的。ONY 在分子中具有氨基（—NH₂），故使用聚醚聚氨酯胶黏剂，由于异氰酸酯基的反应，也可以获得足够的强度。

综合考虑薄膜基材表面的润湿性、薄膜和各种干法复合胶黏剂的表面张力、吸附、扩散、内聚能等因素，可以明确问题产生的原因。

四、干法复合黏结不好的主要原因

（一）层压黏结不好现象及成因

干法复合不好主要表现为以下三种情况：①在基材和胶黏剂之间的界面处发生黏结（界面）剥离；②基材层间和胶黏剂层间的内聚剥离（层间或内部）；③以上①和②两种情况同时发生的混合剥离。

复合产品黏结不好的原因，因其发生剥离的位置而不同。不能仅通过强度数值来评价，应具体了解哪一层发生了剥离。

情况①的剥离是因为基材与胶黏剂的适用性差。例如，聚乙烯醇、聚丙烯腈薄膜和聚氨酯干法复合胶黏剂。情况②的剥离可以看出基材发生纸张类似的纤维层间剥离和胶黏剂中低分子量干法复合胶黏剂的内聚剥离。情况③的剥离在基材或干法复合胶黏剂同时发生界面与层间剥离时可见。

图7-10列举了干式层压普通产品和印刷产品的黏结不好位置及其主要原因。

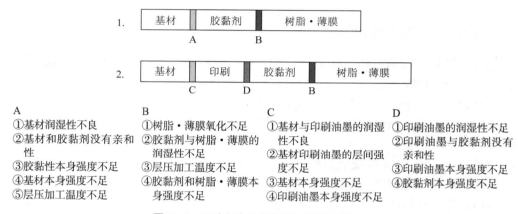

A
①基材润湿性不良
②基材和胶黏剂没有亲和性
③胶黏性本身强度不足
④基材本身强度不足
⑤层压加工温度不足

B
①树脂·薄膜氧化不足
②胶黏剂与树脂·薄膜的润湿性不足
③层压加工温度不足
④胶黏剂和树脂·薄膜本身强度不足

C
①基材与印刷油墨的润湿性不良
②基材印刷油墨的层间强度不足
③基材本身强度不足
④印刷油墨本身强度不足

D
①印刷油墨的润湿性不足
②印刷油墨与胶黏剂没有亲和性
③印刷油墨本身强度不足
④胶黏剂本身强度不足

图7-10　干法复合的黏结不好位置及其原因

（二）干法复合的印刷油墨黏结弊病

基材与油墨、油墨与胶黏剂的黏结弊病主要发生在四处，分别是基材面与油墨界面、油墨层间、油墨面与胶黏剂界面以及胶黏剂层间，如图7-11所示。发现哪个层间出现剥离就能判断主要原因。

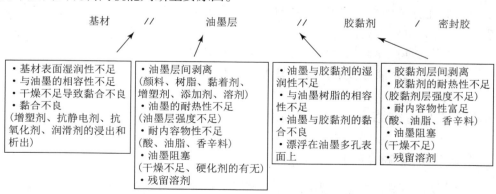

图7-11　层压基材/凹版油墨黏结弊病及其原因

第三节　干法复合的产品生产及产量提高

　　干法复合通过干法复合胶黏剂将基膜与基膜复合，工艺相对简单，正常生产即可盈利。

一、在干法复合生产与制造过程中提高质量

　　表 7-3 是干法复合的工艺流程和产品生产要领。应熟悉各工序的管理要领，并正确作业。

　　避免重管理轻技术，如果更换一根辊子就能解决的问题，结果却把全套辊子换了，从而导致生产中止，操作工没有获得制作优质产品的技能。此外，要及时发现生产过程中的弊病，不要等进行下一步生产时才发现。

二、引入卷对卷生产系统，提高产品品质

　　引入连续生产系统，提高生产效率。同时，也应注重提升效率与品质。可参考以下经验：

　　①管理技术人员要常去现场，与现场、实物接触，了解现场情况，熟悉设备运行技术、生产技术、制造技术、独有技术，了解施工内容和下一工序的专业知识，把握全局。

　　②根据实际情况生产，按照再现性原始记录和最合适加工条件构建生产体制。

　　③构建不流入、不生产、不流转不合格品的生产体制。一旦发现材料存在缺陷，立即将问题反馈给制造商，确保质量。

　　④制作简单易懂的操作指导书、加工条件表。将不需要的信息填入"保留项"，不要任由操作工判断，不要任由操作工选择参数。例如，不要标记"50 ～ 70℃"的加工条件，直接写"60℃"。在此之前，要养成每天正确分析缺陷原因的习惯。

　　⑤开机运行是卷对卷连续生产的关键。负责人应到现场与现场作业人员一起仔细确认操作指南，确保设备完全启动。漏看或不遵守规定，可能导致意外。

　　例如：

　　干法复合胶黏剂的选定、混合、调配不当；加工条件设定不对；基材选定不当，运输错误；层压后的胶黏剂反应不足；印刷·干法复合加工的残留溶剂管理不当。

　　在干式复合的"产品生产"中，产成品状态取决于开机前的检查，以及如何正确运用设备。多品种少批量、频繁更换产品，若不能一开始就生产出合格产品，将导致成品率下降等问题。应形成详细的生产计划、生产技术、制造技术以及专有技术的积累和传承。

表 7-3 干法复合的工艺流程和产品生产要领

	第 1 基材放卷	干法复合剂涂布工位	烘道	第 2 基材放卷	烘道	层压区	收卷
关键点	①准备基材 ②放卷方向（上下） ③放卷位置 ④放卷条件	①确定胶黏剂的种类、浓度 ②确定涂布量 ③确定压印版辊 ④确定压印版宽度 ⑤是否需要平滑辊	①清扫干燥炉内部 ②干燥温度、加工速度 ③确定烘道温度	①准备基材 ②放卷方向（上下） ③放卷位置 ④放卷条件		①干燥炉出口卷筒纸的位置 ②确定热辊温度 ③确定保层压辊、背辊平衡 ④加热辊、层压辊、背辊表面伤痕、杂质附着	①纸管厚度、直径 ②贴胶带 ③收卷条件 ④是否包装 ⑤产品样片、贴标签 ⑥是否要检查残留溶剂
操作	①确定加工面 ②安装原纸 ③确定原纸位置 ④穿带 ⑤贴胶带 ⑥确定胶带贴的卷筒位置 ⑦设定放卷条件	①安装凹版辊 ②安装压印辊 ③制作胶黏剂 ④向涂布工位加入胶黏剂 ⑤吸排气风管运行 ⑥凹版辊空转 ⑦安装刮刀	确定烘道指示温度	①确定加工面 ②安装原纸 ③确定原纸位置 ④穿带 ⑤贴胶带 ⑥确定胶带贴的卷筒位置 ⑦设定放卷条件	确定烘道指示温度	①确定第 1 基材放卷位置（EPC） ②加热辊、层压辊、背辊的表面清扫 ③层压辊、背辊空扫平衡调节 ④临时调整辊对齐 ⑤确定第 2 基材张力、位置	①纸管上贴胶带 ②设定收卷条件 ③启动时的采样 ④检查每卷样品 ⑤产品检查用采样、标签 ⑥残留溶剂用差异采样
确认事项	①基材、型号、名称 ②加工面（印刷、处理面） ③穿带是否正确 ④胶带是否良好 ⑤辊子上粘贴的胶带位置是否合适 ⑥OPP、PET、ONY 的张力 ⑦每卷使用后的卷芯对上一工序的反馈	①每卷原纸的种类、宽幅、位置 ②胶黏剂的种类、浓度、调制 ③平滑辊的条件		①基材、型号、名称 ②加工面（印刷、处理面） ③穿带是否正确 ④胶带是否良好 ⑤辊子上粘贴的胶带位置是否合适 ⑥CPP、PE、AL 箔的张力 ⑦每卷使用后的卷芯对上一工序的反馈		①第 1 基材张力、位置 ②第 2 基材张力、位置 ③调整精细 ④加热辊温度 ⑤加热辊、层压辊、背辊的表面异物 ⑥临近有无层压褶皱、张力松弛	①产品收卷位置 ②产品收卷状态 ③产品外观是否良好 ④有无翘曲 ⑤标签、包装状态 ⑥产品样片 ⑦收卷条件

总之，干法复合用基材、胶黏剂和机械设备，随着高功能化和高速化的需求而逐步发展，与此同时，基材、胶黏剂和机械的整体质量和功能与性能，也日渐稳定和成熟。使用卷对卷连续生产系统干法复合工艺中的"产品生产"要领如下：

· 从生产开始就注重工艺品质。
· 遵守决定事项。
· 执行应做事项。
· 提高现场操作工的技巧和判断力。
· 实现技术积累和共享。
· 使现场隐性知识形式化。

需要构建提高成品率的体制，无论哪个工人生产，都能获得相同质量的产品，而不会造成损失、浪费和不合格品。

参考文献

[1]　[日]松本宏一. 转换技术[M]. 加工技术研究会, 2009.
[2]　[日]关川进敬. 转换大全[M]. 加工技术研究会, 1993.
[3]　[日]松本宏一. 黏结技术. 日本黏结协会, 2008.
[4]　[日]城田宽治. 塑料词典. 朝仓书店, 1992.

第8章 干燥及片路控制与涂布质量

涂布生产线中的干燥装置，主要作用是提供能量，使涂层溶剂蒸发，有时加入干燥剂加强热固化或交联涂层。涂层溶剂所需能量施加方式：

对流，热空气直接吹到涂层或基材背面，传递到湿涂层；

传导，热量通过基材背面热辊表面传递能量；

辐射，热量通过电磁辐射传递到涂层，包括热风、UV 固化、EB 固化和微波干燥等。

一、热风干燥过程

热风对流是最常用的干燥方式。热空气通过传导或辐射将热量传递到涂层，通过空气流动带走已蒸发溶剂。对流空气的传热系数高，不需要太高温度的热风，可以避免涂层过热。热风对流干燥烘道，有单面干燥烘道和双面悬浮干燥烘道等。在单面干燥烘道中，热风吹到辊子支撑运行的基材涂层面。在双面干燥烘道中，热风同时吹向基材上下表面，并使基材在气垫上浮动前行。双面干燥比单面干燥传热速率高，基材在烘道中运行平顺。

根据烘箱中涂层移动方向温度的变化，划分为不同的干燥阶段。图 8-1 是具有五个干燥分区和一个平衡区的烘箱，卷材表面温度与烘箱长度方向关系的模拟干燥曲线。图 8-1 给出了每个分区的空气温度、各阶段涂层中的溶剂水平。每个区域开始处的倾斜温度曲线是人为增加的，图中数据采集精度为各区域长度的十分之一。烘箱中传热和传质过程相结合,最终决定涂层的性能。

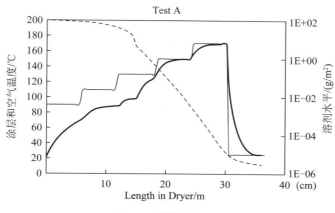

图 8-1　模拟干燥曲线

　　预干段在涂布机和烘箱之间,是涂布基材从涂布头过渡到烘箱的阶段,图 8-1 中未显示。因该段很短而不被视为干燥过程。此时涂层暴露于室内空气中,任何空气流动,都可能干扰涂层并可能导致物理缺陷。

　　恒定速率阶段,传质系数与传热系数直接相关,传质速率控制溶剂的蒸发速率。

　　恒定速率阶段,是湿涂层充当溶剂池时的初始干燥阶段。在这个“池”中,溶剂向表面的扩散速率快于蒸发速率,此时蒸发速率成为控制速率。控制速率通常也是最小的,因此,向涂层表面传热的速度决定了蒸发速度。一旦表面变干(由于湿涂层引起的表面光泽变钝),就达到了干燥点。此时,表面扩散速率成为控制速率,恒定速率周期结束,进入下降速率阶段,并持续到烘箱末端。

　　尽管从一个干燥区到另一个干燥区之间干燥速率变化很大,但各区的温度还是在逐渐升高,从开始到表面出现钝化点的各干燥区,都称为恒速率段。在恒速率期间,可能永远无法达到温度和干燥速度的平衡。例如,在具有高热容量的 0.5 毫米铝板上涂布光敏聚合物时,厚铝板基的吸热容量(是温区间温度差异的数倍)远大于溶剂汽化所需热量。

　　当恒速率期间达到平衡时,涂层和基材的温度经常低于空气温度,这个温差 × 面积 × 传热系数(决定传热速度)= 蒸发率 × 溶剂潜热。单面干燥基材和涂层的温度,就是热风的湿球温度。对于水性涂布液,该温度就是常用的湿球温度,它受空气温度和相对湿度影响。

　　在降速干燥阶段,扩散运动主导着溶剂向涂层表面的运动,溶剂蒸发量下降,干燥速度同时下降。因为蒸发量减少,此阶段输入的大部分热量,都用于升高涂层温度。恒速率周期结束和降速周期开始的位置,可以通过涂层温度曲线快速升高位置来确定。通过该区温度曲线的变化,确定图 8-1 中这个位置在第 3 温区约

14.92m 处。

"加热区"是指涂层温度到达平衡值前的干燥区。在图 8-1 中看到，整个区域 1 的温度都在升高，区域 2 的末端可能处于平衡状态，区域 3 中部的恒速率周期末尾也可能处于平衡状态。在降速率期间，区域 3 的末端不处于平衡状态，但是在区域 4 和 5 的末尾，涂层温度达到与空气相同的温度，处于平衡状态。在区域 6 的冷却区域末端也达到了平衡。

加热区的延伸范围，主要取决于基材和涂层的热容量和厚度。在前述 0.5 毫米铝板上涂布光敏聚合物的例子中，厚铝的热容量太高了，以至于可以假设未经涂布的铝材，在不存在表面溶剂蒸发的情况下，经过烘箱加热所得的温度，准确地计算出涂布铝材的温度。

水性和溶剂体系在烘箱中行为不同。水性干燥大多处于恒速率区间，而溶剂体系大多处于降速率区间。这是因为水的分子量小、扩散快，但汽化热高而蒸发慢。湿润的表面就像水"池"，几乎无扩散阻力，但蒸发阻力很高。因此，水性体系干燥，大多在恒速率区间进行。有机溶剂分子量比水高，扩散速度慢，而且有机溶剂的汽化热比水低，蒸发快。因此，有机溶剂体系的干燥，大多处于降速率区间。

平衡段是在主要干燥区之后的另一个区域。此时吹入空气相对低温低速，使涂层温度在收卷前达到贮存状态。平衡段作用包括：

（1）冷却涂层；

（2）使水性涂层与空气达到水分平衡；

（3）如果是乳胶涂料或是免表面活性剂涂料，则可提供热能进行固化；

（4）为涂层提供电子束或紫外线固化设备提供空间。

后烘干段处于烘箱末端和收卷辊之间。该区域基材和涂层暴露于正常的环境条件下，需要使基材与环境空气保持平衡并避免污染缺陷。

有些属于潜在的影响干燥因素，需要了解涂布液和基材的基本性能。例如，基材的热性能，特别是熔化温度（Tm）、玻化温度（Tg）、分解温度（Td）等。通常，烘箱温度应低于基材的玻化温度以防止变形。应该知道涂布液和溶剂的热特性，如涂布液的熔点（Tm）、分解温度（Td）以及溶剂的正常沸点（Tb）。将这些与烘箱温度进行比较，可能会发现一些潜在问题。在干燥的后期，当涂层处于降速率阶段时，更要多加关注，如果烘箱的温度与熔解温度接近，则涂层可能重新熔化并变形。

烘箱的主要组件包括控制系统、过程测量仪器、卷材传输系统、加热和通风硬件以及环境控制系统，这些都有可能导致涂布缺陷。

二、烘箱控制与溶剂去除

烘箱的主要功能是去除涂布液中的溶剂而不损坏产品。涂层处于已湿状态离开烘箱是不可接受的，它比过度干燥更严重。湿涂层将黏附在烘箱与收卷辊面上。脏污的辊表面会损坏后续产品，辊面上的湿料会印到产品表面，还会导致收卷产品粘连，无法展开或无法进行包装及其他操作，造成产品报废。当辊面粘上湿涂层时，应关闭涂布机，尽快清洁，提高干燥速率或减少湿涂量进行纠正。如果边缘因涂层厚而不干，可用修边刀在进入烘箱前将边缘修除，或以小气流吹干。

1. 干燥速率

干燥速率过快，会提前除去过多溶剂，使涂层过早暴露于高温下太久，造成过度干燥。高温会导致附着力和涂层强度下降，涂层的重熔和流动；温度太高还可能发生不良化学反应。

最好精确控制干燥速率，使烘箱末端涂层中保留适当溶剂。在水性系统中，通常控制所有产品的恒速率周期（干燥点）结束点在烘箱中的同一位置。在溶剂型涂布液中，恒速率段早早就在烘箱前段达到，因此恒速率时间段的结束位置对于控制无用。此时，可在烘箱的末端测量溶剂浓度，并控制干燥以得到所需的溶剂残留。还可以将烘箱中各位置的温度控制在设定值，该设定值针对特定产品进行过预测，可保证产品在末端干燥适度。

2. 溶剂残留

恒定速率周期结束的位置，在整个涂布宽度上应始终相同而不波动。然而，沿机器方向（纵向）和横向的涂布量分布会有变化，喷嘴及其狭缝横向的空气速度也会变化，将导致恒定速率周期末端位置在横向发生变化。

溶剂不可能彻底去除，干涂层中总会有一定的溶剂残留。水性溶剂涂层最终与空气中的水分达到平衡。在某些水性涂布机上，会将工艺空气调成与存储环境相同的温湿度，吹到最后一个或平衡区域的涂层上，使残留水分与存储环境相同。

3. 烘箱设计要素

适用于多数干燥系统的关键要素有：

①将热空气输送到湿涂层表面和 / 或基材背面的空气喷嘴。

②通过烘箱管道将空气输送到喷嘴的风扇和马达组件。

③加热和 / 或冷却空气的线圈。

④控制流量，将空气输送到喷嘴，回风加热，排气和环保系统的风管和风门。

⑤去除空气中的污染物，确保空气洁净度的过滤器。

⑥废气中溶剂清除与回收装置。

⑦环境控制设备，如热氧化炉。

⑧烘箱中多处安装的测量和记录空气温度、基材温度、喷嘴速度、管道空气速度和溶剂水平的传感器。

⑨控制不同干燥区的空气流量的风门。

⑩ 恒速率周期结束点（干燥点）检测系统。

⑪ 独立控制的干燥区域。

通过上述系统装置，将干燥温度和溶剂浓度，保持在实际操作范围内，而不会明显影响相邻区域或被相邻区域限制。为获得最佳效果，烘箱必须分成几个独立的区域设置。

图 8-2 是包含上述各种要素的典型干燥空气处理系统。

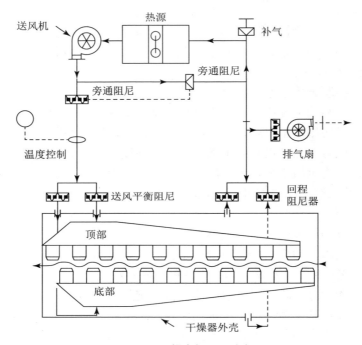

图 8-2　干燥空气处理系统

恒速率周期结束点检测方法：恒定速率周期结束位置，即基材表面温度开始迅速升高的拐点。红外温度计与薄膜接触的轴中的热电偶，以及靠近卷材安装的热敏电阻，都可以用来测定该点。靠近卷材安装的热敏电阻，读取的是空气温度，在恒速率和降速率区域，该值相当接近基材温度。通过这些系统，可以将干燥条件设置为恒速率周期结束于特定位置。这些系统已实现自动化，可以连续记录数据。

溶剂含量：涂层的溶剂含量可以检测。监控涂层的溶剂含量，可以控制涂布设备在特定的烘箱位置，保持一定的溶剂浓度。检测设备通常设在烘箱末端。

在保证安全的前提下，也可使用"手动"方法，触摸涂层的背面以确定温度开始快速升高的位置，或者触摸涂层侧面的边缘，感觉涂层的干湿。肉眼观察湿涂层和干涂层之间的表面反射率差异，也可以作为辅助手段。

烘箱的总容量是每小时可去除的溶剂质量（公斤或磅）。它是输送到薄膜表面的空气量、温度和溶剂水平、喷嘴构造的有效性以及输送到涂层的任何其他热量（如通过热传递）的函数。对红外加热而言，假定所有热量来自干燥空气，则传给涂层的热量是：

$$Q = hA \left(T_a - T \right) \tag{8-1}$$

式中，A 是干燥区面积，等于宽度乘以长度（m^2 或 ft^2）；h 是平均传热系数（$W/m^2\text{-}K$ 或 $Btu/h\text{-}ft^2\text{-}{}^\circ F$）；$Q$ 是传热到涂层的速率（W 或 Btu / h）；T_a 是喷嘴出口处的空气温度（℃或℉）；T 是涂层温度（℃或℉）。

该方程式适于表征烘箱效率，用于稳态条件。主要变量包括烘箱热空气与涂层间温差、烘箱面积及传热系数。在非恒定条件下，薄涂层和薄基材的热容量小，该方程式仍可用于条件合理的类似范围。通过平均温度的近似假设，将公式应用于整个干燥区域时，该方程式可给出合理的结果。然后，通过对所有区域的值求和，可估算出总的传热速率。

干燥空气输入的热量，加热基材和涂层并蒸发掉溶剂。干燥对象通常非常薄且具有低热容量，假定将其升到需要的温度，消耗相对较少的热量，用上面的热量输入速率除以估算烘箱容量，近似得到：

$$蒸发速率 = \frac{Q}{\lambda} \tag{8-2}$$

λ 是蒸发潜热（J / kg 或 Btu / lb）。

蒸发潜热是指蒸发 1 千克溶剂所需热量，单位是每千克焦耳。即得单位时间蒸发的溶剂重量。它可与涂布机产生的干燥负荷比较，用来表征特定烘箱性能，辅助进行烘箱溶剂去除系统设计。通过烘箱模拟软件，可以获得更准确值。

真实的干燥负荷，是每单位时间涂布的溶剂重量，减去干燥涂布液中的残留溶剂。假设残留溶剂忽略不计，则干燥负荷为每单位面积涂布的溶剂重量，乘以涂布宽度再乘以涂布速度。

溶剂的汽化热随温度而变。有机溶剂汽化热较低。例如，水的汽化热约为 1 060Btu / lb，蒸发 1 磅水需要六倍于蒸发 1 磅的二氯甲烷（汽化热低至 170Btu / lb）的热量。比较而言，水性涂布液需要更长的烘箱，或以较低的涂布速度，较高的空气温度运行，才能除去相同量的溶剂，这些关系仅是半定量的。为了精确控制和优化烘箱，需要更精确的干燥计算方法。但是，在工艺故障排除过程中，应用这些烘箱控制的重要变量和基本概念，还是可行的。

烘箱能力必须超过所需的干燥负荷，以确保稳定可靠运行。如果热量输入过低，则涂层不干，必须校正干燥条件。如果涂层在离开烘箱时突然不再干燥，则可能是由于输入烘箱的热量不够，或增加了溶剂量。

导致热量输入减少的因素有：

• 降低吹风的温度。

• 降低吹风速度和流量。进而降低传热系数。

• 增加吹风中溶剂的浓度。将增加涂层通过降低蒸发速率,并因此降低蒸发冷却速率,在恒定速率周期内降低温度。

• 烘箱温度和风速的设定值不正确。

• 回风遭堵塞,降低了到达薄膜表面的吹气速度。

增加溶剂载荷的因素有:

• 涂布量增加。

• 减少涂布液中的固含量。如果干涂量不变,就会大大影响溶剂的载荷。因此,固体含量下降一半,即从 10% 减少到 5%,将相对溶剂载荷从 90%/10%=9 增加到 95%/5%=19,或乘以 19/10=1.9。但是,如果湿涂量仍保持相同,则干涂量成比例下降,溶剂负载变化相对较小。对于固含量降低 50% 的情况,溶剂浓度从 90% 增加到 95%,而溶剂负载仅增加(95%-90%)/ 90% 或 5.6%。

• 横向涂布量分布的变化,导致涂布量增加。

• 缺陷,如条纹或斑点,导致局部涂层偏厚。

传热系数是烘箱设计和空气速度的函数。固有的传热系数分量不会改变;传热系数与风速大致成正比,为 0.8 次幂的关系。

解决热量输入减少问题的措施有:

(1)确保各设定值与涂布产品的标准操作规程设置值一致。

(2)检查烘箱的空气温度记录,确保设定值正确。

(3)校准空气温度计、空气速度探头及压力表、空气溶剂量(如湿度)仪器,确保读数准确,仪器正常运行。

(4)检查空气输送吹嘴、喷嘴、狭缝等处的速度,确保它们处于标准条件下,并且向材料表面输送正确的空气量。监控向下输送空气的一致性,即识别每个区域的关键喷嘴,并定期(如每月一次)测量。然后,该数据用于建立基线和正常变异性,以便可以检测出是否发生偏差。该数据可保存在电子表格中,可以连续计算平均值和标准偏差,并在需要时调取。

气流减少的原因,可能是增压室和空气处理设备中的泄漏,供暖和通风单元中的门打开,高效过滤器受污染,风门松动和阻塞流,风扇叶片松动等,或电机轴轴承卡在电机中,甚至是管道中的障碍物。检查风门时,手柄的位置可能无法指示风门的位置。在许多情况下,手柄断开会错误地指示风门已打开。如有可能,请查看导管内部以检查风门的实际位置。减少流向某个区域或一系列喷嘴的气流,可能需要改变烘箱的面积。应检查并确保空气流到基材表面。检查每个区域的实际干燥负荷,通过质量平衡计算特别有用。为此,需要测量进气和回风中的空气量,温度和溶剂含量。如表 8-1 所示,可以很容易地计算出实际的干燥负荷。也可以使用区域开始和结束时涂布液中的溶剂含量，但通常该数据很难获得。这种类型的计算，也可以验证空气处理系统的所有组件是否正常运行。用于加热或冷却空气的盘管，可能会因这些盘管内部传热流体的沉积物受到污染。类似于汽车散热器中发生的情况，随结垢增加，加热或冷却的效率降低。

为了排除溶剂负荷引起的烘箱问题，应按所有批次测量成品的涂布量和涂布液中固体浓度，并用质量控制图或通过在线涂布量测量监控。通常，在辊的起点和终点足以确定涂层真实重量。干燥负荷的增加，也表明涂布量高。各区域的干燥负荷，要根据记录的数据计算。

为了避免新产品出现干燥控制问题，可使生产线速度略低于标称稳态速度约5%，直到在整个基材上实现了所需的涂布量，并在烘箱末端之前完成干燥。以全速启动的方式，存在启动速度过快且无法完全干燥的风险。因此，以保守的速度开始，然后将速度尽快提高到所需水平，同时检查干燥产品中的残留溶剂是否合格。

水性涂布液产品中的残留水分含量较高。涂层中的水分含量超过环境空气的水分，对产品是有害的。而溶剂型涂布产品，最终产品的溶剂残留，必须小于因环境或质量要求而确定的最高值。

表 8-1　物料干燥衡算

某水性涂布机工艺参数	
干燥空气	
湿球干燥温度	105 ℉
露点	30 ℉
湿度（来自湿度曲线）	0.003 46 lb 水 /lb 干空气
空气流	15 000ft³/min
干燥箱回流空气	
湿球干燥温度	85 ℉
露点	50 ℉
湿度（来自湿度曲线）	0.007 66 lb 水 /lb 干空气

计算

空气流量 = (15 000ft³/min) (60min/h)(0.075 lb 干空气 / ft³) = 67 500 lb 干空气 / ft³

干燥箱吸湿 = (0.007 66 lb 水 / lb 干燥空气) − (0.003 46 lb 水 / lb 干燥空气)

=0.004 20 lb 水 / lb 干燥空气

水分移除总量 = (67 500 lb 干燥空气 / h) (0.004 20 lb 水 / lb 干燥空气) = 284 lb 水 / h

三、干燥条件案例分析

介绍因干燥条件变化，使正压干燥区热风温度偏高，导致产品过度干燥案例如下。

这是一个水基涂布系统，首先收集历史数据并进行分析。图 8-3 的数据清楚地表明，在辊 75 处，空气温度和露点均显著增加。

下一步就是校准工艺过程并确定变化的原因。该问题似乎与空气处理系统有关。因此，用小型便携式数据记录器记录加热和通风系统中所有盘管数据，长时间监测其性能。作为水基系统，可以用相对湿度和空气温度代替溶剂浓度。空气速度测量结果表明，喷嘴出口处的空气速度和到达基材表面的总空气量，均在指定的工艺范围内。图8-4显示了进入和离开冷却盘管的空气温度。这表明，即使设计计算表明这里会低至少5 ℉，但热风经过盘管时温度才下降

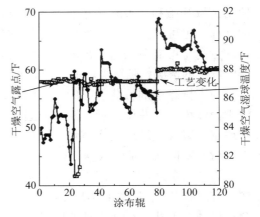

图 8-3　干燥空气湿球温度和露点与辊序数关系

了约1.5 ℉。温度升高的原因是冷却盘管发生故障。另外，对涂布机的检查表明，在观察到变化时，对冷却液管线进行了一些常规维护。推测这种不良性能是冷却剂在盘管中流动受限的结果。这可能是因为很长时间没清洗盘管，也可能是在维护操作期间上游管道中的水垢变松了，该水垢已经流到盘管中并阻塞了流量。盘管清洁后，如图8-5所示，正常工作后盘管中的温度下降已超过5 ℉。

任何类型的盘管都可能出现此问题，并且可能导致干燥过度或干燥不足。失效的冷却盘管将提供高于所需温度的空气，从而导致过度干燥；而失效的加热盘管将提供低于所需温度的空气，从而导致干燥不足。

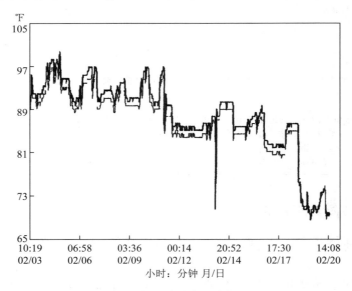

图 8-4　进出冷却盘管的空气温度

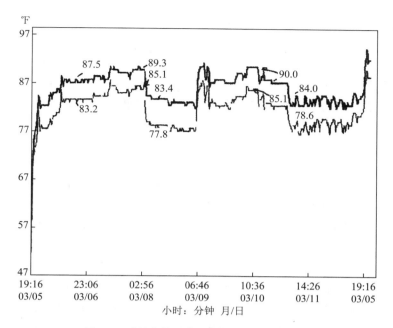

图 8-5　清洁盘管后进出冷却盘管的空气温度

这些盘管的问题，也可以通过监视冷却或加热介质进出盘管的温度和流量以及空气温度和流量来诊断。然后可以计算出传热速率和传热系数。对于蒸汽介质的测量和计算，比液态介质的测量和计算更为复杂，因此，安装流量监控传感器是有必要的。测量盘管间的干燥工艺空气的温度变化是较容易使用的优选方法。数据记录器可以轻松地安装在任何位置，并且可以获取所有所需数据并快速进行计算。

四、干燥缺陷

一般烘箱的最大溶剂干燥能力，可以上述方法确定。实际操作中，烘箱可能无法以最大能力运行，干燥过程也可能是处于控制速率状态，即"瓶颈"状态。

并非所有烘箱都能以最大的干燥能力运行。有些制约因素与一系列缺陷相关。

干燥过程中的传热传质和扩散效应很重要。一旦能量传送到涂层中，溶剂就必然迁移到涂层表面，使其蒸发并传送到干燥空气中。如果可以轻易进行这种迁移和传送，那么它将不会处于控制速率阶段；传热速率是控制过程的主要因素。当迁移和传质速率处于控制状态时，向系统中引入更多的能量，只加热湿涂层并升高温度，不会增加干燥速率，降速率区间亦然。在水性体系中，涂层会处于半固体状态，看似干燥了。在溶剂体系中，甚至在整个烘干过程中，即使涂层中仍然含有高含量的溶剂，也可能出现这种情况。控制机制的不同，使烘箱中基材温度的变化行为最明显，可能导致截然不同的干燥效果。

在干燥过程中，随薄膜干燥，涂层在各向收缩，由于与基材的黏合，无法在涂层平面上收缩，导致涂层中会积聚应力。当基材进入压缩状态时，拉应力仍保留在涂层平面。这些应力的大小，取决于材料、收缩量、黏合剂性质及时间—温度关系。由于出现松弛机制，应力将随时间有所降低。若残余应力不消除，可能导致各种缺陷。

讨论缺陷之前，首先界定特定环境下的名词和术语。

将涂布造成的缺陷，与干燥引起的缺陷分开。

指导原则：通常可以在涂布机上轻松看到涂布质量问题，如颤动、条纹、罗纹、气泡、斑点和厚边等，都很明显。如果在涂布机上看不到，则考虑将其归于干燥。此外，解决问题的过程，必须找准正确落脚点。例如，斑点是干燥缺陷，调整配方的流变性可以减少斑点。

最好是描述缺陷，而不是给它起一个名字。通过描述，了解干燥可能导致的缺陷类型，有助于确定问题来源。此处，将干燥缺陷定义为在上述干燥工艺中引起的缺陷。即从烘箱入口开始，穿过烘箱到收卷的路径中生成的缺陷。解决问题的过程，应始终着眼于找到缺陷的特征尺寸，然后对在该范围内占主导地位的物理现象，进行系统研究。

正常干燥过程中常会遇到的一些主要干燥缺陷如下。

1. 空气刮擦

空气刮擦，是湿涂层在烘箱中与空气刮擦，在表面形成的不规则"擦伤"。它们往往是离散的，具有有限的边缘、沟槽外观，沿机器运行方向成簇或连续出现。

在空气悬浮烘箱中，从基材到喷嘴的距离很小，约为0.5英寸或12毫米，小的颤动，将导致喷嘴上的接触点和湿点，喷嘴接触湿涂层并干扰表面，形成刮擦。

空气刮擦的特征是，随时间流逝，刮擦会变得更糟。空气中的沉积物会随着喷嘴每次接触堆积变大，最终形成钟乳石，触及基材并产生条纹。验证空气刮擦的最简单方法，是关闭涂布机，打开干燥箱，并在与观察到的缺陷相同的位置寻找接触点。

空气刮擦成因：（1）不良的基材传输系统导致基材振动。（2）振荡张力控制和低张力，使基材不稳定，从而导致接触。在悬浮干燥中，需要平衡顶部和底部空气狭缝的空气速度，确保基材稳定。（3）如果在两个气垫中改变了平衡，则基材在该区域，可能变得不稳定而撞到喷嘴。优选做法是监控关键喷嘴的风速并检测其变化。如果发生空气摩擦，请检查该区域的风速。（4）喷嘴的对准，新烘干机喷嘴应全部位于指定精度范围内的同一中心线上。通常，在烘干机投产后就再也不是问题。（5）底座质量，如果底座不均匀且不平，则烘箱可能出问题，因为超出平面的点会对气压产生不同的反应。（6）导致材料在烘箱中卷曲的因素，也可能导致空气刮擦。通常,膜边缘卷曲或不连续。如果边缘有磨擦,请考虑后述的消除卷曲措施。

2. 泛白

泛白是指由于溶剂涂层中有水凝结,导致的"磨砂"表面。

成因:(1)干燥的初始阶段,或在进入烘箱之前,涂层因溶剂蒸发而冷却。(2)单面水性涂布液中,涂布液温度达到空气的湿球温度。(3)溶剂涂层中,相对于该特定溶剂达到空气的湿球温度。由于空气通常没有溶剂,因此涂层温度可能非常低,尤其是对于高挥发性溶剂,甚至会大大低于冰点。在潮湿的夏季,可能远低于露点,并且水将从空气中凝结到涂层上。这些水会在烘箱中蒸发,留下朦胧的表面。

为了避免泛白,某些产品在夏季不涂布生产,或在空气除湿状态下生产。

3. 气泡和水泡

气泡是斑点缺陷,污染物是涂布液中的气体(如空气),而不是固体或不相容的液体。

(1)通常,在涂布液制备阶段,或在涂布机进料系统中,引入涂布液中的气体会导致气泡,气泡残留在坡流涂布的涂珠中产生条纹。(2)在涂布液下夹带空气薄膜,也会在涂布过程中引入气泡。(3)干燥过程可能将气泡引入涂层。在烘箱高温和挥发性溶剂情况下,涂层的温度可能接近涂布液的沸点,形成溶剂蒸气气泡。所有这些气泡都会随着气体膨胀而增长,然后突破表面,如图8-6所示。最初有一个完整的气泡,涂布液在其上形成圆顶。随着干燥的进行,气体膨胀且圆顶塌陷。(4)空气的另一种可能来源是涂布液。如果它在涂布工位溶解气体达到饱和,则在较高的涂层温度会形成气泡。也会在较高的干燥温度下膨胀,并出现在烘箱中。

(5)气泡还可能在压力降低的涂布生产线形成,如在液体流速递增的阀门中,这些气泡可能不会重新溶解而会逸出。

诊断气泡来源的方法之一,是停止涂布机,将涂层干燥,并标记各个干燥区域。如果在烘箱入口前存在气泡或水泡,则是来自烘箱之前。如果在烘箱入口看不到它们,但在烘箱末端看得到,则很可能是由溶剂沸腾引起的。

为了消除烘箱引起的气泡,必须控制溶剂组成和烘箱温度,以免发生沸腾,如果怀疑沸腾,则降低烘箱温度并降低涂布速度;在烘箱的初始阶段,将温度保持在

初始气泡 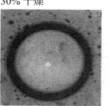　　15% 干燥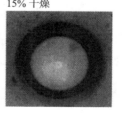

30% 干燥 　　干燥

图8-6　气泡干燥效应

较低的水平，使所有气泡缓慢扩散到表面；低黏度涂布液脱气，涂布液抽真空、超声波处理，浅锅中放置数小时，从釜底部抽出溶液等，都有助于避免这种缺陷。

4. 皱褶或皱纹

皱纹是由基材收缩引起的基材、涂层小脊或沟槽。有一大类干燥缺陷是由于基材在高温下变软引起永久形变产生。例如，张紧辊间不平行，使辊间的薄膜横向出现张力皱纹（低谷），或当薄膜经过热辊时产生变形，有时称为"威尼斯百叶窗"。受威尼斯百叶窗影响的卷材，在横向移动时，会呈现出交替的张力皱纹和横向滑动。这些缺陷与基材传输系统中的物理问题相关。通常，可以通过测量缺陷之间的间距，并找出可能发生间距的位置，来确定缺陷的来源。

5. 卷曲

卷曲是基材向涂布侧弯曲而非平展的趋向，来自涂层中的残余拉伸应力。残余应力在涂层中，卷曲朝向涂层侧，基材刚度会阻止卷曲。烘箱中薄膜的边缘朝着涂布面卷曲，导致薄膜缺陷。在涂层干燥并将薄膜转变成最终形式后，也可能发生这种情况。尽管通常只有边缘会翘起，但有时整个胶片会"像雪茄一样卷曲"。涂层中产生的张应力和应力，会影响整个产品结构。

通过比较薄膜的弯曲度和抗弯梁，可以理解应力的影响。

用两种金属制成条带来测量温度，该条带随温度变化而不同程度地膨胀或收缩。两种金属间的长度变化，使一种受到压缩，另一种受到拉力，从而向一种金属施加弯矩，使带材卷曲。仅当金属相同且因此产生的收缩或膨胀相同时，才不会出现弯矩。这种类比，可以扩展到涂布产品，假设产品结构是由基材和涂层的最简单形式组成，在涂层中产生的拉应力，使基材处于压缩状态，结构将趋向于响应应力而卷曲，变化程度取决于弹性模量和基材厚度。高模量的刚性基材，如聚对苯二甲酸乙二酯的卷曲度小于纸张或醋酸乙酸酯（图8-7）。涂层在干燥过程中会收缩，并进入张力状态，基材受到压缩，系统向涂层侧卷曲。

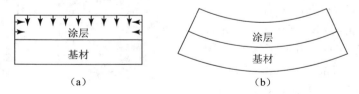

图 8-7 卷曲示意

如前所述，涂层中残留的平面内拉伸应力，涂层干燥时收缩，但基材面积未变，固化后涂层的变形导致卷曲。在玻璃化转变温度之上，固体仍是柔性涂层结构，允许足够的分子运动，以缓解拉伸应力。只有当涂层失去足够的溶剂，达到"玻璃化"状态后，残余应力才会保留。除非材料在干燥状态下都远远高于室温，随着涂层变干，玻璃化转变温度升高。上述讨论，忽略了涂层到达玻璃化转变点之前产生的应力，并从该点开始将材料视为线性弹性固体，并因此认为卷曲通常由残余应力引起。

涂布产品的结构，决定了烘箱中和最终应用中卷曲的固有趋势。照相产品就是很好的例子。由于明胶层对空气中的水分敏感，因此它们对卷曲非常敏感。随空气相对湿度降低，照相乳剂和其他含明胶层会失去水分，收缩并产生导致卷曲的应力。因此，照片在干燥的冬季比潮湿的夏季更易卷曲。

抵消卷曲趋势措施：（1）在基材背面涂布明胶层，在另一侧提供抵消的张力。此时，即使两侧涂层都收缩，对产品也没有任何净影响，只是将基材置于压缩状态。（2）同样材料重新加湿涂层，使涂层溶胀并软化，减少涂层中的残余应力，也可以控制卷曲。（3）在高温下调节材料，也可以缓解应力。该温度应高于玻璃化温度，以允许明显的分子运动。（4）在配方中添加增塑剂，如在明胶涂层中添加水分，使其软化。

理论上，使固化后涂层的体积变化最小化，可以最大限度地减少卷曲，但是单面涂层永远无法真正消除它。

如前所述，在干燥过程中产生的收缩力，会导致卷曲。轻微的卷曲可能看不到，因为输送基材所需的基材张力，会作为反作用力保持基材平铺。但有时在涂布中会出现严重的卷曲。水分是适用于多种材料的增塑剂，空气湿度的变化会导致收缩或溶胀并引起卷曲。这可能会在烘干机过程中或之后发生。以照相材料为例，聚酯基材涂布有含明胶的涂层，由于水分的流失，它们在较低的相对湿度下收缩并趋于卷曲。排解措施包括：当成品卷曲时，检查相对湿度；冬季在涂布间使用加湿器。

由于在锁定之前，释放应力的时间更少，快速干燥的残余拉伸应力大于缓慢干燥的拉伸应力，因此，如果出现卷曲，则在结构形成和定型的区域，在干燥区域周围进行较温和的干燥。较低的温度和干燥空气中较高的溶剂浓度，可以使卷曲最小化。

基材的干燥面或背面的空气中的溶剂含量，即使对干燥过程没有影响，也会影响卷曲。当基材或基材背面的涂层吸收溶剂时，就会发生这种情况，纸上的水性涂布液尤为明显。如果烘箱中的水分少于纸张平衡时的水分，则纸基将流失水分并趋于收缩，且朝向干燥面卷曲。

涂布线上基材张力升高，会"拉出"一些卷曲。因此，在遇到卷曲时，应检查一些参数，包括厚度均匀性、弹性模量（杨氏模量）、抗张强度和断裂伸长率，包括机器的纵向和横向检查。

产品结构（基材厚度、涂布量和涂布位置）也会影响卷曲。低模量薄基材涂布厚涂层时，容易因干燥而变形；高模量基材的薄涂层，更能抵御干燥影响，保持原型。

6. 龟裂

龟裂是涂层不规则地破碎成附着在基材上的小板块，外观类似阳光下的干泥土。裂纹间距可能非常小，也可能相距 5 毫米以上。当基材太硬而无法缓解卷曲应力时，应力超过涂层（或涂层中一层）的内聚强度，涂层将会破裂。龟裂常见于刚性支撑体上的薄涂层，通常会在涂布液中没有足够的黏合剂填充固体颗粒之间的空间，干燥时将空气吸入涂布液的情况中看到。在多层汽车漆系统的清漆 / 面漆中，面漆会被紫外线损坏变薄，破坏聚合物链的主链而开裂。有时是面漆因无法承受压力而产生裂纹。

减少卷曲影响，或将特定数量的颗粒添加到涂布液中，可减少龟裂。

7. 分层

分层与卷曲紧密相关。如果涂层中的拉力大于涂层与载体间的黏合强度，则涂层与载体分离而分层。由于残余应力在边缘会急剧上升，因此常在涂布边缘看到分层现象。这种类型的分层，是由于基材与涂层间的黏合失败而致，有时会观察到边缘的一小条涂层从基底上剥离。

由于涂层的内聚破坏，分层也可能发生在涂层之间。

导致分层和黏合失败因素。基材表面不仅要有较高的表面能，还必须具有适当的表面力平衡。有时，将薄的高表面能黏合剂或胶层涂布到基材上，改善黏附牢度促进黏合。如果此类产品发生故障，需验证该黏合剂层确实在涂层上，且涂层均匀处于基材正面。有时是黏合剂层朝外。黏合剂层向内卷会很麻烦。涂层的黏合性能使用胶带剥离测试。黏合剂层涂布或处理的黏合性，会随时间流逝而降低。

涂布液变化会导致这类缺陷。良好黏附的前提，是涂布液对基材的良好润湿。如果液体表面张力过高，将不会润湿，并可能导致涂布黏附缺陷。污染的基材表面影响润湿并降低黏附。有时需要检查涂布液的表面张力和黏度，并更换原料重制涂布液，进行测试涂布实验。

8. 干燥带

干燥带表现为沿机器方向运行的辙道。它们可能具有粗糙的表面，不同反射率或仅为模糊的辙道。或许肉眼不可见，但使用过程中会以不同效果的辙道显示出来。干燥带的显著特征，是在卷材上的均匀间距，以及间距与烘箱结构的相关性。当使用圆孔喷嘴而非全宽幅狭缝风刀时，常见干燥缺陷。圆孔空气喷嘴干燥带的厚度大约等于喷嘴直径。干燥带可能是由于干燥速度的差异，或空气喷射引起的涂层表面的扰动，即撞击在基材上的空气，在整个基材上的不均匀分布引起的，圆形喷嘴强化了不均匀性。气流干扰湿涂层表面时，干燥带可能由单排喷嘴引起；如果干燥带是由干燥速度的差异引起，则干燥带通常是由几行喷嘴形成的。干燥带在全宽幅狭缝风刀涂布中不常见。

无论是来自空气的输送系统还是排气系统，干燥带都是烘箱中气流分布不均的结果。可能需要调整气流、空气温度或涂层成分。有些是烘箱的硬件特性，应修改硬件，提高气流均匀性，或降低该干燥区空气速度，消除干燥带。

由冲击空气力引起的湿涂层流动，随空气速度和涂层的厚度增加而增加，随液体黏度降低而减少。为了减少干燥带，可采取以下措施：（1）降低风速。降低烘箱起点恒速率期间的干燥速率。（2）增加涂布液黏度，使涂布液更耐流动，提高涂布液固含量，形成保型性好的薄层涂布液。烘箱下方随着干燥进行，溶剂蒸发，涂层变得更薄、更黏，因此不太受干扰。越到后续区域，风速越高。干燥带通常出现在第一个干燥区的开始处，此处黏度最低，湿涂层最厚。但如果后面的区域风速足够高，也会出现干燥带。

降速率区域开始时，也会出现干燥带。在降速率期间，涂布温度接近空气温度。如此高的温度，即使溶剂浓度比干燥开始时的浓度低得多，高温也会使涂层黏度足够低而出现干燥带。同样，在下降速率期间，干燥速率由溶剂通过涂层扩散到表面的速率控制。溶剂的扩散速率，是溶剂浓度的强关联函数。表层中的溶剂浓度将与干燥空气的溶剂平衡。当它为零时，表面上的溶剂浓度将为零，通过表层的扩散速率将非常低，干燥变得非常缓慢。而且，该表层将充当柔软涂层上的表皮，该表皮很容易形成干燥带。空气中溶剂含量的增加，将增加表层溶剂的残留量，这将增加扩散速率，从而增加干燥速率，不再像之前形成表皮。在整个层的其余部分则具有相当均匀，相对高的溶剂浓度，溶剂将仅在基底部附近具有"高"浓度，并且涂层不太柔软。因此更不会形成干燥带。增加干燥空气中的溶剂浓度，会在降速率阶段开始时提高干燥速率，减少形成表皮和干燥带的概率。

在干燥的最后阶段，必须使用干燥空气，涂层不能减少到低于干燥空气平衡的水平。为了获得干燥的涂层，最后一个干燥区的干燥空气中，必须无溶剂。

9. 烘箱重熔

烘箱重熔，是指在降速率过程中或在干燥箱中，发生的涂层表面变形。涂膜温度接近涂层的转变温度，加上导入的高速空气致涂层变形。不必达到整个涂层熔化的程度，表面只需要稍微软化，高速空气冲击就会使表面变形。

重熔被视为干燥带或看起来类似振动的交叉网状条。它可以在干燥过程的任何部分发生。即使涂层是干燥的，并且在烘箱的末端是固体，涂层温度在降速率期间，也会上升到彼处的空气温度。如果温度超过了该特定溶剂量水平的玻璃化转变温度，则涂层可能流动并变形。此时，需要控制各种溶剂水平下，涂布液的玻璃化转变温度，并将其与烘箱中的温度比较。如果温度重叠，则降低烘箱温度。

当需要在干燥的早期就使用更高速热风干燥时，涂层进入烘箱之前要被冷却成凝胶，当凝胶涂层的温度超过其熔点时，发生重熔。例如，照相系统的涂层冷定型，当冷却至低于设定温度时，溶于水中的明胶黏合剂会形成固体凝胶。该体系在高于熔融温度的约 40℃ 下进行涂布，此时涂层处于液态。在涂层进入烘箱前先冷却，将液体转化为半刚性固体凝胶。如果涂层在烘箱中加热到熔化温度以上，则涂层将转变为液体，容易从高速干燥空气中形成干燥带。好在由于蒸发水所需的热量损失，使凝胶涂层的温度大大低于干燥空气温度。实际上，在单面干燥中，涂层温度是空气的湿球温度。

10. 烘箱污染点

斑点和不连续性是常见涂布缺陷。肉眼可见或显微观察可见，大小不等，通常会在缺陷中心发现颗粒，干燥点可能是由气流中的污染物冲击湿涂层所致，原始涂布液中的污染物也会引起类似的缺陷。污染物本身可能很小，并被厚厚的湿涂层覆盖。然而，随着涂层变干，厚度减小，缺陷可见。过滤空气，将颗粒保持在气流之外，可减少斑点。另外，烘箱应处于轻微的正压，以便从烘箱中吹出的空气，使未过滤的室内空气远离涂层而减少斑点。如果烘箱不能处于正压状态，则应尽可能接近中性，避免室内空气吸入烘箱。在烘箱开口上悬挂一根线，线很轻，会迅速响应最微小的气流，显示空气流向。

烘箱保持清洁很重要。湿涂层会在喷嘴上擦掉、变干，掉回涂层引起斑点。如果喷嘴彼此靠近且污染较大，则烘箱中干燥的涂布液也会产生条纹。加热和通风系统，管道会变脏，过滤器损坏、密封件泄漏使脏空气进入，都可能导致斑点。发现斑点缺陷时压降增加，则需更换过滤器。随时检查更换不完整的密封件和烘箱门垫片。风扇、盘管、环境和溶剂控制等烘箱单元，也可能造成污染。

11. 烘箱冷凝斑点

冷凝斑点中心清晰，边缘较高，并沿中心向周围飞溅，看上去像水滴碰到湿的表面。斑点随机出现而且在同一区域重复出现。

烘箱中溶剂蒸汽积聚并冷却低于溶剂饱和温度时，溶剂就会冷凝并滴到涂层上。如果在室温或接近室温的管道外壁，低于空气的饱和温度时也会冷凝。最可能发生于回风系统相对停滞的区域，也可能发生在将冷水机与冷水机隔开的墙壁上。大多数情况下，当过程关闭和烘箱门打开后，溶剂就会因蒸发而检测不到。

12. 雾化

此处的雾化是指涂布液的内部雾化，而不是指由于发白或网纹而产生的表面雾化。雾度取决于涂层的性质，至少有三个原因：（1）在含有乳胶黏合剂的涂布液中，乳胶颗粒必须在干燥的早期阶段形成连续相，不完全连接表现出雾化。（2）雾化也可能由相分离引起，与干燥剂和黏合剂相比，易溶于涂布液溶剂的添加剂，可能会分离出来。（3）另外，可能是分散固体的体积分数超过临界值出现的微小空隙，产生的浑浊，该临界值可能远远高于50%，具体取决于固体的形状和尺寸分布。由于没有足够的黏合剂填充固体颗粒间隙，而使空气渗透到空隙中，导致肉眼可见的雾化。这种浑浊的物理缺陷通常很小，小到看不到。

13. 杂色斑

杂色斑是涂层表面的不规则图案缺陷，可能粗糙或相当轻微，或者是虹彩图案。干燥早期涂层处于流动态时，不均匀气流在有限区域流动引起涂层轻微运动，表现为杂色斑。杂色斑分布波动大。有时在干燥涂层中看不到，但使用产品时可见。均匀气流不会造成这种缺陷。

如果预干燥段对房间是敞开的，则应将该区域封闭起来，最大限度地减少空气流动，在涂布头和烘箱间的框架上围一块塑料板即可，同时防止空气中的尘土污染基材。如果是因为烘箱入口有风吹入或吹出导致杂色斑，则应仔细调节烘箱的空气流量到平衡状态，保持烘箱入口微风吹入吹出为佳，因为这样的空气流动与由基材运行造成的方向是一致的。如果在第一干燥区出现杂色斑点，则应降低干燥空气的速度。

与解决干燥带的方法一样，增加涂层运动阻力可减少杂色斑点。浓缩涂布液，使涂层厚度减薄，或增加涂布液的黏度均可。浓缩涂布液会同时增加液体黏度，建议使用。降低吹到基材的空气速度，减小变形力也有效。

14. 橘皮和起皱

橘皮是指涂层干燥后形成的粗糙表面，通常与由表面张力引起的流动相关，橘皮是不规则的六角形图案。干燥速度过高，尤其烘箱中热风速度也高时更易形成。条带中可能会出现橘皮。皱纹是湿涂层表面形成薄皮时发生的现象。金属表面上漆容易产生皱纹，薄基膜上涂布时看不到皱纹。

15. 过度喷涂

过度喷涂是一种干燥缺陷，之所以这么称呼，是因为受影响的薄膜看起来像是在一个没有完成的画作中故意再喷绘。该术语通常在油漆行业中使用。"过喷"是由于相变分离导致的，随着干燥的进行，一些添加剂变成不溶物从涂层分离出来。过度喷涂类似脸红，但原因完全不同。调整涂布液的配方、选择干燥条件都可以避免过度喷涂。过度喷涂是较温和的缺陷形式，称为"炒鸡蛋"，属于涂层组分相变分离而产生凝结的外观。

16. 网状结构

网状结构是涂层中一定程度的不规则变形，这种变形来自预干涂层的不均匀溶胀面，在曝光过的照相胶片或纸时易产生，在涂层中表现为尖锐的皱纹或裂缝，严重时具有鸡皮外观。在照相行业，由于干燥胶片内部溶胀应力，涂层屈曲后在表面形成网状结构。烘箱内部环境影响涂层的机械性能和涂层残余应力，两者都影响是否将形成网状结构缺陷，因而将之归类于干燥缺陷。

因为直到产品重新润湿并膨胀才会发现网状结构，所以网状结构故障难以排除。此时，可以通过降低干燥温度或增加空气中的溶剂浓度，来降低干燥速率以减少残余应力。同样，应检查交联剂的用量，尝试改变涂布配方，增加涂层膜量抵抗变形力。

网状结构和分层之间，存在轻微的相互作用。这两者都产生于干燥时应力。基材和涂层间结合力及涂层内部成分黏合力，在干燥过程和溶胀过程，都受到应力作用。前者失败导致分层，后者失败导致网状结构。

17. 表面扰动

多数涂布系统干燥过程不会胶化，随着干燥进行，涂层越来越黏稠。在这种系统中，气流表面扰动后果可能比杂色斑点更严重。表面扰动通常在烘箱初始段，涂层最稀且空气流速很高时发生。规模可以从很小到很大。在烘箱初始段减少流向表面的气流，并在整个烘箱中逐渐增加气流，可将其影响最小化。较高黏度的涂布液也有助于减少该缺陷。

18. 微观缺陷

干燥还会产生非常小的肉眼看不到的微观缺陷。摄影胶片、光盘和磁带等，存储信息的大小与缺陷尺寸相当，对微观缺陷非常敏感，这些缺陷就会成为产品故障。

（1）繁星点

繁星点指是照相胶片上明显残留的斑点，这是由于外层中的"哑光"颗粒因干燥应力而被下推进入卤化银层，并将卤化银晶体移位形成。哑光颗粒用于提供粗糙的表面，当胶片在真空腔室曝光时，胶片能与腔均匀接触，并形成空气从胶片中心逸出的通道。缺陷表现为在曝光胶片黑色背景上的一系列直径为 $1 \sim 10 \mu m$ 的随机小白孔。看起来像夜空，称为"繁星点"或"星系"。之所以显示白色，是因为卤化银晶体已被推开，那里没有黑色显影银。虽然肉眼看不到繁星点，仅显微镜可见，但其降低了曝光和加工过的胶片的光密度，对性能不利。

"窗口"一词常用于油漆行业中的类似缺陷。对于大多数有颗粒的涂布液来说，这是一个典型的干燥缺陷。降低干燥速率可以减少卷曲和网状结构的应力，也可以减轻繁星点的严重程度。特别地，在干燥过程即将结束时，降低干燥速率特别重要。如果干燥空气中的溶剂浓度（此处为水）较低且空气温度较高，则表面将变干，并趋于迫使较大的颗粒沿着湿—干边界向下迁移到涂层中。增加空气中的溶剂浓度或降低空气温度，可更长时间保持表面溶剂浓度较高。哑光颗粒的尺寸也有影响，如果遇到繁星点，则必须检查哑光颗粒的粒度分布，确保其在质量控制范围内。颗粒粒度的小幅增加，会导致繁星点大大增加。

（2）针孔

在胶卷中，针孔缺陷与繁星点相似，但成因不同。图 8-8 中摄影胶片中的白点缺陷，一开始被认为是"繁星点"。数字图像分析表明，缺陷比繁星点大，中心有颗粒，是针孔。该缺陷不是由烘箱引起的，而是由于分散不完全和过滤不良造成的。通过减少干燥应力将永远不会奏效，除非它自己消失。

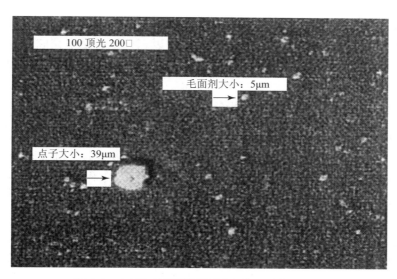

图 8-8　由最初被误识为繁星点的粒子引起的缺陷

当使用阴离子表面活性剂来降低涂布液的表面张力时，会出现针孔。当替换具有相同表面张力的非离子表面活性剂时，仍会产生针孔。同时使用阴离子表面活性剂和非离子表面活性剂时，虽然表面张力不变，但涂层无针孔。推测是复配表面活性剂在分散颗粒上的吸附效应不同。

分切掉下的灰尘，在未涂布的基材表面形成的不润湿，也会造成针孔。

五、烘箱模拟与故障排除

数字化模型已用于模拟涂布机制造和中试干燥过程。

模型用于预测干燥速率、涂布温度和整个涂布过程中涂层中的溶剂含量，模型还可以给出下降速率周期开始位置。

所需参数包括：湿涂层重量、涂布液固体含量、固体比热和密度、溶剂成分、卷筒纸厚度、比热和密度、线速度、烘箱分区数量和各分区长度、涂布面及背面各区域的气隙速度、各区域的气温、空气中的溶剂含量。

溶剂系统取溶剂含量为零。对于水性干燥仅计算恒定速率周期结束时的位置，根据干球温度和露点，计算干燥空气的相对湿度和湿球温度。

与空气速度相关的烘箱传热系数。根据实际空气速度，计算各区域实际传热系数。

模型可以输出包括涂布温度、涂层溶剂水平及干燥空气温度与烘箱长度的关系，如图 8-1 所示。结合模型确定干燥工艺变化的影响，确保产品充分干燥。通过模拟认识到，降低空气速度会导致在烘箱末端得到湿膜。这比在线测试有效、便宜。此外，它还允许评估干燥曲线，证明工艺升级的合理性。

恒速率干燥的计算。可以手工完成，也可以在电子表格中完成。整个干燥过程（包括下降速率周期）的计算，更需要模拟。多数烘箱制造商都有此类程序。

六、辐射加热在减少缺陷方面的作用

在热风烘箱上增加红外（IR）加热器，可提供额外的加热能力，减少未干涂层缺陷。这些加热器可以很容易地添加到预干燥段的烘箱中，也可以分布在恒定速率区对流单元中，从发射器将热量直接传到湿涂层。工作波长 $0.7 \sim 8.0 \mu m$，可快速干燥并有效利用空间，以优化干燥条件，最大限度地减少缺陷，是一项低成本、易改造的方式。

如果涂布液黏度低，并且风吹产生斑点或表面扰动，则 IR 加热器可以在开始干燥过程启用，无须使用影响涂布液的空气。如果后面区域较高的烘箱温度导致熔化，则可用红外加热器进行干燥，还允许最后一个区域较低的温度。如果需要更高的涂布量，并且烘干能力不够，则红外加热器可以提供更大的容量。

第二节　片路控制及其对涂布质量的影响

基材在烘箱中的运行状况，诸如干燥张力、变速片路传输、收卷与放卷等，最终会反映到干燥及基材运行对涂布质量的影响上。

卷筒纸处理系统包括收卷和放卷、涂布和干燥设备，张力和速度控制系统以及驱动系统。基材的处理，取决于机器的准直度及基材和涂布配方的物理特性。任何可能导致基材起皱、分层、刮擦、边缘破裂、基材、边缘不平整、边缘粘尘土、基材损坏、基材在烘箱中飘动或走斜的现象，都是基材控制的内容。

基材控制问题，可能由基材传输系统的任一部分引起，适度调整，即可使基材正常运行，或者缓解问题。

基材控制问题的主要影响因素包括：

（1）机器安装不准直。

（2）机器位于正在沉降的建筑物中，导致机器不直。

（3）机器坐落于沼泽或潮汐河上建造的建筑物中。潮汐条件或地下水位变化会导致建筑结构在机器下方变形，导致机器不直。

（4）生产、工程或维护人员对机器进行的设备或工艺更改，未传达给操作人员，诸如排气风门设置、蒸汽盘管设置、更换滚筒、更换泵，更换或重新校准换能器或更换风扇、皮带或皮带轮等。

（5）将新产品或新工艺引入机器，机器适应不够。

（6）如果涂布液化学性质发生变化，则基材从动侧的摩擦系数，可能会发生巨大变化。摩擦系数的变化，可能会降低驱动辊传输纸基的能力，新涂布液还可能使静电水平增加到难以缠绕卷材的程度。

一、卷材

卷材是指以连续柔性形式呈现在机器上的任何箔、金属、纸、塑料、纺织品或金属丝，应用于涂布、层压、电镀、复合或其他工艺。

（一）卷材特性与涂布基材

皱纹、折痕、断片和走斜，都是与卷材特性关联的问题。基材中的褶皱可能来自弯曲和定量不匀，机器横向基材厚度分布不均或水分分布不均匀。

当涂布液配方改变，导致卷纸机的静电含量非常高时，会观察到严重的皱纹。该静电会导致起皱，甚至严重到无法收卷。通常是涂布液配方更改，使涂层 pH 值超限。卷材边缘裂纹甚至会导致收卷断片。

基材幅面弯曲、厚度不均匀、基材克重不均匀或水分不均匀，可能导致起皱。如果存在弯曲或不平整的轮廓，则可以感觉到"波纹"或在"巨型"卷中的硬点和软点，基材通过机器输送时会形成皱纹。如果在压印点或涂布之前形成皱纹，则会形成折痕并可能导致基材破裂。

皱纹可能由机器或基材本身引起。机器未对准，可能会和弯曲的卷材一样引起皱纹。

产生皱纹的原因可能是：

（1）涂布液配方改变了纸张特性。

（2）卷材规范不完整或不切实际。

（3）使用了不符合规格的卷材。

（4）传动辊不平行，或驱动辊摩擦特性改变。

（5）机器与新产品或新工艺不兼容。

（6）卷材和机器均有故障。

（二）卷材属性

1. 卷材弧形

卷材弧度和弧形产生于卷纸制造过程。旧机器往往比新机器容易产生更多的弯度纸基。例如，在造纸机中处理纸基需要纸基穿过烘箱。通过烘箱的速度超过

1 500 FPM（英尺／分钟）。当纸基被加热且水蒸发时，纸基趋于漂浮通过烘箱。在较旧的机器上，烘箱驱动侧的温度可能高于机器操作侧的温度。因此，卷材的驱动侧变干速度比机器操作侧快，纸基干燥时趋于横向（侧向）和纵向（纵向）收缩。由于机器驱动侧的纸张比操作侧的纸张更快干燥，卷筒纸驱动侧的收缩更大。这种收缩差异产生的卷材，在驱动侧比在操作侧短。这种差异称为卷材弧形。

现代机器在整个烘箱的温度更加均匀，并且不允许纸基漂浮通过烘箱部分。更好的温度控制和纸基在烘箱表面的结合，使干燥更加均匀，纸基收缩率更低。

弯曲卷材引起的问题有如下几种。

（1）压辊、刮刀涂布或挤出式涂布，对角的皱纹和折痕会导致基材破裂。

（2）对角线的皱纹和折痕会导致涂层空白，阻碍基材的有效加工。例如，剥离涂层上的涂层空白，导致标签无法从剥离涂层空白处分离。

（3）当卷材穿过机器时，卷材的松散边缘碰到导辊的凸缘时会破裂。

（4）驱动侧和横向侧之间的长度差，很难在卷筒纸精确套印。弧度与不当张力控制一起导致印刷效果很差。印刷过程与涂布过程的不同之处在于，涂布过程需要平滑无扰动的卷纸传输。印刷过程还需要对每个印刷组精确套准。

弧度影响处理。

（1）按生产流程特征（如供应商、制造日期和制造卷的机器）识别并将卷材分组。如果这些纸卷是从较宽的纸卷上切割下来的，则跟踪该纸卷的各个切割编号。

（2）每次生产都使用同一组卷材（相同的供应商、生产时间、生产设备、分切位置），用完后再换下一组卷材。

（3）测试每一批新的供应商提供的材料。

（4）在了解来料的参数前，不要调整机器。

（5）如果现有材料都不合格而又无他可选，尝试对机器进行临时调整以继续生产。对更改予以记录，以便收到合格的材料后将机器状态恢复。如果更改过多，则重新调整机器，使机器正确恢复。

2. 基材横向厚度轮廓变化

基材横向厚度轮廓，通过从纸卷上取全幅样品，在幅面上多点测量厚度变化获得，需要在短时间内发现明显的厚度变化。例如，如果基材的标称厚度为 2.5 密耳（0.002 5 英寸），而该点厚度为 2.8 密耳（0.002 8 英寸），且该点附近厚度为 2.4 密耳，则差异很大。2.8 密耳的厚度将在收卷辊上显示为"硬点"。10% 的变化率足以在卷纸的表面引起硬斑。

纸基的厚度轮廓变化，可能来自纸基的不均匀成形或压延和压光，也可能来自水含量的变化。如果压辊或压光辊研磨不好，则纸基厚度可能会在机器横向变化。所有辊都支撑在轴承的两端，当纸卷两端悬垂时，纸卷中间就会下垂。每个压辊必须研磨好，保持压辊与纸卷有很平的接触面。如果压辊研磨不好，无论压辊的中心比两端大，还是比两端小，都会造成厚度变化。中心较大的压辊会挤压中心的纸基，边缘直径大的压辊，将压坏纸基边缘。压辊中心直径较大时称为"冠状"辊。

冠状辊或压辊压力不适引起的问题如下。

（1）压榨单元或压光机施加的压力太高，则基材边缘会被压坏，比基材的中心还薄。

（2）压榨单元的压辊压力过低，则纸基中心可能被压碎，在纸基的中心产生薄点。这种纸用于涂布，会在纸基的中心形成平直皱纹，被压成折痕。如果纸基被一分为二，将在中心将纸基的薄部一分为二。纸基的单侧将有一个薄左边缘，收卷后会感觉柔软。

（3）不当的冠状辊和压辊压力会导致纸基的四分之一点处破裂，从而在纸基的四分之一点处出现薄点。如果纸用于涂布，则形成直皱纹，并在压辊处产生折痕。如果将卷材一分为二，则薄的四分之一点，将成为两个卷材的中心。如果将纸基切成三个或四个切口，则薄部将出现在纸基的边缘。将每一个切口都用批号加以标识，分辨出是从驱动侧、中间或从操作员侧切开的状态，对具有相同特征的卷进行分组，将减少因随机引入机器而引起的走纸问题。如果压光辊的冠状度不合适，或者已经冠状的压光辊使用了不合适的压辊，则同样造成纸基厚度变化。

（4）所有硬斑的边缘上都会形成直皱纹，在压辊处形成折痕，从而导致纸基断裂或涂层空白。较高的张力可能会减小皱纹的幅度，但印刷过程则可能会增加卷筒纸断裂的机会，并可能影响套准。通常在涂布区或驱动辊入口处，使用展平辊在纸基进入压辊前展开皱纹。

3. 基纸克重曲线变化

在卷纸成型过程中，将液体材料输送到移动的筛网上。该过程可能无法将均匀密度的纤维传送到行进筛。局部纤维分布可能很重，其他地方则很轻。这种卷纸横向的纤维密度变化，称为横向基重变化。成品卷圆周方向可以感到密度高处有硬点，密度低处柔软，硬点看起来像毛衣中的电缆线。卷材上的硬点和软点，会导致纵向皱纹。这些皱纹可在压辊处或加工点形成硬折痕，从而导致涂层空白或卷材破裂。单位面积重量和水分分布的变化，会导致水性涂布过程中吸水率的变化。纸张在吸收水分时会膨胀，但无法横向移动。结果，由于膨胀而产生的多余材料，流到某处就会形成皱纹。

这些皱纹在随后的涂布应用时会破裂，必须由展平装置消除。卷材厚度的变化，也会引起涂布质量问题。在狭缝和坡流挤压涂布中，涂布模头和围绕支撑辊行进的卷筒纸之间存在狭窄的间隙，纸板厚度变化会引起等效缝隙波动，形成振动缺陷。

4. 基材表面

基材表面会导致以下类型的缺陷：

（1）基材表面与涂层间的黏合失败。

（2）由于润湿性不均匀导致涂层不均匀。

（3）由于基材上静电不均匀导致涂层不均匀。

（4）斑点，由于基材表面污染而引起的缺陷。

（5）可能存在的变化的涂布阻挡层和／或黏合剂层，导致涂布不均匀。

应将基材与涂布和干燥过程一起，考虑缺陷形成的可能因素。缺陷可能是在需要高附着力的系统中而附着力较差。例如，汽车中的油漆对钢铁，摄影系统中的感光乳剂与胶片底材。在要求低黏附力的系统（如剥离层）中，黏附力可能太高。

表面润湿性能的变化，会导致涂布不稳定。小差异将显示为细微的缺陷，如不稳定的边缘和斑点。润湿性变化也可能导致严重故障，无法形成均匀的涂层。如果出现总体涂层失效且无法形成均匀的涂珠的情况，则需要改变表面润湿性，改变涂布液的性质和涂布工艺条件。

污染的表面会导致各种斑点缺陷。涂布制造过程，裁切以及输送到收卷架的过程，会吸收各种污染物。异物污染表面会以多种方式影响涂布，颗粒周围没有涂层而导致针孔，表面异物可能导致表面张力过高，形成不润湿点。

在排除局部斑点缺陷时，应考虑基材缺陷。可用显微镜检查未涂布的基材，以确定基材上是否存在与最终涂布产品相似的缺陷。与涂布缺陷的相同分析技术，同样可以表征基材。同样，使用超薄切片机和冷冻断裂技术，获得缺陷的横截面，可以研究样品的各层。

5. 薄膜

塑料膜被认为是平坦的，但由于挤压、铸造和拉伸过程，它可能会有厚度变化和弯曲。如果将塑料基材加热到变软且柔顺的程度，则塑料卷材将横向收缩。将该温度点称为塑料的玻璃化转变温度。许多过程需要高温，以实现涂层结构所需的化学反应。这些温度可能会超过材料的玻璃化转变温度。因此，为了避免材料变形引起卷材破裂或过度横向收缩，需要谨慎地应用张力控制（或速度控制）技术。

二、卷材传输系统

卷筒纸传输系统包括卷筒纸、动力辊、电机以及速度和张力传感器。

各种影响因素如下。

（1）卷材本身。是否容易通过机器传送卷材，摩擦系数大小，单层涂布对其传输性影响，增加张力能否促进输送光滑的卷材，材料的平均张力值影响，都要考虑。

（2）动力传输机械，如放卷机、真空辊、真空台、牵引辊、涂布单元和复卷单元，它们通过机器传送卷材。能否通过机器提供可靠、一致、无缺陷和经济高效的动力，哪种驱动会导致卷材断裂或成品损坏。

（3）选择符合过程要求的驱动电机、齿轮和联轴器。

（4）选择浮动辊、传感器、转速表、编码器、扭矩传感器或负载测量装置，控制电动机和驱动辊的电源性能至关重要。

（一）张力

张力拉伸卷材的力，通常用单位幅宽的受力来表示。

卷材的张力要足够大，使卷材正确运行；但张力又要低，避免卷材断裂。文献给出的张力通常是平均值，并且可能因工艺温度、从动辊间的跨度或卷材的涂布条件不同而变化。国际单位为牛顿/米（N/m）。

需要记录每种产品的工作张力值，并确定机器和卷材是否正常运行。张力信息可用于设计新的工艺和设备，以及解决机器问题。了解每种产品的运行方式，有助于确定是否可以最少的驱动投入，保证设备正常运行。

总张力是每单位宽度的张力与基材宽度的乘积。例如，3PLI（pounds per linear inch）的张力施加在 100 英寸卷材上得到 300 lb 总张力。总张力用于设计选用制动器、离合器或电动机。总张力乘以卷材速度得到驱动能量，在一定意义上体现驱动及制动系统的工作效率。

（二）张力调整与基材输送

（1）生产过程处于高温状态时，应设置在低张力的状态下运行，防止塑料基材变形。

（2）为防止分层，将薄弹性腹板层压到较厚的无弹性腹板上，需要较小的张力。

（3）纸基太干就会变脆。边缘裂纹可能会是断纸起点。减少干燥卷材上的张力，可以避免边缘裂纹和卷材断裂。

（4）如果卷材中出现皱纹，则增加张力，额外的张力可能会消除皱纹。

与基材传输相关联的还有放卷单元、牵引辊、涂布单元、烘箱、复合单元和复卷单元。

（三）放卷

放卷的主要功能是将卷材引入后续过程。只设一个放卷辊，每卷结束时停止放卷，称为单工位放卷，多用于实验涂布机。此时，一卷纸基可能涂布多种小样，用于评估涂层性能。

连续操作中的放卷，必须通过拼接为机器提供连续的卷材。为此，放卷时会有两个、三个甚至四个放卷轴，固定新卷以备拼接。最常用的是两芯放卷，称为双工位放卷。

换卷拼接用胶黏剂需经过筛选，溶剂型黏合剂高温时黏合力迅速下降，通常用胶带纸黏结效果较好。

张力控制是放卷的关键。简易放卷单元通过手动调节刹车制动器，制动器包括围绕轴芯部分的皮带及人工调节气动或电动制动器，操作过程中需要专注。如果操作疏忽，张力将与卷筒直径成反比增加。恒定的制动力等于卷纸总张力乘以杠杆臂，即卷筒半径。即

制动力矩 = 张力 ×（辊径 /2）= 常数，也就是

张力 = 2× 制动力矩 / 辊径。

直径为 50 英寸的大卷缠绕在 5 英寸的轴芯上，直径变化为 10∶1。如果不手动控制调整，则张力将增加 10 倍。这可能会带来以下问题：

（1）卷材拉伸，并在张力增加时横向收缩。随着张力的增加，卷材变窄，直到太窄而无法涂布。放卷有自动张力控制系统时，系统在可接受范围内感应和控制张力。如果材料太柔弱，则精确控制各部分间的速度，确保获得准确宽度。

（2）卷纸多色印刷时，随着放卷张力的增加，卷筒纸将拉伸并开始影响套准，导致产品报废。

（3）医用薄膜卷材制造，必须有可预测的孔径，才能提供可重复的测试结果。一旦张力随卷径变化而增加，则孔径将改变且导致医学测试结果不准。

（4）在复合工艺中，当张力随直径变化而增加时，会发生分层。因为张力释放时，卷材会以不同的速率恢复其原始状态。如果结构没有分层，则可能产生"边缘卷曲"。

（5）随着张力增加，分切的卷材横向收缩，产品不合格。如果材料具有"记忆能力"，成品横向尺寸将扩大，也导致不合格。例如，摄影胶片被设计成可装入允许一定公差的塑料盒中，如果胶片在切割时横向拉伸，会超出允许公差，从相机弹出时被卡住。

（6）大多数材料，在 10∶1 的张力变化下都会断裂。

（四）放卷架驱动电机

放卷架上的电机，不一定使用电机或制动器进行张力控制。只要产品没有损坏，就可以使用制动器。在加速过程中或制动系统无法将其制动扭矩降低到零时，产品可能会损坏。

对于轴芯为整卷直径的十分之一的卷材。设定满卷时的制动扭矩在卷材中产生适当的张力。随着卷材放卷并变小，制动扭矩必须同步减少以保持张力恒定。通常，制动器尺寸较大，以承受较大的张力范围（如 0.5 PLI 至 3 PLI），并且卷材在低张力下运行。如果卷材以 0.5PLI 运行，则即使关闭制动器的压力，制动器和动力传输系统的摩擦阻力转矩也可能会很高。在某些情况下，摩擦阻力矩高至

产生的拉力高于所需值。卷材开始横向收缩并引起卷材缺陷。如果卷筒末端的张力升高，则会出现套准问题。经常需要将制动减小到零，这意味着张力控制系统必须能够以制动模式或主动模式（电动）向卷材供能。电机驱动的再生系统，可以提供制动或驱动。刹车不能工作于主动模式。

加速过程可能产生缺陷。当卷筒在放卷时加速，除了张力控制所需的动力外，还必须施加动力克服放卷机的惯性。如果在放卷时使用制动器，则制动器无法提供加速卷材所需的动力。机器必须通过将放卷与机器的其余部分连接起来的卷材，来提供这些动力。快速放卷辊，可能导致卷材张力增加，甚至增加卷材损坏断裂的程度。印刷机在加速过程中，由于整个机器中的纸基张力都会增加，张力的增加导致卷材暂时拉伸。卷材根据张力变化而伸缩，可能导致印刷的图案对不齐，出现套准缺陷。电机驱动的放卷装置，将加速产生的张力瞬间降到最低。可以通过在主涂布或印刷工位之前使用设计适当的舞辊和牵引辊系统来改善这一问题。因此，制动器可以在卷材，接合瞬变和加速度不存在问题的低速机器上成功应用。制动器还可用于卷材具有横向稳定性且可以缓慢加速的高速机器上。已有卷绕设备使用了制动系统 6 000FPM，但卷材须结实且加速速率适当，将卷材加工成适合运输的直径和宽度。

高速涂布机（运行速度 2 000 ～ 5 000FPM）上需要电机放卷，飞接时需要在拼接前将卷材加速至生产速度。工作速度在 300 ～ 500FPM 的涂布线，也常使用电机放卷。

（五）卷材控制

放卷和收卷是涂布设备中的主要工作单元。在放卷和收卷通过拼接或传输而产生的瞬变，将影响整个机器。设计合理的舞辊或张力传感器是必要的，以将机器与可能产生产品缺陷的瞬态干扰隔离开来。计算机控制的驱动器，可以测量接头瞬态对其余过程的影响，并且可以进行编程，将张力瞬态校正与机器上的所有其他部分级联。该技术已成功用于最小化张力瞬态振幅和相邻部分间的张力相互作用。张力相互作用取决于机器的速度，所处理的材料以及从动部分之间的卷材长度。计算机控制应用程序可以提高机器性能。

（六）轴芯选择和递减率

大料卷通过轴芯装在涂布机上。轴芯可能带来灰尘导致产品缺陷。纸板、金属和塑料轴芯，都会产生纤维或碎屑，这些纤维或碎屑掉落到卷材上，在产品中造成灰尘缺陷。涂布站之前安装卷筒纸清洁设备，如卷纸清洁器，可以清除卷筒纸上的灰尘。为了远离潜在的灰尘和污垢源，卷材穿行线路设计为距地面 1 ～ 2 英尺，或保证卷筒纸下区域无尘。

最大卷材直径与轴芯直径之比，称为递减率。设备制造商和驱动器供应商更喜欢使用大直径的轴芯，保持较小的递减率。较大的轴芯尺寸，不需要按比例增加最大卷材直径来存储等效长度的卷纸。较小的递减率允许选择标准驱动器或制动器，而无须特殊控制来适应较大的递减率。

（七）驱动辊，牵引辊，主动辊

驱动辊、牵引辊和主动辊作为术语可以交替使用。当需要设置不同的张力段，或驱动段间有较长的导引部分时，涂布机使用驱动辊张紧卷材。驱动辊用于加速、驱动和隔离放卷与热工艺过程。例如，用于处理塑料卷材的研光机就是一个热工艺过程。驱动辊提供放卷加速的动力。如果不使用驱动辊，则塑料卷材将横向变形，因为加速卷材的动力必须来自卷材本身。

驱动辊可以是压辊、S缠绕辊、单辊、真空辊或真空台。压辊，真空辊和真空工作台克服移动基材带动的空气的边界层。由于侵入的空气层经常导致起皱和卷材打滑，设计驱动辊应对各部分不同的张力需求，并设置卷材展平辊，可以消除皱纹。

（八）基材滑移

当基材与驱动部分运行速度存在差异时，基材就会打滑。打滑会影响涂层的沉积，涂布基材的干燥以及整个机器中基材运行轨迹。基材在无驱动或惰辊上运行时，滑动也会在基材上形成刮痕。

如果基材打滑或漂浮，则基材纠偏器和展平辊等将无法正常工作。因此，打滑不仅影响涂布和干燥能力，还影响走料准直和无皱纹的产品生产。

基材在机器主控区段产生打滑，影响放卷拼接和收卷切换。作为放卷和收卷装置速度匹配的输入，放卷拼接系统收卷切换系统会使用主控段的速度信号，打滑会造成速度不匹配，导致放卷拼接和收卷切换过程突变，进入压辊部分的材料破裂形成皱纹或张力控制系统，无法适应张力突变，造成断料。

为避免打滑，需要确保选用的主速度有效性，通常将涂布头设计成主速度控制器，通过电子方式，将其与压辊或其他驱动辊连接成一个主控组。

（九）压辊 Nip rolls

压辊由从动的镀铬辊和被动的橡胶辊组成。压辊在高速机器上特别有效，在高速机器中，基材被牵引后，会在空气中浮起来，无压辊的转动辊，无法控制住基材。造纸、膜加工行业和复合工业，使用压辊输送材料并在机器内设置张力隔段。化妆品或光学涂布液，一旦涂上就不能再接触，不能使用压辊。如果涂布质量会受到压合区的影响，则可以使用S辊、负压吸辊和负压吸胶圈来形成张力隔离段。

压辊最大压力通常设计为 15PLI。这个压力有助于将压辊入口侧的张力与压辊出口侧的张力隔离。任何牵引辊能承受的避免材料打滑的张力差都是有限的。经验表明，打滑是卷绕系统必须要面对的问题。影响材料运行最大的是放卷和收卷单元。如果将张力设置为明显高于机器的其余部分，则收卷会使机器的其余部分不堪重负。以 4 000FPM 高速运行的纸张，或薄膜加工设备以 10FPM 速度运行轻量卷材，都受打滑影响。操作人员通常会在收卷单元上施加较高的张力，以良好成卷。收卷张力通常高于工艺过程张力。较高的收卷单元张力会导致纸张在压辊隙间打滑，使材料加速至仅受收卷单元控制系统驱动能力限制的速度。如果基材滑过压辊间隙，肯定会出现诸如划痕、皱纹、折痕、基材导向不良和基材断裂等缺陷。在打滑状态下启动拼接时，放卷或收卷单元常被操作人员说成"发疯"了。

通常不会把牵引辊前段到牵引压辊间，设计成长距离直线段。长的直线路径会将空气带入压辊，高速更甚。空气进入压辊时会"沸腾"，导致材料皱纹、折痕和断裂。这就是在各段之间使用短行程，以及在牵引辊入口处，使材料包裹在辊上，使材料与空气边界层最小化的原因。机械制造商通常在压辊前增加导辊，使材料在进入压辊前形成包角。额外的导辊和方向改变，可最大限度地减少带入压辊的空气。压辊入口的"弓形辊"导辊，可以将材料展平后进入放压辊，减少皱纹和折痕产生的可能性。在每个加工点或驱动辊之前增加展平辊，可以确保卷绕系统基本不产生皱纹。

夹辊会导致或加剧缺陷。

（1）材料性能不良导致皱纹或压痕、卷材打滑，边界空气层或皱纹导致机器切换（如放卷接头）故障增加。

（2）如果压辊抛光时产生不合适的"冠状"缺陷，也会在压辊处产生褶皱。冠状凸度取决于压辊压力和辊的自然挠度。操作人员可通过使用特殊纸张压印，确认卷筒是否存在冠状问题。这种纸被称为压印纸。

（3）如果压辊的一支辊与另一支辊不平行，也会起皱。此时，必须重新调平故障辊。用压印纸可检查压辊是否平正。

（4）放卷接头穿过机器时，可能会导致起皱。如果起皱会导致断料，可以打开压辊或绕开压辊。如果压辊段是机器的前导段或张力控制段，则打开压辊或绕过压辊，可能干扰卷材的传送，卷材可能因为打开状态的压辊而产生微小张力差，进而出现打滑。

（5）涂料灰尘积聚在辊面上形成的凸起，会使材料产生痕迹，手动拼接卷材时会产生划痕，用刀切掉表层材料时也会产生划痕。类似的缺陷也可能来自未咬合的压辊，这些压辊会积聚污垢或涂层，或者在用作拼接台时被挖凹。应该在方便的位置设置拼接台，不要在传动辊上拼接。

（十）非压辊（弹性橡胶辊）

任何东西接触到涂布面都会影响涂布质量，卷材的涂布面一旦涂布后就不再与任何驱动辊接触。非压合辊通常用于低速涂布机（低于 200FPM），辊面用各种弹性橡胶制成，大包角导料以提供有效控制基材所需的抓力。与压印辊一样，在非压印辊之前也使用弓形辊和短路径，确保无皱纹和折痕。未压合的驱动辊插到存在较大自然包角的卷材路径中。这些基材路径可以在烘干机的出口处，或在蛤壳式烘箱内。在蛤壳式烘箱的末端，基材会与驱动辊形成 180° 的包角。

必须考虑导辊包裹的弹性橡胶所能承受的温度极限。软橡胶温度限制为 180 ～ 200℃。当无法用辊接触卷筒纸的涂布面时，则需要使用真空带或真空辊来代替非压合驱动辊带动基材，真空带或真空辊将靠着基材的未涂侧。

聚氨酯辊驱动辊性能出色，但仅适用于低温。其他弹性橡胶耐高温环境，但可能很快失去夹持卷材的能力。对弹性体辊进行螺旋切槽，则使空气边界层有出口，规避了卷材漂浮在辊上，还可在非压合辊的下方放置真空箱，从凹槽中排出空气。这些措施，对速度高达 500FPM 的设备是有必要的。

光滑胶辊无驱动效率，可用负压辊和 / 或负压槽代替。长期使用的橡胶辊，要定期检查辊，可慢速旋转滚筒砂纸打磨，维护胶辊表面摩擦力。

如果工艺接受镀铬辊，则应使用两个镀铬的传动辊，以在驱动辊上形成最大包角。在涂布架之前，这样的配置是有效的。经常在第一涂布头之前使用两 S 或三 S 辊配置，辊面包裹弹性橡胶。主导辊辊面橡胶会磨损，之后会把基材传输负荷传递到下一个橡胶辊上。实际生产中有由软木包裹直径为 36 英寸的 S 形辊组成的系统，速度 6 000FPM。所有驱动辊必须清洁无涂层结块，不得用作接台。维护不好的驱动辊，会导致产品缺陷。

1. 吸辊

当橡胶辊无法满足要求时，可以使用真空辊（图 8-9）。真空辊由钻孔的罩壳组成，外包网布或青铜烧结层。真空辊可以运用在转速 3 000FPM 的涂布机中。真空辊也会导致缺陷。

（1）辊面与卷材相对滑动，会产生刮痕。通常发生在真空辊安装包角小，而承受的区段间压力差超出了控制范围。

所有驱动辊都需要足够的包角，以控制好卷材。驱动段增加真空可以增强控制能力。当辊间打滑时，设计不好的驱动区段，即使增加真空其驱动性能也不好。

小直径真空辊比大直径真空辊便宜。达到 180° 包角的大真空辊，具有处理较大的张力差的能力，同时轻柔地处理卷材。小直径真空辊包角小，只能承受较小的张力差，打滑时容易产生刮擦。真空台和真空辊供应商要知道你要处理的材料，速度多快，将使用的张力等级以及卷材的摩擦系数，协助选择最佳的真空辊直径或真空工作台长度。

（2）当真空辊位于涂布头之后时，网状图案可能会出现在涂布表面。外层包光滑烧结青铜的真空辊孔径小，几乎不会影响刚形成的涂层。在真空辊的网布上套绒布，可在卷材上产生良好的抓力，减少在卷材上产生痕迹的概率。

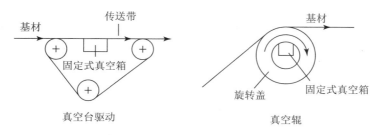

图 8-9　真空辊和真空台用于驱动卷筒纸

2. 真空挡板或真空台

通常，当压辊、非压合辊，S 辊或真空辊包角度非常小时，经常使用真空台（图 8-9）。真空台为基材提供了较大的平坦表面，并在几乎很小或没有包角的情况下驱动基材。应用点如：两个连续干燥区之间的水平空间，或从顶部干燥区到底部干燥区的垂直下降段，另一个位置可以在复合机或收卷前的烘箱出口处。真空工作台通常适用于 2 000FPM 高速涂布，造纸机以超过 6 000FPM 的速度运行真空辊和真空台。

由真空台引起的缺陷与真空辊类似。如果卷材打滑或该部分靠近涂布头，则可能发生刮擦和涂布变形，真空和粗糙的网目图案共同作用会使刚涂上去的涂层变形。

为了适应卷材宽度，真空辊和真空围栏内部真空箱宽度均可调整。真空箱宽度需要与卷材宽度匹配。如果真空箱的开口宽于纸张，则真空将短路，卷材会打滑，导致材料错位或刮擦。卷材清洁器与真空辊的风机不可以一起使用，因为卷材清洁器的风量要求比真空辊高得多。将卷材清洁器连接到真空辊风机时，真空度可能降低到真空辊成为无效驱动的程度。

（十一）张力隔离

驱动辊将涂布机分开成可识别张力的功能称为张力隔离。隔离仅在需要分区时才有价值。在整个机器上以恒张力运行的许多过程，都不需要额外的驱动辊。但是，如果要复合不同特性的卷材，如加热塑料卷材直到其柔顺，或者涂布湿的纸基（在湿润时可能会拉伸或变弱），则要使用隔离功能。驱动辊对低张力涂布会有帮助，此时低张力隔离是有必要的。

当驱动点相距较远时，额外的牵引辊可辅助卷材传输。造纸行业每间隔 20 英尺就需要一个驱动段，以确保适当的张力控制和卷材传输。涂布机上的驱动部分必须经过专门设计，保证传输不打滑。带有毛毡的蒸汽加热鼓式干燥器，要经过特殊处理防止打滑。干燥器由干燥鼓和干燥带构成。驱动系统一部分为主动，另一部分为从动。烘干机驱动控制装置，设置成允许烘干机滚筒电机和毛毡驱动电机之间分配负荷，提供有效的隔离和合理的压差张力，确保烘干部分隔出无打滑驱动段。当烘干机驱动器由滚筒驱动器和毛毯驱动器组成时，通过卷材的路径会有明显改善。

以下是不同张力区。

（1）放卷与收卷张力。

（2）松散收卷的卷材可能会让第一涂布头入口侧的张力更低。

（3）涂布头的入口侧与出口侧，湿纸可能会变弱并拉伸。

（4）烘干机出口与收卷入口。

（5）复合机的入口侧与出口侧。复合机各处的张力，取决于复合材料的特性及使卷材正确运行所需的张力，将不同材料复合在一起时，一种卷材的张力要小于另一种，否则可能导致分层。复合出口的张力，取决于复合过程及驱动重型复合结构体运行所需的张力。

（6）收卷前的驱动辊。收卷张力与涂布区张力可以不同，收卷单元之前，可配压辊或真空辊形成缓冲，防止收卷切换失败或收卷单元和驱动辊间断料。

张力差异

基于张力隔离，如果将驱动段设计成两部分彼此隔离，则该部分必须能够保证入口侧的与出口侧的张力不同，称为张力差异。所以，张力差异是某部分的进入侧与同部分的输出侧间的张力之差（图8-10）。必须依据各过程所需不同张力水平进行设计，使各部分张力差在可控范围内。当张力差超过极限时，卷材断料、打滑，且不再能控制卷材的速度或张力。

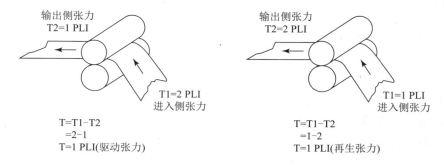

图8-10　张力差是某区域的进入侧和输出侧间的卷材张力之差

当整个机器的张力设置在同一水平时，大多数涂布机运行状态很好。例如，放卷时运行张力为 1PLI，则在涂布机、驱动辊和收卷单元上都使用 1PLI 的张力。整个机器以相同张力运行，称为平坦张力控制模式。在整个机器上使用相同的张力，可减少某部分在稳态下必须承受的压差，并增加卷材在拼接、传料、加速和减速过程承受张力突变的机会。如果该段在稳态条件下承受较大的张力差，则任何突变都会导致该张力差增加到超出其控制卷材的能力，该段将发生打滑。

辊面发亮或出现辊面划痕，则会发生打滑。表面划痕表明辊已打滑，而辊面光泽表明胶辊在失去处理张力差的能力。

（十二）烘箱内部传料辊的驱动

如果在烘箱内施加的张力非常低，则鼓风式干燥器内的传料辊需要串联驱动。串联驱动器驱动惰辊的轴，各轴使用独立轴承支撑。驱动器使辊以近似于线速度运行，卷材仅需非常低的扭矩。串联驱动可以避免卷材在惰辊上打滑。

低张力和高鼓风压力，往往造成材料在传料辊间堆积且行进不正常。在传料辊上增加额外的驱动装置，可以改善材料在干燥器中的传输。在很长的鼓风干燥段内驱动惰辊的机器，帮助材料无刮擦地通过烘箱，并在低张力情况下具有出色的走料能力。取消惰辊驱动，会导致材料刮擦；每次机器加速时，材料横向漂移造成断片。

当机器的额定张力范围为 0.25 ～ 3PLI 时，若在低于 0.75PLI 张力的条件下运行，烘箱内卷材会下垂，而烘箱内的传料辊没有主动驱动，悬挂物料的重量超过了低于 0.75PLI 的张力设定值，因此我们可以发现材料进了烘箱入口但没出来。如果要求运行张力低于 1PLI，则传料辊需要串联驱动器。无驱动的辊子经常停止转动并造成刮擦，串联驱动减少了刮擦的可能性。

（十三）收卷单元

收卷单元是成品卷的出口点。如果该生产过程可以不连续，如试运行的涂布机，一组收料臂就足以收大卷。如果过程是连续的，为了过程不中断，至少要一对收料臂。如果产品昂贵且容易损坏，避免因启动不良而损坏，则收卷机可能要三对或四对臂。

1. 收卷和放卷贮料单元

轴芯起皱很容易损坏材料，此时，收卷停止而其余部分继续运行。在切换过程中，常使用双面胶带将材料黏附到轴芯上，双面胶带造成的厚度在轴芯上形成凸点，拼接和切换过程中会破坏涂布产品。因此，可在收卷单元前配置储料单元。切换过程启动并降速到停止前，储料单元保持折叠状态。当收卷单元减速至停止时，储料单元会存储传到收卷单元的材料。当无皱纹和无胶带的切换完成时，收卷单元重新启动。储料单元器停止存储物料并返回到折叠状态，准备下次切换。

有时，储料单元兼具浮动辊和储料功能。在这种情况下，在收卷单元切换期间，必须禁用收卷舞辊位置控制功能，直到储料单元张力恢复到控制范围内。过早释放储料单元功能，将使收卷控制"失速"或"失停"。失停发生于收卷单元停止并且储料单元（舞辊）开始存储卷纸时，此时，储料单元远远偏离控制位置，张力控制器会感到错误并要求纠正，但收卷电机已停止而无法进行校正。

当切换完成，收卷单元重新启用处于最大输出状态的张力控制器，电机就会加速到最快，操作人员完成切换后常会感到收卷单元"发疯了"。这种张力突变，使操作工的手无法及时离开失速的卷芯，还会撞坏设备。为了操作工和设备安全，在贮料单元回到控制位置之前，与张力控制相关的功能都要禁用。

储料器设计不可以对机器的张力范围产生不利影响。曾有储料器在移动的辊架和气缸中的摩擦太大，无法依设定的张力水平运行机器。在这些情况下，张力规格为 0.25 ～ 3PLI，但储料器摩擦无法适应低于 1PLI 的张力。好在操作张力高于 1PLI，并且蓄能器没有限制现有工艺。然而，在这种机器上运行较薄的轻质基材时，需要修改储料器以适应较轻的张力。低张力运行要使用低摩擦气缸和防锈导杆。

如果放卷单元的储料单元也用作张力控制器，前述收卷单元张力控制注意事项也要执行。

2. 表面 / 中心收卷单元

表面收卷模式通常会在芯部引起皱纹，不适用于对皱纹敏感的基材收卷。但是，大多数印刷涂布纸的生产设备，都使用表面卷取装置。表面 / 中心收卷以表面卷取模式开始收卷，然后以中心卷取模式完成收卷。某些设备会同时使用表面 / 中心收卷模式。表面收卷驱动辊通常由舞辊控制，而中心收卷则由扭矩控制。这种结合适用于对付难以收卷的材料，以在启动时形成良好的卷结构。有时会同时使用表面 / 中心收卷，形成结实起点。启动后从表面收卷中退出，并在中心卷取模式下完成收卷。新式收卷机有一个"压紧辊"，其功能是在中心收卷种表面驱动。必须确定每个驱动器对收卷的贡献率，这在很大程度上取决于所收卷的材料以及所需要的锥度张力。

3. 中心驱动收卷机

中心驱动的收卷机由力传感器或舞辊控制张力。这些传感器可以在过渡期间（如切换，机器加速或在收卷转塔旋转时）检测张力变化。锥度张力系统会在稳定的状态下，随着轧辊直径的增加而保持适当的张力。

锥度张力系统将线速度与卷绕辊的速度进行比较，并计算直径。与锥度张力控制器配合降低张力。有时，锥度控制系统会错误地响应临时突变，如加速或转塔旋转。有些锥度控制系统可以在切换期间进行锁定，还有通过增加变速驱动器驱动转塔并由张力传感器进行控制的技术，将转塔旋转的影响最小化。

转移进行时，需要在中心风处进行特殊控制。当转移开始时，糊辊将基材推向芯部，导致张力增加。当卷筒纸接触卷芯时，它将张力传感器与收卷辊隔离。张力传感器感应到张力的增加并降低张力。基材将在收卷辊和辊之间松弛。结果，当切刀试图完成转移循环时，基材会松弛。

松弛的卷纸无法切断，并影响切换，需要停机重新穿纸。现代驱动系统用电流记忆电路获取舞辊或张力传感器的输出，该电流记忆电路在切换开始时启用并保持恒定，直到切换完成。当卷纸割断时，收卷机返回正常的张力控制模式。

（十四）复合机的驱动

复合过程由两个卷材组成，两个卷材通过两个导辊送入后被压合在一起。该工艺分"湿式"和"干式"复合。将黏合剂添加到两个卷材中间用压辊复合的是湿式复合。将黏合剂涂布到卷材上，再传送到复合机复合的，是干式复合。有时将一种材料复合到已涂布的"载体材料"上，再与载体材料分开，载体卷材发挥支撑材料的作用。

何时驱动两个复合辊

如果现有工艺能提供良好的复合效果而无分层现象，则现有驱动系统是适用的。若有分层，则检查复合结构和复合单元的驱动系统。大多数复合机用一个动力来驱动这一单元。复合过程中，首先，驱动器连接到复合辊之一；然后，将第二个非驱动辊压到第一辊上，形成压辊组。无驱动的上辊由驱动辊的压合力驱动。这意味着非驱动辊对于驱动辊是一种负载（或阻力）。将基材导入由驱动辊和非驱动辊组成的压合区，则非驱动辊将由压合区中顶层基材驱动。来自下辊的动力将通过底层的基材传导到连接两层的黏合剂，再经过顶层的基材传到压合上辊。顶部非驱动辊施加在顶层基材上的负载，将对顶层基材施加阻力。该阻力可能使顶层基材相对于底层基材滑动，这种打滑会导致分层。此时，需要为两个辊提供驱动器。可以通过离合器，将上辊连接到下辊驱动器或安装单独的电动机驱动上辊。

上压辊的独立驱动器需要结合对压辊的摩擦损耗及压力损耗调整，如果上压辊的驱动器输出了超出负载的功率，则该功率将被施加到顶层基材，也可能产生分层。

（十五）涂布辊驱动

对涂布辊驱动器也需要特别关注。涂布纸张时，刮刀涂布头需要进行特殊控制以防止机器停止时后刮刀刮擦滚筒。齿轮和联轴器间有间隙，滚筒在零速时可以倒退。如果在涂布辊后退时仍与刮刀接触，为防止此时刮刀擦伤辊，驱动控制系统必须在接近零速时生成信号，在涂布辊停止前将刮刀缩回。

光学级涂布生产线上，齿轮、联轴器和皮带的间隙，也会在基材上造成划痕。

（十六）涂层缺陷来源及解决方案

刮刀式涂布机，照相胶卷涂布机，标签纸涂布机，塑料或金属薄材涂布机以及纺织品复合机，均有外观质量的问题。涂布头振颤（图 8-11）会导致外观质量问题。振颤缺陷表现为周期性浅色和深色条带。振颤可能来自涂布辊、驱动电机、控制设备、驱动电源以及动力传输设备（如皮带，联轴器，变速箱，链条和万向节）；也可能是相邻驱动段通过卷材传递，或通过结构部件将振动传递到涂布头而引起的。

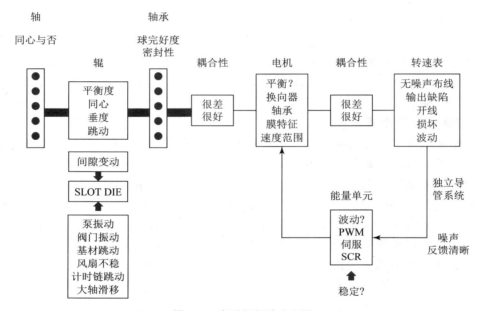

图 8-11　部分振颤缺陷来源

1. 正时皮带、齿轮箱和齿轮联轴器中存在的间隙

如果涂布辊通过齿轮连接到驱动马达，则齿的轮廓可能会导致卷材振颤，驱动马达轻载时更易产生。狭缝涂布驱动电机的载荷较轻，用于克服涂布机的摩擦损失。通常，涂布机出口处的张力会增加，这会进一步减少涂布驱动器负荷。实际上，涂布头上的负载可以减小到零。在轻负载下，扭矩变化使驱动器在电动和制动之间切换。当负载变化时，齿轮首先被齿的前侧驱动向前，齿的后侧用于支撑。齿接触的改变必须通过一定的齿隙进行。间隙"倾斜"或间隙误差，会导致非线性速度变化，导致涂布抖动。有人通过增加涂布头进料侧的张力来补偿间隙倾斜。这种方式增加了电机负载，从而使齿轮与齿的一侧保持接触，减少了间隙的影响。如果增加张力无效，则必须更换齿轮。

使用重型同步带驱动气刀涂布辊时，会发生振颤。重型同步带中的齿非常像齿轮，以至于电机运行时涂布座会隆隆作响。通过将重型同步带替换为标准同步带，可以消除振动。有时，用平皮带替换同步带会消除振动。平皮带似乎比同步皮带驱动平稳。有人说，将同步带翻转过来并在同步带的背面模拟平坦的皮带表面，可以减少振动。新型同步带采用圆齿设计，减少了同步带颤动。当主动皮带轮与从动皮带轮的距离很远时，就会存在长皮带中心。在"长皮带中心"使用同步皮带、平皮带或链条时，存在非线性速度。长皮带的中心皮带旋转时会产生脉动。使用皮带惰轮会降低振幅。电机与辊之间的直接驱动，可能是获得光滑、无振颤涂层的最佳解决方案。

通过使用零间隙装置和直驱式电动机代替"宽松的"装置，可以消除齿轮、齿轮式联轴器、同步皮带或链条引起的颤动。加速和减速期间的振动称为扭转振动。简言之，弹性联轴器或轴在与驱动控制系统配合作用时会发生振动。传动控制系统将振动视为速度误差，并尝试调整轴或联轴器速度进行校正。联轴器或轴的振动与驱动系统校正相位不一致，导致系统进入张紧振动，并将一直保持这种状态，直到机器停转、联轴器或轴被破坏。弹性动力传输系统会损害系统性能。将长驱动轴或带有橡胶嵌件、板簧或弹性碟簧的联轴器应用于高性能驱动系统，则会产生问题。如果存在扭转振动，则驱动响应将降低至小于最佳值。如果响应衰减无法接受，弹性部件必须换掉。安装不准直的联轴器会引起速度扰动，从而导致涂层变化。通过适当设计的联轴器，将涂布辊直接连接到驱动电机上，可以消除齿轮减速器，齿隙、扭转振动和涂层颤动。

2. 导辊引起的振颤

导辊引起的振颤可能来自轴承损坏、辊不平衡以及涂布辊不同心。必须正确安装合规轴承，保证涂布效果。

（1）涂布辊不平衡

涂布辊如同车轮，如果辊不平衡，在特定速度会发生振动。以手旋转辊子，会感觉到某点需要施加力才能将辊推转（施加正扭矩），继续旋转，突然到达一个位置，必须施加制动力（施加负扭矩）才能防止辊子自转。当驱动系统中存在倾斜时，这种交替的电动和制动扭矩要求，是引起颤动的另一种原因。不平衡的辊要增加载荷，该载荷交替地需要正扭矩和负扭矩来旋转涂布辊。为了使驱动器平稳旋转，驱动器系统必须交替提供正扭矩或负扭矩。但是，类似齿轮减速器中的斜坡，这种不平衡也会使驱动器产生"扭转"振动，并严重破坏动力传输部件或涂布辊。污垢或涂布液固体在涂布液辊上的堆积，可能导致涂布辊不平衡。保持滚筒表面清洁，可避免滚筒不平衡或在涂布过程中产生印痕。

（2）辊不同心

辊的不同心，可能来自辊颈弯曲或某些辊长时间静止，而下垂或偏斜所致。当一段金属辊悬挂在两点之间时，金属辊会像橡胶软管一样容易挠曲，挠度或垂度程度与跨度长短有关联。

周末工厂关闭期间或机器维护闲置时，为涂布辊配"周动"或"寸动"驱动器，使其保持旋转，可以减少静置导致的弯曲或挠度变化。

（十七）涂布辊驱动系统

驱动系统还存在不连续的速度源，从而导致涂层不均匀。为了满足精准涂布需求，驱动电机需要精确的平衡、特殊的轴承和倾斜的电枢槽。据说这种马达具有"胶片工业级别"，可以提供平稳的旋转。需要选择最小或没有整流波纹的电动机，伺服级质量的电动机。新的驱动系统号称在 1 000∶1 或 2 000∶1 的速度范围内，具有无扰动性能。较旧的驱动系统的等级则为 20∶1 或 30∶1。

电机电源的输出可能包含干扰波，从而影响涂布质量。单相 SCR 型直流电源在低速工作时有大量的干扰波，这种波会影响涂布质量。使用三相 SCR，脉宽调制（PWM）电源或伺服质量电源装置，可以减少电源杂波。许多伺服级质量的驱动器设计以极低的转速运行，而不会出现"齿槽效应"（速度扰动或停止运行）。交流矢量驱动器为精密涂布机提供了更多选择。但是，应评估这些驱动器的低速运行情况，以防止电动机产生齿槽效应。标准交流电动机的平衡性不足，无法用于要求严格的涂布应用。必须评估交流直流或伺服电动机的性能，以确定哪种电动机将为您的涂布工艺提供最佳性能。排除不满足需求的电动机，选择适用驱动器。

在将所有类型的驱动器应用于涂层应用时必须多加小心。较新的技术需要对这些驱动器的优缺点进行一些研究。了解每个驱动器的优缺点将导致技术与应用程序的良好且经济高效的匹配。

1. 反馈装置

驱动速度反馈设备的联轴器或皮带的旋转速度扰动，会在速度反馈设备输出中产生"波纹"。如果将数字设备用作速度反馈，则其信号转换器可能会包含足够的纹波，影响驱动系统的速度。如果将数字参考转换为驱动器的模拟参考，则最终的模拟输出，可能会包含不可接受的纹波量。如果高响应速度控制系统响应反馈或设定点设备的波动，则涂层会非常不均匀，在最终产品中产生外观缺陷。

速度反馈设备必须通过牢固、准确对齐的联轴器连接到电动机。常用激光对准设备对齐驱动设备。皮带驱动转速表适用于造纸机和许多涂布线，但对膜材生产线上的涂布辊而言，直接驱动的编码器是反馈速度信号的最好方法。有多种模拟和数字速度传感设备可安装在电动机上。转速表轴承通过皮带驱动发生故障的频率更高，许多传感器采用直接连接而不是皮带连接时更容易维护。转速表或编码器轴承的设计不能承受过大的皮带张紧力，过度张紧皮带驱动器，会导致转速表轴发生缺陷。

2. 涂布液供应系统

涂布液供应系统可能是涂布颤动的来源之一。进料阀或进料阀控制系统不稳定，可能会导致波动，进而导致涂层厚度变化。

容积式泵（如齿轮泵）可能将齿轮齿廓通过狭缝涂头传递到基材上。容积泵不稳定的驱动可能会引起浪涌，并通过狭缝涂头将厚度变化传递到基材上。选用精确驱动供料系统泵，在较宽的转速范围内平稳运行，有利于稳定供液。

3. 结构部件传递到涂布机架的振动

如果将烘箱风机安装在机器的管道系统中，并且管道系统由涂布机架支撑，则风机会导致管道系统和涂布机架振动。涂布支架或涂布头支架上的任何振动，都可能导致涂层颤动。

对于空间有限或便携式的实验室或测试涂布机上，可能在管道系统中安装风机，如果涂布支架与机器的其余部分没有进行机械隔离，则周围机器引起的振动将导致涂头支架振动。这些振动传递到基材上导致涂层颤动。不要直接把支撑部件连接到涂布支架上。为了消除振动，应设计一个隔离机架的结构，该机架应与机器的其余部分和建筑物分开。使用机器隔离垫、设计建筑物及机器隔离系统，可以将振动降至一定水平。

三、烘箱设计对涂布质量的影响

烘箱喷嘴的设计不当，会引起不均匀的气流干扰湿涂层，从而影响湿涂布质量。吹入的空气会导致诸如"铁路线"的缺陷。当风从孔或缝隙吹到基材导致该位置涂层扩散时，就会发生铁路线缺陷，在干燥的涂层上表现为沿机器方向延伸的直线。

悬浮干燥对基材上可流动涂布液的影响，特别是风嘴在基材穿过烘箱时是否使涂布液移位，始终是受关注对象。在供应商的工厂进行测试时，无法发现所有问题。

四、"突发"涂布故障排除

确认机器的涂布缺陷来源，必须了解机器和工艺，之后才能确定是机械问题还是工艺问题导致了缺陷。反复发生的机械故障将导致涂布缺陷。确定该故障以及该故障的发生频率，并制订此类事件的预防性维护计划很重要。实施预防性维护计划，要求对有关设备进行检查、调整、更换或清洁，最大限度地减少可能发生的故障。

摩擦制动器或磁性颗粒制动器类设备需要定期维护，将其性能维持在可接受的水平。刹车摩擦片之类的物品应重新涂装或更换，必须定期检查、清洁、润滑和更换轴承。

为使系统性能保持在最佳水平，必须检查电动机、转速表和力传感器，确保其没有污垢、磨损的零件、轴承损坏和皮带磨损。应及时检查直流电动机和转速表的电刷，并根据设备制造商建议及时更换。

通常在关闭期间（如计划在夏季和冬季关闭期间）开展下列工作。

（1）更换涂布辊或驱动辊。如果辊、轴承或动力转换设备安装不好，就会影响涂布质量。更换工作应由经验丰富的人员执行。

（2）更换工艺空气过滤器。过滤介质和过滤器密封件应当与整个体系协调一致。有时，"相同"的过滤介质很好，有些过滤器垫圈中的化学物质，会在照相胶片上引发严重的起雾问题。

（3）在机器中添加了新设备时，要考察新设备将对卷材张力、纠偏或皱纹形成什么影响，操作是否安全，是否方便穿纸。

（4）机器维护。导辊要重新平行对齐或调平。

（5）制动器和离合器维护。制动器和离合器可能需要不同的功率或气压值，必须就关机期间的变动情况，与操作人员沟通，因为可能需要操作人员更改操作技术和控制系统设定。

（6）停产期间重新校准仪器。技术人员校准干燥区的温度传感器后，应及时通知操作人员，为纠正问题采取了哪些措施及其对温度设定值的影响。

（一）监控基材速度和张力

生产通常以特定速度和特定张力水平进行。关注电动机的速度、扭矩，检测基材张力是有必要的。

1. 速度监控系统

现代的速度监控系统由基于微处理器的控制器组成，该控制器从每个电机驱动部分以及由基材驱动的某些部分，接收与速度相关的信号。这些系统具有警报和报告生成功能。当发生诸如断料时，可以生成显示活动开始前所有部分的速度的报告。速度监控系统非常适合老式涂布机，当需要连续显示速度时，也是现代涂布机的理想选择。持续显示速度在启动和调试阶段以及尝试解决缺陷问题，或尝试确定基材传输问题成因时，非常重要。调试结束后，还可使用带分段速度控制器或转速表的速度监视系统，来确定驱动器的性能。

2. 监控惰轮速度

许多监视系统都包括来自基材驱动的传动辊的速度信号。惰辊打滑影响速度信号准确程度。常选择大包角的传动辊确保速度指示精准，通过监视主驱动部分和惰辊之间的速度差，快速检测打滑情况。当惰辊停转时，经过的基材会被划伤，此时，需要提供指示打滑是否超过可接受的限制警报或计算机输出的监视系统。较长的烘箱有数十个惰辊，缺少润滑或轴承故障，都会停止转动，监视系统会帮助识别问题所在。

高速机器往往会主动驱动送料辊，以便在合理的时间内加速和减速而不会损坏基材。高速机上无驱动的基材送料辊转动缓慢，会导致停机，或给急于在断料后清理机器的操作工构成危险。驱动送料辊的电机在急停时，提供额外的制动力使送料辊快速减速到停止状态。

3. 监控高速涂布机打滑

高速机会监控主机和张力控制部分的速度。如果张力控制部分的速度与主驱动器不同，就是该部分正在打滑。打滑可能会导致划痕、起皱、错轨和断料。如果所有张力控制的驱动器速度都比主驱动快，则基材很可能是被拉着走的，就像收卷一样，可能是因为收卷张力较高，而放卷张力较低。

如果张力控制部分的运行速度慢于主驱，放卷可能会减慢基材的速度。则可能放卷张力较高，而收卷张力较低。

正常的卷筒纸传输，需要为涂布速度和张力控制建立可控的操作参数。

总之，速度监控系统有助于启动和调试，速度超出运行范围，将发出警告，并可用作解决问题的工具。

4. 张力监测系统

使用仪器或计算机记录每个产品每个区段的张力，记录成文档，比了解如何正确操控每种产品和过程的张力更重要。定期检查驱动器数据以建立每种产品和过程正常状态时的速度，张力和电动机负载水平记录。

所有张力监控系统都会测量施加到卷材的总张力。如果仅对单一宽度基材涂布，则张力可以显示为单位张力或总张力。通过监控，观察使用什么张力值输送卷材。当机器设计速度提高或购买新机器时，张力数据可用于选择电动机尺寸和制动器/离合器尺寸。了解每种产品的运行方式，可能重新设计机器时，无须增加驱动和工艺设备的尺寸，就可以提高生产速度。

了解驱动器和工艺设备上的负载情况，可能发现主要驱动都在小于满负载的状态下运行。这些主要的驱动器，可以在机器升级时得到利用，比更换设备所需的成本低，停机时间少。

5. 指定张力范围

张力显示系统要依据基材工作张力范围来选择。如果张力范围太大，则要设计和使用昂贵得多的范围张力控制系统，这对于实际操作条件，并非最理想的选择。

坚硬的送料辊可能会对轻张力运行不利，轻张力还可能需要电机驱动的放卷和送料辊。

如果机器处理不同宽度的产品，则张力系统必须正确显示不同宽度的张力。适应多种宽度基材的机器，通常以总磅数显示张力。装有计算机系统的机器，张力以 PLI 显示，计算机菜单需要卷筒纸宽度作为参数之一。

6.接线操作对张力控制的影响

现代电气驱动系统和计算机控制系统的制造商，建议将功率设备的接线与信号电平的接线分开，确保最佳的系统性能。信号线分为数字和模拟信号。也有一些系统用户将电动机螺线管和带信号线的照明组合布线。

如果将所有布线组合在一起，则当"电噪声"干扰并导致改变了用于控制的电信号时，系统性能将受到损害。例如，当收卷机上的电动机被点动时，流向涂布头的涂布液流就会中断。若电源电缆和信号电缆合并使用一个电缆槽，每次电动机点动时，流量计反馈信号上都会出现突变信号。每次出现突变时，涂布流量都会瞬间增加。将流量计信号电缆放置在单独的管道，即可消除电噪声。

（二）纯速度控制应用场合

基本调速器如图 8-12 所示。

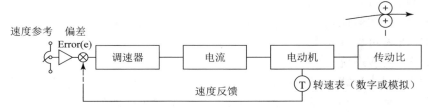

图 8-12　调速器

调速器将输入的速度参考信号，与电动机速度反馈信号进行比较。如果反馈信号表明电机速度较低，则调速器会增加电动机的功率，将其加速到设定值。如果反馈信号表明速度过高，则调速器将降低电动机的功率，将其减速到设定值。

有很多调速影响涂布质量的因素，可以参见相关报道。

五、确保良好的基材传输分段控制

1.主机或前导区段

任何生产线上的主驱动部分都是设定机器速度的。通过对基材的正向夹紧控制，驱动辊每移动 1 英尺，基材就会移动 1 英尺。如果夹紧发生断裂，该部分将失去控制基材速度的能力，基材将滑过该区段。如果主驱部分是放卷后的主动轮，它将从收卷单元中拉出 1 英尺的基材，并将 1 英尺的基材传送到下一部分。

基材各区段正向控制的部分有：

（1）放卷或收卷（表面或中心驱动卷材）。

（2）压辊（如果压辊压合）。

（3）压光机堆栈。

（4）刮刀涂布机。

（5）浸涂机。

有时，刮刀涂布机或压辊的驱动辊在高于 3 500 FPM 的速度下打滑。当涂布辊有很大的包角时，短的往复式刮刀涂布机似乎比刮刀涂布机在控制基材输送方面表现更差。

压辊部分，压光机、刮刀涂布机和表面缠绕基材，常被用作主控部分，因为它们具有控制卷材传输的能力。如果刮刀涂布机在高速时打滑，则主驱的功能会转移给其他部分。在加速至设计最高速度过程中，甚至在加速、减速、稳速的各种切换过程中，一个好的输料引导区段部分应始终保持其对基材的抓紧力。前导部分必须能够向基材施加扭矩（电动）或保持扭矩（再生），以便控制基材的速度。

2. 使用张力传感器控制气动压辊的贴合度

需要用舞辊来控制附近的气动压辊，使用张力传感器控制气动压辊只会导致运行不稳定。气动压辊对气的存储能力会干扰张力传感器控制张力的尝试。同样，气动压辊贴合间隙控制作用与张力控制系统相同。

在大型垂直运行中的烘箱中使用张力传感器控制需要特别注意。像浮动辊系统一样，必须考虑基材的重量以及必须承受的张力。如果用张力传感器提供张力信息，而气隙用于控制驱动部分，对操作员来说这提供了控制和信息的最佳组合。确保选择的张力传感器量程，当叠加产品的重量及传感辊的重量后量程不会太小。

张力控制的实际信号可能会因基材重量和滚筒不平衡导致的干扰信号而相形见绌。

3. 主控部分打滑时发生的缺陷

如果主控部分无法控制基材速度导致打滑，则可能会出现涂层变厚或变薄、过度干燥或干燥不足，基材刮擦，涂层刮擦和不良收卷之类的缺陷。当基材打滑导致张力控制系统变得不稳定时，断料很常见。更糟糕的是，随着基材的打滑，可能无法控制基材横向或纵向的路径。

如果存在打滑现象，则机器须以较低的速度运行，但是突变会导致基材左右滑动，并最终断裂。如果打滑足够严重，则可能连穿料这么简单的任务都无法执行。

总而言之，机器的主控部分必须能够将电动机的扭矩通过驱动辊传递给基材而不会打滑。整个主控制器的驱动系统包括驱动马达、驱动轴、驱动辊，甚至基材本身。该部分的驱动系统不仅仅终止于电机轴。

4. 控制基材传输或张力的能力不足的部分

区段的控制张力要求，必须与主控部分或引导部分具有相同的特性，一定不能滑动。有些部分在低速下表现良好，然后随着运行速度的增加而开始滑动。当由基材携带的空气边界层开始在基材和驱动表面之间形成气压垫时，开始发生打滑。

易滑动部分有：

（1）松开的压料辊和包角小或真空度低的真空辊。

（2）超速的单个橡胶辊。

（3）间隙控制型涂布机（浸渍涂布机、门式辊涂布机）。

（4）无皮带驱动的烘箱段。烘箱在600FPM速度以上产生打滑。加速和减速需要张力控制。

（5）由一台驱动器驱动运转速度超过3 000FPM的皮带输送烘干机。

（6）非皮带式单烘箱，高速热风式烘箱的备用设备。

5. 张力控制能力不足的区段张力控制

张力控制能力受限的区段，必须仅限于设定工艺，并结合真实的操作参数，选择机器的实际张力范围。如果所有卷材都以1PLI运行，则范围应为0.5～2PLI，而不是0.5～3PLI。范围太大会产生以下影响：

（1）消除电流调节器的作用，因为电流调节器只能容许有限范围的电流。

（2）消除张力传感器的控制。这些值可能会作为张力指示器的边际值；很难做到让传感器满足最高和最低张力，并仍提供足够的传感器过载能力。

（3）可能影响浮动辊处理其张力范围内高位端点或低位端点的能力。双舞辊系统用于提供高和低范围的张力。

通常，张力控制规范要求张力控制系统为每个部分提供±10%的张力调整范围，可单独调节。百分之十的张力调整限制，可能导致部分变得不稳定并失去对基材的控制。造纸工业和一些膜加工经验表明，下面列出的张力调整限制，对于从放卷到收卷的速度差小于1FPM的机器足够。

驱动辊	通常为3%～5%
刮刀涂布机	3%～5%
单驱动无毡烘箱	0.5%～1%
无毡烘干机巢	1%～3%
有毡烘干机巢	1%～3%
长距离热风烘箱（低张力运行）	5%～25%
压光机	1%～5%

张力调整限制值必须超过模拟系统中的任何漂移量。如果驱动系统的漂移超过张力调整限制量，则张力控制将不可预测。烘箱张力调节器中太多的张力调整，会在加速和减速过程中引发基材控制问题。

在高于3 500FPM的线速度下，通常会看到所有区段都有一定程度打滑。此时，片路往往会不稳，纠正的唯一做法是在收卷时增加卷料张力，即使增加的张力改善了片路跟踪，卷绕张力的显著增加，也可能增加断料。如果所有部分都打滑，则表明机器内部没有支撑住或控制住基材，而只在结束和放卷时控制了基材，属于长距离不受控制的驱动状态。

皮带式烘箱驱动器，分解成皮带驱动器和烘箱驱动器，可以改善基材传输。

如果单个胶辊打滑，则可用真空辊或真空台来替代。

重要的是，对于大惯量的烘箱和研光辊，其张力控制器的可允许的张力调整值是需要限定的。如果这些大件部分断料并打滑，要考虑张力系统是否能够限制住该部分停止打滑时发生的突变。曾经减速期间，烘箱部分以高于线速度 10% 的速度滑动，当机器减速到 500FPM 时，因纸张黏附在烘箱表面而断料。

6. 总是滑动或几乎总是滑动的部分

仅减小张力调整范围，有时不足以允许具有微小控制能力的张力控制区段，重新获得对基材的控制。

如果该部分始终打滑，尝试仅使用速度控制。如果该部分是受速度控制的，即使速度稍有不同，它也将始终接近基材速度，不会刮擦基材。如果该部分不总是打滑而是断料，就修改控制器使其精度降低。

比例控制器的柔和特性以及张力调整限制，使具有微小张力控制功能的区段可以控制张力。对于高速涂布线，将比例控制与张力调整限制组合，对于较旧的干燥鼓驱动器（没有独立皮带驱动器的干燥器）可能特别有效。在涂布机的压辊和牵引辊等易发生断料的任何生产线上，比例控制和张力调整限制的组合，可能为机器提供稳定的性能，而该机器原本集成的控制器无法满足要求。胶辊表面会随时间、温度或磨损引起摩擦系数降低，当没有一个可以让操作人员主动检查这种变化的系统性管理时，比例控制和张力调整限制是可以选择的控制方法。为了让机器可以连续运行，并且使用的是集成型控制系统，则具有更低精度的比例控制系统具有更好的性能，这时须使用比例控制。

六、驱动器附加工具功能

电流表和张力计，张力变化和负载变化的频率和方向，帮助确定机器张力是否平衡，操作负荷是否正常。某区段过高的载荷表示系统即将发生故障。当自身系统组件出现故障时，独立的速度监视系统可检查驱动器的性能，手持式转速表可以快速检查问题段速度。

1. 用于解决驱动器问题的工具

（1）多通道示波器。六通道记录仪允许技术人员在尝试确定问题根源的同时，查看速度、张力和负载数据。在初始驱动系统启动期间特别有价值，同时简化了驱动器在加速和减速期间的速度同步处理工作。

（2）数字万用表和模拟万用表。用于初步的故障排除工作，使技术人员快速查看速度、张力和控制器参数。

（3）示波器。用于查看数字数据，确认数字系统是否正常运行。

（4）数模转换器。允许技术人员记录来自数字速度反馈设备的速度数据。

2. 光学对准工具和激光技术

精确的机器对准，对基材正确传输、规避弊病至关重要。光学工具和激光技术辅助机器安装对齐，有下列作用：

（1）确保各部分都安装在机器中心线上，各部分之间不允许存在横向偏移。偏移会导致不均匀应力，进而导致皱纹、折痕和走料问题。

（2）确保每个部分与相邻部分安装的水平。

（3）确保各部分与相邻部分成正方形。

吹风式或悬浮式烘箱通常处于放卷、涂布头和收卷机上方的高架上。当基材由涂布头上行进入烘箱入口，烘箱偏移或偏斜会导致卷材变形，基材在从烘箱出口向下到达收卷机时也会变形，进而导致皱纹，必须在收卷单元前消除皱纹。

七、综合实例

广东欧格研制的精密涂布 / 复合机组中的高效干燥烘箱，可根据涂布产品个性化干燥要求，量化干燥控制，精确控制涂布层干燥热交换量；双工位收放卷无降速对接膜、全线恒张力驱动、烘道内基膜超低张力运行。结合高效环流干燥、多模式精密涂布及工业总线控制系统等，烘箱选配电、油、蒸汽及天燃气等加热方式；风嘴出口风速 0.5 ～ 30m/s 及出口风温从常温至 300℃可调。单节烘箱风嘴出口任意点的温度误差 ±1℃；所有烘箱风嘴出口任意点温度或风速纵向累加值偏差低于 ±1%； 两风嘴间膜面上风压 ±5Pa 可检可控可调。结合涂层湿厚干燥工况要求，烘箱进风风机 25 ～ 50Hz 可调，保证上述干燥过程量化控制精度均匀一致。

所构建的功能性产品精密涂布线，应用于 PCB 感光胶片、光刻胶抗蚀干膜、医用热敏打印胶片、太阳能背板膜、锂电池隔膜、氢电池质子交换膜、膜电极、反渗透膜、液晶 / 电子光学膜等产品，可望实现涂层溶剂无盲区挥发速率一致，溶剂存留量可控，高粘度厚涂层表里干燥密度一致；涂布产品耐抗弯折、无横向色差 / 纵向肋纹、无翘边、无干燥老化发脆 / 龟纹等。

参考文献

[1] Edgar B. Gutoff; Edward D. Cohen. Coating, Drying Defects. Troubleshooting Operating Problems, Second Edition, 2006, Published by John Wiley & Sons, Inc., Hoboken, New Jersey Published simultaneously in Canada.

[2] E. D. Cohen, R. Grotovsky. 伊马格 科学 技术 [J]. 1993(37): 133–148.

[3] E. D. Cohen and E. B. Gutoff, Eds, Wiley-VCH, New York, 1992.

第9章 部分产品涂布弊病及其分析控制

第一节 **聚酯薄膜在线涂布生产稳定性影响因素分析**

在线涂布聚酯薄膜是在双向拉伸聚酯薄膜生产过程中，通过涂布机在薄膜上涂布功能层，以改善、提高薄膜的表面特性、增加薄膜的功能。在线涂布与离线涂布相比，涂层薄而均匀，效率高、成本低。

一、在线涂布工艺流程

（一）配有涂布装置的聚酯薄膜生产线

具有在线涂布功能的聚酯薄膜生产线，是在纵拉设备出口与横拉设备入口间安装涂布装置。与普通的双向拉伸聚酯薄膜生产线的横拉设备相比，增加了涂布干燥区，使之在薄膜横向拉伸前，挥发掉涂布液中的水分，并使涂层固化（图9-1）。

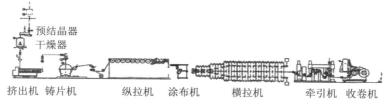

图 9-1 安装在线涂布设备的聚酯薄膜生产线

（二）在线涂布设备

聚酯薄膜在线涂布设备，通常由涂布液供料装置、聚酯薄膜导入导辊、薄膜展平辊、涂布头、涂布辊、涂布压辊、涂布膜导出辊等组成（图9-2）。

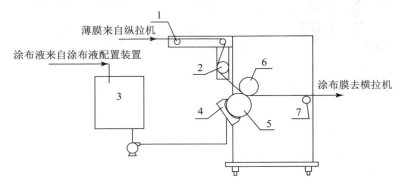

图9-2 在线涂布设备

（三）在线涂布工艺流程

聚酯熔体进入模头，然后在铸片机上成型，成型后的聚酯厚片，经过纵向拉伸，通过在线涂布机的导辊、展平辊，进入压辊与涂布辊之间，压辊将薄膜压在涂布辊上，使涂布液从涂布辊转移到薄膜上，完成涂布后，薄膜由导辊引出，进入横向拉伸设备。涂布膜进入横拉设备后，在横拉设备干燥段和预热段，涂布液中的水分充分蒸发，涂层材料被固化，同时薄膜得到充分预热，然后进入横拉机拉伸段、定型段、冷却段进行拉伸、定型、冷却，即完成了薄膜的双向拉伸。再进入牵引、收卷工序，完成薄膜的收卷工作。

由图9-3可见，完整的生产工艺流程，还应包括电晕或回收等工序。

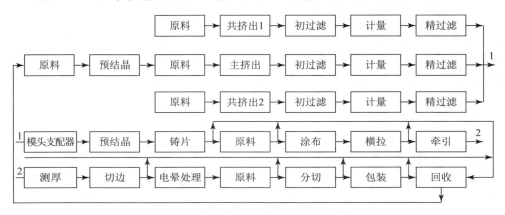

图9-3 在线涂布聚酯薄膜生产工艺流程

二、影响涂布膜生产稳定性的因素分析

在线涂布聚酯薄膜生产过程中，原料、设备、工艺、操作等因素，都会影响生产过程稳定性和产品质量。

（一）涂层原料

在线涂布 PET 膜，涂层原料的选用，需要考虑如下因素：

1. 安全性

由于在线涂布薄膜生产是一个高温、相对封闭的过程，溶剂型涂布液中溶剂挥发，可能在横拉箱体内留下严重安全隐患，所以，在线涂布膜的生产应采用水溶性的涂布液。

2. 涂层拉伸性能

涂布液要易于通过涂布辊转移到聚酯薄膜上去，并与聚酯薄膜黏附良好，涂层横向拉伸性能与聚酯薄膜相似。涂层的可加工性，直接影响生产的稳定和最终产品的质量。

3. 稳定性

水溶性在线涂布液，长期存放可能变质，应该在涂布液的有效时间内使用。同时，为了保证涂布液的质量，应适度控制涂布液的储存。

（二）设备

1. 涂布刮刀

涂布刮刀是去除涂布辊上多余的涂布液，促进均匀涂布，直接影响涂覆质量和生产的稳定性。涂布刀需按设备图纸规定进行安装。

2. 涂布头

涂布头设计、制作安装质量，直接影响涂布效果，还可能造成涂布液泄漏，甚至将涂布液甩到薄膜上，影响薄膜的质量和生产的稳定性。

3. 涂布辊

涂布辊的表面处理效果及其工况，直接影响涂布液的转移量及转移效果，不同的涂布工艺，需要采用经过不同表面处理的涂布辊，涂布一段时间后会出现涂布辊网孔堵塞，影响涂布质量。所以，涂布辊需要及时清理和定期保养。

4. 涂布压辊

涂布压辊将基膜压在涂布辊上，使涂布液顺畅转移到聚酯薄膜上，下压速度过快，容易造成涂布破膜；涂布辊压力调得太大或者太小，涂布辊压得太紧或太松，都会影响涂布质量。需要按照操作规范，将涂布辊的下压压力、下压位置、速度调到合适位置。

（三）涂布工艺

合适的涂布工艺条件控制，对于在线涂布工艺中涂布膜的稳定生产尤为重要，涂布液的选用、涂布辊温度、涂布张力、涂布速度、涂布辊的表面处理要求、单位面积的涂覆量都是需要认真设计的，这些因素都会影响涂布膜的最终产品质量。

第二节　PS 版涂布干燥弊病

一、PS 版质量要求

表 9-1　某企业对 PS 版质量要求

点状弊病	质量要求	
蓝点	0.2mm < φ ≤ 0.5mm	≤ 4 个 / 张，且呈分散状分布
	> 0.5mm	不允许有
脱涂点	不允许有	
脏点	≤ 0.3mm	≤ 3 个 / 张
	> 0.3mm	不允许有
针状弊病	不允许有	
杂质坑	φ > 0.5mm	不允许有
点状凹痕	不允许有	

从以上标准中可看到，PS 版生产厂相当重视 PS 版表观点状弊病和缺陷，检验指标非常严格。出厂的合格品不允许有超出规定的点状弊病和缺陷数量。

二、PS 版弊病一览

在 PS 版的版基处理及涂布过程中，PS 版的表观质量是必须要控制的问题，也是影响 PS 版成品率的主要因素。PS 版表观弊病会进一步影响印刷中的网点再现，影响整张 PS 版使用效果。点状弊病是常见问题，但成因复杂，因而消除措施也涉及生产过程各个环节。

点状弊病通常也称 "三大点"（脏点、蓝点和白点）。涂布弊病不仅出现在涂布阶段，从配液、版基处理直至干燥储运，都有导致点状弊病的因素（表 9-2）。

表 9-2　在涂布过程中产生的点状弊病

点状弊病	成因分析
涂布斑点	涂布液脏或过滤不好，或涂布室空气脏，有悬浮灰尘。脏点一般有纤维毛或异物。涂布脏点一般中心为一黑点（或灰点），周围涂层稍浅，看上去有一圈规则的白环。用溶剂洗去 PS 版版面涂层有一黑色颗粒
白点	涂布液水分含量偏大，涂布间隙偏大，或过滤芯不符合使用要求，都能产生白点
蓝点	涂布液染料溶解差，分空心和实心两种
红点	染料沉积于版基上，显影时除不掉
气泡白点	由涂布液中气泡产生的白点。气泡产生的白点，中心未涂上涂布液而形成空白，其周边一圈一般颜色较深

三、铝板基引起的质量弊病

（一）铝板基烧版（按起因分为电解烧版和氧化烧版两种）

1. 电解烧版

电解烧版是在电解工艺单元形成的。电解烧版多呈条状或云团状，浅白，无光，与正常版基的白色有明显不同。曝光、显影后，烧版处极易上脏。严重时，电击会击穿版材，还会因为强电流流过铝板，高温熔断铝板。

张力不稳、版材版型差、槽液流动差、槽液温度低、电流密度过高等，都会造成电解烧版。针对这些原因进行处理，可以缓解或者规避烧版。

2. 氧化烧版

氧化烧版是在氧化工艺单元形成的。氧化烧版一般在版材边缘呈条状、云团状或半圆状，浅白，无光泽。曝光、显影后，烧版处涂层冲洗不干净，边缘呈蓝色或绿色。

成因类似电解烧版，张力不稳、版材版型差、槽液流动差、槽液温度低、电流密度过高也都会造成氧化烧版。通过调整张力、更换铝卷、调整槽液流量、适当升高槽液温度、控制电流密度来进行调整。

（二）铝板基点状缺陷

表 9-3　铝板基上的点状缺陷

点状缺陷	成因分析
杂质点	铝板在轧制过程中有非金属物轧入，在铝板基上以黑点或连续黑点形成断断续续的点状线的形式表现。黑点经去油后露出非金属物形成黑点，电解氧化还原处理后显现明显
杂质坑	在铝板轧制时，金属物单独轧入或与非金属物一起轧入，通常被油层覆盖，经去油电解、氧化等工序处理后形成点状腐蚀坑，看上去有时为亮点，有时为黑点
压坑 压痕（辊印）	铝板表面明显的细小局部变形而形成的点状弊病。 铝板表面的凹凸状小区域由轧制时工作辊上的伤斑或凹坑引起，看上去是一小黑点
气泡	铝板铸造过程中产生的气体杂质，经加热与热处理后形成气泡，破裂后形成分层。一般有粗大的圆形气泡和沿轧制方向被拉长的小气泡
硌痕	轧制辊上的硬物与铝板接触形成的点状亮斑，其大小不一，经电解、氧化处理后无砂目，无氧化膜，是被凸起的硬物硌的
点坑	铝板表面上出现的凹坑和空穴，未完全穿透整个铝基，经电解后形成较大的砂目深坑。看上去是黑点，用放大镜放大看是坑
水腐蚀印（点）	铝卷在包装和运输等环节，因不注意使水分浸入版材之间产生的白斑状印迹，另淬火或沾有碱或氯化物等化学药品时在版材表面也会形成白斑状印迹，有时在白斑状边缘有点状的腐蚀坑

表 9-4　铝板基处理过程中产生的点状弊病

点状弊病	主要成因
黑色斑点	铝板基表面去油时没有清洗干净，附有油污；氧化液中铝离子浓度过高，油性污物进入氧化液，在氧化膜表面形成黑色点状斑点
点状灰质	电解反应中产生的，主要成分是氢氧化铝 $[Al(OH)_3]$、氯化铝（$AlCl_3$）或铝及其络合物。当盐酸浓度大于 1% 时，易产生灰质，灰质随电解条件的变化呈现白色、灰色或黑色
白色粉末	氧化膜表面附着的白色粉末状物质。阳极电流的电流密度大，氧化液中的硫酸浓度太高，或氧化液温度过高，使氧化膜生产速度快，易形成白色粉末状物质
白点	氧化膜对碱类物质的耐蚀力很差，常温下用 1% 氢氧化钾（KOH）溶解浸泡氧化膜，2 小时后会出现被腐蚀的白点
麻点	氧化液里氯含量过高，造成膜增长时的腐蚀源，在膜表面形成斑点甚至麻点
水藻白点	在封孔液中或最终水洗过程中细菌吸附于铝板基上，涂布感光层后易产生掉膜而形成白点
脏点	封孔液脏或 NaF 结垢附着在滚筒上形成沙粒状脏点
压痕	滚筒污染，滚筒损坏及工艺槽污染或有不溶物，将铝板基局部压成斑痕

1. 脏点和蓝点

脏点和蓝点都是涂布液凝聚在一起造成的。通常，脏点比较大，内部有核心，表面粗糙，不反光，检版过程中容易发现；而蓝点较小，内部没有核心（或者说在目前的观测条件下，观测不到核心），表面光滑，反光，检版过程中难以发现，易漏检。

脏点和蓝点都是有异物黏附在涂层中，致使周围涂布液聚集形成的。按照工艺流程，分为三类：

版面在涂布前黏附了异物，涂布时，涂布液以此为核心聚成脏点和蓝点。异物来源有三类：①化学处理过程中，槽液和清洗水中有异物，通过与版面直接接触，黏附在版面上；②涂布前正面滚筒有异物，通过碾压附着在版面上；③涂布前空气中的灰尘等异物飘落到版面上。

2. 版基小坑引起的聚集点

外观特征：在放大镜下观察，版基中心为不太完整的涂布液聚集点，中心无异物，用溶剂洗去涂层后，版基处为小坑，且坑内有砂目。

成因及处理：小坑内的砂目表明在电解前版基上有小坑，涂布时由于表面张力的原因，涂布液不能完全进入小坑而在小坑周围聚集。小坑分为两种情况：一是铝板本身有小坑，可检查铝卷进一步确认；二是在电解前辊子上有较硬的杂物压成的小坑，需要检查电解前后的辊子，若有杂物，应立即去掉。两种小坑，都能通过强化电解的方式处理，但强化处理会使版子砂目变粗。

3. 电解前异物引起的脏点

外观持征：PS 版上有集中的一片脏点，每个脏点周围无空白区。用溶剂除去涂层后有黑点脏物，用力擦拭后会露出亮斑，用放大镜观察，亮斑处无砂目。

成因及处理：无砂目说明是由于电解前引起的异物，辊子上的异物紧紧地贴压在版子上，槽液无法冲掉，在电解槽中此处未能电解，涂布时涂布液聚集而成。清理电解前的辊子即可消除此类脏点。

4. 版基小坑引起的白点

外观特征：白点较圆，面积不太大，边缘整齐，用溶剂洗去涂层后，版基上露出小坑。

成因及处理：原铝板上有杂质，经过电解形成小坑，且小坑周围无毛刺凸起，涂布时由于表面张力的作用，涂布液不能进入小坑而形成白点。生产中强化处理能消除这种白点。

5. 细小灰尘引起的脏点和聚集点

外观特征：最大特点是脏点和聚集点共存。可以描述为以下两种情况。

①聚集点：均匀一致的涂布液聚集，中心无异物，周围涂层不变浅。②脏点：涂布液聚集中心有异物，但周围涂层不变浅。两种情况交错共生且数量较多。

成因及处理：由于涂布前版基上有细小灰尘，经过滚筒的压力形成非常扁平的异物，紧紧附着在版基上，涂布时造成涂布液聚集，①和②的区别在于：①点中心的异物小到无法观察到，一般清理清洁室中的辊子即可消除此类脏点和聚集点。

6. 版基花纹

版基花纹是指在版基上形成的各种表观花纹，包括圆圈状、水滴状等。

圆圈状花纹是与生产线装备密切相关的弊病。通过对比生产线情况，产生原因可能是去油后片路长时间暴露在空气中，并通过多个正面辊碾压，使部分版基过度腐蚀而造成的。改造生产线布局、缩短片路、加强水洗，弊病可减少。

水滴状花纹是狭缝上的液体滴落在运行的版材上，版材局部强腐蚀或强封孔而形成的，易出现在各工艺槽出口处。加强条缝、减少槽液喷溅，是可行的解决办法。

7. 刷子纹

刷子纹是版面上平行于版材运行方向的细小的纹路，是砂目呈方向性排列的宏观体现。生产线不同、使用铝卷不同，造成的刷子纹也是不同的。刷子纹较重的版材，版面发亮，没有光泽，砂目不细腻。一方面会造成细小网点的丢失；另一方面亲水性下降，会造成上脏。

刷子纹是铝板电解不充分而形成的。它与生产线本身的电解性能和铝板自身电解性能密切相关。同一厂家铝板，在不同的生产线表现不同；相应地，同一条生产线生产不同厂家的铝板，表现也不同。

减轻刷子纹最直接的方法，就是加大电流密度，提高 Ra 值，也就是通常所说的"强化处理"。受设备限制，电流密度不可能无限加大；另外，Ra 太大会影响版材各方面的性能，因此，加大电流密度的措施，有局限性。

要从根本上解决刷子纹的问题，一方面需要改进生产线电解性能，以提高生产线的电解适应能力；另一方面要和铝卷厂家多沟通，提高铝卷质量。

8. 杂质

杂质是指由于铝板本身原因，造成版面呈点状或（和）线状的砂目缺损。杂质处无砂目，印刷时将造成上脏。

杂质是铝板在轧制过程中形成的：①铝板轧制时表面被滚筒、空气中的灰尘等破坏；②铝材本身不纯，内部杂质在轧制时暴露到板材表面；③铝材处理不好，表面存在晶间结构差异，在电解时晶间腐蚀强烈，形成缺损。

杂质无较好的处理方法，对于较轻、较小的杂质，可以尝试加强去油和电解处理，使杂质剥落或被掩盖。

四、涂布关联弊病

（一）涂布盘中气泡引起的白点

白点是涂层缺损，露出了下面的白色版基。如果白点出现在空白部分，基本没有影响；如果在图文部分出现白点，将丢失网点、网线，影响印品质量。

外观特征：版面上有少量白点，一般整张 PS 版不多于 3 个，面积较大，呈圆形且边缘较深。

成因及处理：

①气泡。在涂布液搅拌或运输过程中可能产生气泡。由于涂布液有一定的黏度，极微小的气泡悬浮在涂布液中，不易破裂。涂布时气泡附着在版面上，气泡中心未涂上涂布液形成空白，干燥时气泡破裂，空白周围形成一圈较厚的涂层。消除涂布盘中的气泡，白点即可消失。

②干燥速度太快。烘版炉某段干燥温度设定太高，涂层在此处没有均匀干燥，而是表面快速凝结成膜，内部溶剂在高温下挥发，掀开表面膜层，造成涂布缺损。

③版面有异物。版面异物与脏点，其排斥涂布液，使涂布液不能完全铺展，造成涂层缺损。

④涂布液内混有水或油。涂布液内混有水或油，在涂布液中生成微小的水滴和油滴，悬浮在涂布液中，涂布时在版面上排斥涂布液，使涂布液不能完全铺展，造成涂布缺损。

（二）划伤

划伤通常分为硬划伤和软划伤两大类。

1. 硬划伤

硬划伤是指版基遭到破坏的划伤，通常版基破坏后，露出铝的银白色，因此也叫亮划伤。

硬划伤下的版基被破坏，失去了砂目，因此也就失去了亲水能力，亲油性大增，造成印刷时极易上脏。硬划伤通常是由铝板与其他物体发生相对滑动、摩擦造成的，包括：①滚筒和铝板速度不一致，相互间产生滑动摩擦；②喷杆、槽盖等物体脱落蹭在运动的铝板上；③由于硬物镶嵌在滚筒上，运转时扎或划在铝板上造成的。

2. 软划伤

软划伤是指没有破坏版基的划伤，目视版面上有一道黑线，也称为暗划伤。

软划伤是涂层表面被划伤；也可能是版基在电解之前被划伤，但划伤不重，经过电解后，划伤区域生成了有缺陷的砂目。

（三）涂布工艺造成的弊病

由涂布工艺造成的弊病大致有五类：条道、脱涂、带料、涂布花纹、脏点和蓝点。

1. 条道

条道是指有明显颜色差异的涂布条带，按颜色深浅分为暗条道和白条道；按方向性分为横条道（垂直于铝卷运行方向）和纵条道（平行于铝卷运行方向）。

条道处的涂层厚度与正常版面的涂层厚度有明显差别，在晒版时，条道处要么曝光不足、要么曝光过度，印刷时上脏或网点丢失。

条道的产生与设备状况密切相关。横条道与张力不稳、振动有关，导致涂布间隙一直在变动，形成横条道。这两种影响因素都可以看成波的形式，所以横条道具有一定的周期性。

纵条道是在涂布过程中或涂布后涂层未干燥时受到固定干扰而形成的。例如，如果挤压嘴中有微小气泡或固体杂质，在涂布时就会排斥或吸附涂布液，形成连续的纵向条道；再如，涂布后涂层表面未干燥时，如果受到一个较强的固定气流的影响，就会把此处的涂层吹薄，形成纵向白条道。另外，当不同批号涂布液混用时，如果没有充分搅拌，就有可能形成分层的液层，涂布时也会形成条道。

解决条道主要通过设备调整，减少干扰，保证涂布的稳定性。

2. 脱涂

脱涂是涂层不能成膜，呈不规则带状露出下面的版基，严重时会扩散到整个版面。脱涂时版面没有涂布液，版材应按报废处理。

通常认为脱涂之前，涂布状况已经处于临界状态，一旦有某种干扰，就会造成无法涂布成膜，形成脱涂。

通过调整设备，提高设备的涂布适应性，使涂布稳定进行解决脱涂。通常情况下，挤压涂布比辊涂的涂布适应性要好，极少出现脱涂现象。

3. 带料

带料是指版材边缘涂层明显变厚，涂层颜色发暗，没有光泽，版材背面边缘也有不规则带状涂布液。带料后版材边缘涂层很厚，且无法控制，造成曝光不足，显影不净。版材只能按报废处理，或者改裁合适的规格。带料是由于在涂布时涂布液受到背辊的吸引，黏附到背辊上，并扩散到版面上造成的。

4. 涂布花纹

此处涂布花纹指的是烘干后涂层表观出现明显的、紊乱的花纹。通常是烘版炉送、排风量调整不合适，造成涂布后未干燥涂布液被风吹而形成的；另外，涂布弯月面处风的走向和风速对此有很大影响。

适当调整烘版炉、涂布室的送、排风量，是消除涂布花纹的可选措施。

5. 脏点和蓝点

涂布过程中产生脏点和蓝点，是因为涂布液自身包含异物，或涂布时空气中灰尘等异物飘落到版面上和涂布液里。涂布后生成脏点和蓝点，是因为涂层表面未干燥时，空气中灰尘等异物飘落到版面上形成。

五、干燥弊病

干燥道引入的脏点在生产中最常见。通常中心为绿色，涂层聚集覆盖着一个黑点，周围涂层稍浅，形状为规则圆形。还有一种中心为黑点，边缘发白，露出版基，直接用肉眼观察，其周围有大片圆形涂层较浅，中心黑点大小为 0.5mm × 0.5mm。进一步研究时，用溶剂洗掉 PS 版面的涂层，会发现留下一个黑色颗粒，即样品中心的黑点。

成因及处理：由于涂布液只能在未干时聚集在黑色颗粒周围，所以是烘干道及之前引入的异物。烘干道中的异物通过热风的驱动落在未干的版面上，涂布液聚集使本来涂布均匀的 PS 版在聚集区周围形成较浅区域或空白区。

当生产中出现此点时，停车清理烘干道异物，即涂布带料带入烘干道干燥后的涂布液残渣等，再生产，脏点消失。二者区别在于"第二种脏点"较大，所以聚集后周围会形成空白区。此弊病易造成 PS 版在印刷时，中间异物易被磨掉，且因涂层较浅或空白而丢失网点，导致 PS 版无法使用。

六、毛面层弊病

（一）毛面剂引进的聚集点

外观特征：在放大镜下观察有大量细小的暗点，且整个版面全部存在。

成原及处理：由于毛面剂是一种乳状物质，在分散过程中极易造成分散不好，效果较差，从而引起毛面聚集。因此，在生产过程中必须及时清洗喷涂设备，清理喷雾室，使乳液的雾化效果达到最佳，即可清除聚集点。

（二）毛面层过厚

版面手感毛面层粗糙，严重时还能看到版面上有黑色或白色小颗粒。毛面层太厚，对减少抽气时间无帮助。然而，毛面层与涂层结合力减弱，在抽气时毛面剂会脱离，污染软片、玻璃和抽气系统。另外毛面剂如果聚集成足够大的颗粒，还会在曝光时遮挡光线，对版面造成影响。喷涂量太大、喷嘴堵塞、毛面剂分散不匀都会造成此弊病。适当减少喷涂量、修复喷嘴、加强毛面剂搅拌，都可以解决。

（三）毛面层过薄

版面手感毛面层很少，甚至感觉不到。毛面层太薄，失去了毛面层的作用。喷涂量太小、喷嘴堵塞都会造成此弊病。适当控制喷涂量，检查、修复喷嘴，即可处理。

七、显影后见弊病

（一）显影后白点

显影后白点检测方法：将未曝光版材通过显影机按照标准显影条件显影后，检查版面的白点情况。

显影后白点反映的是涂层与版基的结合情况，通常情况下，涂层和版基的结合力是比较均匀的，但某些情况下，版基上有某种"杂质"，呈点状无规则分布，造成涂层与版基在这些部位结合力弱，在显影液浸泡及显影机毛刷作用下，涂层直接脱落，形成无规则的空白，露出下面的版基。

由于通过表观检验是无法发现显影后白点此种弊病的，因此其造成的危害比较大，如果不能及时发现，极易出现批量质量事故。

生产实践证明，显影后白点通常与生产线工艺卫生紧密相关，认真做好工艺卫生，可以防治此弊病。

（二）细小灰尘引起的白点

外观特征：有较多很小的白点且聚集成片，不定型，但一般较圆。此点在生版上没有，在显影液中浸泡擦拭后即出现，此时再用溶剂洗去涂层，白点处版基完好，无压坑。

成因及处理：出现这种白点时，只要清理水洗及清洁室滚筒，白点即可消失。这是因为涂布前版基被辊子压上极微小的灰尘，涂布后在生版上难以看出痕迹，但该处的涂布液黏附不牢，在显影液中浸泡擦拭后形成白点。

（三）水藻引起的白点

外观特征：在生版上看不出来白点，而经过显影液浸泡擦拭后即能看出。所不同的是，这种白点数量不多，个头较大且形状不规则，用溶剂洗去后版基上也无缺陷。

成因及处理：经过大量试验发现，白点是水洗中有水藻附着在版基上，经过滚筒的挤压，涂布后版材正常，但涂层附着在水藻上不牢固容易脱落而形成。加入除藻剂即可除去。

第三节　铝箔涂布及其质量分析

一、彩色铝箔涂布工艺

　　彩色铝箔通过铝箔网纹辊涂布机完成，也称为网线辊涂布，由保护层、印刷层、铝箔层、印刷层、黏合层等组成。

　　铝箔涂布的工艺过程：网纹辊旋转下浸入涂布用黏合剂或保护剂液面时，液体注入网穴；旋转离开黏合剂（保护剂）液面后网穴部分，辊子表面平滑处的液体由刮刀刮去，只保留网穴中的液体，此液体再与被涂覆的铝箔基材表面接触，通过弹性的橡胶压辊的作用，网穴里的一部分黏合剂（保护剂）溶液转移到铝箔的基材表面上。由于黏合剂（保护剂）具有流动性，它慢慢自动地在铝箔表面流平，使原来不连续的液体变成连续均匀的涂层。随着网纹辊旋转一周后，又重新浸入黏合剂液体中去，液体再度充满网穴。周而复始，网纹辊就将黏合剂溶液源源不断地转移到铝箔基材上，在铝箔表面形成均匀的黏合剂（保护剂）涂层。

二、彩色铝箔涂布工艺要点

　　彩色铝箔涂布，是利用网纹辊对铝箔涂布黏合剂（保护剂）。这一工艺，将各种颜色的颜料或染料，均匀地分散到黏合剂和保护剂体系中，使铝箔表面黏合层（保护层）呈现五颜六色的图案。要想得到正确颜色，就必须在工艺过程中把握黏合剂与保护剂的涂布量。配制黏合剂（保护剂）不准，涂布量差异大或工艺操作不规范，都可能引起铝箔涂布后颜色不均匀，深浅不一，与塑料硬片黏合不牢，影响外观，同时影响产品内在质量。

三、铝塑复合膜其他质量问题及解决措施

　　铝塑复合膜常见质量问题有镀铝层迁移、斑点、层间剥离强度差、起皱、发黏等。具体分析及解决对策见表9-5。

表9-5 铝塑复合膜常见质量问题分析及对策

问题	成因分析	对策
复合后镀铝膜的镀铝层发生迁移	（1）镀铝膜没有底涂胶，镀铝附着力低，易脱落。 （2）胶黏剂不合适。 （3）复合膜的固化时间过长。 （4）涂胶量过大，胶黏剂干燥不充分，残留的溶剂逐步渗透到镀铝层，造成镀铝层的迁移。 （5）张力控制不当，镀铝膜的基膜在较大张力下发生弹性形变，从而影响到镀铝的附着力。	（1）更换质量好的镀铝膜。 （2）更换镀铝膜专用胶黏剂，最好是镀铝膜专用胶黏剂。 （3）适当提高固化温度并缩短固化时间，加快胶黏剂的固化反应速度，防止胶黏剂渗透到镀铝膜的镀铝层，并削弱镀铝膜与镀铝层之间的附着力。 （4）控制涂胶量，或者调整干式复合的干燥温度、通风量及复合线速度等，保证胶黏剂充分干燥，将残留溶剂控制在最低限度之内，减少对镀铝层的影响。 （5）调整张力适当小一些，防止镀铝膜发生较大的弹性形变。
复合膜出现斑点	（1）胶黏剂对镀铝层的亲和力较差，涂布性能差，会出现斑点。 （2）胶液中的残留溶剂较多，印刷膜复合后，墨层被胶液中的残留溶剂浸润，从而可能产生斑点现象。 （3）油墨的遮盖力不足，尤其是浅色油墨，光线穿过油墨层反射回来，产生斑点。 （4）涂胶量不足或不均匀，复合膜中夹有气泡。	（1）适当提高烘干温度，或者适当降低复合线速度，保证胶黏剂充分干燥。 （2）选择遮盖力强的油墨或加厚油墨墨层。 （3）适当提高胶黏剂的涂胶量，并检查橡胶压辊压紧的状态，保证涂胶均匀。
复合层间剥离强度差	（1）镀铝膜质量不好，镀铝层的牢固度差，容易脱落。 （2）镀铝膜的表面质量差，胶黏剂在其表面的润湿性差。 （3）胶黏剂类型不当，质量不好。 （4）胶黏剂干燥不充分，残留的乙酸乙酯渗透，使印刷油墨软化，松动刀至脱层，从而造成复合膜的剥离强度比较差。 （5）涂胶量不够，影响复合膜的黏结强度。 （6）稀释剂乙酸乙酯的纯度不高，水分或醇等活性物质的含量偏高，消耗了一部分固化剂，使复合强度下降。 （7）稀释剂表面的含量偏低，或者复合温度和压力大小，也会造成复合强度差。 （8）复合膜固化不完全，影响复合强度。	（1）更换高质量的镀铝膜。 （2）更换质量好的镀铝膜。 （3）更换镀铝膜专用胶黏剂，提高复合强度。 （4）调整复合工艺，提高烘干温度，提高复合强度，或者适当降低复合线速度，保证稀释剂充分干燥。 （5）适当提高涂胶量。 （6）更换质量合格的稀释剂，严格控制对稀释剂的检测工作。 （7）适当提高复合辊面的表面温度，或者适当加大复合压力。 （8）提高固化温度，保证复合膜充分固化。

问题	成因分析	对策
复合膜起皱	(1) 基材厚度不均匀，薄厚相差太大。 (2) 基材位置偏斜，就会出现复合膜皱折现象。 (3) 涂胶量过多或者不足时，会发生层间滑动，从而出现皱折。 (4) 胶黏剂干燥不充分，残留溶剂太多，黏结力小，复合后两种基材料易产生相互位移，并有可能产生皱折。 (5) 复合膜未经冷却或冷却不够就直接收卷，高温柔软的复合膜就容易起皱。 (6) 复合压力设置不当也是产生皱折故障的原因之一。 (7) 张力控制不当，各部之间的张力不协调、不匹配。 (8) 各导辊之间的轴线不平行。 (9) 导辊表面不干净，粘有异物，或者导辊表面不平整，有凹坑、划道、碰伤等。	(1) 更换质量合格的薄膜材料。 (2) 调整薄膜的位置，使其在传送过程中不发生歪斜。 (3) 调整涂胶量的大小，并保证涂胶均匀。 (4) 调整干式复合工艺，使胶黏剂充分干燥，尽量降低溶剂的残留量。 (5) 复合膜应当经过充分的冷却之后再进行收卷。 (6) 调节复合压力的大小。 (7) 调节各部放卷和收卷张力，使各部张力相互适应和匹配。 (8) 调整各导辊之间的位置，使其必须保持相互平行。 (9) 清洁导辊表面，或者更换有损伤的导辊，保证导辊表面平整光滑、清洁。
复合膜发黏	(1) 印刷过程中，油墨的干燥速度跟印刷速度、干燥温度不适应，致使部分溶剂仍然残留在印刷后的油墨层中，使复合后成品也发黏。 (2) 胶黏剂干燥不彻底，残留溶剂逐渐渗透到油墨层中，使油墨层软化发黏。 (3) 塑料薄膜中的增塑剂向油墨层迁移，从而使薄膜软化发黏。	(1) 根据实际情况调整油墨的干燥速度，并使之充分干燥，保证胶黏剂充分干燥，将残留溶剂量控制在最低限度之内。 (2) 调整干式复合工艺参数，将残留溶剂充分干燥。 (3) 更换塑料薄膜重新进行复合。

第四节　冷封胶涂布复合及质量控制

一、冷封胶概况

冷封胶是含有天然橡胶水、高分子聚丙烯共聚物的水质性乳胶，是一种包装用胶。冷封胶黏剂分散体系固含量为 40% ～ 55%，添加剂（包括润湿剂、防腐剂、稳定剂、消泡剂、乳化剂）为 3% ～ 5%，黏度为 200 ～ 2 500Pa·s，pH 值 9 ～ 10。

涂布了冷封胶的薄膜间封合时，不需要加热或者低温加热就能迅速封合，这种技术称为冷封包装技术。所谓的"冷封"，实际上是常温封合，涂布冷封胶薄膜的封合温度一般低于 40℃（热封一般高于 80℃），在机械刀辊的压力下，基材表面的冷封胶与冷封胶封合在一起。

相对于热封包装技术，冷封胶薄膜无异味、无污染，可直接与食品接触，符合食品包装的法规要求［美国食品和医药管理规范（F.D.A）第 CFR21 章以上的各节允许使用冷封胶］。而热封材料的热封层（塑料物质）是在高温作用下热封层熔化后黏合，可能产生异味和有害物质。

冷封封合速度是热封包装的 5 ～ 6 倍。热封时，需同时控制热封温度、热封时间、热封压力 3 个工艺参数，才能得到满意的封口强度，而冷封胶包装只需要调整封合压力即可。

冷封胶封口的包装袋或密闭的包装物密封性，略逊于热封产品，但完全满足包装物密封的需求。冷封胶薄膜封口强度适中，还可以根据不同的产品作出调整，具有较好的易撕开性。

冷封包装一旦开启，就不能复原，具有防盗和防开启的功能。

但是，包装薄膜冷封胶常温下有效期 6 个月，最多 12 个月。涂布复合设备自动化程度高，应用领域有待进一步扩展。

冷封胶黏剂的黏合原理类似拉链。涂布了冷封胶的薄膜表面，含有非线性长链大分子和线性短链小分子，在压力作用下，线性小分子固着到另外一面并且变成线性长链大分子，从而实现薄膜的封合。冷封胶中的橡胶成分，提供冷封胶之间的黏结力；高分子聚合物提供冷封胶和所涂布基材之间的结合力。

二、单层塑料薄膜冷封胶涂布工艺

涂布冷封胶的表印薄膜结构如图 9-4 所示。
冷封胶涂布工艺如图 9-5 所示。

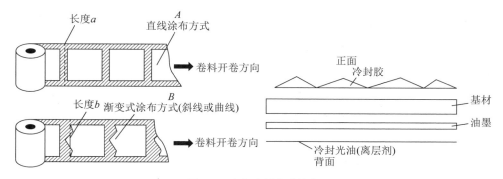

图 9-4 表印冷封薄膜结构

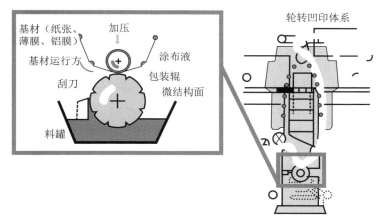

图 9-5 冷封胶涂布工艺

冷封胶涂布的工艺流程为：

检验合格的薄膜→上印刷机之前的表面处理→凹版印刷机印刷→一个墨辊印刷一种颜色→进入下一墨辊进行套印→印完所需要的各个颜色→涂布冷封光油→在印刷层的背面涂布冷封胶→薄膜分切→成品检验合格→包装成箱→出厂。

三、冷封胶涂布复合

（1）防止冷封胶与橡胶接触，以免合成橡胶中的增塑剂和交联剂，引发聚合反应或冷封胶黏剂凝结，导致冷封胶黏剂无法正常使用。防止有机溶剂和金属离子（铁离子、铜离子、锰离子）物质与冷封胶接触。印版滚筒上的非图文部位必须清洗到位。

（2）冷封胶黏剂分散体系属于水性混合物，易出现气泡，需要配置专用的气泡处理装置。

（3）冷封胶黏剂易氧化，要严格控制干燥速率，热风干燥温度不超过 80℃。

初干燥速度过快，会在冷封胶黏层表面形成薄层，导致底层的水分无法彻干；若干燥速度很慢，易出现冷封胶黏剂没有彻干的现象。

此外，若冷封光油烘干不到位，冷封光油会迁移到卷膜冷封胶的表面，在薄膜上形成一层薄薄的保护层，破坏冷封胶良好的封合性能，导致冷封封合时出现封合不良或者无法封合，所以要保证冷封光油烘干才不会与冷封胶发生作用。

（4）在生产中，需要将冷封胶印刷机组密闭，避免冷封胶与外界空气接触而失效。

（5）禁止导辊温度降到结露温度以下，避免导辊上的冷凝水污染冷封胶。

（6）冷封胶涂布量控制。

冷封胶黏剂的涂布量，取决于基膜和包装条件。对于纸张，涂布量为 $3 \sim 6g/m^2$（干重）；对于塑料薄膜，涂布量为 $2.5 \sim 4.5g/m^2$。实际应用中涂布量一般是 $2 \sim 8g/m^2$。涂布量无限增加反而对黏性影响不大。冷封胶的上胶量一般为 $4g/m^2$，冷封薄膜封合不良时可以加大至 $5g/m^2$，如图9-6所示。

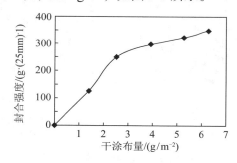

图 9-6　封合强度与上胶量的关系

不同材料匹配不同型号的冷封胶，通常是单层表印材料匹配硬一点的胶（冷封胶的水分含量低，聚合物含量高一些），复合里印材料选择软一点的胶（冷封胶的水分含量高，聚合物含量低一些）。

四、冷封胶涂布收卷

冷封胶涂布包装材料收卷后，要避免出现冷封胶"背粘"（冷封胶转移到薄膜具有印刷图案的一面，导致冷封膜粘和在一起）的现象。措施：①在基材的另一面涂布离层剂；②材料收卷时张力不应过大；③确保包装卷膜局部不受压；④要对冷封膜贮存环境的温湿度加以控制，要避免霜冻危害。

冷封胶主要应用在食品医药的包装上，特别是热敏性巧克力、冰激凌等的包装。未来有望以可食用的天然材料为基料合成新型冷封胶，改变目前主要以天然橡胶为基本成分的局面。

第五节　软包装干式复合质量控制

复合软包装材料，通常是由各种塑料薄膜，如 PE、PP、PET、OPA、PT，或纸、铝箔等，通过胶黏剂粘接成的功能性材料。

一、软包装涂布复合工艺技术

（一）干式复合与挤出复合

干式复合与挤出复合的具体工艺技术和特点如下：

（1）干式复合适合品种多、生产量小的复合膜生产；挤出复合适合大量连续性的生产。

（2）干式复合生产成本高，挤出复合生产成本相对较低。

（3）干式复合剥离强度（塑 / 塑复合）一般都在 1 ～ 3.5N/15min，适合大部分产品要求；挤出复合剥离强度（塑 / 塑复合）一般都在 0.7 ～ 1.5N/15min，适用于一般的包装材料。

（4）干式复合容易产生溶剂残留；挤出复合基本无溶剂残留。

（5）干式复合薄膜的厚薄均匀度取决于所选基材质量，无法调整；挤出复合可调整薄膜厚薄均匀度和平均厚度。

（6）干式复合生产操作容易；挤出复合生产操作比较复杂。

（7）复合不同产品时，干式复合工艺基本一致；挤出复合工艺需要调整。

（8）干式复合存在由溶剂挥发造成的环境污染、安全操作与卫生问题；挤出复合环境温度较高，有时产生烟雾。

（二）无溶剂胶水复合与溶剂型胶水复合

（1）无溶剂胶的生产过程和使用过程无污染，成品无溶剂残留，不影响后续应用，无须防爆。

（2）无溶剂干燥能耗仅为干式复合的 1/25 ～ 1/15。

（3）无溶剂复合生产线速度高，生产效率高，无溶剂复合的最高线速可达500m/min 以上，通常在 200m/min 以上。

（4）无溶剂复合的加工成本可望降至干式复合的 60% 甚至更低。

（5）无溶剂复合的缺点：初黏力小，报废率高，功能性与酯溶型相比有待提高。因为反应快，所以工作液寿命较短。熟化时间较溶剂型胶黏剂长。设备投资大，结构复杂，操作难度大。所以目前仍然以溶剂型胶黏剂为主。

（三）共挤复合

（1）优点：不用胶水、成本低，无有机溶剂排放，环保。

（2）缺点：受材料限制，纸塑、铝塑无法使用，膜之间不能印刷。

二、胶黏剂与涂布复合质量

（一）胶黏剂种类

1. 水性胶水

水性胶水包括丙烯酸树脂和聚氨酯树脂两类，只适合干杂等轻质包装材料。

2. 醇溶型胶水

醇溶型胶水有丙烯酸单组分胶水和聚氨酯双组分胶水两大类，醇溶丙烯酸单组分胶主要用于卷膜和珠光膜；醇溶聚氨酯双组分胶水可用于大多数普通塑料包装，强度低，使用范围较小。

3. 酯溶型聚氨酯胶水

酯溶型聚氨酯胶水的使用范围广，用于大多数塑料复合，有普通、真空水煮和蒸煮三大类。

4. 无溶剂胶水

无溶剂胶水环保、无溶剂残留，但对设备及工艺要求较高，胶水本身初黏力差，产品报废率高，目前仅少数使用。

（二）配胶对涂布复合质量影响

1. 配制操作

（1）标准的配制方法：先将主剂倒入配胶桶，倒入 1/3 溶剂稀释，搅拌均匀后，加入固化剂，边加边搅拌，搅拌均匀后再加入剩余溶剂。

（2）加完主剂后倒入全部溶剂，再加入全部固化剂，配好的胶液性能对所用溶剂依赖很大，目前生产乙酸乙酯中的醛含量高，影响复合膜的剥离强度，需要调整配胶方法。

（3）主剂＋固化剂＋溶剂，对溶剂的要求较低，分子量不均匀，复合后白色和黄色印刷膜及镀铝膜容易起白点。

2. 注意事项

（1）配好胶水，需放置 15min 后使用，脱泡，初步交联。

（2）应使用循环泵（胶水浓度比较均匀）。

（3）配好的胶水，应采用 250 目的滤布过滤，除去配制过程中混入的杂质等。

（4）溶剂质量要求：水、酸等成分含量不得超过 0.05%。

三、复合膜生产工艺过程控制

（一）干式复合过程中，网纹辊上胶，需配置三套网纹辊

① 70 ～ 80 线用于生产高上胶量的蒸煮包装产品。

② 100 ～ 120 线用于水煮等耐介质产品的包装。

③ 140 ～ 200 线用于生产上胶量较少的普通包装产品。

（二）标准工艺参数

1. 复合关键参数

烘箱温度：50 ～ 60℃；60 ～ 70℃；70 ～ 80℃；

复合辊温度：70 ～ 90℃；

复合压力：在不损坏薄膜的情况下，应尽可能加大复合辊压力。

几种具体情况：

①透明薄膜复合时，烘箱和复合辊的温度及烘箱内的通风情况（风量、风速）对透明度影响较大，印刷膜为 PET 时温度采用上限值；印刷膜为 BOPP 时温度采用下限值。

②复合铝箔时，如印刷膜为 PET，复合辊温度必须高于 80℃，通常在 80 ～ 90℃调节，印刷膜为 BOPP 时复合辊温度不要超过 80℃。

2. 固化

固化温度：45 ～ 55℃；

固化时间：24 ～ 72 小时；

双组分胶在复合下机后并不具有理想的黏结强度，需要将制品送入固化室，并在 45 ～ 55℃下熟化 24 ～ 72 小时（普通透明袋 24 小时，铝箔袋 48 小时，蒸煮袋 72 小时），另外固化室的定时排风也很重要，充分排风可以减少固化时间，而且可以进一步降低溶剂的残留。

（三）剩余胶液回收处理

将剩余胶液稀释 2 倍后密封，次日作业时，作为稀释剂将其掺入新配的胶液中，高质量的产品不要超过总量的 20%。具备条件的话冷藏保存。如果溶剂水分适量，配好的胶黏剂存放 1 ～ 2 天无变化。由于无法判断复合后的膜是否合格，剩余胶液直接使用可能会造成很大的损失。

（四）工艺条件控制

烘道入口温度太高或无温度梯度，干燥太快，使胶液层表面的溶剂迅速蒸发，表面结皮，然后当热量深入胶液层内部后，皮膜下面的溶剂汽化，冲破胶膜形成火山喷口状的环形物，使得胶层不透明。

复合橡胶辊或刮刀有缺陷，使某一点无法压到，形成空档，不透明。

环境空气中尘埃太多，上胶后烘道里吹进去的热风中有灰尘。黏在胶层表面上，复合时夹在两片基膜中间，有许多小点，造成不透明。解决办法：进风口可用高目数的过滤网清除热风中的尘埃。

上胶量不足，有空白处，夹有小空气泡，造成花斑或不透明，应检查上胶量，使其足够且均匀。

四、温、湿度对干式复合的影响

干式复合大多用二液反应型的聚酯、聚氨酯系的黏合剂。含异氰酸酯基成分的固化剂具有较强的活性与含有羟基、胺基的物质（如甲醇、乙醇、水以及其他胺类等）发生反应，且反应速率比高分子聚酯、聚氨酯主剂反应快 10 倍以上。因此，聚氨酯黏合剂说明书上对水、醇、胺类予以限制。

（一）在干式复合过程中，较高湿度造成的影响

较高的湿度会对干式复合造成不利的影响，具体来说，包含以下几项：①黏合剂硬化不足，复合熟化后仍然保持黏性，造成剥离强度降低；②交联速度减慢，黏合剂初黏力降低，容易引起复合膜隧道现象；③高温蒸煮膜袋，在高温蒸煮过程中破袋；④溶剂挥发不彻底，复合膜袋异味现象增多；⑤复合时胶盘泡沫现象增多，复合膜容易起斑点、白点和晶点等；⑥复合膜手感发硬发脆。因此，在生产中应注意控制好环境湿度。

（二）高温高湿天气注意事项

（1）必须对各种薄膜进行控制，比如尼龙、玻璃纸等易吸潮薄膜，当尼龙起皱时，则有可能受潮，在复合未完成的情况下，应用金属铝箔或阻隔性好的薄膜，将薄膜包好放在干燥环境的货架上，不可直接堆放于地面上。

（2）必须控制乙酸乙酯溶剂中水、醇、胺的含量。

（3）控制复合环境，在室内放置排风扇，加强室内空气流通，但不可对着复合机吹风，并随时检查导辊、复合辊及网辊上有无水珠。

（4）在配制黏合剂时，随配随用，不要放置过长。同时配制时，保证固化剂量，使其接近上限值，也可适当增加固化剂量（5% ～ 10%），提高主剂与固化剂交联程度。

（5）改变复合机工艺参数，有些品牌复合机出风口较小，在复合时，进风速度比出风速度快，使烘道内形成高气压，降低溶剂挥发速度，复合后的薄膜残留溶剂增多。需要将出风口管路增大。另外，如出风口管路较长，宜在出风口管路口安装引风机，这样使出风速度大于进风速度，使烘道内形成低气压，宜于溶剂挥发，减少溶剂残留。另外，尽量提高烘道内的温度（注意第一区不宜过高——进膜区）。

（6）复合时，注意胶槽附近的刮刀及导辊有无水珠产生，并同时降低车速，减少溶剂残留，高温高湿天气容易使胶槽内溶剂挥发速度加快，胶槽附近局部温度过低，易引起水汽凝结。

五、复合膜不干及处理

（一）复合膜不干

复合产品经一定的温度、时间熟化后，层间剥离复合膜胶层仍然具有一定黏性。即当复合膜剥离后，将两层膜重新贴合，两层膜可重新粘在一起。复合膜胶层严重不干，将直接影响复合膜剥离强度。制袋后热封强度较差，层间剥离后有黏性，热封处易出现皱折，另外存放一个星期或半个月后，才出现包装袋皱折现象，以上都属于复合膜不干。

（二）复合膜不干成因

聚氨酯胶黏剂主剂是一种以—OH封端的高分子聚酯、聚氨酯化合物，具有一定的黏性，聚氨酯胶黏剂主剂只有与固化剂内的异氰酸根反应，产生网状交链结构后，才具有较高剥离强度。一个水分子能够与两个—NCO基团起反应，一个水分子的分子量是18，一个—NCO基团的分子量是42，也就是说18g水能够与 $42 \times 2 = 84g$ —NCO基团反应。一般干式复合用聚氨酯胶黏剂的固化剂的含量为75%，75%固化剂—NCO的含量是13%左右。那么18g水要消耗掉75%的固化剂的量，即84/13%=646g。假设20公斤乙酸乙酯含水量0.2%，那么20公斤的乙酸乙酯内含有40g水分，如果完全反应，那就要消耗掉固化剂1.435公斤。

导致胶层不干原因：①胶水厂家提供的配比不准确，固化剂太少或失效。②稀释溶剂水分或小分子醇含量太高，消耗大量的固化剂。③薄膜吸潮，特别是NY和玻璃纸，很容易出现不干的现象。④油墨中含有醇类溶剂没有挥发完全，导致胶层不干。⑤使用聚氨酯、聚酯油墨未加硬化剂，造成胶层不干。⑥环境温度和湿度太高，配好的胶黏剂放置时间过长，导致固化剂与水分长时间反应。⑦含有K涂层的PET膜复合及PET膜内的添加剂影响。

（三）复合膜不干的解决办法

（1）如果确认是胶黏剂本身质量原因，需更换胶黏剂。

（2）降低乙酸乙酯中水和醇的总含量，更换质量较好的乙酸乙酯，确保水分和醇类的总含量在 0.05% 以下。

（3）当复合易吸潮的 NY 和玻璃纸的薄膜时，提高固化剂比例（5% ～ 10%），同时不使用受潮的薄膜。

（4）尽量降低印刷油墨中残留溶剂的量。

（5）使用聚氨酯油墨时：

①避免醇类稀释溶剂。如果必须使用，应在印刷时将残留溶剂降至最小限度。

②如果有白墨铺底的印刷膜，应在白墨中加少量硬化剂，增加复合牢度。但是，加了硬化剂的油墨保质期短，不可以长时间留存。

③胶黏剂稀释用的乙酸乙酯的纯度要高，水分及醇含量应尽可能低。配制胶黏剂时，适当增加固化剂的用量，保证胶黏剂主剂与固化剂充分交联。

（6）控制复合环境温湿度。

（7）缩短配制好的胶黏剂存放时间。

六、影响软包装干式复合膜透明度的因素

（一）胶黏剂问题

胶黏性颜色太深，如深黄色、黄红色，有时甚至呈暗红色，则复合膜透明度降低。生产透明度高的产品时，应该选用微黄色或无色的胶黏剂。软包装复合袋，大多采用双组分黏合剂（醇溶性黏合剂、酯溶性黏合剂），但也不排除具有不干性和热熔性的橡胶型单组分黏合剂。

（二）胶液灰尘的影响

胶液灰尘影响包含：①胶液本身有异物，应从胶水生产加以改进，如环境卫生、原材料清洁程度、反应罐的清洁状况；②软包装企业问题，如工艺问题、环境问题等。

（三）基材的表面张力影响

薄膜表面张力不符合要求时，胶液对其浸润涂布厚度不均，干燥后胶膜不均匀则透明度不好。因此，复合膜的表面张力应尽可能达到 40 达因，否则，必须进行表面处理。

（四）胶黏剂涂布量、涂层均一性不够，涂层流平不好，都会降低透明度

（五）工艺问题

复合时烘干道温度不合适、复合胶辊光洁度及涂胶网线辊表面结构和性能、熟化时间及熟化条件，都会影响复合膜透光性能。

七、软包装干式复合常见的质量问题

（一）剥离强度差

成因：

（1）固化不完全。固化完全是指羟基 100% 固化，由于乙酯中的杂质消耗部分—NCO 基，导致主剂和固化剂配比失衡，或者固化剂少加，或所加固化剂与油墨中的羟基反应，导致固化剂不足，造成固化不完全。

（2）基材电晕面处理程度不够，黏合剂润湿被涂布表面不够充分，降低剥离强度。

（3）复合热辊温度不够。热辊作用是让干燥但尚未固化的胶熔化、流动，去润湿第二放卷的基材，若温度不够，则剥离强度下降，还常伴随出现气泡、白点现象，第二放卷基材应采用预热辊。

（4）包装内容物的侵蚀。农药类是侵蚀性最强的内容物，化妆品、食品，尤其是腌制品中的有机酸会与铝箔袋中的铝层反应，引起剥离强度下降甚至脱层。

（5）胶与油墨相容性不好。

（6）涂布量不够，会产生气泡，使剥离强度下降；若涂布量太大，会使油墨从印刷基材上脱落。

（7）镀铝膜转移造成剥离强度降低。镀铝膜的铝面是否金属化，是复合质量的决定因素，所选用的黏合剂与镀铝面润湿性，是复合质量的关键影响因素。

（8）水煮或蒸煮后剥离强度降低。由于 BOPA 易吸潮，经水煮后有时强度会降低，所以除了选用合适的蒸煮胶外，还要考虑尼龙的干燥状态、实际应用条件，应充分考虑尼龙吸潮会导致剥离强度下降。

（二）气泡

复合过程中出现气泡的常见原因：

（1）上胶量不足产生的气泡。非印刷的复合膜，上胶量应为 1.8 ～ 2.2g/m²，

印刷复合膜应大于 $2.8g/m^2$。

（2）干燥不良产生的气泡。透明的复合膜上表面为"雾蒙蒙"的，透明度差。上胶量越大，对干燥能力的要求就越高。

（3）堵版产生的气泡。涂布辊长时间未清洗而造成堵版，上胶量变少，小气泡也逐渐产生，由少变多，由小变大。

（4）复合热辊和压辊不平整产生气泡，不平整的区域带进空气，产生气泡，这类气泡会周期性出现。另一类重要却容易被忽视的原因，是压辊的两端轴承部分磨损或有微小气泡，造成与热辊之间的不平行，也会产生气泡。

（5）熟化温度不够，气泡消除不彻底。复合膜下机后通常都有气泡，而熟化能消除小气泡。刚脱除溶剂尚未固化的双组分聚氨酯胶，温度越高流动性越大。相同温度，分子量大的胶流动性差，所以应适当地提高温度。熟化室温度不够无法消除气泡，复合热辊温度不够也会产生气泡。

（6）设备工艺原因。产生这类气泡的原因是胶黏剂未干透，有的是由油墨溶剂干燥不充分造成的，通常出现在大面积叠印的区域。

（7）薄膜影响：

①薄膜的表面张力。

②薄膜的平均厚度误差及误差分布。

③薄膜的表面清洁度。

④薄膜的含水量。

（8）油墨及印刷工艺方面的因素：

①油墨的类型和质量。

②油墨的干燥性能。

③印刷工艺。

（9）胶黏剂方面的因素：

①胶黏剂的黏度。

②胶黏剂的类型和质量。

③胶液的配制。

④稀释剂。

（10）干式复合工艺及工装方面的因素：

①涂胶量。

②烘道干燥温度、排风量。

③复合线速度。

④复合钢辊表面的温度。

⑤复合压力。

⑥复合夹角。

⑦熟化程度。

⑧残留溶剂。

⑨干复机工装。

（11）车间环境影响有：

①环境温度和相对湿度。

②车间内环境卫生状况。

（三）镀铝复合膜的离层现象

1. 镀铝层"转移"现象

镀铝层"转移"就是镀铝膜复合产品在层间剥离时，镀铝层大部分转移至其他薄膜上，造成剥离强度下降，使产品耐内容物的性能下降，影响了产品质量。镀铝层"转移"大部分发生在没有涂层的镀铝膜复合上，因此，除了镀铝膜本身的质量因素影响外，还有黏合剂、稀释溶剂、内层材料、加工工艺的影响因素存在。因此，在复合工艺操作中，应注意：

（1）确保复合用镀铝膜质量。

（2）合适的黏合剂，是解决镀铝层转移的最有效方法。在复合镀铝膜时，要选用分子量稍大、分子量分布比较均匀、溶剂释放性好、涂布性能佳的黏合剂。分子量小的黏合剂，涂布性能较好，但分子间活动能力强，容易浸蚀镀铝层而破坏铝层。分子量大、分子量分布不均匀且溶剂释放性差的黏合剂，溶剂本身渗透能力强，不仅会破坏涂层，还会影响黏结强度，同时，分子量大的黏合剂在生产过程中，其分子量也不均匀。

（3）增强胶膜的柔软性。在配制胶液时，适当减少固化剂的用量，使主剂与固化剂的交联反应程度有所降低，从而减少胶膜的脆性，使其保持良好的柔韧性和伸展性，有利于控制镀铝层的转移。同时在涂胶时涂布量关系到产品的剥离强度，过多或过少都会影响产品的质量。过少，会造成复合牢度较小，容易剥离；过多，会增加成本。同时涂布量大，完全固化时间就长，黏合分子就有足够的活动能力，破坏镀铝层。上胶量一般控制在 2.8～3.5 克/平方米。

（4）缩短熟化时间。普通薄膜的熟化温度一般控制在 45℃左右，而镀铝膜的复合产品，原则上应提高熟化温度，采用高温短时的熟化方式，一般熟化温度在 50℃左右，切勿低温长时间熟化。

（5）内层薄膜的影响。有些厂家在复合 PET//VM-PET//PE 时，通常在 PET 与 VM-PET 复合后经过熟化，然后复合 PE，但是 PET//VM-PET 熟化后镀铝层不发生转移，继续复合 PE 后，出现镀铝层转移现象。有些厂家是 PET 与 VM-PET 复合后不经熟化直接复合 PE，也会出现镀铝层转移现象。第一种现象的出现与各种薄膜、胶层及烘道温度、熟化时间等有直接关系；第二种现象的出现与内层膜厚薄及复合加工过程中张力、温度的控制等有直接的关系。一般三层镀铝复合膜复合时，应在第二层复合后直接复合第三层。

2. 油墨层大面积脱层

复合产品经过熟化后，油墨层大面积转移到镀铝面，导致剥离强度差。该现象大多出现在 PET 印刷膜上，OPP 印刷膜上出现较少。影响的因素有：

（1）OPP 印刷膜出现这种情况，大多与使用的聚酰胺类型的油墨有关，改用氯化聚丙烯类油墨即可解决；另外，OPP 表面处理度差也会导致此现象。

（2）PET 印刷膜出现这种情况受三种因素影响：

①与使用的氯化聚丙烯类油墨有关，解决办法是将上墨量大的油墨改用聚酯、尼龙专用的油墨，上墨量小的可继续使用氯化聚丙烯类油墨。

②与残留溶剂影响有关。只要降低溶剂残留量，转移现象就会减轻。

③与 PET 膜产品质量有关。在生产处理薄膜时，薄膜电晕处理过度，对薄膜表面产生了破坏作用。

（四）复合膜其他质量问题

1. 黏结不牢

主要成因：

（1）固化剂的量不够。

（2）上胶量少。

（3）膜的表面张力问题。

（4）溶剂的含水量高。

（5）油墨连接料的问题。

（6）化学物质的渗透。

（7）空气湿度过大，水分消耗了固化剂的 NCO。

2. 复合膜的表面质量问题

（1）复合膜复合后尽可能保持油墨本色，由于镀铝的影响，大多复合后会有不同程度的变色，应尽量保持原色。

（2）表面的光亮程度既有油墨的原因，又有胶的原因，需注意鉴别。

（3）是否有小点。

3. 起皱

原因大致有三：一是因为收卷松紧不一致，要注意调整收卷松紧；二是因为初黏力低；三是因为烘道滚筒温度太高，引起薄膜变形打皱。

提高初黏力：加大烘道、滚筒温度及压力；稍微增加固化剂；胶配好后放两小时再复合。

4. 气味

有些复合膜撕开后气味很重，其原因可能是：

（1）胶自身反应不完全，有单体气味。除了乙酯味，胶水应该没有其他气味；而反应不完全的胶水则不然，在复合过程中都可能闻到单体的气味。

（2）可能是油墨的气味，这是因为油墨的高沸点溶剂过多，在印刷过程中没有挥发干净，经过复合烘道仍然没有逸出，在复合膜撕开后可以闻到，在印刷品中也有。

（3）可能是薄膜的气味，薄膜在制造加工过程中加入多种助剂，某些助剂过量，将会使其在烘道高温处引起复合膜的异味。

（4）可能是空气中的异味。

采取积极的预防和应对措施，减少复合膜气泡的发生率，并进一步提高复合膜的质量。

总体上，在软包装材料涂布复合过程中，要加强对各种原辅材料（包括薄膜、油墨、各种溶剂等）的检测，从源头上提高复合膜质量。在实际生产过程中，应当根据不同的印刷工艺、薄膜的类型和特点、包装内容物的性能和要求以及后加工条件等具体情况，选择合适的印刷油墨和复合胶黏剂，并根据具体的生产情况调整和控制印刷的复合工艺参数，保证复合膜的质量。在日常操作中，用浸有少量溶剂的干净柔软的棉布擦净黏附在涂布辊和胶辊表面的胶黏剂或其他污物，避免黏附物固化后影响涂胶的均匀度，减少气泡的发生率。此外，要用毛刷或铜刷反复刷涂布辊网穴部分，尽可能彻底清除网穴残存的胶黏剂，以免网穴堵塞，影响涂胶量及涂胶均匀度。

涂布胶辊、涂布辊和复合胶辊保存时，应当放在专用支架上，不可直接置于地上，以防硌伤而影响复合产品质量。另外，要经常检查各个滚筒是否有损坏，及时更换或修补。

安装空调或者除湿装置，保持印刷车间的环境温湿度相对恒定，注意库房和车间的环境卫生、通风条件，避免灰尘、沙粒等杂质异物对复合膜质量产生影响。

参考文献

[1] 王世勤. 印版点状弊病产生的原因及分析 [J]. 影像技术, 2008, 20(4): 33-38.

[2] 黄秋颖, 沈刚. PS 版的生产工艺中的常见问题及处理办法 [J]. 影像技术, 2008(5): 32-35.

[3] 黄秋颖, 沈刚. 成品 PS 版的检测和评价 [J]. 河南工业职业技术学院, 2008(5): 36-40.

[4] 吴建平. 聚酯薄膜生产中影响在线涂布薄膜生产稳定性的因素分析 [C]. 塑料包装, 2009(4): 68-72.

[5] 王素娟. 浅析 PS 版表观弊病——点状弊病 [J]. 印刷杂志，2007(2): 251.

[6] 高艳飞. 网纹涂布工艺对铝塑膜印刷质量影响的研究 [J]. 中国胶黏剂，2016(12): 10-13.

[7] 韩雨彤，张正健，辛纪辉，杨丽颖. 刮刀和辊式涂布对彩色喷墨打印纸性能的影响 [J]. 中华纸业，2014, 35(2): 15-19.

[8] 吕国福. 刮刀、薄膜和帘式涂布技术及其对纸张表面性能的影响 [J]. 国际造纸，2008, 27(4): 53-57.

[9] 张菊先. 高速薄膜涂布过程中橘皮纹形成的研究 [J]. 国际造纸，2005(6): 11-15.

[10] 郭新华，王志伟，王雷. 涂布在软包装薄膜上的冷封胶的应用 [J]. 润滑与密封，2008, 33(12).

[11] 王凤兰，廖夏林，何北海，赵丽红，姚元军. 造纸法烟草薄片双辊表面涂布影响因素的研究 [J]. 造纸科学与技术，2012, 31(5): 21-25.

第10章 涂布缺陷预防与质量监控

第一节 涂布缺陷预防基本方法与数据库建立

一、主动预防的必要性

避免卷材涂布缺陷越来越有必要。主动预防和减少缺陷，并持续减少结构化缺陷是最有效的方式。

涂布缺陷消除过程受到许多因素影响。①缺陷可能缘于多种操作相互作用，而非单一因素。②某些缺陷限于特定的涂布方式。③缺陷也可能是所使用的涂布工艺特有的。④了解缺陷形成的基本物理原理。⑤严苛条件下的缺陷控制，既昂贵又缓慢，且不可能长期消除缺陷。⑥要了解所有过程要素作用原理，无外部干预，缺陷很少自愈。⑦为使涂布线成功运行，必须把握全部工艺参数及其相互作用规律。

建议涂布产品缺陷预防步骤如下：①确定成功生产所需产品的工艺要求。②确保所用的分析技术有效，测量、特性表征和过程变量分析精度和准确度满足所需。③确保卷筒纸涂布规格符合要求。④涂布方式适用。⑤制定并实施操作规程。⑥量化和了解缺陷损失。⑦使用结构化的故障排除协议。⑧数据库存储和共享信息。⑨不断改进技术。⑩使用统计过程控制。⑪明确缺陷成因。

二、主动预防方法

（一）确定产品和工艺要求

为了减少涂布缺陷，要明确产品开发及制造过程的要求，确定缺陷允许误差范围。产品和制造过程工艺要求的主要内容有产品特性、原材料、涂布液（分散液制备工序）、涂布干燥过程、基材处理、质量和缺陷水平等。

1. 产品特性

产品特性应指定产品的基本结构，如层数，基材和组成等。必须规定机器纵向、横向和辊对辊平均厚度、均匀性参数。由于小批量产品与大批量产品的涂布过程不同，预估批量也是一个关键参数。

2. 原材料

原材料的质量和均一性，影响产品的缺陷和质量。原材料中聚合物、颜料、交联剂、溶剂和表面活性剂，都要有明确质量指标，并应确定可替代的供应来源。成分上的微小差异，会导致产品的主要性能差异。基材必须具有均匀的厚度和平面度，无褶皱缺陷，表面清洁并具有足够的黏附力，保证涂布性能。

3. 涂布液

明确涂布液制备或分散过程的技术要求。大多数涂布液是固体颗粒在液体中的稳定分散体，通常包含溶解的黏合剂。涂布液制备包括简单混合（颗粒易于分散或溶解在液体中）到复杂的分散体系制备（需要使用保护性胶体和高能输入以充分分散）。如果涂布液不符合要求，则后续的涂布和干燥过程无法弥补，产品将不合格。

4. 涂布干燥过程

确定涂布和干燥过程的要求，需要一系列参数。①涂布液组成、覆盖率和流变性参数。②基材性能，表面能和润湿性能确保涂布液润湿铺展及黏附牢度；物理性能（如拉伸强度）和热性能［如熔融温度（Tm），玻璃化转变温度（Tg）和分解温度（Td）］等参数。要明确干燥温度下的操作张力极限，明确各层溶液的流变性，以确保所选涂布方式制备无缺陷涂层，确保涂布线速度适宜。

5. 基材传输

基材输送通过干燥道时，需要确定传输基材的卷长和重量、基材厚度、线速度以及张力限制。

6. 质量和缺陷水平

应规定产品所需的质量水平，并定量描述所需精度。指定的质量等级与产品需求一致。包括：①满足客户需求的最终产品的重要性能指标，视觉和装饰特性。②定量表示可容忍的缺陷级别，如每平方英尺的物理缺陷或允许的最大尺寸缺陷。对于诸如斑点或振颤之类的主观缺陷，可以使用相对等级和标准表达。

（二）确保分析测试技术有效

一旦建立了基本要求，就要确保所需精度，快速准确地测量指定的参数。分析测试方法的灵敏度和精确度需要优于性能参数要求。例如，如果涂层重量分布均匀度要求 ≤ 3%，则方法精度应至少为 2%。否则，即使测量值可接受，也无法实现预期目标。

有离线和在线测试方法。通常首选在线方法，此类方法可用于涂层重量、缺陷检测和黏度测量。它们可提供快速准确的结果，且可判别某些缺陷，比视觉分析敏感。离线测试是在轧辊样品上进行的，可对所有指定参数进行检测。诸如振颤、斑点、彗星和气泡的主观测试，应备好可接受和不可接受材料的标准，以帮助质检人员确认，并确保所有样品评级标准一致。

（三）确保涂布方式及参数满足参数要求

1. 选择适当的涂布方式

使用适当的涂布方式，是预防缺陷的关键之一。表 10-1 给出了一系列涂布方式，有 1 000 多种可能的组合。每种组合可以在特定条件下涂布。

表 10-1　基本涂布方式

凹印涂布 　　顺转 　　逆转 　　胶印、逆转和直接式	辊式涂布
迈耶棒涂布	热熔
狭缝涂布	刮刀涂布 计量辊
辊衬刮刀涂布	挤压涂布
气刀涂布	普通落帘涂布
精密落帘涂布	浸渍涂布
喷雾涂布	丝印涂布
坡流涂布	共挤出涂布
柔印涂布	逗号涂布
微凹辊涂布	……
总计约 1 000 种组合	

每种涂布方式都有一个最佳区域，即可涂布窗口，在该区域，可重复生产无缺陷的涂层。图 10-1 是狭缝涂布机的操作窗口。当接近该区域的边界时，涂布质量会下降，生产的产品有缺陷。

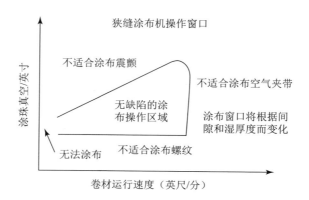

图 10-1 狭缝涂布机操作窗口

因此，必须结合表 10-2 中的涂布工艺要求，选择合适的涂布方式。表 10-3 列出了各种涂布方式的工作范围，供筛选最佳涂布方式参考。

表 10-2 涂布工艺要求

参数	目标值	可接受值
涂层数	2	2
最大线速度（英尺/分）	1 000	800
涂布均匀性（%）	3	5
最小涂布厚度（μm）	10	15
最小溶剂黏度（cP）	50	100
最大溶剂黏度（cP）	2 000	1 000

表 10-3 涂布方式及其适用范围

涂布方式	黏度(cP)	线速度(ft/min)	湿厚度(μm)	均匀度(%)	成本类别	涂层数	基材影响
预计量							
精密落帘	5~5 000	200~1 000	5~500	2	H	1~18	N
普通落帘	150~2 000	300~1 300	25~250	5	I	1	N
挤出涂布	50 000~300 000	125~1 825	13~525	5	H	1~5	N
坡流涂布	1~500	20~1 000	25~250	2	H	1~18	N
狭缝涂布	15~20 000	20~1 700	10~250	2	H	1~3	N
喷雾涂布	10~300	50~400	50~340	10	L	1	S
自计量							
直接/间接逗号涂布	1 000~300 000	30~1 000	20~?	10	L	1	N
直辊热熔胶	2 000~250 000	20~1 220	1 100	5	I	1	N

续表

涂布方式	黏度 (cP)	线速度 (ft/min)	湿厚度 (μm)	均匀度 (%)	成本类别	涂层数	基材影响
顺转辊	20~2 000	100~1 500	10~200	10	L	1	N
逆转辊	200~5 000	20~1 700	14~450	10	I	1	N
逆转辊热熔胶	200~250 000	20~1 220	1 100	5	H	1	N
精密逆转辊	200~5 000	20~1 700	14~450	2	H	1	N
浸渍涂布	40~1 500	45~600	10~150	10	L	1	N
夹棍涂布	100~500	100~2 000	70~170	5	I	1	N
刮刀							
计量模式气刀涂布	1~500	40~400	0.1~200	5	L	1	L
刮刀模式气刀涂布	5~500	125~2 000	10~50	5	L	1	S
刮涂	500~40 000	350~5 000	10~750	10	L	1	L
浸渍和刮涂	25~500	50~600	45~250	10	L	1	S
浸渍和挤压涂布	10~3 000	50~1 000	45~450	10	L	1	S
浮刀涂布	500~1 500	10~2 000	50~250	10	L	—	—
吻辊涂布	50~1 000	100~1 100	5~75	10	L	—	—
刮刀胶毯涂布	500~10 000	10~200	50~250	10	L	—	—
罗拉刮刀涂布	100~50 000	8~400	26~750	10	L	—	—
迈耶棒涂布	50~1 000	10~10 000	4~80	10	L	—	—
混合							
直接凹辊涂布封闭式刮刀涂布	10~200	25~2 300	1~75	2	I	1	N
直接凹辊涂布	1~500	25~2 300	3~65	2	I	1	N
凹胶涂布	50~13 000	10~1 000	3~206	2	I	1	N
弯月面涂布	1~50	3~170	6~25	10	L	1	N
微凹辊涂布	1~4 000	1~330	0.8~80	2	H	1	N

2. 设定合理的涂布参数

设定涂布参数并予以监测。例如，涂布线速度；卷筒纸传输张力和边缘引导感应以及控制系统；干燥机温度、空气污染水平以及空气速度的测量和控制；干燥剂用量；室内环境温度、相对湿度和污染控制。同样，测试方法与手段也必须合乎规范。

（四）严格操作规程

所有过程硬件元素和单个产品的操作规程，都有可能会影响缺陷防治工作。

要按照程序设置涂布工艺条件，如卷筒纸速度、张力、边缘导板设置、涂布机设置、干燥条件、放卷和收卷条件等。不同产品各有一套独特的操作条件。遵循操作规程，是产品质量保证的重要手段。

计算机和软件程序可用于存储过程及涂布窗。此时，所有程序都必须清晰明确，以便所有人以相同的方式执行相同的步骤。必须对传统涂布工艺持续改进与完善。如果现有的涂布机不符合新产品和工艺的要求，就应该不断升级涂布机，减少涂布缺陷。

（五）涂布缺陷量化及数据库存储

1. 建立涂布缺陷量化系统

为了预防缺陷，必须系统表征缺陷的类型及其对应的产品，并按缺陷类型和产品量化缺陷。只有常规分类（如涂层、干燥或混合或基材）是不够的。系统数据应存入计算机数据库，用于统计分析损失类型和易受缺陷影响产品的潜在趋势。

主要缺陷类别为：①线性连续缺陷；②线性间歇性缺陷；③离散点缺陷；④图案和扩散缺陷；⑤工艺特定的缺陷；⑥基材缺陷。

每个类别都有细分的子类，帮助区分缺陷类型。例如，线性连续缺陷可细分为机器方向、横向、对角线方向的缺陷；离散点缺陷可细分为点子、涂层污染、基材污染、其他类型的缺陷。

任何一个缺陷，都可以具有多个分类项。表10-4是部分分类系统及部分缺陷类型。通过这类系统，可以识别总体趋势并识别产品类型差异。

表 10-4　缺陷损失类别

类别	例子	类别	例子
物理缺陷		b. 涂布污染	绒毛、污垢
1. 线性连续		c. 基材污染	疏水点
a. 机器方向	条纹、螺纹	d. 其他类型	重复点子、花状
b. 横向	振颤	4. 图案和扩散缺陷	
c. 对角线	对角线振颤	5. 工艺特定缺陷	
2. 线性间歇		a. 原材料	疏水
a. 机器方向	划痕	b. 涂布	空气夹带
b. 横向	划痕	c. 干燥	斑点、干燥带、橘皮
c. 对角线		d. 卷传输和收卷	皱纹、伸缩、重复点
3. 离散点缺陷		6. 基材缺陷	
a. 点子	气泡、凝胶、彗星	a. 塑料基材	量规带、平面度、污染、绕线

续表

类别	例子	类别	例子
b. 纸基材	皱纹	8. 产品性质	
c. 金属基材	轨状	a. 标准线速度	
7. 产品性质		b. 设定时间	
a. 涂布量		c. 维护计划	
b. 霾状		d. 维护计划外	
c. 黏性			

2. 计算机数据库存储和共享信息

在预防和故障排除时，会得到大量的技术数据。数据有助于开发程序来减少缺陷，减少未来缺陷的影响，减少消除缺陷所需时间，减少损失并节省资金，也可用于培训人员。

依据经验解决当前的问题，可能不够应时应景。通常，所需的信息存储在硬盘中，无法轻松定位。数据库的目标是包括存储开发的信息，产品要求，中试工厂和制造数据，分析数据，缺陷数据，涂布机操作的技术报告等，并共享缺陷信息。

数据库应基于计算机，并位于公司内网。有许多程序可以存储和轻松检索所需的技术信息。建立一系列专注于特定主题、需求、缺陷和分析结果的小型数据库，以及将用户引导至适当的特定数据库的主程序。进入该数据库的大多数当前技术信息，都是以数字格式生成的，可以在联机运行后轻松输入数据库。如果仅以硬拷贝形式提供，则添加过去的数据会更加困难。涂布智能化控制技术，将对涂布质量控制大有裨益。

三、应用统计过程控制工具

使用统计过程控制（SPC）来优化和控制涂布性能，改善产品的均匀性、稳定性、一致性和整体性能。SPC 是一种优化技术，可通过利用统计工具监视，控制和分析数据以推断过程行为来不断改进过程。SPC 的基本步骤是测量过程，消除过程中的差异以使其一致；监视过程，将过程改进到最佳目标值。

SPC 中常用统计工具包括四大类：流程图、运行图、控制图和因果图（鱼骨图）。

流程图通过一系列操作显示物料或信息的流动，是出色的可视化工具，用于初始过程分析。

运行图是针对时间或按时间排序的过程特征图，用于揭示趋势和变量之间的关系。

控制图用于检测过程是否在统计上稳定。用于区分偶然性和可预期的过程变化。

因果图或鱼骨图，由石川薰发明，也称为石川图。它揭示各种变量和可能原因之间的重要关系，可以提供有关过程行为和可能的缺陷原因的更多信息。是解决问题和排除故障的辅助工具，图10-2是典型的鱼骨图形式，用来分析造成凝胶的各种影响因素。

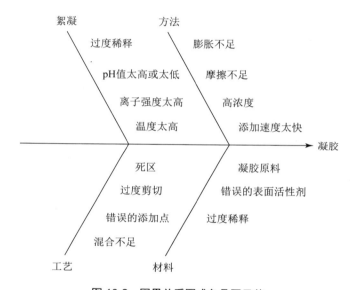

图 10-2　因果关系图或鱼骨图示范

所有这些，都可以用来提高统计效率并减少缺陷。

四、研究涂布过程机理

涂布过程有许多的变量及其相互影响，单纯依靠经验减少缺陷，昂贵、费时、效率低。因此，在理解基本原理的基础上，更可能获得具有成本效益的、减少缺陷和故障排除的程序。

近年来，已经确定了大多数涂布工艺中的流体流动机理，并可用计算机模拟缺陷的形成。还研究了涂珠的精密可视化技术，帮助了解缺陷的成因。用计算机模拟了干燥缺陷，如繁星点，用模型准确预测干燥行为，如薄膜温度、干燥点的位置，以及各种输入参数（如浓度、溶剂、空气温度和速度）的影响。

与此同时，人们还研究了基材收卷、放卷、运输和复卷的机理。

第二节　涂布质量在线监控

一、浸辊涂布涂层厚度在线检测平台

浸辊涂布涂层厚度及其均匀性的控制是涂布工艺的关键环节。国内外对浸辊涂布涂层厚度的研究，主要基于牛顿流体，对于非牛顿流体涉足很少。对涂层的缺陷的研究，主要集中在飞墨和竖条道上，对涂层厚度和涂层均匀性的研究很少。

在实际生产中，为了减少废品率，提高产品质量，各设备厂商都在努力改进设备的生产工艺参数，科学检测产品的工艺参数尤为重要。当前，由于技术水平和生产成本的限制，国内企业对涂布厚度检测大都采用人工离线测量方式，其测量方法是使用取样器截取一定面积（一般为 100cm²）的复合膜，将利用高精密的天平称取其质量；然后取同批次、未施涂胶黏剂的基材，用同样的方法取样称量，前后的差值即为胶黏剂的质量；再折算成 1m² 基材上胶黏剂的涂布量。还有的企业是在生产现场利用千分尺等机械测厚仪来获取产品的质量参数。在实验室，普遍采用扫描电镜测厚法，可直接用测量软件获得涂层厚度并分析出涂层的均匀性。上述离线测量方法费时费力、误差较大、成本高、效率低下，已成为制约涂布设备实现自动化的关键因素之一，迫切需要一种可实时在线监控涂布设备的涂层厚度及质量的实验平台。

浸辊非牛顿流体涂布

双辊浸涂过程见图 10-3。浸辊从供料盘中将涂布液带起，涂布液以和背辊相同的方向进入狭小的辊间隙中，最终通过和背辊的相互作用将涂布液涂覆到基材上。这个过程研究的区域有两个：研究区域 1，涂布液被浸辊从供料盘中带起的过程；研究区域 2，涂布液被浸辊带入两辊间的狭小辊间隙的过程。

研究可知，涂层厚度与辊面带起的涂布液弯月面有一定数学关系，只要得到了弯月面的半径，就可以推导出对应的涂层的厚度。理论上，可以通过在线识别涂层厚度或者弯月面半径，解决涂层厚度在线监测难题。

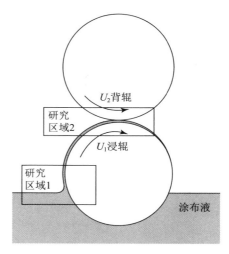

图 10-3　双辊涂布工作原理

在线检测平台应辊速比可调，两辊间隙可调，机器视觉拍摄角度可调，涂布浸深可调，两辊方便安装、更换具有统一的安装接口。通过分析影响涂布量的关键工艺参数，可得出检测系统的总体情况。检测系统按功能可分为机械平台、测厚控制系统及数据采集系统三部分，其系统结构见图10-4。

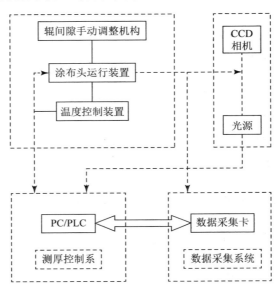

图10-4   在线检测实验平台方案

手动调节浸辊与背辊之间的间隙，辊的转速比由PLC控制设定。数据采集采用德国灰点公司的FL2G-50S5M/C面阵相机。相机与光源精确安装在浸辊与背辊之间的一侧，位置可以沿着辊的转动改变，以便拍摄辊的不同位置。涂布液反射从光源发出的光并被相机捕捉拍摄，相机将光强度转换成电信号，通过转换获得数字信号，然后保存在图像存储器件中，还可以经数据接口读入计算机进行保存和显示。最终通过软件分析提取出所拍摄出图像的特征，得出在某一工况下黏附在转移钢辊上面胶黏剂的弯月面轮廓、厚度值。由于浸辊的宽幅是固定的，由此可折换成涂布液流出来的流量。

对浸辊涂布涂层厚度在线检测，通过分析影响涂层厚度及质量的关键工艺参数，实现了对涂层厚度的在线检测。

二、锂电池极片涂布在线厚度测试

（一）电池极板涂布缺陷检测

电池极板的生产发展趋势是宽幅化、快速化。电池极板表面涂布缺陷的检测，是保证极板质量的重要环节，基于线阵相机的电池极板涂布缺陷检测系统，特别是高效率、高精度、高可靠性检测，对于提高电池极板的生产质量，降低产品的生产成本，具有实际意义。

电池极板是锂离子电池的关键部件，为了提高生产效率，满足需求量，电池极板的涂布过程主要采用流水线形式。在电池极板的涂布过程中，电池极板表面可能出现露箔、褶皱、孔洞、裂缝等涂布缺陷。准确检测出电池极板的涂布缺陷，对保证极板的生产质量至关重要。

迄今为止，对物体进行缺陷检测的方法已经有许多种，它们分别基于不同的原理，不同方法达到的效果和系统的稳定运行程度均存在差异。利用涡流、漏磁等技术的缺陷检测系统，适用于一些检测要求相对不高的场合，检测精度较低。利用激光扫描技术的检测系统，可以提高缺陷检测的精度，但是对于缺陷类别的辨识能力明显不足。基于视觉技术对缺陷进行检测的方法以其非接触性、高精度和高速性则从众多检测方案中脱颖而出。机器视觉技术主要是指利用以电荷耦合器件（简称 CCD）为基础的视觉技术，CCD 器件能够长时间在环境较差的场合工作，抗干扰能力很强，并且不用接触被测物体，避免了损坏被测物体表面的可能，此外 CCD 器件易于与计算机相连，因此，基于视觉技术的缺陷检测方法，表现出了独特的优越性。

工业相机分为面阵相机和线阵相机，两者使用的 CCD 器件不同，但均能同时记录被采集物体的亮度和位置信息。面阵相机一次即可获得一幅图像的信息，而线阵相机一次只能够获得图像中的一行信息，等待扫描图像的物体必须以一定的速度直线移过相机视野，才能够获取有效的图像信息。这种线阵相机一般适用于获取运动的条状物体的图像信息。本缺陷检测系统所检测的电池极板，即是直线运动着的条状物体，因此，选用黑白线阵相机，符合涂布检测的技术要求。

系统成像的照明方式如图 10-5 所示。

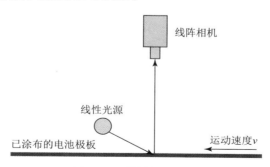

线阵相机

线性光源

已涂布的电池极板

运动速度 v

图 10-5　系统的照明方式

如图 10-6 所示，系统利用工业线阵相机，扫描在专用线性光源下运动着的电池极板的涂布面，并将扫描得到的黑白图像保存在工控机的本地磁盘的固定路径下，待后处理。调整专用线性光源的照射角度，使其光线照射在极板上之后，会反射到工业线阵相机位置。一般情况下，不存在涂布缺陷的地方，电池极板的表面是均匀涂布的，此时对于光的反射程度、漫反射程度、散射程度以及吸收程度都是相同的，因此采集到的图片灰度也是均匀的。但是当电池极板存在涂布缺陷的时候，缺陷处会改变光的传播方向以及对光的吸收程度，进而线阵相机所扫描到的图像就会出现灰度值较高或较低的轮廓，这些轮廓即是检测系统所要查找的缺陷，再经过后续的图像处理与缺陷识别环节，进一步判断该区域的缺陷类型。

图 10-6　系统总体实物

（二）系统的设计方案

基于线阵相机的涂布缺陷检测系统的关键技术，在于如何获取到高质量的图像，图像质量的优劣直接影响图像处理算法的准确性，甚至系统能否有效运行。对于电池极板涂布缺陷检测系统来说，高质量的图像体现在两个方面，一方面是缺陷区域与图片的其他区域在灰度值上有明显的差别，另一方面是图像的像素分辨率能够满足缺陷的检测精度。

对于第一方面，要从光照的角度、相机的光圈大小、相机的曝光时间等方面进行调节，直到所采集的图像不同区域之间灰度差别比较明显为止，同时还要调节相机的焦距，使得图像边缘清晰化，不影响图片处理时缺陷特征参数的提取。对于第二方面，由于很多涂布缺陷是毫米级别的，所以如果图像的分辨率较低，每个像素点对应的实物面积就会比较大，这样根本不能够检测出这些较小的涂布缺陷，因此，在设置相机的采集图片参数时，要尽可能增加图像的分辨率。

首先，如上图所示，线阵相机安装在电池极板的正上方，电池极板在线性光源的照射下以直线形式走过，由于线阵相机一次只能获得图像的一行信息，所以为了保证采集的图像与空间像素点一致，必须使线阵相机的扫描频率与电池极板的移动速度一致，这样获得的图像才没有压缩或拉伸现象。

电池极板涂布缺陷检测系统采用的相机，是一款工业线阵相机，型号是 Spyder3 DigE，如图 10-7 所示。

相机配有三个接口：一个是电源接口，需要接 +12V 的电源来驱动相机进行扫描工作；一个是网线接口，通过网线与工控机相连，用于工控机发送相机的配置参数以及相机将所扫描图片的信息回传给工控机；一个是 15 针的 GPIO 口，当相机的工作模式采用外部触发时，该接口与硬件电路发出驱动相机扫描的脉冲信号的接口相连。当相机的工作模式采用内部触发时，该接口闲置不用即可。

图 10-7　相机的选型

其次，光源是光学成像的关键，电池极板涂布现场的环境较为嘈杂，也有很多利用照明灯烘干涂布所用液态材料的设备，所以所选光源要尽可能拥有较高的发光效率，且距离电池极板位置较近，并远离其他照明设施，以此来避免其他干扰光源的影响。综上所述，对光源的要求是：可调节光的照射角度以提高图像质量、成像区域的照明均匀、光强适当、抗干扰能力较强、光源长度要能够覆盖线阵相机的整个扫描宽度，因此系统选用线性光源。

线性光源分为直流供电的线性光源和交流供电的线性光源，对于交流线性光源，它对应一个闪频值，即闪烁频率，当闪频值达到一定数值的时候，肉眼便察觉不到它在闪光，感觉它是连续光源，这种现象叫作闪光融合。但是对于该电池极板涂布缺陷检测系统来说，线阵相机时刻以较高的频率在扫描物体，交流光源的闪频现象已经严重影响到线阵相机在固定光强下的线阵扫描。

扫描到的图像会存在明显的黑白条纹，分别对应光源暗和亮的时候，因此，在该系统中采用直流供电的直流线性光源。该光源在待检极板表面的板宽方向形成一条照明均匀的亮带，使得线阵相机以很高的灵敏度完成光电转换。

电池极板涂布缺陷检测系统由三部分组成：控制电路模块、图像采集模块以及图像处理与缺陷识别模块。控制电路模块是整个系统的驱动部分，图像采集模块是整个系统的图像信息获取和保存部分，图像处理与缺陷识别模块是整个系统的缺陷查找与判别部分，整个系统的结构如图 10-8 所示。

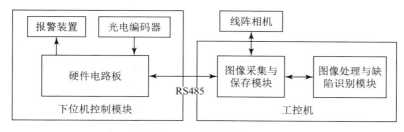

图 10-8　系统的结构

下位机的控制模块即控制电路模块，是以 TMS320F2812 为核心处理器的硬件电路，主要任务是测量电池极板运动的速度，根据此参数来为线阵相机提供与电池极板运动速度相匹配的相机扫描频率。此外，根据工控机发送的不同报警指令，控制电路还可以驱动不同的报警装置报警，以提示工作人员存在涂布缺陷，及时检查涂布工艺流程。

图像采集与保存模块主要完成电池极板涂布图像的采集工作，该工作是由所选用的工业线阵相机来完成，获取的图像首先经过预处理操作，然后保存在工控机中的本地磁盘中，供图像处理与缺陷识别模块读取和处理。

图像处理与缺陷识别模块主要完成图像的分析处理工作，将图像采集模块中保存的有可能存在涂布缺陷的图片进一步分析和处理，查看是否真的存在涂布缺陷以及涂布缺陷的类型，当检测到不同的涂布缺陷时，将向下位机控制模块发送不同的报警指令，供控制电路解析后执行相应的报警动作。

根据现场调试，相机镜头与电池极板之间的距离为 1m，此时相机的视场宽度为 500mm，调节相机的焦距使图像达到最清晰的状态，此时相机焦距为 42mm。设置图像的分辨率为 2 048 × 2 048，从横向来看，每个像素点对应的被测物体的实际尺寸为

$$\frac{500\text{mm}}{2048} \approx 0.24\text{mm}$$

所搭建的系统能够实现的最小检测面积为 $0.24 \times 0.24\text{mm}^2$。

缺陷的定位误差小于 500mm，为一幅图像的长度，此时的图像分辨率，能够在进行图像处理时，判别出电池极板涂布过程中出现的毫米级缺陷。

第三节　机器视觉与涂布质量在线监测

一、机器视觉在涂布检测中的应用发展

迄今为止，绝大多数涂布生产线均是通过人工观察的方式进行涂布缺陷检测。当发现连续性涂布缺陷及严重涂布缺陷时，则马上停机并人工标记缺陷位置，以便后续工艺处理。随着涂布工艺的不断升级，以及涂布质量的要求不断提高，传统的人工检测方式已经无法满足发展需要。传统的人工检测方式，效率低下，人员容易出现视觉疲劳，质量标准易受主观影响，无法做到统一标准，还容易造成缺陷漏检，放大质量事故。直接在涂布生产线上安装质量在线检测系统，对涂

布质量进行实时质量检查，不仅可以降低由人工疏漏造成的质量风险，还可以按照出厂的质量标准对缺陷进行标记，在后道工序根据标记直接将废品剔除，提高整体生产效率，确保涂布质量。

近年来，用机器视觉的方法检测涂布表面发展迅速，它是通过光电成像技术将被摄取目标转换成数字图像信号，传送给专用的图像处理系统，根据像素的分布、亮度等信息，通过各种图像处理算法来抽取目标的特征，对产品的表面质量进行判别，进而根据判别的结果来控制现场的设备动作。用机器视觉进行表面质量检测的最大优点是无接触、高速度、高精度、大信息量，而且随着计算机技术的快速发展，这项技术更加集成化、智能化，这是其他检测方式无法比拟的。

二、涂布表面主要缺陷

光辊涂布、网纹辊涂布和热熔胶喷挤涂布是三种常用的上胶涂布。光辊上胶涂布应用最为广泛，涂布量的大小通过调整上胶辊和涂布辊之间的缝隙控制，还可以通过涂布刮刀的微动调节来灵活控制，涂布效果好，涂布精度高。整个涂布系统结构中，最复杂的是涂布头、上胶辊、涂布辊、牵引辊以及刮刀的加工精度和装配精度要求高。

涂布生产的工艺环节、设备环节的各种因素，可能导致不同类型的缺陷，常见的涂布缺陷有孔洞、漏涂、褶皱、裂缝、划痕、溅料、脏点、异物等，如图 10-9 所示。

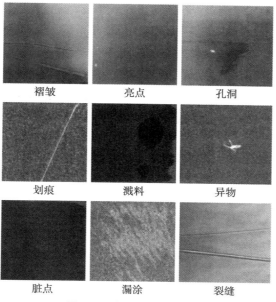

褶皱　　　　　亮点　　　　　孔洞

划痕　　　　　溅料　　　　　异物

脏点　　　　　漏涂　　　　　裂缝

图 10-9　部分涂布缺陷展示

孔洞：主要由于涂布基材本身的质量缺陷，光线透过涂布层与材料层形成黑色的孔洞，人眼极易检出。

漏涂：在涂布过程中，会发生部分区域出现漏涂，根据面积大小有圆形或者斑点形状。漏涂肉眼不易发现，需要通过明场照明条件观察。

褶皱：在涂布过程中，由于涂布基材的均匀性影响导致重叠形成褶皱的形态，在明场照明条件下，边缘位置处可以很容易与背景区域区分开。

裂缝：该缺陷实际上是漏涂缺陷的一个特殊形态，喷涂过程中由于材料的杂质及喷涂设备的故障造成狭长的漏涂。由于狭长的形态，检测的稳定性与裂缝的宽度相关性很大。

三、涂布表面缺陷检测方案

主要有机器视觉技术设计目标对象的图像获取技术、对图像信息的处理技术以及对目标对象的测量和识别技术。机器视觉系统主要由光学成像系统（光源、镜头、相机）、图像采集与数字化单元（采集卡、工控机 /PC/ 图像处理卡）、图像处理单元以及视觉系统控制执行单元组成（机械平台、电气控制、PLC 等）。以下为原理框图及硬件架构图（图 10-10）。

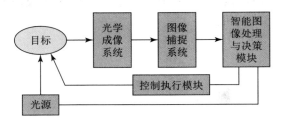

图 10-10　典型机器视觉系统硬件结构

光源与照明方案是整个系统的关键。光源与照明方案的配合，应尽可能突出物体特征参量，在增加图像对比度的同时，应保证足够的整体亮度；物体位置的变化不应该影响成像的质量。光源必须符合所需的几何形状、照明亮度、均匀度、发光的光谱特性等，同时还要考虑发光效率和使用寿命。照明方案应充分考虑光源和光学镜头的相对位置、物体表面的纹理、物体的几何形状以及背景等要素。

相机和图像采集卡共同完成对目标图像的采集与数字化，是另一个关键。高质量的图像信息是系统正确判断和决策的原始依据。在当前的机器视觉系统中，CCD/CMOS 相机以其体积小巧、性能可靠、清晰度高等优点得到了广泛使用。

图像处理系统是机器视觉系统的核心，它决定了如何对图像进行处理和运算，是开发机器视觉系统的重点和难点。随着计算机技术、微电子技术和大规模集成电路技术的快速发展，为了提高系统的实时性，可以借助 DSP、专用图像信号处理卡等硬件完成一些成熟的图像处理算法，而软件则主要完成复杂的、尚需不断探索和改进的算法。

机器视觉系统的工作原理是，视觉系统输出经过运算处理后的检测结果，采用 CCD/CMOS 相机经过光学成像系统将目标转化为图像信号。传送至专用的图像处理系统，根据像素分布和亮度、颜色等信息的统计分析转化为数字信号，图像系统通过对这些信号进行各种运算来提取目标的特征（面积、长度、数量及位置等）；根据预设的容许度和其他条件输出结果（尺寸、角度、偏移量、个数、合格 / 不合格及有 / 无等）。上位机实时获得检测结果后，指示运动系统或 I/O 系统执行相应的控制动作。

（一）相机

在涂布图像的抓取中，相机是核心器件。工业相机有两种主要的传感器架构：面扫描相机和线扫描相机。面阵相机用于在一幅图像采集期间相机与被成像目标之间没有相对运动的场合，如监控显示，直接对目标成像，图像采集用一个事件触发（或条件的组合）。线扫描相机用于在一幅图像采集期间相机与被成像目标之间有相对运动的场合，通常是连续运动目标成像或需要大视场高精度成像（图 10-11）。线扫描相机主要应用于卷曲表面或平滑表面、连续产品进行成像，适用于涂布。

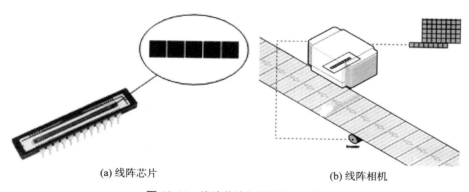

(a) 线阵芯片　　　　　　　(b) 线阵相机

图 10-11　线阵芯片与相机结合工作

（二）镜头

镜头是工业视觉系统的一个重要组成部分，正确地选择镜头是视觉系统设计重要的一环。考虑镜头一般基于以下几点：相机芯片尺寸小于镜头成像圆尺寸；相机接口类型；镜头工作距离与视场角；光谱特性；镜头畸变率；镜头机械结构尺寸。

1.工作波长、变焦与定焦

视觉系统通常在可见光范围内使用，在紫外或红外波段使用，需要选用专门的紫外或红外镜头。

大多数视觉系统的工作距离和放大倍数是不变的，因此镜头焦距也是固定的，但部分系统需要在工作距离变化后保持放大倍数稳定，或工作距离不变的情况下获得不同的放大倍数，这时要选用变焦镜头。

2.远心镜头与标准工业镜头

精密测量的系统选用远心镜头，特点：物体在景深范围内移动，光学放大倍数不变，这就避免了测试过程中工作距离的轻微改变导致系统放大倍数的变化，保证了系统的测量精度。一般的工业测量、缺陷检测或定位等，对物体成像的放大倍率没有严格要求，选用畸变小的镜头即可。

3.靶面大小与分辨率

镜头成像面大小必须大于与之配套的 CCD 相机的靶面（图 10-12），这样 CCD 相机的芯片才能得到充分的利用。

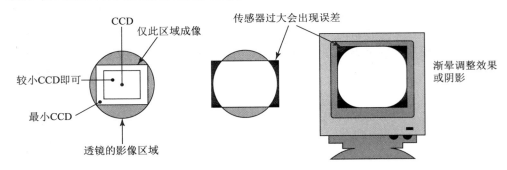

图 10-12　镜头成像与 CCD 相机靶面

镜头的选择要考虑其分辨率与相机的像元大小等相匹配，这样设计的系统能充分利用 CCD 相机的分辨精度，还能使系统的经济性能达到最佳。

4.视场角与焦距

通过系统要求的视场角可以找到相应焦距的镜头，而通过系统提供的分辨率和相机的像元等参数，可以利用基本的几何光学原理计算出合适的系统焦距。

（三）图像采集卡

图像采集卡的作用是采集 CCD 相机的输出信号，按要求处理数据格式，去掉多余数据，并将数据进行一定的预处理。图像采集卡要按照 CCD 的输出进行时序接口，同时还要满足 CCD 数据传输的速度要求。

图像处理卡的主要功能是对采集到的实时图像数据进行预处理，并输出处理结果供中央系统调配和输出。图像处理卡的关键在于图像处理卡的带宽、图像处理算法的优化、图像处理算法升级的便捷性、图像处理卡工作的稳定性等几个方面。

（四）光源及照明方式

在图像采集系统中，光源是一个重要的、不可或缺的组成部分，光源对于系统的图像采集效果有很大影响。

根据目标及背景特性，一般按照以下步骤选择光源种类及照明方式：

1. 确定照明的类型（直射、漫射、透射光）

（1）确定要检测目标的内容（缺陷、外观检查、尺寸测定、有无、OCR、定位）

①通过表面的反射检测微小物体表面的形状，可以使用暗场照明。

②检查透明物体的透过率和不透明物体的轮廓，可以使用背光照明。

③检测平坦的、光滑的表面较深的特征，消除阴影，可以使用同轴照明。

（2）检查表面状态（镜面、糙面、曲面、平面、立体）

①闪光曲面，考虑用散射圆顶光。

②闪光，平的，但粗糙的表面，尝试用同轴散射光。

2. 确定照明光源的外形及尺寸（环形光源、低角度、同轴光源、穹顶光源）

（1）检查目标的尺寸（照明的大小、照明下端到被测物表面的距离）

①条形光源可灵活安装，照明面积较大，适合较大目标的拍摄；

②一般环形光源照射面积较大，可安装位置较高；

③低角度环形光源照射面积较小，安装位置距离目标很近；

④同轴光源照明面积有限；穹顶光源安装位置距离目标较近，适合拍摄较小的目标。

（2）安装环境（温度、外乱光等）

如果有环境光影响造成晕光现象，尝试用单色光源，配一个滤镜。

（3）视场范围、动态还是静态（相机快门速度）

①当单个光源不能有效解决问题时可考虑使用组合光源。

②对于有频闪的光源，其曝光的频率和相机的采集频率需要匹配，频闪光源能产生比常亮照明强 20 倍的光。

3. 确定照明光源的颜色（波长）

检查目标及背景的颜色和材料特性。

①为了加大前景与背景更大的对比度，可以考虑将黑白相机与彩色光源相结合：使用与物体颜色相同的光源照射，使其在相机中呈现为白色区域；用与物体颜色补色的光源，使其在相机中呈黑色。

②若待检测物体表面比较均匀，且缺陷非常小，可使用波长较短的光源，必要时可以考虑使用紫外光源，塑料检测等可以尝试使用。

根据涂布表面的特性，表面平坦、光滑的涂布层的表现比较浅，因此需要选用明场照明的方式提高涂布的对比度（图10-13）。

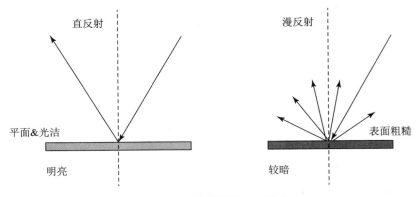

图 10-13　明场照明提高对比度

根据涂布材料的物理特性，可以选择特定波长的光源，将涂布缺陷明显抓取。由于涂布表面一般比较均匀，且缺陷比较小，因此选用波长较短的光源，紫外光源可增加涂布缺陷的显现度（图10-14）。

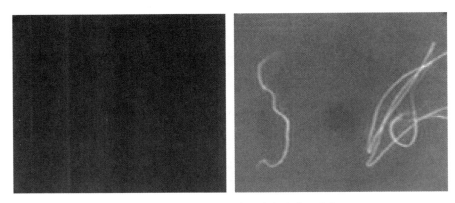

图 10-14　紫外光源可增加涂布缺陷显现度

参考文献

[1]　李雅静.基于图像处理的 PS 版面缺陷检测的研究 [D].洛阳：河南科技大学,2011:35-40.

[2]　何平，曹胜梅，李岐，华楠.基于红外技术的薄膜厚度在线检测系统的设计 [J].哈尔滨商业大学学报（自然科学版）,2013,29(6): 674-677.

[3]   曹胜梅, 何平, 李岐, 华楠. 基于数字滤波技术的薄膜厚度的在线检测 [J]. 微处理机, 2013, 34(5): 93-96.

[4]   曹胜梅. 基于线阵相机的电池极板涂布缺陷检测系统的设计 [M]. 哈尔滨: 哈尔滨工业大学, 2014.

[5]   庞可可. 电池极板涂布线阵相机缺陷检测 [J]. 河南科技, 2016(3): 1451.

[6]   荣蓉, 孙军华, 孔令兵. 镍氢电池极板涂浆生产包边工艺的研究 [J]. 海峡科技与产业, 2013, (7): 64-67.

[7]   李惠敏, 郑伟, 郝久玉. 气动技术在电池极板全自动检测分选系统中的应用 [J]. 液压与气动, 1998, (6): 21-22.

[8]   P. F. Luo. Application of Computer Vision and Laser Interferometer to the Inspection of Line Scale[J]. Optics and Lasers in Engineering, 2004, (42): 563-584.

[9]   Singh N, Delwiche M. Machine Vision Methods for Defect Sorting Stone fruit[J]. Trans of ASAS, 1994, 37(6): 452-460.

[10] R. G. Keanini, C. A. Allgood. Measurement of time varying temperature fields using visible imaging CCD Cameras in Comm[J]. Heat Mass Transfer, 1996, 23(3): 305-314.

[11] J. B. Liao, M. H. Wu. A Coordinate Measuring Machine Vision System[J].Computers in Industry, 1999, (38): 239-248.

[12] 林竹君, 杨飒. CCD 非接触检测技术在工业生产中的实际应用 [J]. 河北工业科技, 2009, (5): 335-338+344.

[13] 刘征, 彭小奇, 丁剑, 唐英. 国外 CCD 检测技术在工业中的应用与发展 [J]. 工业仪表与自动化装置, 2005, (4): 65-69.

[14] Malamas N, Petrakis M. A Survey on Industrial Vision Systems, Application and Tools [J]. Image and Vision Computing, 2003, (21): 171-188.

[15] Jeon-Ha Kim, Deok-Kyu Moon. Tool Wear Measuring Technique on the Machine Using CCD and Exclusive Jig [J]. Journal of Materials Processing Technology, 2002:668-674.

[16] J. L. Li, G. Q. Ding, G. Z. YAN. Method for Improving Precision in Noncontact Measurement by Linear CCD[J]. Optics and Precision Engineering, 2002, 10(3): 281-284.

[17] 孙崎岖, 刘旭辉, 陈卫民. 新型涂布效果在线检测仪的研制 [J]. 机械设计与制造, 2008, (1): 119-120.

[18] 张国海, 李艳玲, 柴颖奇, 彭军. 锂电池极板表面缺陷 CCD 成像检测系统初步设计 [C]. 中国光学学会, 2010:5-9.

[19] 尚伟. 基于线阵相机的纸病在线自动检测系统研究 [D]. 哈尔滨: 哈尔滨工业大学, 2012:19-28.

[20] Q. Hao, Y. Zhao, D. C. Li. Straightness Measurement Using Laser Diode and CCD Camera[J]. Chinese Journal of Lasers, 1999, 8(3): 216-218.

[21] C. J. Tay, C. Quan, H. M. Shang. New Method for Measuring Dynamic Response of Small Components by Fringe Projection[J]. Optical Engineering, 2003, 42(6): 1715-1720.

[22] 方玉红. 基于机器视觉的轨道缺陷图像检测系统设计 [D]. 南昌：南昌大学 , 2013:25-30.

[23] 李展望. 基于机器视觉的印刷品缺陷在线检测系统设计 [D]. 西安：西安科技大学，2008:22.

系统化设计保障功能性涂布品质

广东欧格精机科技有限公司 陈鸿奇

高品质功能性涂布产品，例如 PCB 感光胶片、光刻胶抗蚀干膜、医用热敏打印胶片、太阳能背板膜、锂电池隔膜、氢电池质子交换膜、膜电极、反渗透膜、液晶 / 电子光学膜等，对涂布质量要求极高。实际生产中，涂布层的表观、干燥溶剂残留、干燥均一性、基材张力等，均可能导致出现涂布质量问题。

湿涂层干燥均匀一致性不足，直接影响涂布成品质量。普通涂布机组中，除烘干系统外，其他各单元模组的精度都是相对直观可控的；在涂布作业中，涂层涂料的黏度 / 固含量 / 湿涂量的优化需相应调整干燥烘箱的风嘴出口温度、进 / 排风机风量，而涂层面的热交换干燥及挥发废气排出是看不见、摸不着的。由于烘箱的工艺参数变化大，且风嘴出口的温度 / 风量未能精确控制，使涂布层的干燥热交换量无法保证均匀稳定分布，直接导致产生涂层成品的表观缺陷甚至理化性能缺陷，影响产品应用性能。

基于对干燥缺陷成因的持续研究，广东欧格结合空气喷射流体力学原理，研发制造了高效环流干燥烘箱，实现了干燥量化控制，可根据不同功能涂层产品的干燥工况要求，精确控制涂层的干燥热交换量保持一致、控制涂布层表面溶剂无盲区挥发速率保持一致。

- 干燥烘箱热源（可选配）：电加热、油加热、蒸汽加热、天燃气加热；
- 风嘴出口风速（可选配）：0.5~30 m/s;
- 风嘴出口温度（可选配）：常温至 300℃。

干燥烘箱量化控制精度如下：
1. 单节烘箱内风嘴出口任意点的温度误差 ±1℃；
2. 所有烘箱内风嘴出口任意点温度纵向累加值偏差低于 ±1%；
3. 所有烘箱内风嘴出口任意点风速纵向累加值偏差低于 ±1%；
4. 烘箱内两个风嘴之间膜面上可控制风压 ±5Pa。

根据不同厚度湿涂层需求，系统自动匹配不同工况下的温度 / 风量要求（进风风机在 25~50Hz 可调）进行作业，各节烘箱均可实现上述 1~4 项精度均匀一致。

广东欧格精密涂布 / 复合机组，应用双工位收放卷、无降速对接膜、全线精密恒张力驱动、烘箱风道内基膜运行超低张力控制、高效环流干燥、多模式精密涂布及工业总线控制系统等单元模组，构制成适应各多功能涂布产品的精密涂布生产线。上述生产线基于干燥量化控制技术，涂布成品溶剂残留量可控、涂层密度一致、耐抗弯折、无横向色差、无纵向排骨纹、无内应力形变翘边、涂层无老化发脆 / 龟纹等，并能最大限度地克服高黏度厚涂层表里干燥不匀的缺陷。

华夏视科
SINO-MV TECHNOLOGIES

视/觉/科/技/呈/现/完/美/价/值
VISION TECHNOLOGY PRESENTS PERFECT VALUE

印前及印刷过程
机检解决方案 》》

印刷工艺

源文件 → 拼版文件 → 首张校样 → 正式印刷

机检工艺

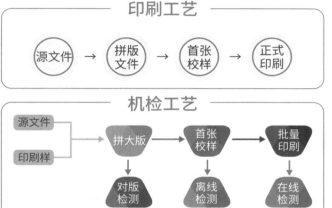

源文件 / 印刷样 → 拼大版 → 首张校样 → 批量印刷

拼大版 → 对版检测
首张校样 → 离线检测
批量印刷 → 在线检测

对版检测

拼版文件←→源文件
样版文件←→清样样书

离线检测

印刷首样←→电子拼版文件
印刷首样←→标准样张
墨色检测：直方图、墨色曲线

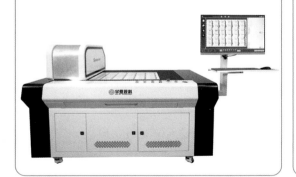

在线检测

100%全幅面；
废品插标、喷码、报警、连续废停机

总部地址
北京市海淀区北坞创新园中区5号楼
www.sinomvtech.com

微信公众号

企业微信

秦皇岛精佳易达环保科技有限公司
QINHUANGDAO JINGJIAYIDA ENVIRONMENTAL PROTECTION TECHNOLOGY CO., LTD.

秦皇岛精佳易达环保科技有限公司是专注于VOCs治理及余热回收的制造商和服务商。主打产品为蓄热式热力焚烧炉（RTO），主要从事各行业VOCs废气处理设备的设计、制造及安装。

产品特点

- 高效有机废气治理工艺，技术先进
- 稳定达到低于国家及地方最高环保排放标准，预留提标空间
- 中高浓度废气RTO系统可自持运行，节能环保
- 运行能耗低于同类产品，运行成本低
- 废气处理所产生热能回用于客户的生产过程中，节能降耗
- 服务周到，性价比高
- 在印刷、涂装、涂布、制镜、化工等行业广泛应用

产品分类

- RTO类型：双偏心蝶阀RTO、平推阀RTO、组合提升阀RTO
- 余热回收形式分类：热水、热风、导热油、蒸汽余热回收
  适用行业
- 彩色包装印刷、涂布、电子、制镜、印铁制罐、医药化工、精细化工、有机化工、石化、车辆制造、汽车零配件等。

典型客户

邦迪管路、华青医药、山东鹏程、江门馗达、安徽盛泰、正道中印、常熟新明宇、河南鼎新、山东承相、东莞银泰、安徽富禾、云南通印等。

名称：秦皇岛精佳易达环保科技有限公司
地址：秦皇岛市海港区中瑞设计港B01号
邮箱：jjyd2020@126.com

联系人：杨峥雄高级工程师
咨询电话：13502986090

联系人：王志翔
咨询电话：13230389878

东莞市途锐机械有限公司

Dong Guan City TuRui Mechanics. Co.,LTD.

东莞市途锐机械有限公司坐落于广东省东莞市常平镇，是一家专业研发、生产、销售功能性薄膜热固化、光固化涂布机以及相关膜类、纸类、金属箔类分条机的科技创新型企业。公司致力于涂布和分切设备的研发和创新，并取得多项国家专利技术，自 2015 年起连续三次被授予国家高新技术企业。

光固化涂布机

热固化涂布机

适用范围:

1、适用于 OCA 光学胶的涂布，AB 胶、量子点膜的涂布，VHB 亚克力泡棉胶带的涂布。
2、适用于 PET 保护膜、离型膜、光学膜等功能性薄膜的涂布。
3、适用于不干胶、标签纸等纸类材料的涂布。
4、适用于柔软覆铜板、太阳能背板、铝箔胶带等的涂布。

光学膜分条机

高速 (600m/min) 宽幅 (3200mm) 分切机

适用范围:

适用于 PET 保护膜、离型膜、光学膜等功能性薄膜类，不干胶、标签纸等纸类以及铜铝箔的分切。

地址：广东省东莞市常平镇卢屋荔园工业 2 路 5 号
联系人：梁磊 13509236868
TEL：0769-82114500/81083200
FAX：0769-82114600
Http:www.dgturui.com
E-mail:dgturui@sohu.com

官方网站　　　　微信公众号

江苏五九设计营造有限公司
JIANGSU 99999 DESIGN & CONSTRUCTION CO.,LTD.

　　江苏五九设计营造有限公司创立于2004年8月，是一家专业的工业洁净系统集成商。主要从事高端薄膜行业、锂电新能源行业和电子行业洁净生产环境系统工程集成设计、施工、调整测试、运维管理以及建筑工程施工技术支持等；工业集尘设备设计、制造、自营进出口，为国标《双向拉伸薄膜工厂设计标准》参编单位。

　　公司坚持顾客满意率、工程一次合格率及服务及时响应率"五九"（99.999%）为服务标准，先后为电气硝子、旭硝子、旭化成、日立化成、三菱树脂、三洋能源、积水中间膜、松下能源、双星彩塑、海四达电源、铜峰电子、泰州衡川、浙江永盛、树业环保、万润科技、江苏斯迪克、南通瑞翔、浙江翔宇等（排名不分先后）客户提供洁净生产环境系统洁净方案以及工程设计/施工，受到客户的认可和好评。

　　公司在业内较早组建BIM（Building Information Modeling）应用团队，设立BIM技术应用中心，在高端薄膜行业洁净生产环境系统工程的设计和施工以及后期管理中推广和应用BIM技术，效果良好。2016年起，五九洁净®与苏州大学物理与光电·能源学部建立产学研合作关系，设立苏大研究生实习基地。依托高校科研优势，发挥五九洁净®优势，形成优势互补，在高端洁净生产环境系统工程的创新设计、创新建造、创新管理方面取得更大的进步。

总部地址：苏州工业园区唯华路3号君地商务中心广场9座1602室
工厂地址：江苏省南通市通州区五甲镇工业园通掘公路168号
电　话：0512-62529498　　　传　真：0512-62529468
网　址：www.99999clean.com.cn　　邮　箱：gwx99999@99999clean.com.cn